AF611018

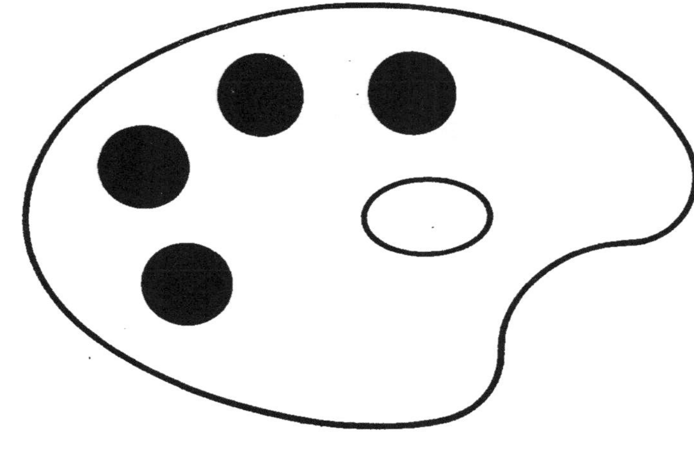

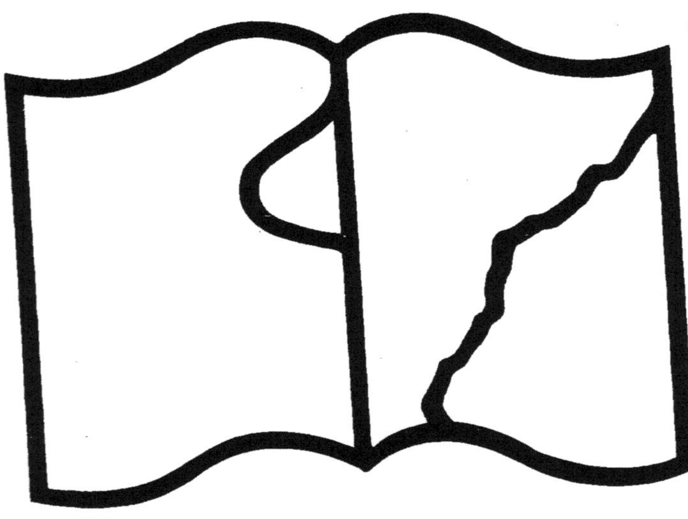

Texte détérioré — reliure défectueuse

NF Z 43-120-11

A B

Contraste insuffisant

NF Z 43-120-14

VOYAGE
EN PERSE

DE MM.

EUGÈNE FLANDIN, PEINTRE, ET PASCAL COSTE, ARCHITECTE

ATTACHÉS A L'AMBASSADE DE FRANCE EN PERSE

PENDANT LES ANNÉES 1840 ET 1841

ENTREPRIS

PAR ORDRE DE M. LE MINISTRE DES AFFAIRES ÉTRANGÈRES

D'après les instructions dressées par l'Institut

PUBLIÉ

SOUS LES AUSPICES DE M. LE MINISTRE DE L'INTÉRIEUR

RELATION DU VOYAGE

PAR

M. EUGÈNE FLANDIN

TOME II

PARIS

GIDE ET J. BAUDRY, LIBRAIRES ÉDITEURS

RUE DES PETITS-AUGUSTINS, 5

1852

GIDE ET J. BAUDRY, LIBRAIRES-ÉDITEURS

RUE DES PETITS-AUGUSTINS, 5. — PARIS.

CATACOMBES

DE

ROME

ARCHITECTURE, PEINTURES MURALES
INSCRIPTIONS
FIGURES ET SYMBOLES DES PIERRES SÉPULCRALES
VERRES GRAVÉS SUR FOND D'OR
LAMPES, VASES, ANNEAUX, INSTRUMENTS, ETC.

DES CIMETIÈRES DES PREMIERS CHRÉTIENS

PAR

M. LOUIS PERRET

OUVRAGE PUBLIÉ SOUS LES AUSPICES DE M. LE MINISTRE DE L'INTÉRIEUR

ET SOUS LA DIRECTION D'UNE COMMISSION

COMPOSÉE DE

MM. AMPÈRE, INGRES, MÉRIMÉE, VITET

Membres de l'Institut

PROSPECTUS

Il y a sept années environ, un artiste plein d'amour pour les arts, plein de vénération pour les antiques monuments de la société chrétienne, descendait dans les Catacombes de Rome. La majesté de ces immenses souterrains, leur incalculable profondeur, leurs étages superposés, leurs

sinueux labyrinthes, les salles, les chapelles, les sanctuaires qui, de temps à autre, s'ouvrent devant les visiteurs surpris et émerveillés, l'intérêt immense qui s'attache à ces témoignages vivants des premiers jours de l'Église, l'avaient pénétré de cette émotion à laquelle tout homme d'intelligence et de cœur cède si aisément devant un tel spectacle.

Mais un fait nouveau, inaperçu ou méconnu par ses devanciers, le frappa irrésistiblement. Tout ce que l'érudition, tout ce que l'histoire, tout ce que l'archéologie ont trouvé de trésors dans les cimetières primitifs de Rome, — et ces admirables travaux, on le sait, sont la gloire et l'honneur de la science, — tout cela disparaissait aux yeux de l'artiste devant un ordre inouï de merveilles, devant un horizon inexploré, devant des découvertes capitales. Après Bosio, Arringhi, Boldetti, Bottari et Buonarotti, après le R. P. Marchi, MM. Raoul-Rochette, Gerbet et Gaume, — chose étrange! — il se rencontrait encore des filons cachés à exploiter, il y avait une mine entière d'une incomparable fécondité, et dont il s'agissait de mettre sous les yeux de l'Europe les splendeurs inconnues; non pas certes au point de vue du savoir, le nom des maîtres que nous avons cités interdit à toujours de si orgueilleuses prétentions; mais au point de vue de l'ART, dans sa plus haute et dans sa plus pure expression, de l'art moderne contemplé à son aurore, à ce moment sublime de transition où de païen et de sensualiste il se transformait en spiritualiste et en chrétien, de l'art des catacombes enfin, Architecture, Sculpture, Peinture surtout, qui avait été complétement négligé. Absorbés dans les méditations de l'histoire, entraînés par l'importance décisive de ces monuments qui révélaient la vie primitive du christianisme et jetaient sur son berceau sanglant de si lumineuses clartés, les illustres érudits des quatre derniers siècles ne s'étaient occupés en rien de l'étude des Catacombes sous le rapport esthétique.

Ainsi, les dessins et les gravures jointes à leurs ouvrages n'étaient tout au plus que des notes rapides, des documents à l'appui de la théorie ou de la démonstration. Quant à la forme, à la couleur, à l'attitude, aux vêtements, à l'ornementation; et, surtout, quant au sentiment et à l'inspiration, ils ne s'en étaient pas préoccupés.

Et pourtant, en y réfléchissant, combien est puissant l'intérêt qu'excitent ces peintures qui couvrent presque toutes les parois des cimetières occupés par plusieurs millions de tombeaux, et où, pendant plus de trois siècles, les mystères augustes du christianisme trouvèrent un refuge?

Ne sont-elles pas contemporaines de cette révolution singulière où la vieille société païenne fut lentement et irrévocablement vaincue par la jeune société chrétienne? Ne sont-elles pas les débris encore vivants, les témoins encore debout de cette lutte solennelle et unique dans les annales du genre humain? D'un côté, le paganisme, au lendemain du siècle d'Auguste, quand Virgile et Horace, quand Ovide et Catulle venaient à peine de cesser leurs chants; la société romaine, arrivée à l'apogée de son unité et à l'ivresse de sa toute-puissance; alors que les aigles du Capitole se promenaient triomphalement des forêts de la Germanie aux sables de l'Afrique, des confins de l'Espagne aux rives de l'Euphrate; à l'heure où les arts appelés de la Grèce faisaient les délices des vainqueurs de l'univers, où le luxe, la fantaisie, la passion, ne connaissaient pas de limites. De l'autre, la société chrétienne, dans l'ardeur de sa foi, sortie toute vivante du cénacle de Jérusalem, toute pure et tout austère, s'attaquant de front aux ignominies et aux corruptions du polythéisme, s'établissant au pied du Panthéon, pénétrant jusque dans le palais des Césars, bravant les tourments les plus atroces et conquérant le monde moral à force de supplices, d'héroïsme et de résignation.

Or, cette lutte, cette transition si pleine de grandeur et de larmes, cette transformation si profonde et si radicale, elle a en quelque sorte écrit, gravé, sculpté, peint toutes ses phases diverses sur les murs des Catacombes. Ces hommes de tout rang qui abandonnaient le culte des faux dieux pour accepter la vie et la mort des chrétiens, on les voit, on les saisit, on les contemple : voici leurs tombeaux, et sur ces tombeaux voici leurs effigies; voici leurs costumes, leurs usages, les symboles de leurs professions, les attributs de leur existence quotidienne. Bien plus, voici leurs temples, voici leurs sanctuaires, voici les images devant lesquelles ils se rassemblaient pour prier; voici les allégories qui voilaient les saints mystères; voici les siéges où s'asseyaient les pontifes; voici les représentations des papes, des saints, des martyrs, leurs portraits peut-être! Quel spectacle et quel sujet de méditations!

Et puis, — qu'on le sache bien! — ces œuvres ne sont pas des peintures grossières, jetées à la hâte entre deux persécutions et rappelant par quelques traits fugitifs un symbolisme naïf ou confus. Ces *cubicula*, ces autels à la voûte arquée, *monumenta arcuata*, ne sont pas des galeries abandonnées, des réduits fortuitement occupés; non, l'architecture et une architecture savante a présidé à leur construction ; des ornements d'une rare délicatesse les décorent.

L'art de Rome, au siècle d'Auguste, est là tout entier avec ses procédés, ses grâces, son habileté, sa science, sa perfection matérielle ; et de plus, cet art est vivifié, purifié, transfiguré par l'inspiration chrétienne. Jamais la puissance de l'expression n'a été poussée aussi loin ; jamais l'enthousiasme, l'extase n'ont été aussi simplement, aussi majestueusement retracés ! C'est l'alliance de l'art antique et de l'art moderne scellée du sang des martyrs dans le secret de l'autel et de la tombe; c'est le baptême, c'est le Thabor de l'art !

Sans doute tout n'est pas d'une égale perfection, sans doute il y a des inexpériences, des défauts, des faiblesses de détail ; mais le style, l'idée, le sentiment, mais le génie ; voilà ce que notre artiste a vu, ce qu'il a découvert et ce qui fait de son œuvre un monument nouveau, sans précédent et sans analogue !

Ce voyageur, c'était M. Louis Perret. Cinq années durant il n'a pas quitté les Catacombes où il s'est aventuré plus loin et plus avant que qui que ce soit. Tout ce que son zèle avait d'ardeur, son courage de persévérance et d'heureuse témérité, son talent de force et de ressources a été dépensé par lui avec une prodigalité d'artiste. Il suffit de dire, pour donner une idée exacte de l'importance de ses travaux, que M. Perret a exploré la plus grande partie des soixante cimetières qui entourent Rome comme d'une ceinture souterraine de plusieurs lieues de rayon, et qu'il a relevé les plans des galeries qu'ils renferment, dont la longueur est évaluée par le savant P. Marchi à plus de douze cents kilomètres.

Les peintures ont été, non pas copiées, mais calquées sur les originaux, à force de soins, de patience, de pieuse et infatigable fidélité; et ce sont ces calques, sans réduction pour la plupart, qu'il a rapportés, et dont il a composé son ouvrage. Une foule d'objets d'ameublement, des lampes, des verres gravés sur fond d'or, des vases, des instruments, ont été reproduits par lui de la manière la plus scrupuleuse, ainsi que plus de trois cents inscriptions dont il a pris les empreintes.

Dans ce travail gigantesque, M. Perret a été secondé par l'un des plus éminents artistes de nos jours, qui lui a prêté le concours d'un talent de premier ordre et d'une conscience à toute épreuve. Il suffira de nommer M. Savinien Petit : ce nom vaut seul un éloge, car il est toute une réputation. Les inscriptions ont été classées par M. Greppo, correspondant de l'Institut, l'un des premiers épigraphistes de France.

De plus, un texte simplement explicatif, n'entrant dans aucune discussion ni dissertation, se bornant à décrire les objets représentés, l'état des lieux où les découvertes ont été faites, a été rédigé par M. Perret, et servira d'éclaircissement aux planches.

Tel est l'ensemble de l'œuvre. Une fois complète, elle a été apportée en France par son auteur.

Déjà l'auguste Pie IX, ce pontife ami si éclairé des arts, l'avait honoré d'une protection toute particulière. Notre patrie a revendiqué l'honneur d'en doter le monde artistique et scientifique.

Une loi a été rendue, le 1er juillet 1851, par l'Assemblée nationale, sur la proposition du ministre de l'intérieur, M. Léon Faucher, et elle porte que les cartons de l'infatigable archéologue seront publiés aux frais de l'État. Le rapport, déposé à cette occasion par M. Vitet [1], restera comme le premier et le plus éclatant témoignage de l'intérêt public pour l'artiste et pour ses travaux.

Notre publication est faite en vertu de cette loi.

Indépendamment des témoignages si honorables que nous venons de rappeler, une garantie en quelque sorte immédiate a été donnée au monde savant pour assurer la fidélité de l'exécution. Nulle planche ne sera publiée avant d'avoir été soumise à l'approbation d'une commission composée de MM. Vitet, Ampère, Mérimée et Ingres, de l'Institut. C'est le cachet de l'art, de l'érudition et du génie qui contrôle et atteste le soin et la perfection du travail.

Il y avait à vaincre une grande difficulté pour la reproduction exacte des nombreuses figures où le trait a sans doute de l'importance, mais où la couleur joue un rôle capital. L'une des plus belles découvertes des temps modernes, la chromolithographie, a été employée, et nous ne craignons pas dire qu'elle a produit des chefs-d'œuvre dans les planches où se trouvent combinées jusqu'à quinze et seize teintes différentes.

L'ouvrage entier se composera de cinq volumes grand in-folio, contenant 325 planches, dont plus de 150 seront coloriées :

Les 3 premiers volumes reproduiront la partie architecturale, ainsi que les peintures murales :

Le 4e sera consacré aux inscriptions ;

Et le 5e contiendra la collection des verres gravés sur

[1] La Commission se composait de MM. de Montalembert, de Corcelles, de Casalès, Vitet, de Mortemart, de Riancey, Estancelin, Rioust de Largentaye, Chapot, Roussel, Soullié, Lequien, de Maleville (Léon), de Dompierre d'Hornoy et d'Olivier.

fond d'or, ainsi que celle des objets d'ameublement trouvés dans les Catacombes, tels que lampes, vases, anneaux, instruments, etc., etc.

En résumé, les CATACOMBES DE ROME, de M. PERRET, sont un monument tout à fait nouveau élevé à la gloire de l'art, et il est destiné, selon nous, à opérer une révolution dans les conditions de la peinture moderne.

CONDITIONS DE LA SOUSCRIPTION

Les *Catacombes de Rome* seront publiées en 65 livraisons composées chacune de 5 planches grand in-folio colombier, coloriées ou tirées sur papier de Chine.

Le texte formera de 35 à 40 feuilles de même format, et sera réparti dans les livraisons au fur et à mesure de l'impression.

Prix de la livraison : 20 fr.

Sous Presse : Les livraisons 1 à 15. — L'ouvrage entier sera terminé dans les premiers mois de 1853.

PARIS. — IMPRIMÉ PAR J. CLAYE ET Cie, RUE SAINT-BENOIT, 7.

VOYAGE

EN PERSE

— PARIS. —

IMPRIMÉ PAR J. CLAYE ET Ce

RUE SAINT-BENOIT, 7

VOYAGE
EN PERSE

DE MM.

EUGÈNE FLANDIN, PEINTRE, ET PASCAL COSTE, ARCHITECTE

ATTACHÉS A L'AMBASSADE DE FRANCE EN PERSE

PENDANT LES ANNÉES 1840 ET 1841

ENTREPRIS

PAR ORDRE DE M. LE MINISTRE DES AFFAIRES ÉTRANGÈRES

D'après les instructions dressées par l'Institut

PUBLIÉ

SOUS LES AUSPICES DE M. LE MINISTRE DE L'INTÉRIEUR

TOME II

RELATION DU VOYAGE

PAR

M. EUGÈNE FLANDIN

PARIS

GIDE ET J. BAUDRY, LIBRAIRES ÉDITEURS

RUE DES PETITS-AUGUSTINS, 5

1851

VOYAGE EN PERSE

CHAPITRE XXX.

Second séjour à Ispahan. — Maladie. — Antiquités d'Ispahan. — Ses environs. — Djoulfah. — Arméniens schismatiques et catholiques. — Ferrâhbad. — Pigeonniers. — Cimetières. — Cheheristân.

Nous étions donc de retour à Ispahan où tous, plus ou moins éprouvés, nous avions besoin de prendre un repos salutaire. Il nous fallait y réparer nos forces afin d'entreprendre de nouvelles courses. La plus importante de nos excursions devait nous conduire dans le sud. Il était très-important que nous partissions dans des conditions de santé qui ne pussent ni entraver, ni abréger nos recherches ou nos travaux. Pour cela il fallait donner aux malades le temps de se rétablir, aux chaleurs celui de se modérer. Nous devions attendre que les vents frais d'automne eussent dégagé l'atmosphère de ces vapeurs fébrifères auxquelles on est exposé, surtout dans les plaines désertes que nous avions à traverser pour nous rendre dans le Fars. De tous les climats de la Perse celui de cette province est le plus redoutable par son insalubrité pendant l'été. Les Persans appellent cette contrée *Guermsir*, ou *pays de la chaleur;* et, quand ils peuvent faire autrement, ils se gardent bien de s'y aventurer dans les temps chauds.

Nous étions d'ailleurs parfaitement installés à Djoulfah, et nous pouvions y attendre très-patiemment une saison plus propice. Grâce à l'affectueuse hospitalité de M. Boré, nous avions des appartements aussi confortables que le permettait le pays, et nous croyions pouvoir y braver la fièvre. Grâce aussi à d'amicales relations que nous y avions laissées, il nous était permis de passer le temps fort agréablement. L'amitié de notre hôte et celle de quelques-uns des membres de l'ambassade russe, qui se trouvait encore à Ispahan, satisfirent nos besoins de société.

Une volumineuse correspondance de France à lire et à laquelle il fallait répondre combla, dans les premiers jours, les lacunes que laissaient entre elles les causeries quotidiennes.

Nous avions encore en perspective un assez grand nombre de recherches à faire pour compléter les notions que nous avions recueillies sur Ispahan lors de notre premier séjour dans cette ville. Tout cela, comme on voit, devait bien remplir nos journées et nous permettait d'attendre très-patiemment le moment du départ.

M. Coste n'allait pas mieux ; au contraire, la fièvre empirait beaucoup ; les ravages qu'elle avait faits en peu de temps dans la constitution du malade, me donnaient même des inquiétudes. Cependant il recevait d'excellents soins, et le médecin attaché à l'ambassade russe avait l'obligeance de lui en donner journellement. Mon collègue avait été, pendant plusieurs jours, dans un état qui ne laissait pas d'être alarmant, lorsque enfin le mieux se fit sentir. Les accès, moins violents, permirent aux forces de renaître. Il touchait à son complet rétablissement quand, à mon tour, je fus pris avec une énergie telle qu'en trois jours j'étais arrivé à un degré de faiblesse si grande, qu'il fallait deux hommes pour me porter d'un bout de ma petite chambre à l'autre. A une fièvre intermittente semblable à celle de M. Coste se joignait une fièvre cérébrale des plus violentes. Influencé par l'épidémie qui sévissait, le médecin ne voulait voir dans mon état que ses conséquences. Le mal qui me consumait n'était compris que par moi; je ne pouvais me méprendre aux douleurs qui me torturaient la tête; je sentais bien qu'elles étaient causées par une affection du cerveau. Soumis à la médication usitée pour combattre une fièvre tierce, celle qui était toute cérébrale faisait des progrès qui mirent mes jours en danger. Mais les malades ont quelquefois des intuitions qui ne les trompent pas. Celle à laquelle j'obéis me sauva. J'étais dans un état assez fâcheux pour qu'on fît tous les essais sans grand risque. Le docteur consentit à faire celui que je réclamais. — On ne refuse pas à un moribond. — Je demandai un *dallek* ou *barbier*. Comme autrefois les barbiers d'Europe, ce sont eux qui saignent en Orient. Je me fis pratiquer une bonne saignée, et, quoique contraire aux prescriptions doctorales, elle me soulagea instantanément. De ce moment, j'allai mieux; je me rétablis même assez promptement.

Je ne laisserai pas passer la circonstance de la maladie dont mon compagnon de voyage et moi nous fûmes atteints, sans mentionner ici notre gratitude pour M. le ministre de Russie. Pendant tout le temps que nous fûmes alités ou convalescents, M. le général Duhamel fut rempli d'attentions et nous combla de bontés. Indépendamment de son médecin qu'il avait mis à notre disposition, il avait donné des ordres pour qu'on ne nous laissât manquer d'aucune des choses qui pouvaient nous être utiles ou seulement agréables. Pensant que notre cuisinier n'était peut-être pas très-habile, — et il ne se trompait pas, — jugeant qu'il n'avait aucune connaissance de ces préparations culinaires délicates et propres à des estomacs fatigués par l'emploi du quinine, il nous envoyait chaque jour des mets apprêtés exprès pour nous : des gelées, des compotes, auxquelles il faisait joindre du vin de Bordeaux. — Je me plais à rapporter ici ces détails, quelque puérils qu'ils paraissent; parce que, indépendamment de ce que c'est un acte de juste reconnaissance, les publier paraîtra sans doute le plus flatteur hommage que nous puissions rendre aux bontés dont nous, Français, nous avons été l'objet de la part de l'ambassadeur de Russie.

Après nous, tous nos hommes tombèrent successivement malades. Ils payèrent, sans exception, leur tribut au climat et aux fatigues qu'ils avaient endurées à notre suite. Notre goulâm Jaffer-Bek fut le plus rudement éprouvé; il faillit mourir : ce qui prouve que les Persans ne sont pas moins que les Européens exposés à la *malaria* de leur pays. Nous le savions d'ailleurs avant de l'avoir appris par expérience; nous savions que, chaque année, dans les mois de juillet, août et même de septembre, il y a bien peu d'habitants de la Perse qui ne soient pas atteints de fièvre tierce dégénérant souvent en fièvre pernicieuse. Leurs grands moyens curatifs sont la saignée et les pastèques ou melons d'eau. Ils prétendent que c'est un feu qui passe dans le sang, et qu'il faut rafraîchir celui-ci en en diminuant la masse.

Il y en a qui échappent à ces singuliers remèdes; mais combien y en a-t-il qui en sont victimes ! En effet, rien n'est plus malfaisant, à l'époque où règnent ces fièvres, que de manger des fruits, surtout des melons ou des concombres, qui sont en été la principale nourriture des Persans. Il est même fort probable que l'abus de ces fruits détermine la maladie à laquelle prédisposent les miasmes empestés dont l'atmosphère est chargée.

Mais il faut dire que dans ce pays, où la chaleur débilite l'estomac et affaiblit le corps, toute nourriture substantielle devient nauséabonde. On repousse surtout la viande, qui donnerait de la force et du ton; l'on n'a de goût que pour les fruits, et cela en raison de leur nature aqueuse. Il est incontestable que la mauvaise qualité des aliments que l'estomac veut seuls admettre, contribue grandement à déterminer les maladies qui reviennent périodiquement chaque été.

Nous avions laissé à Ispahan beaucoup de choses à voir, d'édifices à étudier. Nous employâmes les premières forces qui nous revinrent, après notre convalescence, à parcourir de nouveau cette grande ville, ainsi que ses environs. Lors de notre premier séjour, nous avions été étonnés de n'y trouver aucuns vestiges de monuments antiques, car il nous semblait impossible qu'Ispahan n'en recélât pas quelques-uns. L'étendue de cette ville, sa splendeur, le chiffre de sa population et les avantages de sa situation, au milieu d'immenses plaines que fertilisent de nombreux cours d'eau, le fleuve qui baigne le pied de ses murailles, tout cet ensemble donne à cette ville une physionomie trop grande pour que le voyageur ne lui attribue pas, avec juste raison, une antiquité plus reculée que ne le fait supposer, au premier coup d'œil, le caractère de ses monuments actuels. En effet, leur enveloppe est de style arabe, et leurs plans, aussi bien que leurs détails, sentent la renaissance musulmane. Cependant, en cherchant bien et en se livrant à une inspection minutieuse de toutes les parties des divers édifices d'Ispahan, on y retrouve des traces authentiques d'un art plus ancien, conservées par des matériaux séculaires.

Ces élégantes mosquées aux coupoles émaillées, ces ponts magnifiques chefs-d'œuvre de l'art persan moderne, que les princes Sophis ont légués à leur capitale, sont construits avec des éléments dont les plus durables, ceux qui leur servent de bases, et très-probablement de fondations, sont empruntés à des constructions primordiales. Ainsi, ces édifices, qui sont entièrement élevés en briques, ont des socles faits de grandes assises de pierre dure, tout à fait inusitées en Perse, à dater de l'invasion des Arabes et de l'ère mahométane. Ces appareils sont remarquables surtout aux piles des principaux ponts dont les assises portent encore, sur leurs parements, des marques inintelligibles ressemblant à des signes d'écriture et telles qu'on en voit sur des fragments de murs à Bi-Sutoun. Mais, quelles qu'aient été les recherches auxquelles nous nous sommes livrés, il nous a été impossible de retrouver aucune partie de monument sur laquelle nous ayons pu reconnaître le cachet de l'âge que doivent avoir ces débris. Il est à présumer que, conquérant ou régénérateur, quelque chef militaire ou quelque monarque jaloux du passé, aura détruit les monuments de l'ancienne *Aspadana* : le premier pour satisfaire ses instincts de dévastation et mieux constater sa conquête; le second pour y chercher, au milieu des ruines, des piédestaux éprouvés, afin d'y asseoir plus sûrement sa renommée. — Si *Tamerlan et Châb-Abbas* n'ont pas une part égale dans la ruine de l'antique Ispahan, ils doivent, du moins, y avoir mis la main tous deux. C'est sans doute au mobile différent, mais aboutissant au même résultat, qui a fait agir ces deux princes, qu'il faut attribuer la disparition de tout ce que l'époque *achéménide* ou *sassanide* avait pu laisser à Ispahan.

Si les socles de certaines mosquées et les piles des ponts ne suffisent pas à établir d'une manière certaine que cette ville a, dans les temps reculés, renfermé de grands édifices, on peut joindre à ces témoignages, celui que fournissent deux chapiteaux *sassanides* placés à l'entrée du palais, sur le Meïdan-i-Châh. Ils sont en marbre blanc, et entièrement sculptés; ils rappellent tout à fait ceux de Bi-Sutoun : car l'un représente, sur l'une de ses faces, un buste d'homme, et sur l'autre celui d'une femme; les deux autres côtés sont ornés de losanges très-riches à l'intérieur desquels sont des rosaces. Le second chapiteau présente également deux faces ornées de figures à peu près identiques à celles du premier; les côtés intermédiaires sont variés et ornés d'une grande fleur magnifique à laquelle se rattachent de gracieuses branches.

A moins de supposer que ces chapiteaux ont été apportés là d'un autre endroit, ce qui ne s'expliquerait guère, il faut croire qu'ils proviennent d'un édifice ancien. Ils ont une analogie assez frappante avec ceux de Bi-Sutoun, pour qu'on les attribue à un monument du même caractère et de la même époque que celui qui porte le nom de *Takht-i-*

Chirin. Je pense même qu'on est fondé à croire leur origine commune, et l'on arrive à cette induction : que *Khosrô* ou *Chosroës* avait fait élever, sur les bords du *Zendéroud*, comme sur la rive du *Gamasiah*, un autre palais à la belle *Chirin*. Mais l'ouragan venu des déserts de la *Bockharie* a tout renversé. Le palais de *Khosrô* s'est abîmé dans la poussière soulevée par les pieds des soldats turcomans. Ce dernier affront ajouté à celui que les Arabes iconoclastes avaient déjà fait subir à la mémoire de Chirin, en mutilant son beau visage, fit disparaître jusqu'aux traces de son trône et de l'extravagante passion de son royal amant.

Tout ce que le territoire d'Ispahan offre de remarquable n'est pas renfermé dans ses murs. Plusieurs sites ou monuments de ses environs méritent une attention particulière; il faut malheureusement les chercher souvent au milieu des ruines. Le côté nord de cette ville est celui qui est le moins intéressant. Là, de rares villages, espacés et confondus avec les décombres qui couvrent le sol, sont les seuls points sur lesquels l'œil se fixe. Mais, au sud, et sur les rives du Zendèroud, se trouvent, presque sans intervalles et sur une étendue de plusieurs kilomètres, des faubourgs joints à des villages auxquels succèdent d'autres villages.

Parmi les localités de noms divers qui forment les annexes considérables de l'ancienne capitale des Sophis, est en première ligne *Djoulfah*. Cette ville, car elle mérite ce nom, doit sa fondation à Châb-Abbas le Grand qui y transplanta toute une population arménienne. Il existait, au temps de ce monarque, sur le bord de l'Araxe, une ville de la haute Arménie qui s'appelait aussi *Djoulfah*. Les Turcs, qui faisaient de fréquentes incursions sur les terres des Persans et s'approvisionnaient en Arménie, firent naître dans l'esprit de Châh-Abbas l'idée de ruiner et même de dépeupler ce pays, afin de priver l'armée turque des ressources qui l'aidaient à se maintenir sur ses frontières. Djoulfah fut du nombre des villes qui furent sacrifiées à ce système de défense.

Mais le roi de Perse était trop habile et concevait trop bien ce qui pouvait contribuer à augmenter sa puissance ou la grandeur de son pays, pour laisser les populations dont il venait de détruire les foyers se répandre ailleurs, et porter leur industrie soit en Géorgie, soit en Turquie. Il appréciait avec trop de justesse le parti qu'il pourrait tirer pour lui-même de cette colonie arménienne, pour ne pas l'attirer au cœur même de ses États. Il la dirigea donc tout entière vers Ispahan, où il lui assigna un emplacement sur le bord du Zendèroud. Les nouveaux sujets du roi de Perse y bâtirent de belles maisons avec des cours et des jardins; ils ne reculèrent devant aucune difficulté pour satisfaire à leurs besoins et ajouter aux agréments de leur séjour, et firent au Zendèroud de larges saignées qui amènent encore aujourd'hui l'eau de cette rivière dans la plupart des rues de la cité arménienne. Afin de mieux habituer cette population au sol où il l'avait transplantée, Châh-Abbas voulut que le nom de l'ancienne ville fût conservé à la nouvelle, et on l'appela *Djoulfah*, la première restant désignée par *Eski-Djoulfah*, ou *Djoulfah la vieille*.

Ces émigrés prospérèrent rapidement, et leur nombre, qui n'était d'abord que de 6,000, atteignit le chiffre de 12,000 en quelques années. La ville se divisait alors en sept paroisses ou *mahallèhs*, dirigées par deux évêques et un clergé nombreux.

Châh-Abbas, qui paraît avoir été un grand politique, et qui était, en cela, incontestablement supérieur aux mesquins et ineptes vizirs actuels, comprit tout ce qu'il fallait faire pour encourager l'essor de cette ville naissante. Aussi ne voulut-il pas qu'aucune autorité musulmane, autre que la sienne, s'intronisât dans les affaires publiques de cette cité chrétienne. Il lui donna pour *kalantar* ou *magistrat* un Arménien à qui il accorda à la cour des distinctions inusitées. Il affranchit les Arméniens d'impôts pendant plusieurs années, et, voulant qu'ils échappassent aux vexations trop fréquentes que les musulmans faisaient subir aux chrétiens, il leur assura le bénéfice de la loi des représailles, fait énorme, monstrueux, et qui dut indisposer grandement contre lui l'esprit fanatique de ses sujets mahométans; car il faut savoir que la loi des représailles est celle qui consiste à rendre les justiciables égaux, et à leur appliquer sans distinction la peine du talion. Ainsi, un homme avait-il tué, tout proche parent de la victime avait droit de venger le meurtre sur le coupable, ou de faire avec celui-ci tel arrangement qu'il lui convenait pour se dédommager ou le punir. Mais cet usage, rigoureusement maintenu entre musulmans, n'avait jamais été étendu jusqu'aux chrétiens, lorsqu'il y avait différence de religion entre l'assassin et sa victime. C'était donc une chose inaccoutumée, anormale, c'était le renversement de toutes les prérogatives attachées au titre de musulman. Châh-Abbas était puissant; il ne s'arrêta pas aux réclamations, il ne recula pas devant les rancunes, et consomma le plus grave de tous les affranchissements que pussent espérer des chrétiens.

Ce grand prince poussa, dit-on, l'habileté et l'efficacité

de sa protection jusqu'à faire aux Arméniens de fortes avances de fonds, pour les aider dans le commerce qui était leur principale industrie. Ces moyens réussirent complétement. En peu de temps, Djoulfah devint florissant, les familles industrieuses s'enrichirent, quelques-unes même devinrent très-opulentes.

La renommée de Djoulfah ne tarda pas à se répandre dans toute la Perse. Les bienfaits dont le souverain comblait les habitants y attirèrent de nouveaux émigrants. Il y vint même des *Guèbres* de Kerman et de Yezd, gens essentiellement commerçants aussi. Ils s'établirent dans un quartier qu'ils ajoutèrent à celui fondé par les Arméniens.

Mais le bien est éphémère en Perse, et les choses changèrent avec les successeurs de Châh-Abbas. Tous ne comprirent pas comme ce prince les avantages que Djoulfah procurait au pays. La jalousie des Persans et, sans doute aussi, leur haine religieuse, attirèrent sur les Arméniens une foule d'avanies, de vexations et d'exactions qui d'abord les découragèrent, puis les ruinèrent, et en firent même partir un certain nombre.

Ce fut sous le règne de Châh-Husseïn, principalement, que les Arméniens virent leur position s'empirer. Ils se virent alors enlever successivement tout ce qui leur restait des avantages qu'ils tenaient de Châh-Abbas. Châh-Husseïn, prince faible et timide, ne sut ni ne voulut les défendre contre l'avidité des grands de son royaume, ou la jalousie des Mollahs. Les Arméniens furent dépouillés de leurs biens et de leurs priviléges. On remit en vigueur contre eux tous les anciens usages contre lesquels le bénéfice de *représailles* les avait garantis, et l'on rétablit la loi qui n'imposait à un musulman ayant tué un chrétien d'autre peine que de payer à la famille de celui-ci le dérisoire dédommagement d'une mesure de grain ou d'un chameau.

Malgré les humiliations que les Ispahanis firent subir aux habitants de Djoulfah, il faut dire que ceux-ci restèrent pour eux d'utiles voisins. On doit même penser que la reconnaissance de la population pour les bienfaits dont leurs ancêtres avaient été honorés par le grand roi Sophi, était restée comme une tradition parmi eux. Ils se montrèrent en plusieurs circonstances dignes du droit de citoyens d'Ispahan, et l'une des plus belles pages de leur histoire est celle qu'ils écrivirent avec leur sang, lors du siége de cette capitale par *Mahmoud l'Affghân.* — Les troupes de Châh-Husseïn et ce lâche prince lui-même avaient abandonné les postes avancés, et s'étaient enfermés honteusement dans les murs de la ville. Les habitants de Djoulfah résistèrent seuls, et firent dire au général persan que s'il voulait leur donner des armes dont ils manquaient, ils s'offraient de chasser les Affghâns. Mais ils ne furent point écoutés par ces hommes qui n'avaient pu souffrir qu'ils fussent assimilés à eux. Il ne leur fut pas permis de sauver leur patrie d'adoption, et ils eurent la douleur de se voir, sans défense, exposés au brigandage des soldats affghâns, en assistant à la chute du trône du glorieux roi dont la mémoire était en vénération parmi eux.

Après ce désastre, Djoulfah ne put jamais se relever. Cependant, au commencement du siècle dernier, cette ville comptait encore 60,000 âmes. Plus tard, Nadir-Châh, pressé par le besoin d'argent et ne sachant où en prendre, arrêta les yeux sur cette malheureuse population arménienne comme sur une proie facile à saisir. Il satisfit sa cupidité en la dépouillant de ses richesses. Cette spoliation brutale, souvent cruelle, qui venait ajouter ses horreurs à toutes les vexations endurées depuis tant d'années déjà par les habitants de Djoulfah, les poussa au désespoir. Leurs malheurs déterminèrent l'émigration d'un grand nombre d'entre eux en 1747, et l'Araxe revit une partie des transfuges de ses bords, qui allèrent se fixer en Georgie; mais ce fut dans l'Inde que se réfugia le plus grand nombre de ces infortunés. A la même époque, les missionnaires qui jusque-là, et pendant un siècle et demi, avaient paisiblement répandu les lumières de la religion dans le pays, furent également forcés d'abandonner leurs couvents, leurs églises, restées déserts depuis ce temps.

Aujourd'hui que le territoire persan est couvert de ruines, il n'est donc pas étonnant qu'il s'en trouve aussi à Djoulfah. Cependant il faut dire que cette ville chrétienne est loin d'avoir l'aspect désolé de la plupart des quartiers mahométans. Les Arméniens, du moins, réparent les murs qui menacent de tomber; et, bien qu'ils soient loin d'être aussi riches que l'ont été leurs pères, ils habitent encore de belles maisons : leurs constructions sont généralement bien faites, et il y en a qui l'ont été avec luxe.

On y compte encore plusieurs églises, parmi lesquelles celle qui se trouve dans l'enceinte de l'Archevêché mérite une mention particulière. Cette église, qui est la plus grande et la plus belle, a son entrée dans une grande cour sur laquelle donnent également les bâtiments habités par l'archevêque arménien et ses *vartabeds* ou *vicaires*. Le chœur est couvert par une coupole qui domine l'édifice et se termine par une croix. La courbe du dôme est la même que pour les mosquées, mais sa surface présente cette différence caractéristique, qu'elle n'est revêtue d'aucun émail comme celles-ci. La façade est simple mais élégante; elle s'élève sur deux rangs de trois arcades superposées, dont les archivoltes et les tympans sont ornés de dessins en mosaïque. L'arcade du milieu, au rez-de-chaussée, donne entrée dans l'église qui prend du jour par des fenêtres percées dans les deux autres. Au-dessus de cette façade est un petit pavillon carré sur les quatre côtés duquel sont ouvertes des arcades avec des balcons de bois sculptés.

Cette église n'a point de clocher; comme celles d'Italie, elle a son campanile séparé et isolé. Il se trouve en face de la porte, au milieu de la cour. C'est une construction carrée à deux étages : quatre puissantes colonnes peu élevées, posées sur le sol, supportent quatre arcs surbaissés sur lesquels porte la partie supérieure qui se compose de quatre autres arcs à plein cintre, sous chacun desquels est un balcon à balustres de bois peint. Cette partie forme comme une petite salle où se tient le sonneur; il y monte par une échelle; une seconde échelle le conduit au clocher. Celui-ci est octogonal : huit colonnettes soutiennent autant de petites arcades sur lesquelles pose le toit qui est en briques et surmonté d'une croix. Il y a deux cloches qu'on ne met pas en branle au moyen d'une corde, mais sur lesquelles on frappe avec un marteau. La cause en doit être sans doute attribuée au peu de solidité que présente le mode de construction du pays, qui ne résisterait pas à l'ébranlement causé par les volées.

L'intérieur de l'église m'a rappelé quelques chapelles italiennes ou grecques. Il y règne un demi-jour mystérieux qui inspire le recueillement. Les murs sont couverts de peintures, bien que ce soit contraire aux usages religieux des Arméniens qui n'ont ordinairement pour tout ornement, dans leurs sanctuaires, que l'image de la Vierge et de l'enfant Jésus. On raconte que ces peintures sont dues à un certain *Avadik*, riche marchand, qui avait voyagé en Italie où il avait cru comprendre, en voyant les chefs-d'œuvre de l'école italienne, que les temples chrétiens plaisaient d'autant plus à Dieu qu'ils étaient plus ornés de peintures. De retour à Djoulfah, il n'eut point de repos qu'il n'eût couvert les murs de l'église épiscopale de tableaux de toutes sortes. Il eut, pour satisfaire cette exigence de sa dévotion, à vaincre les résistances du clergé arménien. Mais à force d'insistances, de persuasions, et peut-être bien d'argent, car il avait de grandes richesses, il parvint à cacher la blancheur immaculée des murs du sanctuaire sous une profusion de peintures qui ne m'ont d'ailleurs paru dignes d'aucune attention.

Les autres églises de Djoulfah sont plus petites et très-pauvres. Elles n'ont point de cloches : une simple planchette en bois sur laquelle on frappe indique les heures des services.

Les desservants de ces églises, qu'on nomme *derders*, sont aussi pauvres qu'elles. L'état misérable dans lequel ils végètent les oblige à exercer une industrie ou un métier quelconque, ce qui nuit nécessairement à la dignité que devrait conserver leur caractère sacerdotal. Ils sont de plus fort ignorants, et, à l'exception des pratiques du rituel ou de la liturgie, ils ne savent rien.

Les autres prêtres, qui ont le titre de *vartabed*, sans être beaucoup plus instruits que les premiers, ont cependant quelques connaissances; et, comme ils sont très-jaloux de leur suprématie cléricale, ils maintiennent les pauvres desservants dans la position subalterne et infime qui les prive de considération. La grande différence entre ces deux ordres de prêtres, c'est que les *derders* sont libres de contracter mariage, tandis que les *vartabeds* vivent constamment dans le célibat. C'est parmi eux que se prennent les évêques, et ils constituent le véritable clergé arménien.

La très-grande majorité des Arméniens de Djoulfah est schismatique. Le petit nombre de familles orthodoxes qui s'y trouvent ne forment qu'une paroisse. Elles se réunissent dans une seule église où les offices sont dits par un prêtre catholique sans cesse exposé aux avanies des schismatiques; car il faut dire que, conformément à cette loi presque invariable que, dans toute religion ou toute croyance, les dissidents sont les pires adversaires que rencontrent les orthodoxes, les catholiques arméniens n'ont point d'ennemis plus acharnés que les schismatiques de leur nation. Il n'y a sorte d'affronts, d'insultes, de voies de fait même, par lesquels ils n'aient marqué leur intolérance à l'égard du prêtre catholique de Djoulfah. Ils ont poussé la haine et la violence jusqu'à l'assiéger dans son couvent pour arracher de ses mains, sans respect pour son caractère, sans égard pour sa barbe blanche, l'enfant qu'il baptisait ou le cadavre auprès duquel il récitait l'office des morts.

A notre arrivée à Ispahan, nous trouvâmes un desservant de cette communion qui était de nation arménienne. Il avait vécu quelque temps en Italie. On l'appelait le *padre Giovanni*. Il vivait là, pauvre, résigné, et paraissait avoir cette philosophie religieuse qui fait tout supporter sur cette terre, en attendant la vie éternelle. Il habitait l'ancien couvent des Dominicains, abandonné par eux depuis longtemps et tombant en ruine. Il était le seul prêtre catholique qu'il y eût à Djoulfah.

Mais, au temps où la Perse était florissante, et où ce centre de la population arménienne du pays comptait un grand nombre d'habitants, il y recevait presque constamment des missionnaires qu'y attirait sans doute l'espoir de ramener dans le giron de l'Église romaine ce troupeau égaré loin de l'œil et du bâton pastoral de son chef qui est à Etchmiazin, en Géorgie.

Les premiers religieux qui vinrent à Djoulfah furent des carmélites, en 1625; ils furent suivis par des capucins. Après eux, les jésuites fondèrent, vers le milieu du XVIIe siècle, un établissement dont la reine de Pologne Marie-Louise de Gonzague fit les frais, et pour lequel elle institua une rente. Il est digne de remarque que c'est la France qui a fourni presque tous les missionnaires de Perse. La même observation peut s'appliquer au temps actuel; car le plus grand nombre des hommes dévoués qui vont porter aux nations asiatiques les plus sauvages la religion du Christ sont Français. Depuis quelques années, les Anglais et les Américains protestants ont cherché aussi à faire en Perse des prosélytes, en y répandant leurs bibles; mais ils sont venus dans une minorité remarquable relativement aux missionnaires français. Il y a d'ailleurs entre eux cette différence caractéristique : que les prêtres catholiques s'adressent presque exclusivement aux mahométans ou aux idolâtres pour les faire chrétiens, tandis que les ministres protestants, avec leur esprit de chicane, ne cherchent nullement à attirer les âmes dans les voies du christianisme; ils se contentent de détourner vers le protestantisme celles qui sont déjà chrétiennes. On peut donc dire de ces derniers qu'ils travaillent véritablement dans un esprit étroit, et dans l'intérêt mesquin de leur doctrine, au lieu de chercher à élever les cœurs au-dessus du matérialisme ou du fétichisme des religions qui se partagent les nations de l'Asie.

Les intentions, si grandes et si généreuses qu'elles soient, ne suffisent pas toujours au succès. Les jésuites ne réussirent pas mieux que les capucins ou les dominicains. Les chrétiens schismatiques furent aussi sourds à leurs prédications que les mahométans, et peu s'en fallut que les premiers ne les forçassent à quitter Ispahan. Sans l'esprit élevé et libéral de Châh-Abbas ils y auraient sans doute réussi dès leur arrivée et ne leur auraient pas permis de fonder à Djoulfah le moindre établissement. Grâce au puissant appui qu'ils trouvèrent auprès de ce prince, ils purent s'y installer et ils y demeurèrent plus de cent ans. Mais, depuis le milieu du XVIIIe siècle, les diverses missions catholiques ne furent plus représentées que par un délégué de passage et n'apparaissant même que de loin en loin.

Derrière Djoulfah, entre les murs de cette ville et le pic du *Khou-Sopha*, montagne qui borne, de ce côté, le territoire d'Ispahan, s'ouvre une vaste plaine qui s'étend à l'est et à l'ouest, à une très-grande distance. On y rencontre, à chaque pas, des ruines qui prouvent que les habitations des particuliers, ou les palais des princes, avaient autrefois considérablement reculé les limites de ce cercle immense dont la population se retire aujourd'hui de plus en plus vers son centre. Parmi les ruines les plus considérables sont celles auxquelles a été conservé le nom de *Ferrâh-Abad* ou *Ferrâhbad*. On y voit encore de grandes murailles découpées en arcades auxquelles sont appuyés, de distance en distance, plusieurs édifices ruinés. Ce sont les restes d'un vaste palais fortifié qu'avait fait bâtir Châh-Sultan-Husseïn; il l'habitait lorsque, épouvanté par l'arrivée d'une armée d'Affghans que leur chef Mahmoud conduisait à la conquête de la Perse, il l'abandonna pour se sauver derrière les murailles d'Ispahan. Les Affghans s'en emparèrent sans coup férir et s'y installèrent. Ce fut de là que Mahmoud dicta ses lois cruelles et spoliatrices aux pauvres Arméniens. Ce sont ces murs qui retentirent des gémissements des cinquante belles jeunes filles que les familles de Djoulfah durent livrer au farouche vainqueur, pour peupler son harem et celui de ses officiers. C'est dans ce même palais que le lâche Châh-Husseïn vint attacher de sa propre main, au turban de son ennemi, l'aigrette royale, et qu'il abdiqua dans les mains d'un chef de bandits sunnites le pouvoir qu'il tenait de ses ancêtres Sophis. — Double crime aux yeux de son peuple qui abhorrait les Affghans sectateurs d'Omar. — Mais, comme si les lieux témoins de ces crimes et de la bassesse du roi qui les habita devaient disparaître de la surface du sol, ceux-ci ne présentent plus que des ruines où se tapissent, sans y être inquiétés, les chakals, seuls êtres qu'on y rencontre.

Ces restes de palais sont à la base d'un des sommets du *Khou-Sopha*, sur la crête duquel s'élève un petit monument d'un aspect fort simple, que les Persans appellent *Atech-Gâh* ou *autel du feu*. Il paraît aujourd'hui abandonné. Son origine remonte probablement à l'époque de l'établissement des Guèbres à Djoulfah, sous le règne de Châh-Abbas. S'ils craignaient les avanies des Musulmans et s'ils voulaient placer leur feu en un lieu qui fît briller sa flamme au-dessus de tout le pays, ils ne pouvaient mieux choisir; car cet *Atech-Gâh* est posé sur la pointe d'un cône extrêmement élevé qui domine non-seulement la campagne et tout le territoire d'Ispahan, mais qui forme aussi l'un des pics les plus hauts de la montagne.

Entre Djoulfah et ses ruines, on voit çà et là, dans la plaine, plusieurs tours qui attirent l'attention et dont on se demande l'usage. Elles sont fort grandes, très-bien bâties, et ressemblent à des fortifications. Mais leur isolement détruit l'idée qu'on pourrait concevoir, à première vue, de leur utilité pour la défense de Djoulfah. Ces tours, malgré leur physionomie belliqueuse, sont les constructions les plus inoffensives du monde. Ce sont simplement des pigeonniers à l'intérieur desquels sont pratiquées de petites cases où l'on attire les pigeons sauvages. Ils y font leurs nids, leurs couvées, et la fiente qu'ils y déposent s'y amasse assez vite et en assez grande quantité pour que, vendue aux agriculteurs, elle soit un revenu important pour les propriétaires de ces colombiers. Ce fumier est un engrais qui passe pour très-puissant. Les jardiniers en font usage pour les primeurs et surtout pour les melonnières. On m'a assuré qu'un seul de ces colombiers donne un revenu de plus de 1,200 francs.

Près de là est le cimetière arménien dans lequel les Européens ont leurs places marquées et classées par nation.

Les tombes ne présentent rien de remarquable : elles figurent un rectangle élevé de quelques décimètres au-dessus du sol et construit en briques; celles des riches sont faites d'une longue dalle de pierre ou de marbre, sur laquelle sont gravés des caractères et quelques ornements. Parmi les tombeaux de ce cimetière, il y en a un auquel s'est attachée une superstition que la religion a fait naître, et qu'une dévotion ignorante entretient. C'est celui d'un Allemand qui préféra la mort à l'apostasie. Les Arméniens attribuent à sa pierre tumulaire le pouvoir de guérir la fièvre et d'indiquer l'avenir. — Pour être débarrassé de l'une, il suffit de casser sur la tombe le vase dans lequel on a coutume de boire;—pour connaître l'autre, on doit jeter dessus cinq petites pierres: si elles tombent rangées en croix, c'est d'un bon augure.

Au delà de ce cimetière des chrétiens, et après un intervalle assez long, sont ceux bien plus considérables des Mahométans. Leurs tombes ont le même caractère que celles des Arméniens, mais il s'en trouve de plus belles et qui sont de véritables édifices. Il est d'usage de se rendre fréquemment sur le tombeau de ceux qu'on a perdus. On s'y réunit, on y cause et même on y mange. C'est une sorte de partie de plaisir. Le vendredi, principalement, qui est le jour de repos des Musulmans, on voit un grand nombre de femmes peupler les cimetières et du milieu de leurs groupes on entend sortir des sanglots et des cris qui attestent une douleur vraie ou simulée. Parmi les tombes musulmanes, il y en a quelques-unes qui présentent le corps d'un lion ou d'un tigre. Elles indiquent la sépulture de guerriers, que l'on consacre par ces symboles du courage.

Au-dessus de la vaste cité des morts, qui s'étend presque jusqu'au pied du *Khou-Sopha*, s'élève brusquement cette montagne dont les formes sévères, la couleur sombre et les roches nues forment un contraste frappant avec la gaîté, l'élégance et le mouvement de l'immense ville qui se déroule à son pied. Là, à mi-côte, est une habitation solitaire, à laquelle on arrive difficilement. On est obligé de gravir et d'escalader des rocs sur lesquels aucun chemin n'est frayé. Sur une terrasse s'élève un bâtiment divisé en trois parties. Celle du milieu est une grande salle ouverte de chaque côté de laquelle est une chambre close. Derrière s'élèvent deux cyprès, seule trace de végétation qu'on aperçoive dans la montagne. A droite s'élève une tour, percée en haut de plusieurs fenêtres, qui était sans doute réservée à l'*Anderoûm*. A gauche sont de petites salles dans une construction séparée et probablement destinée aux gens de service.

Les Persans donnent à cette espèce d'ermitage le nom de *Takht-i-Roustâm* ou *Takht-i-Suleïmân*. Il paraît que ce lieu était autrefois le rendez-vous des gens de la ville qui venaient y chercher le frais dans un creux de rocher où le soleil ne pénétrait jamais; ils y trouvaient en outre une belle fontaine d'eau limpide sur laquelle un bouquet d'arbres étendaient leurs rameaux. Le Châh-Suleïman eut la fantaisie d'y faire bâtir un kiosque avec les dépendances nécessaires pour sa suite et ses femmes. Les difficultés que présente la nature du lieu étaient très-grandes; mais le bâton joua son rôle et renversa tous les obstacles. Suleïman-Châh fut satisfait, et il allait souvent en ce lieu chercher la fraîcheur et jouir du magnifique panorama que lui offrait sa capitale. Le nom du fondateur est resté dans la mémoire de quelques

Persans lettrés; mais le plus grand nombre lui ont substitué celui du héros populaire *Roustâm*, sans que j'aie jamais pu comprendre par quelle suite de contes ou de traditions cette substitution s'est opérée.

Sur la même rive du Zendèroud, quand on a dépassé, en suivant son cours, les cimetières et les jardins du palais de *Haft-D'est*, on arrive au faubourg de *Kadjoûk*. Il est fort endommagé et ne présente que des ruines. L'édifice le plus important dont on y retrouve les vestiges était, au temps de Châh-Abbas, le palais d'un des grands officiers de ce prince. Plus tard, le roi lui ayant fait trancher la tête, donna son habitation pour logement aux capucins à qui l'on rendit alors des honneurs qui font un triste contraste avec la manière dont sont traités aujourd'hui, dans tout l'Orient, les zélés propagateurs de la foi chrétienne.

Les ruines de ce faubourg, ou les murs de ses jardins, se prolongent très-loin à l'est; le premier endroit habité que l'on rencontre après, est un grand village qui s'appelle *Cheheristân*. Ce nom est composé de *cheher*, qui signifie *ville*, et de la terminaison *istân*, qui donne au mot entier la signification de *emplacement de la ville*. Ce bourg doit son nom ou cette qualification à ce que, disent les historiens orientaux, le lieu qu'il occupe aurait été primitivement choisi pour y fonder la ville qui plus tard changea de place et devint Ispahan. Il est difficile de reconnaître dans le village de *Cheheristân* une ville déchue, car, quelque important qu'il soit par son étendue, il ne dépasse cependant pas aujourd'hui les proportions d'un bourg. Néanmoins, à en juger d'après sa situation au bord du Zendèroud, les ouvrages hydrauliques qui ont été exécutés pour utiliser les eaux de la rivière, et le grand pont qui met les deux rives en communication, on peut comprendre que *Cheheristân* ait été une ville, et même une ville de quelque importance.

Une notable partie de sa population a dû probablement émigrer vers la nouvelle cité et elle a laissé derrière elle des habitations qui, abandonnées, n'ont pas tardé à disparaître : c'est du moins l'induction qu'on peut tirer de certains restes d'édifices qui se voient encore isolés et distants des maisons actuellement habitées. Parmi ces vestiges qui témoignent en faveur de l'étendue de *Cheheristân*, est une petite mosquée dont la coupole et le minaret sont encore debout. *Cheheristân* passe pour avoir été, dans le beau temps d'Ispahan, la résidence privilégiée des grands. La décadence de cette capitale et de son aristocratie aurait causé l'abandon de leurs habitations, ce qui explique en partie les ruines qui se voient dans ce lieu.

Les habitants actuels de Cheheristân sont cultivateurs ou jardiniers. Plusieurs moulins, établis sur le Zendèroud, y entretiennent aussi un assez grand nombre de bras, car ils doivent subvenir à l'alimentation de la nombreuse population d'Ispahan.

A l'autre extrémité du territoire d'Ispahan, est une petite mosquée de peu d'apparence, mais curieuse par un conte absurde qui s'y rattache. On l'appelle *Djeladoûn* ou Mosquée *des minarets tremblants*, surnom qui lui vient de ce que ses minarets, en effet, sont faciles à ébranler. — Voici le fait que les Musulmans tiennent pour phénoménal : Des enfants montent dans un des minarets et l'ébranlent en le secouant; à l'instant, l'autre minaret tremble et oscille de la même façon. Les Persans superstitieux crient au miracle, prétendant, pour l'expliquer, que le corps d'un saint est enterré sous la mosquée, et que ce sont ses tressaillements qui produisent les oscillations des minarets. — La cause réelle de ce tremblement très-visible d'ailleurs, est probablement due à la mauvaise construction de l'édifice, et à une poutre ou tout autre lien commun aux deux minarets.

CHAPITRE XXXI.

Aventure. — L'eunuque Manoutcher-Khân. — Châtiment. — Tchehel-Sutoun. Amarat-Serpoucht.

M. Coste et moi nous explorions habituellement ensemble Ispahan et ses environs; en nous réunissant, nous nous entr'aidions, et nous profitions du même cicerone, ce qui était une économie. Or, nous avions besoin de penser à cet article toujours sérieux en voyage, mais plus grave encore au fond de l'Asie. Nos finances étaient fortement ébréchées par notre précédent voyage dans l'ouest, et nous devions y puiser le moins possible, afin de ne pas voir le fond de notre bourse avant notre retour du sud.

Quelquefois j'avais pour compagnon de promenade et d'étude un jeune secrétaire de l'ambassade russe avec qui je m'étais lié d'amitié. Son esprit vif et orné me faisait trouver du charme dans sa société, et la connaissance approfondie qu'il avait de la langue du pays, me rendait son intervention très-utile, pour apprendre des Persans beaucoup de choses intéressantes sur ce que je voyais, ou sur leurs mœurs. Escortés de deux ou trois domestiques, nous parcourions à cheval tous les environs d'Ispahan, et nous faisions des haltes de plusieurs heures, partout où nous trouvions quelque plaisir ou quelque point curieux à étudier. Ces excursions nous menaient souvent très-loin, et nous faisaient rentrer à la nuit à Djoulfah. Ce n'était pas très-prudent, car la campagne d'Ispahan est loin d'être sûre. Le départ des troupes que le Châh avait emmenées, encourageait les bactyaris du voisinage à venir jusque sous les murs de la ville. D'un autre côté, les *loutis* que le roi avait châtiés avaient laissé des vengeurs, et les débris de cette bande de brigands erraient en cherchant l'occasion de faire quelque coup de leur façon. Mais nous comptions sur notre habit d'Européens pour être respectés, même des voleurs.

Une fois, le soleil était couché depuis longtemps et l'obscurité commençait à nous envelopper, quand, pressant nos chevaux, nous touchions aux premiers murs de Djoulfah. Croyant ne plus avoir là aucune crainte, je souhaitai le bonsoir à mon compagnon et le quittai pour descendre avec mon saïs, au bord du Zendèroud, afin d'y faire boire mes chevaux. Nous étions à peine entrés dans la rivière, que des cris affreux, poussés au loin et paraissant venir du chemin que je venais de quitter me firent craindre quelque accident pour celui que j'y avais laissé. Je me hâtai de gagner l'endroit où nous nous étions séparés, cherchant à reconnaître d'où partaient les cris; mais je n'entendis bientôt plus qu'un bruit sourd de voix confuses, de pas qu'accompagnait un cliquetis de fer qui me fit pressentir un malheur. Je crus de suite à une attaque de maraudeurs venus de la montagne jusque dans les rues de

Djoulfah, chercher une proie qu'ils n'avaient pas eu la chance de rencontrer au dehors. Par un dernier coup de jarrets de mon cheval je tombe au milieu d'un groupe de combattants dont les pas et les efforts soulevaient une poussière au travers de laquelle je ne devinais rien autre chose qu'un combat entre quatre hommes. — A quelques pas, les chevaux effrayés que contenait avec peine un saïs et, par terre, appuyé contre le mur, le jeune Russe se disant blessé, et m'indiquant les bandits qui venaient de l'assaillir ; — son second domestique, qui avait voulu le défendre, était victime de son dévouement ; et, terrassé, il ne pouvait plus résister à ses trois agresseurs qui levaient sur lui leurs poignards, — il allait être tué.

Mon arrivée imprévue changea la face de ce combat inégal. — Je me jette à bas de mon cheval, et saisissant un pistolet, seule arme dont je pusse disposer, je me précipite sur le groupe d'hommes entrelacés et pressés les uns sur les autres ; —je tâche, dans l'obscurité, de distinguer les agresseurs.— J'allais brûler la cervelle à l'un d'eux. —Heureusement mon sang-froid ne m'avait pas abandonné, et, au moment de faire feu, je réfléchis à la gravité des conséquences de l'homicide que j'allais commettre sur un Musulman, moi chrétien. — Étais-je assuré contre le bénéfice des représailles que pourraient revendiquer les parents de la victime? Je ne le crus pas, et bien m'en prit probablement. — Je désarmai mon pistolet, et, ne m'en servant que comme d'une masse, je tombai à coups redoublés sur les trois misérables qui tenaient sous eux le pauvre domestique. Au premier choc, l'un d'eux lâche pied et s'esquive dans l'obscurité. Les deux autres, étourdis de la furie avec laquelle je les attaque, lâchent leur adversaire qui, remis sur ses pieds, recommence la lutte avec moi. Au même moment, je me sentis atteint d'un coup de poignard; ma blessure me rendit furieux, et mon sang-froid faisant place à une sorte de rage, j'assommai le bandit que j'avais en face de moi — il s'affaissa — je le désarmai — l'autre devint facilement notre prisonnier. — Nous les entraînâmes tous deux à notre suite. Ils paraissaient fortement blessés. Pour moi, j'étais inondé de sang qui me coulait du visage.

Nous avions à peine fait quelques pas dans les rues de Djoulfah, que nous vîmes venir à nous en toute hâte une foule d'hommes portant des falots, des torches, et armés, les uns de bâtons, les autres de poignards et de sabres. A leur tête accourait M. Boré. L'un des saïs qui gardaient nos chevaux, quand il avait vu la tournure que prenait cette petite échauffourée, avait eu l'idée de courir chez M. Boré dont le domicile n'était pas éloigné, pour le prévenir et demander du secours. Cet excellent compatriote ne se l'était pas fait dire deux fois, et il se pressait, avec tous ceux qu'il avait pu réunir; chacun s'était armé précipitamment de ce qu'il avait trouvé sous sa main. — Nous nous acheminâmes tous, en menant triomphalement nos deux prisonniers, vers l'ambassade russe, seule autorité européenne à qui nous pussions adresser nos plaintes et demander réparation. On enferma les coupables, et le docteur visita nos blessures. Il se trouva que mon compagnon avait été fortement contusionné, que son *Pichketmèth* avait le bras traversé d'un coup de poignard, et que moi, j'avais reçu en plein visage un coup semblable. Ma blessure était la plus grave, et le médecin n'était pas sans inquiétude sur ses suites. Il me pansa aussitôt, me saigna, et après m'être assuré que rien d'inquiétant ne se manifestait dans l'état du jeune attaché russe, je me retirai, non sans lui recommander, ainsi qu'aux gens de l'ambassade, de bien veiller sur le dépôt que nous venions de leur confier. Car tout n'était pas fini ; l'heure de la justice devait venir, et si j'avais pris soin de me venger de ma blessure en cassant la tête à celui qui me l'avait faite, il n'en fallait pas moins infliger un châtiment exemplaire aux misérables qui avaient osé nous attaquer.

Le lendemain, le ministre de Russie envoya un de ses secrétaires au gouverneur d'Ispahan, pour porter plainte du guet-apens dont avaient failli être victimes deux Européens, dont l'un était attaché à sa mission, et dont l'autre avait été laissé par l'ambassadeur de France sous la protection du Châh, et du gouvernement persan.

Le gouverneur était *Manoutcher Khân*, homme remarquable par son esprit de justice. Il était exempt de fanatisme, et d'une énergie prononcée qu'on disait être allée, en maintes occasions, jusqu'à la cruauté. La confiance dont il jouissait auprès du roi lui avait déjà fait donner divers commandements importants. Après les scènes de désordre et les actes de sévérité qui s'étaient accomplis à Ispahan, une réaction sanglante était à craindre de la part des *loutis* échappés à la justice royale, et qui pouvaient vouloir venger la mort de leurs camarades. Les Ispahanis sont gens de trop peu d'énergie pour qu'il ne fût pas à craindre de les voir retomber sous le joug des bandes infernales dont le roi avait voulu purger leur ville.

Le choix du gouverneur qui devait rester, après le départ de l'armée royale, était donc très-important. C'était de lui qu'on attendait le complet rétablissement de l'ordre dans cette grande cité, foyer des crimes les plus abominables. Le Châh, se fiant à la fermeté éprouvée de *Manoutcher-Khân*, l'avait investi de ce gouvernement et d'une autorité sans limite.

Ce personnage était, depuis longues années, l'un des plus considérables du royaume. Attaché à la maison du précédent monarque, il avait conservé auprès de Mehemet-Châh l'importance que lui donnaient ses talents, et surtout l'énergie et la persévérance de son caractère.

Manoutcher-Khân, est né en Géorgie, d'une famille noble. il était encore adolescent quand il fut fait prisonnier dans une guerre avec les Persans. Amené à Fet-Ali-Châh, ce prince, frappé de l'intelligence et de l'énergique caractère de son captif, chose rare en Perse, voulut se l'attacher. Il voulait le revêtir d'une charge importante à sa cour, et lui confier des fonctions qui lui donneraient accès, à toute heure et partout, dans l'intérieur du palais. — Combien cette faveur du roi était dangereuse et pleine de douleurs! — Le prix de la bienveillance royale fut une odieuse mutilation, grâce à laquelle le jeune Khân géorgien fut élévé au rang de premier eunuque. *Manoutcher-Khân* forcé, bien malgré lui, de se résigner à cette insigne faveur, prit son parti en sage. Sa philosophie le soutint dans les premiers temps; vint ensuite l'ambition qui lui fit oublier son abjecte condition. Au fond du harem où il vivait, parmi les six cents concubines du monarque, il sut si bien se concilier ses bonnes grâces, qu'il en obtint promptement la surintendance du palais. Rien ne se faisait que par lui; et, en réalité, son intimité avec le roi, ainsi que la confiance qu'il lui avait inspirée, en faisaient un premier ministre.

Dans cette position, que tout Persan eût voulu pouvoir acheter au même prix, il acquit de grandes richesses, et y trouva, dit-on, une compensation à la privation d'un autre bien. Plus tard, Fet-Ali-Châh confia à son eunuque favori le commandement d'un corps d'armée dans la guerre de Géorgie. Dans cette campagne, qui, malheureusement pour les Persans, fut la dernière et décida pour eux de la perte de cette province, *Manoutcher-Khân* déploya des talents et un courage remarquables. Cet exemple d'un eunuque, homme de guerre et courageux, se rencontre fréquemment dans l'histoire de l'Asie moderne, comme dans celle des anciens peuples de ce pays (1).

Manoutcher-Khân avait joué toujours un trop grand rôle, sous le règne de Fet-Ali-Châh, pour que son successeur se privât de ses services. Mehemet-Châh, quand il monta au trône, l'avait trouvé assiégé par des ambitieux, entouré de princes compétiteurs et jaloux de voir leur neveu ou leur cousin leur enlever le *Tourâh* (2). Il avait besoin de l'appui des hommes de tête et de courage, pour détourner de sa couronne les dangers qui paraissaient devoir l'assaillir de tous côtés. L'eunuque de Fet-Ali-Châh fut l'un des hommes dans lesquels le jeune souverain plaça sa confiance et qu'il appela à la défense de ses droits.

Nous avons vu comment, à son avénement, il avait dû, dans l'intérêt de son repos et de la tranquillité de ses États, déposséder de leurs gouvernements ses oncles ou ses cousins, et les remplacer par des Khâns dans lesquels il pût avoir confiance. Manoutcher-Khân fut un des grands du royaume qui reçurent la mission de remplacer les Châh-Zadêhs disgraciés, et de disposer les esprits des populations en faveur du successeur de Fet-Ali-Châh. Il eut ainsi le commandement supérieur des provinces occidentales et méridionales qui étaient les plus difficiles à maintenir dans le devoir. Il acquit, dans ce nouveau poste, des titres nouveaux à la faveur royale. La droiture de son caractère et son énergie avaient pacifié, en peu de temps, ces contrées disposées à la révolte. En même temps, la promptitude des justes châtiments qu'il infligea mit fin aux brigandages organisés sur une grande échelle, qui étaient le genre de vie auquel s'adonnaient exclusivement et depuis longtemps les tribus qui habitaient les régions montagneuses. La sévérité ne suffit pas toujours, la cruauté devint souvent nécessaire : mais le succès en fut le prix; la pacification complète de ces pays et la sûreté de leurs routes en furent les heureuses conséquences. On voit donc, d'après ce que j'ai raconté de l'état intérieur de la ville d'Ispahan, et des désordres criminels qui s'y commettaient impunément, que *Manoutcher-Khân* était bien le gouverneur qu'il fallait à une population composée de deux éléments tout différents : d'un côté, des marchands timides, des mirzas peureux; de l'autre, d'audacieux voleurs, de cruels assassins, des *loutis*, en un mot, qu'encourageait la couardise des Ispahanis.

Mais je reviens à nos deux bandits : le ministre de Russie avait porté plainte au gouverneur; celui-ci nous manda, le secrétaire russe et moi, à son *Divân-i-Khânèh*, pour entendre, de notre bouche, les détails de notre mésaventure, et la gravité des faits articulés contre les deux Persans. Il nous fit recommander d'amener avec nous nos prisonniers, et de ne pas oublier de nous faire accompagner par le *Pichketmèth* qui avait failli être victime de son dévouement à son maître. Le gouverneur nous fit dire également de bien nous garder, et de bien nous faire escorter quand nous irions de Djoulfah à sa résidence, qui était assez éloignée. Il craignait un coup de main des amis de nos captifs, qui pourraient vouloir les enlever dans le trajet. Prévenus comme nous l'étions, nous partîmes avec nos prisonniers fortement garrottés et attachés au pommeau de la selle de deux cavaliers placés au centre de notre troupe. Nous avions une petite avant-garde sûre; et derrière nous plusieurs serviteurs de l'ambassade russe, bien armés, formaient l'escorte. Nous n'avions pas à redouter les *loutis ;* il était impossible qu'ils osassent nous attaquer, et, dans tous les cas, nous étions déterminés à ne pas leur laisser reprendre ceux que nous tenions à remettre aux mains du gouverneur.

Au milieu de ce cortége pittoresque, nous attirions les regards de la population. Nous pûmes surprendre un air de satisfaction sur la physionomie de la plupart des habitants, qui jouissaient du plaisir de voir deux *loutis* conduits à la justice expéditive de Manoutcher-Khân. Mais, soit que quelques-uns de ceux qui nous virent passer fussent des amis de nos prisonniers, soit qu'ils déplorassent, pour l'honneur de leur religion, que des Musulmans fussent ainsi conduits garrottés par des chrétiens, nous en remarquâmes un assez grand nombre qui ne témoignaient pas leur mécontentement assez bas pour que nous ne pussions les distinguer. Ce qui paraissait frapper le plus grand nombre, c'était de me voir le visage bandé, et portant les marques de blessures reçues. Ils semblaient ne pouvoir s'expliquer que nos agresseurs eussent osé pousser l'audace jusqu'à frapper de leurs armes des *Naïebs* d'un *Elchi*, c'est-à-dire des *attachés d'ambassade*.

Enfin nous arrivâmes chez le gouverneur, qui habitait le charmant petit palais d'*Amarat - Serpoucht*. La cour était pleine de Mirzas et de Serbâs. Dans un coin s'apercevait un fagot de verges de bois vert. Près d'elles quatre vigoureux soldats, sans armes, attendaient l'ordre qu'ils devaient exécuter. — Nous ne pouvions douter de l'intention du gouverneur de nous donner satisfaction, cet appareil nous le disait clairement; mais nous ignorions encore jusqu'où pourrait aller son irritation, quand il connaîtrait tous les détails de l'aventure.

Nous entrâmes dans le *Divan-i-Khânèh*. Manoutcher-Khân renvoyant le menu de ses visiteurs qui passèrent dans la cour, nous fit asseoir près de lui, à la place d'honneur. Nous échangeâmes les politesses d'usage; il nous parla avec intérêt de notre état, de ma blessure qu'il ne croyait pas aussi grave et qui lui fit pousser plusieurs *Vallâh!* Mon compagnon raconta lui-même les épisodes de l'affaire, qui excitèrent vivement l'attention du Khân et émotionnèrent l'auditoire. Les yeux du gouverneur s'animaient peu à peu, et, de sa bouche qui grommelait avec une sourde colère sortaient, de temps à autre, les mots de *Pezevenk! Haram-Zadèh!* Les exclamations réitérées de *Machallâh!* interrompirent fréquemment le récit du combat. Elles furent répétées, avec une sorte d'enthousiasme, par les assistants, lorsqu'ils entendirent le serviteur de M. Ivanouski raconter, avec l'expression de la reconnaissance, qu'il me devait la vie; que, renversé par ses trois agresseurs, et désarmé, il aurait été, sans moi, infailliblement massacré. — Je suppose que ce témoignage dut établir une compensation en ma faveur, dans l'esprit de ceux qui paraissaient me voir d'un mauvais œil pour les coups que j'avais portés à des Musulmans.

Le Khân nous demanda quel châtiment nous voulions qu'il infligeât. Nous lui dîmes que ce serait sans doute assez d'une bastonnade. Mais il ne voulait pas s'en contenter, et prétendait leur faire couper la tête. Je pensai, à part moi que c'était une manière de compliment, une flatterie qu'il voulait nous adresser, car il n'y avait véritablement pas lieu à une peine capitale. Nous le remerciâmes de *tant de bonté;* nous le priâmes de garder ses *faveurs* pour une autre occasion plus sérieuse si elle se présentait; et nous lui dîmes que, pour le cas présent, nous insistions, en notre nom et en celui du général Duhamel, pour qu'il n'allât pas plus loin que la bastonnade, mais *une bonne bastonnade.* A voir les épaules des exécuteurs et la flexibilité des bâtons de bois vert nous pensions que c'était bien assez. — Nous eûmes les plus grandes peines à faire descendre la rigoureuse justice du Khân jusqu'à ce châtiment. Il nous répétait « que « c'étaient des *Pezevenks*, des *Loutis*, des *Haram-Zadèhs*, « qu'il fallait faire un exemple, et qu'il nous demandait « de permettre qu'il leur fît couper, au moins, le nez et « une oreille. » Sur notre refus, il insistait pour une oreille, disant « qu'il était utile, pour ceux qui seraient « tentés de les imiter, qu'ils fussent marqués de ce stygmate « de sa justice envers les mauvais sujets qui infestaient encore « Ispahan. » Ce ne fut qu'à la vivacité de nos instances que le gouverneur céda, et daigna accorder la bastonnade. Du reste, si cette lutte entre lui et nous nous fit passer pour des gens très-humains dans l'esprit des assistants, il est possible qu'elle nous ait fait juger comme des hommes faibles dans l'esprit du sanguinaire eunuque.

Après cette discussion, Manoutcher-Khân frappa trois petits coups dans sa main. Les *Pichketmèths* apportèrent un déjeuner excellent, auquel il nous invita à prendre part. Pendant le repas, on parla de choses et d'autres; les coupables furent oubliés; tandis que ces malheureux, connaissant le caractère de leur juge, attendaient dans une anxiété affreuse de connaître le châtiment qu'il leur réservait. Le déjeuner terminé, les convives se lavèrent les doigts et la bouche au-dessus de la cuvette dans laquelle les domestiques versaient l'eau d'une aiguière émaillée de Kachân, et l'on apporta les balioûns qui furent tranquillement fumés.

Le gouverneur, qui était assis près de la fenêtre, au-dessous de laquelle ses officiers et ses nazirs attendaient ses ordres, fit signe d'amener les coupables. A leur vue, ses yeux prirent une expression de férocité qui fit trembler les malheureux sur lesquels il les fixait en leur adressant les épithètes les plus injurieuses, et en les menaçant de sa juste colère. Quand il donna ordre aux serbâs, qui en étaient chargés, de commencer l'exécution, nous eussions voulu être partis et ne pas assister à cette scène que nous ne pouvions ni ne devions empêcher, mais à laquelle nous aurions voulu ne pas être présents. Lorsqu'on découvrit la tête et les épaules de ces hommes pour leur administrer les cinq cents coups de bâton auxquels ils étaient condamnés, le gouverneur se tourna vers nous et nous dit : « Je comprends « maintenant que vous trouviez qu'ils seront assez punis par « le bâton; je vois que vous vous êtes chargés du soin de « prévenir le châtiment que je devais leur infliger....... » En effet, ces malheureux, mais surtout l'un d'eux, avait la tête dans un état horrible. Il était blessé d'un coup de poignard, et avait le crâne presque trépané par les coups que je lui avait assénés avec le canon de mon pistolet. — Les Persans ont le milieu de la tête rasé, ce qui fait que les coups qu'ils y reçoivent ne sont point amortis par les cheveux. — Alors que j'étais de sang-froid, et que je n'avais devant les yeux qu'un homme blessé et souffrant, exposé à un châtiment plus rude encore que les coups que je lui avais portés, je fus saisi de pitié, et j'obtins du gouverneur un allégement de la peine, en réduisant le nombre des coups. Chacun des coupables en reçut cependant une centaine pour l'exemple.

La justice du Khân avait eu son cours. Le respect dû aux représentants du Frenguistan avait été de nouveau consacré publiquement par le bâton. Nous prîmes congé de Manoutcher-Khân en le remerciant de l'appui qu'il prêtait aux Européens et de la grâce qu'il avait bien voulu nous accorder en ne poussant pas plus loin les rigueurs de sa sévérité.

Cette petite affaire avait été pour nous l'occasion de faire connaissance avec le *Meuhthamèt* (3), nom sous lequel on désignait Manoutcher-Khân. Il nous fit toute espèce d'offres de services. Sachant que la mission que j'avais reçue de mon gouvernement avait pour but d'étudier tout ce qui se rapportait aux arts, il me dit, avec la plus grande bienveillance, qu'il se mettait à ma disposition pour me seconder en tout ce qui dépendrait de lui.

Nous profitâmes, quelques jours après, de la bonne volonté du gouverneur, pour obtenir de visiter en détail le palais de *Tchehel-Sutoun*. Nous nous y rendîmes un matin, et fîmes savoir au Khân que nous réclamions ses bons offices pour entrer dans le palais et nous permettre d'y demeurer une partie du jour. Il nous envoya immédiatement son *Ferrach-bachi* pour nous faire ouvrir toutes les portes et nous installer comme ses hôtes dans le palais de Châh-Abbas. Nous avions à peine pris possession des lieux, sous les élégantes colonnes du kiosque où nous aspirions la fraîcheur d'un bassin et des ombrages d'alentour, lorsque nous vîmes arriver quatre *Ferrachs* portant sur leur tête de grands plateaux recouverts par des tapis de soie et de cachemire frangés d'or ; c'était un excellent déjeuner que nous envoyait gracieusement Manoutcher-Khân. Il nous faisait dire « que « nous ne pouvions passer la journée là sans y prendre une « collation, et qu'il ne voulait pas que d'autres que lui « prissent soin de nous l'offrir ; que nous étions chez lui ; « que nous étions ses *Meïmâns*, et qu'il nous priait d'agir « comme tels, en demandant tout ce dont nous pourrions avoir « besoin. » Nous ne nous fîmes pas prier pour faire honneur au déjeuner du Khân. Des sorbets et d'autres rafraîchissements s'y mêlaient à de petits mets délicats ; et, pour ma part, je me confirmai dans cette opinion, que l'art des *Hach-pass* persans n'est nullement barbare ni à dédaigner.

Après le repas, fait au bord d'un bassin d'eau jaillissante, sur de moelleux tapis ; après le *Kalioûn* et le thé, je pensai à l'étude. J'étais là dans un des lieux les plus remarquables de la Perse moderne. Le *Tchehel-Sutoun* est un des ouvrages qui donnent le mieux l'idée du luxe, de l'élégance somptueuse et du goût des Persans. C'est, en même temps, l'un de ceux qui rappellent le plus dignement la belle époque, la brillante civilisation de la Perse sous ses premiers rois Sophis.

Ce palais est situé au centre de plusieurs jardins qu'on appelle *Hecht-Beïcht*, ou les *Huit Paradis*, par allusion aux séjours délicieux qui s'y trouvent. Ce kiosque se compose d'un corps de bâtiment, où sont plusieurs petites pièces élégantes, retirées et intimes. Elles communiquent à une salle qui n'a pas moins de trente mètres de long sur six de large, qui coupe toute la largeur de l'édifice. Cette pièce est d'une ornementation extrêmement remarquable : les murs, les fenêtres, les portes et le plafond en sont tout dorés et couverts de peintures de différents genres, parfaitement exécutées. Celles des portes, notamment, sont d'une touche exquise. Sur les petits panneaux qui divisent chaque vantail, sont peints des tableaux qui représentent des femmes, des danseuses, dans des costumes charmants, ou des bouquets de fleurs artistement disposés, reproduits avec une légèreté et une élégance de pinceau qui étonne.

Ce que cette salle royale offre de plus beau et de très-réellement remarquable, ce sont six grands tableaux qui ont cinq mètres de long sur trois ou quatre de haut, représentant des faits de l'histoire de Perse. Châh-Abbas, fondateur de cette magnifique résidence, s'était plu à y retracer des épisodes de la vie de ses glorieux ancêtres. Il ne s'y était pas oublié : à côté de Châh-Ismaïl combattant les Turcs, et de Châh-Thamas recevant l'empereur indien *Houmaïoûn* auquel il accorda une hospitalité toute royale, on voit Châh-Abbas taillant en pièces l'armée des Tartares-Yusbeks. Les autres tableaux représentent des fêtes royales.

Cette salle était celle du trône, ainsi que le raconte Chardin qui l'y a vu. On y arrivait par un salon avec lequel elle était mise en communication au moyen de deux belles portes. Ce salon est lui-même splendidement orné d'innombrables glaces de Venise, de peintures de toutes sortes parmi lesquelles figurent plusieurs portraits. L'or, le stuc, l'azur et l'albâtre se mêlent et s'allient pour charmer l'œil, depuis la base jusqu'au plafond. Un grand bassin d'eau, sans cesse renouvelée, est au milieu. Cette espèce de vestibule royal a une de ses faces qui est tournée au nord, entièrement ouverte sur un portique formé de dix-huit colonnes élégantes supportant un toit qui abrite du soleil et sous lequel l'air se répand et circule sans obstacle. C'est ce portique qui a fait donner à cette résidence le nom de *Tchehel-Sutoun*. *Tchehel* signifie, en persan, *quarante*, nombre tout à fait de convention, exprimant beaucoup de colonnes, sans s'arrêter au nombre exact qui est dix-huit. Ces colonnes sont extrêmement légères, dorées et tournées en spirales; elles s'élancent à une hauteur de dix mètres. Les quatre qui sont au centre ont chacune pour base un groupe de quatre lions sculptés dans un bloc d'albâtre; ils sont adossés de manière à ce que leurs têtes forment les angles; chacun de ceux qui sont tournés vers le centre a dans la gueule un tuyau par lequel il lance de l'eau dans un bassin carré au milieu duquel est un jet d'eau qui répand une pluie fine et rafraîchissante. Il est fort heureux que les envahissements, les guerres, l'abandon, n'aient pas ruiné ce bel édifice que nous avons trouvé dans un état de conservation qui lui promet encore de l'avenir.

Dans une enceinte située derrière celle où se trouve *Tchehel-Sutoun*, et au milieu d'un autre jardin avec de grandes pièces d'eau, est un autre kiosque royal. Il n'est pas,

comme celui que je viens de décrire, précédé par un portique à colonnes; mais le premier salon qu'on y voit, ouvert sur le jardin, est percé de grandes arcades sur trois côtés. Ces ouvertures sont, dans toutes ces habitations, disposées de manière à ne recevoir que les courants d'air frais; elles sont orientées au nord, à l'est et à l'ouest. Le reste des constructions qui composent ces demeures est du côté du sud, et sert d'abri à ces salles ouvertes où l'on peut braver la chaleur du soleil dont les rayons, s'ils y pénètrent, n'y arrivent qu'à leur déclin.

Je ne terminerai pas le récit de toutes ces merveilles de l'art oriental, enfantées par le génie des Persans pour abriter les plaisirs et la mollesse de leurs princes, sans parler du charmant petit palais de *Kalvèt-Serpouchidèh.* Cette élégante demeure, qu'on appelle aussi *Amarat-Serpoucht*, est actuellement le séjour du *Meuhtamèth.* C'est là qu'il dicte les arrêts de sa justice sévère. Au milieu de ce petit paradis, les gémissements des coupables s'entendent maintenant plus souvent que les éclats joyeux des fêtes. Les voluptueux plaisirs auxquels cet *amarat* était consacré ont fait place aux douleurs des criminels, aux vengeances cruelles des victimes. —Mais, que l'appareil de la justice disparaisse avec la figure austère du juge, ce séjour reprend sa physionomie de luxe et d'élégance, et ne rappelle plus que de mystérieux plaisirs. Que le lecteur oublie donc la triste scène à laquelle il a assisté. — L'implacable gouverneur s'est retiré en emportant son terrible glaive. — Plus de figure sinistre, — nous sommes seuls, —nous entrons dans un petit jardin embaumé de fleurs odorantes, toujours fraîches, toujours arrosées par la douce pluie que répand un jet d'eau qui ne s'arrête jamais. Là, le chèvrefeuille embaumé et la rose, *délicieuse coupe où vient boire le rossignol*, s'élancent en longues guirlandes, et retombent, en se jouant, au-dessus de l'albâtre des vasques élégantes. — L'eau limpide du bassin déborde, et tombe en capricieux festons pour baigner les jacinthes et les tubéreuses qui remplissent l'atmosphère de leurs parfums. — Le pavé de marbre, toujours blanc, toujours frais, réfléchit, comme un miroir, les lilas et les myrtes. — Nous voici transportés, par une bonne fée, dans un de ces palais enchantés des contes arabes. — Encore un pas, et nous serons assis au milieu des merveilles fantastiques d'un Orient fabuleux. — Montons ces degrés, — soulevons cette élégante tapisserie, — nous entrons dans un appartement où les yeux éblouis ont peine à voir. — La lumière du jour ne parvient à faire entrer quelques faibles rayons qu'au travers des dessins délicats de vitraux colorés et découpés en forme de fleurs. — Le pied y pose silencieusement sur de riches tapis, d'une mollesse, d'une douceur sans reproche. — De gracieuses peintures y intéressent, quelque part qu'il se porte, le regard le plus paresseux. — De petits coins bien secrets et bien tranquilles vous invitent au repos. — Vous vous laissez bercer par de doux songes qu'enfantent le silence et les ravissants objets qui vous entourent; et, dans ce réduit où tout est mystérieux comme un désir, voluptueux comme un plaisir, la rêverie vous domine, elle vous subjugue. — Un panneau se lève, une salle vous apparaît à demi éclairée par un jour bleuâtre ; — c'est le réduit le plus secret de la beauté, le bain où les amours viennent tremper le bout de leurs ailes. — Le sybarite anachorète de cet ermitage où mille voluptés se cachaient pour lui, y a enfanté les plus suaves créations, imaginé les plus subtiles raffinements de la jouissance. — Dans un large bassin, toujours plein d'une eau limpide et profonde, se baignent seize cariathides en marbre, groupées par quatre, et supportant quatre colonnettes de glaces et d'or, le long desquelles se glisse une douce lumière; — sur sa nappe tranquille posent de larges nénuphars en cristal, desquels s'échappent, comme de longs pistils, de gracieux jets d'eau. — Leurs gouttes, éparpillées, rafraîchissent la dalle. — Partout de vives peintures, des sculptures gracieuses, de riches mosaïques : — cent miroirs, comme si ce n'était pas assez d'une réalité, répètent les charmants détails de cet ensemble enchanteur. — Mais c'en est assez. — Tu vas peut-être, lecteur, vendre ton âme pour cette vie asiatique enchâssée de perles, d'or, de saphirs, où tu entrevois à chaque pas une joie nouvelle, où tu crois que chaque heure donne un bonheur nouveau : — c'est là que demeure le vieux et austère eunuque Manoutcher-Khân.

Le palais de *Kalvèt-Serpouchidèh* est d'une date récente; il fut construit par le prince *Sefi-ed-Doulèt*, fils de Fet-Ali-Châh, qui eut en partage le gouvernement d'Ispahan. Il n'avait pas eu l'ambition de rivaliser avec les splendeurs de Châh-Abbas ; il n'avait pas visé aux grandeurs somptueuses du Tchehel-Sutoun. Homme de goût et de plaisir, épicurien de l'école d'Hafiz, le Châh-Zadèh avait conçu l'idée d'un paradis à son usage, — il l'avait réalisée. — Entouré des ruines des Sophis, redoutant la tristesse de ce spectacle de dévastation et de misère que l'époque actuelle mettait sous ses yeux, il avait réussi à charmer les siens par tout ce que l'art et l'imagination pouvaient enfanter de plus délicat et de plus galant. — Mais combien d'exactions furent le prix des plaisirs du prince? Voilà ce que je ne sus pas, et ce que pourraient dire les Ispahanis. — Dépossédé, par suite du système adopté par Mehemet-Châh, comme la plupart des princes de sa famille, il vit modestement aujourd'hui à Téhérân; rêvant avec tristesse à son délicieux Amarat. — Souhaitons-lui des souvenirs qui le consolent des plaisirs qu'il a perdus.

CHAPITRE XXXII.

Un agent anglais. — Bazars d'Ispahan. — Intérieur persan. — Repas. — Musique. Habillement. — Visite d'adieu à Manoutcher-Khân.

Le nombre des hôtes que M. Boré recevait obligeamment dans sa maison s'augmenta d'un nouvel arrivé. C'était cet Anglais dont j'avais reçu la visite à la grotte de Tâgh-i-Bostân. On se rappelle qu'il m'avait écrit pour me donner avis de son arrestation par le Serdâr, qui l'avait envoyé au camp du roi ainsi que son compagnon de route. Là, le premier ministre l'avait reçu mieux qu'il ne s'y attendait. — Car il faut dire que les Persans sont sans méchanceté et naturellement portés à la bienveillance; ils conservent les formes habituelles d'une politesse affable, même à l'égard des gens dont ils ont à se plaindre. — Après les ordres qui avaient été expédiés à Kerman-Châh, ces voyageurs étaient devenus les hôtes du Châh. Le vizir leur assigna une tente au milieu du camp, et, bien qu'ils y fussent gardés à vue, ils y étaient très-bien traités. On fournissait à tous leurs besoins, et on le faisait avec une libéralité qui ne laissait rien à désirer. Après quelques jours passés au camp royal et plusieurs entrevues avec les autorités, après beaucoup de pourparlers, l'un de ces deux Anglais, qui voulait se rendre dans l'Inde par l'Affghânistân, partit pour Téhérân où il devait prendre la route du Khorassân. Quant à l'autre, il avait simplement annoncé le désir de visiter la Perse et d'y recueillir quelques notes archéologiques. Hadgi-Mirza-Hagassi avait de bonnes raisons pour douter de sa sincérité; il ne croyait guère à ce qu'il disait et craignait ce qu'il ne disait pas. Il n'avait pas tort, comme on le verra par la suite. Néanmoins, n'ayant que des soupçons, et le ministre de Russie intercédant en faveur de ce jeune homme qui d'ailleurs ne paraissait pas dangereux, le vizir lui permit de rester à Ispahan.

Dans ce moment-là, les Anglais cherchaient à fomenter la révolte chez les Bactyaris, espérant les décider à se rendre indépendants du Châh, ce qui devait entraîner tout le littoral du golfe Persique. Le hadgi craignait, non sans raison, que son prisonnier ne profitât de sa liberté, s'il la lui rendait, que pour se jeter dans les montagnes du Khouzistân et n'allât tendre la main aux agents de l'Angleterre qui se trouvaient déjà de ce côté. Il le fit donc accompagner par des cavaliers qui avaient l'ordre de le conduire à Ispahan par une route qui leur était désignée, et de ne le quitter que rendu dans cette ville, après avoir donné au gouverneur avis de son arrivée. C'est dans cet équipage et ainsi escorté qu'il vint un matin descendre de cheval à la porte de M. Boré, qui le reçut cordialement. Les aventures de ce jeune homme, la défiance persistante du gouvernement persan à son égard, et les réflexions que nous suggéra sa conversation, finirent par nous convaincre qu'il était réellement un de ces agents sans caractère officiel, mais aussi entreprenants que persévérants, que l'Angleterre lance partout où elle a des vues à poursuivre, des intérêts à conserver.

A cette époque, il couvait sur plusieurs points de la Perse des révoltes qui menaçaient d'envahir toutes les provinces. La faiblesse du vieux Mollah qui dirigeait les affaires publiques et régnait pour le roi malade et débonnaire, encourageait l'esprit de rébellion. Les tribus toujours *Hâhssi* s'étaient armées les premières. Un rebelle, Aga-Khân, chef de secte par politique, voleur par besoin et par occasion, avait levé la bannière sous laquelle les débris des bandes de loutis d'Ispahan et quelques *sophis* fanatiques étaient venus se ranger. Après avoir quelque temps intercepté les routes du centre, avoir pillé les caravanes et les villages, il s'était jeté du côté de Kermân où il avait de nombreux partisans. Mais les plus redoutables ennemis qui menaçaient alors la Perse étaient les Anglais. Mécontents des suites qu'avait eues pour eux le siége d'Hérât, bien qu'il eût été levé, ils ne pouvaient pardonner au Châh d'avoir expulsé de Téhérân le représentant britannique. L'esprit de rancune avait fait alliance avec l'esprit d'envahissement, et, sur plusieurs points du territoire persan, ils se montraient ou agissaient sourdement, de manière à susciter des difficultés au gouvernement de ce pays. Ils étaient à Khiva, à Herat dont ils étaient restés les maîtres; ils s'étaient avancés jusqu'à Ouriân, sur la limite du Khorassan. A leurs instigations les *Beloutchs* menaçaient de conduire de nombreux auxiliaires à Aga-Khân, et de mettre le siége devant Kermân dont le gouverneur venait de perdre son frère tué par les révoltés. Les émissaires anglais se répandaient sur toute la côte de l'Arabistân persan, et l'on prétendait même que, maîtres de l'île de *Karak*, vis-à-vis Bouchir, un de leurs bateaux à vapeur avait remonté le Karoûn jusque vers *Chouchter*. Le gouvernement du Châh ne pouvait se dissimuler que la situation était critique. Dans cet état de choses, il n'était donc pas étonnant qu'il eût cru devoir entraver les pas et démarches d'un Anglais venant de Bagdad, parlant persan mieux qu'il ne voulait en avoir l'air, et voyageant sans but déterminé. On devait craindre ses faits et gestes; il était naturel de penser qu'il venait avec une mission secrète. Il avait fait le sourd et l'innocent à Hamadân; à Ispahan, il agit autrement. Il essaya de la persuasion auprès du Meuhthamèt; il affecta même la prétention singulière de vouloir que l'ambassadeur russe lui prêtât son appui pour faciliter ses entreprises. Il ne cachait plus son désir d'aller au milieu du pays des Bactyaris. Des résistances du gouverneur d'Ispahan il en appelait au ministre de Russie, et il s'étonnait beaucoup que celui-ci ne lui vînt pas plus franchement et plus efficacement en aide, c'était de l'outrecuidance anglaise par trop véritablement naïve. — Les Russes, qui ont toujours été et seront encore longtemps les adversaires naturels des Anglais dans ces contrées, comment auraient-ils eu la bonhomie de prêter l'appui de leur influence dans les divans persans à un agent de l'Angleterre, surtout dans ces conjonctures? C'était une aberration que nous ne pouvions nous expliquer de la part d'un jeune homme, d'ailleurs plein d'intelligence, que par un de ces mouvements d'orgueil britannique qui veut que tout plie devant lui. Cependant l'Anglais partit; j'ignore quel moyen il avait employé pour en venir à ses fins; toujours est-il qu'il partit pour le Khouzistân, et que nous sûmes plus tard qu'il y résida plusieurs mois chez un des grands chefs des Bactyaris. On verra ce qu'il était allé y faire.

Dans le même temps, des nouvelles étaient arrivées de l'armée expéditionnaire russe qui marchait sur Khiva. On avait su que cette armée, commandée par le général Perrowski, avait eu à supporter des fatigues et des privations horribles en traversant le grand désert de Karasm où elle avait fait de nombreuses pertes. Le courrier qui apportait des nouvelles au général Duhamel lui apprenait que les troupes russes étaient à quelques journées encore du terme de leur marche, mais que les difficultés grandissaient à chaque pas, tandis que leurs forces diminuaient d'autant. —J'ai dit que les Anglais avaient des agents à Khiva ; il ne pouvait en être autrement : cette ville était menacée par la Russie, il fallait lui donner une force morale et la soutenir en y faisant représenter l'Angleterre. C'était la continuation du système qui avait fait interner à Herat un officier du génie anglais, dirigeant les Affghans dans leur défense et correspondant avec l'ambassadeur d'Angleterre dans le camp même du Châh de Perse. Mais à Khiva ces agents ne s'étaient pas bornés à jouer un rôle passif et à y attendre les événements; ils avaient fait plus, et, l'on aurait peine à le croire, ils étaient allés jusqu'à dépêcher au camp du général russe un officier anglais chargé de lui faire des remontrances et d'employer tous les moyens en son pouvoir pour arrêter sa marche. Le général Perrowski reçut cet envoyé avec la plus grande urbanité. Quand il l'eut écouté, il le fit mettre au milieu d'une escouade de Kosaks, et, ne voulant pas qu'il allât à Khiva dire dans quel dénuement il avait trouvé son corps d'armée, il le fit conduire ainsi jusqu'à Moscou. Cependant, cette campagne de la Russie tournait mal, et les efforts des Anglais avaient pour auxiliaires la nature des contrées désertes, la privation d'eau, d'aliments, la perte des hommes et des bêtes de somme. Nous ne sûmes pas tout, mais les dépêches apportées par le *tchâpar* au ministre de Russie devaient contenir des faits graves, fâcheux même, car toute la mission partit subitement pour Téhérân, afin sans doute de se rapprocher du théâtre des événements.

Il me reste, pour compléter mes études sur Ispahan, à parler de ses bazars. Dans une cité asiatique, ils constituent pour ainsi dire une ville à part, ville qui a aussi ses rues, sa population, sa police, et surtout sa physionomie distincte. Ceux d'Ispahan, dignes de cette grande ville, sont, sous ces rapports, les plus remarquables de Perse. Ils sont immenses, se divisent en un nombre considérable de quartiers qui sont traversés par un plus grand nombre de rues ou de galeries très-bien bâties et ornées de quelques peintures. Il faut plus d'une heure à cheval pour parcourir la voie centrale, celle à laquelle aboutissent toutes les autres de chaque côté. Rien, dans nos pays, ne peut donner la moindre idée d'un bazar d'Orient. Qu'on se figure de longues allées, larges de douze à quinze pieds, voûtées, éclairées du haut, et bordées sans interruption de boutiques garnies de marchandises entassées au fond, exposées sur les parois latérales, ou étalées sur la devanture. Dans chacun de ces magasins, qui n'ont guère plus de sept à huit pieds de largeur ou de profondeur, sont assis gravement sur leurs talons les marchands qui fument, comptent, mesurent ou débattent leur prix avec les acheteurs. Entre ces boutiques, le passage est obstrué par une foule de gens à pied, à cheval, mirzas, portefaix, soldats, muletiers, *sakkas*, *kalioundjïs* (4), femmes voilées, derviches qui invoquent Ali, ou chameaux chargés de pesants fardeaux sous lesquels circule avec une adresse remarquable tout ce monde, évitant les atteintes de ces animaux qui tiennent trop de place dans ces étroites galeries. Tout ce peuple se meut, se presse, se heurte ou se gare, aux cris répétés de : *Kabardah! Kabardah!*

Dans les bazars d'Orient, tous les artisans ne sont pas confondus, tous les négoces ne sont pas mêlés : ils sont séparés, ils ont des quartiers distincts, chaque nature de marchandise a son bazar particulier. Ainsi, il y a bazar des drapiers, bazar des armuriers, bazar des tailleurs, bazar des confiseurs, etc., etc., et le dernier, d'après ce que j'ai raconté des réceptions qui nous étaient faites dans chaque ville, n'est pas, comme on a pu en juger, un des moins importants. Les Persans, en effet, sont friands et mangent beaucoup de sucreries. Cette division des diverses branches de négoce est on ne peut plus favorable aux consommateurs comme aux vendeurs; car les premiers ont la commodité de trouver dans le même lieu à choisir ce qu'ils cherchent, les seconds profitent de l'avantage que leur donne leur réunion en forçant les acheteurs à venir dans leur quartier. En outre, cette disposition des bazars par état leur donne un aspect très-pittoresque; — ainsi rien n'est curieux et agréable à l'œil comme le bazar où sont groupées, avec tous les accidents heureux que forme le hasard, les armes de toute espèce que l'on aperçoit dans la profondeur de la galerie des armuriers, où un rayon de lumière, çà et là projeté sur un faisceau de fusils, d'arcs ou de sabres, fait briller de tout l'éclat de leur acier les fins damas du Khorassan ou les canons de Chiraz, à côté des flèches peintes de la Turcomanie. Plus loin, ce sont les marchands de tapis ou ceux qui vendent les *kadoks* (5) d'Ispahan, qui étendent et suspendent leurs charmants *sedjiadèhs* aux mille couleurs harmonieuses, ou leurs longues bandes de toile de coton à grands ramages de fleurs et d'oiseaux entremêlés, qui forment des assemblages de draperies et de couleurs dont l'œil est flatté et que la pensée n'imaginerait pas. Ici est la rue des Hachpass, où le boutiquier vient prendre son repas qui se compose d'un peu de *pilau* et de *khebâb*. A côté, un Kalioundji lui prépare une pipe en lui assurant que son *tombeki* est bien du véritable *Chirazi*, c'est-à-dire de Chiraz qui est réputé produire le meilleur tabac. Cette partie du bazar n'est pas moins pittoresque : les tons enfumés qui lui sont particuliers lui prêtent des fantaisies d'ombres et de lumière, des clairs-obscurs qui ne seraient pas indignes de la palette de Rembrandt. A côté, comme pour faire opposition aux teintes brunes et noirâtres du bazar culinaire s'aperçoivent papillotant à l'œil flatté, les élégantes boutiques des émailleurs qui disposent avec art sur des échelons, pour séduire les amateurs, leurs gracieux et riches *khalioûns* en or ou argent émaillé, entourés de guirlandes de corail et de perles. Près d'eux sont les peintres, les habiles faiseurs de boîtes et de *kalamdâms* ou écritoires sur lesquelles, avec un fini et une délicatesse inouïs, ils peignent des fleurs, des arabesques et des scènes de harem. Là, l'œil est aussi attiré par des groupes séduisants de miroirs de toutes sortes, sur lesquels ressortent des peintures plaines de charme.

De distance en distance, dans ces galeries, s'ouvre une grande porte qui est celle d'un caravansérail. Comme les bazars, les caravansérails ont leur spécialité. Les uns reçoivent les épices, les autres les soieries, les porcelaines ou les verreries, ou les peaux, ou les métaux, etc., etc. Ce sont des espèces d'hôtelleries où descendent, avec leurs marchandises, les négociants en gros qui y trouvent un logement et un magasin pour lesquels ils paient une légère redevance pendant leur séjour. C'est là que viennent s'approvisionner les détaillants; c'est là aussi que les agents du fisc vérifient les ballots, leur nombre, la nature de ce qu'ils contiennent, et prélèvent l'impôt dû par leur propriétaire.

Les bazars s'ouvrent de bonne heure et ferment de même. Les marchands retournent, dès que le soleil est couché, dans leurs maisons où il ne reste, pendant qu'ils sont à leurs affaires, que leurs femmes et leurs enfants. Au milieu du jour, cette espèce de ville marchande contient la plus grande partie de la population ; car c'est là que tout le monde va, c'est là qu'on se rencontre, qu'on traite de ses affaires et qu'on se visite ; mais la partie bourgeoise de la population , les artisans, les ouvriers de toute sorte. Les personnages d'un rang élevé n'y circulent pas; ils y passent entourés de leur cortége de ferrachs, si c'est leur chemin, mais ils ne s'y arrêtent pas, ils compromettraient leur dignité. Dès qu'il fait nuit les bazars sont déserts; les boutiques bien fermées, cadenassées, sont confiées à la garde de la police dont les agents sont les seuls passants qu'on y rencontre, faisant le guet dans l'ombre pour mieux surprendre les voleurs qui sont, il faut le dire, très-rares.

Les rues des villes en Perse sont généralement étroites ,

il n'y a guère qu'à Ispahan que l'on en voit quelques-unes qui soient larges. Ces rues sont d'un aspect triste, parce qu'elles sont bordées de murs sans fenêtres, toutes les maisons ayant leur ouverture sur les cours intérieures. De distance en distance, les longues murailles en briques qui closent les habitations sont percées de portes qui y donnent entrée; mais elles sont disposées de façon à ne permettre aucunement la vue de l'intérieur. Ces portes sont petites ou grandes, basses ou hautes, selon le rang ou l'opulence du propriétaire, l'un des signes auxquels se reconnaît la position plus ou moins élevée d'un Persan étant la hauteur plus ou moins grande de la porte de sa maison. Peut-être est-ce de là que viennent les surnoms de *Alah Kapi* ou *porte haute*, et *Bab-Houmaïoun* ou *Sublime Porte*, donnés à l'entrée du palais de Châh-Abbas à Ispahan, et à celle du sérail à Constantinople. — Cette distinction entre les portes des grands et des petits, des riches et des pauvres, est cause que beaucoup d'entre les premiers réduisent les dimensions de l'entrée de leur habitation, dans l'espoir de donner ainsi le change sur leur position de fortune et d'échapper aux exactions du gouvernement.

Pour donner l'idée de ce qu'est un intérieur persan, je choisirai celui d'un individu de la classe moyenne, mais aisée. Quand on a passé le seuil de la porte ouverte sur la rue, on entre dans une première cour ordinairement plantée d'arbres et d'arbustes, au milieu de laquelle est un petit bassin d'eau qui court, ou que l'on renouvelle selon les facilités que présente la localité : c'est là que le maître de la maison, les visiteurs ou les domestiques font leurs ablutions qu'ils répètent plusieurs fois dans la journée. Communément, une maison se distribue de la manière suivante : un premier corps de bâtiment, ouvert sur la cour, contient ce qu'on appelle le *divan-i-khânèh*, c'est-à-dire le salon de réception, le lieu où le maître du logis se tient pour recevoir ses visites et traiter ses affaires. D'autres pièces plus petites, placées de chaque côté ou en arrière, servent de logement aux hôtes que l'on peut recevoir; c'est là aussi que se tiennent les serviteurs et qu'ils préparent les kalioûns, le thé ou le café pour les visiteurs. Derrière ce premier bâtiment, et complétement caché, est l'appartement des femmes et des enfants. Il y a, comme on voit, dans une habitation persane, deux portions tout à fait distinctes : l'une qui est en quelque sorte publique, l'autre où aucun étranger ne pénètre. Tout cela est au rez-de-chaussée. Cette distribution, toute en surface horizontale, exige beaucoup de terrain, et les coutumes ne permettant pas à deux ménages d'habiter la même maison, il en résulte la nécessité d'une grande superficie pour chacune d'elles, et, par suite, pour les villes, une étendue qui ne se trouve pas, comparativement à ce qui a lieu chez nous, en rapport avec la force numérique de la population.

Quand le maître de la maison a fait sa toilette du matin, dit sa prière, il passe de son harem dans le divan-i-khânèh. Là, sur un grand tapis qui couvre entièrement le sol, placé à l'un des angles, il attend les visites qui peuvent lui venir. Dans la belle saison, il s'asseoit près de la fenêtre ouverte sur la cour plantée où l'on a soin d'entretenir quelques fleurs; si c'est l'hiver, il se met dans le coin opposé, et l'on place au milieu de la salle un réchaud ou *mangal* qui contient de la braise et de la cendre sur laquelle on pose un coing qui, en s'échauffant, parfume l'appartement. Si c'est un personnage quelque peu considérable, les visiteurs sont en grand nombre : les uns viennent lui faire la cour comme à leur supérieur, pour en obtenir une faveur; les autres pour satisfaire ce goût prononcé et répandu en Perse pour les visites et la causerie. Le maître de la maison est assis par terre, les jambes croisées sous lui; tous les visiteurs, rangés et accroupis de la même manière, sont autour de la pièce, dans l'ordre scrupuleusement suivi qui donne à chacun la place qui lui revient par sa position sociale, à partir du maître du logis. Les Persans poussent très-loin l'observation de cette règle hiérarchique, et ils montrent de plusieurs manières jusqu'à quel point ils en sont esclaves. Ainsi, quand quelqu'un entre dans l'appartement, si c'est un personnage de distinction, le maître de la maison se lève, reste debout jusqu'à ce qu'il soit assis, et, dans ce cas, au lieu de croiser ses jambes, il s'assied sur ses talons; il se lève, mais se rasseoit de suite en croisant ses jambes si c'est son égal; il fait simplement le geste de se lever si c'est son inférieur. Les Persans ont un tact incroyable pour voir du premier coup d'œil, quand ils entrent dans un *divan*, la place qu'ils doivent occuper : ils traversent, sans rien dire, l'appartement, et vont sans se méprendre se placer après ou avant ceux qui sont déjà là. Les nouveaux venus agissent à l'égard du maître comme celui-ci agit vis-à-vis d'eux. S'ils sont ses égaux, ils se croisent les jambes; s'ils lui sont inférieurs, ils s'asseoient sur leurs talons. Quant aux gens de la basse classe et aux domestiques, ils se tiennent debout, collés contre la muraille, à l'autre extrémité de la salle, la main dans leur ceinture ou appuyée sur leur poignard, et n'ouvrent la bouche que pour répondre au maître s'il les interpelle. La loi qui règle les rapports des Persans entre eux et les politesses qu'ils se doivent, est tellement sévère, qu'un fils même doit rester debout devant son père et ne pas lui parler avant qu'il y soit autorisé. Dans ces assemblées, le maître du logis fait fréquemment circuler les kalioûns, quelquefois du thé ou du café auquel on mêle toujours de l'eau de rose ou de la cannelle; mais c'est là un *extrà* qu'on ne fait guère que quand il y a un visiteur de cérémonie. Le plus ordinairement, c'est le kalioûn seul qui est offert.

Un Persan prend habituellement son repas dans son *andéroûm*. Quelquefois il arrive qu'il fait servir à déjeuner ou à dîner dans son *divan-i-khânèh*, et qu'il invite ses visiteurs à le partager. On étend sur le tapis une grande nappe qui est en coton, en soie ou en cachemire, selon l'opulence de la maison. On place au milieu les mets qui se composent de ragoûts de viandes aromatisés, ou de poulets et d'œufs, sans que jamais il y manque des plats de *pilau* ou de riz préparé de plusieurs façons: simplement au beurre, avec des raisins, des amendes ou du safran et d'autres épices. Les Persans mangent avec les doigts de la main droite seule, la gauche étant considérée comme impure; ils ne se servent ni de couteau, ni de fourchette, et sont d'une adresse étonnante pour les remplacer. Ils n'ont point d'assiettes; devant chaque convive est placé un pain très-mince, rond, mou, ressemblant à une crêpe, qu'ils mangent et qui leur sert en même temps de serviette. Ils boivent de l'eau ou des espèces de sorbets et de limonades. Mais, ainsi que je l'ai déjà dit, le Koran n'est pas partout religieusement observé, et bon nombre de Persans se laissent aller à l'intempérance en fait de vin ou de spiritueux. Quand ils veulent faire une débauche de ce genre, ils se réunissent ordinairement le soir et passent une partie de la nuit à boire. Dans ce cas-là, le vin ne leur suffit pas, il leur paraît fade, et du *cherâb* ils en viennent à l'*arak* ou eau-de-vie à laquelle ils donnent le singulier nom d'*eau d'Europe* ou *âb-frengui*. Les Persans ne savent pas boire sans s'enivrer, et les orgies de ce genre ne finissent jamais que par la chute des convives qui succombent à l'ivresse.

Après les repas, les domestiques apportent une aiguière avec un bassin, au-dessus duquel chacun se lave la main, la barbe et la bouche; ensuite de quoi on fait circuler les kalioûns. Chez les riches Persans, pendant le repas, on fait venir deux ou trois musiciens; l'un d'eux chante sur un rhythme monotone, entrecoupé de notes très-aiguës, des poésies dont les femmes, l'amour, le vin et les héros font les frais. Les instruments qui accompagnent le virtuose sont un tambourin, une mandoline et une sorte de viole qui s'appelle *kamouncha*. Le concert de ces instrumentistes est peu harmonieux; leur jeu est presque constamment vif et saccadé, et il faut avoir des oreilles persanes pour ne pas se sentir les nerfs désagréablement surexcités par les grincements criards de l'archet et les accents aigus produits par cet orchestre. Néanmoins, quelque barbare que soit cette musique, quelque égaré que soit le sentiment de la mélodie chez les Persans, il en est de cet art comme de tous les autres; on voit qu'il les flatte, qu'ils y sont sensibles, et que, s'ils se contentent du savoir-faire de leurs musiciens c'est faute de mieux. Leur nature se prête merveilleusement à recevoir les impressions produites par les arts de tout genre. Si la musique est chez eux restée en arrière, il y a deux raisons pour cela : la première, c'est qu'elle n'est pas un art d'imitation comme la peinture; elle exige une science et des connaissances qui ne sont pas arrivées jusqu'à eux. La seconde, c'est que la pratique musicale est réprouvée et abandonnée aux *loutis* ou aux malheureux qui n'ont point d'autre moyen d'existence. Il y a donc très peu d'individus qui s'y adonnent, par conséquent très-peu de concurrence et d'émulation, partant point de causes de développement.

Puisque j'ai parlé de l'intérieur d'une habitation persane, c'est le lieu de dire en quoi consiste l'habillement. J'ai déjà décrit celui des femmes, d'après ce que j'ai eu l'occasion de voir dans le harem du prince Malek-Khassem-Mirza, à Tabriz; je n'y reviendrai pas. Pour les hommes, il est le même, quelles que soient leur condition et leur aisance; les nuances qui les distinguent ne tiennent qu'à la qualité et au prix des parties qui le composent. C'est d'abord un pantalon large de soie amaranthe ou de coton bleu; on l'appelle *chalvar* : il se serre à la taille avec une coulisse; il est très-large, et son ampleur est telle qu'il fait l'effet d'un jupon. On met par dessus une petite chemise courte qui descend à peine au bas des reins; elle est en gros calicot blanc ou bleu, ou bien en soie, et s'appelle *pira-hân*. Sur ce premier vêtement on met l'*alkalok* qui est une veste à manches, juste, piquée, n'allant qu'aux genoux. La toilette se complète de l'*aba* ou longue robe, qui doit être fort juste au corps, et coller de manière à bien faire voir les formes; les manches, étroites, s'ouvrent en dedans, sur l'avant-bras, ou se ferment au moyen de petits boutons qui s'arrêtent au poignet. Cette robe est en toile de coton. Elle est croisée sur la poitrine, mais de manière à laisser voir le haut de la chemise, puis elle descend jusqu'à la cheville, en croisant complétement et ne laissant jamais apercevoir les vêtements de dessous. C'est sur cette robe que se porte le *châle*, ou la ceinture, partie de l'ajustement au moyen de laquelle se distinguent le rang et l'opulence d'un Persan; car elle est de simple indienne, de mousseline, de cachemire de Kermân, ou bien de fin thibet. Dans sa ceinture tout Persan passe un poignard qui varie de forme et de prix. Les diverses pièces de l'habillement que je viens de décrire sont indispensables, elles sont de plus invariables; mais il y en a une autre qui varie beaucoup, au contraire, suivant le temps, suivant les saisons, selon les provinces ou les moyens de chacun. Ainsi, le plus habituellement, les Persans jettent sur leurs épaules ce qu'on nomme *abbâh:* c'est un ample manteau, léger, en poil de chameau, qui est tout blanc, blanc rayé de brun, ou tout brun, quelquefois noir et tramé d'or et d'argent. Il y a aussi une longue et large robe à manches très-larges du haut et étroites du bas qu'on appelle *beronni.* Une autre, qui est moins ample, un peu moins longue, dont les manches sont ouvertes, et qui s'appelle *tekmè*, ainsi que le *kordi,* petite redingote courte, sont usités surtout dans le nord. Il y a encore le *katebi,* ou pelisse fourrée, pour l'hiver. Dans les provinces septentrionales, là où le froid est excessif et la neige abondante, on fait usage d'un autre manteau appelé *pouchté* qui est tout en peau de mouton; s'il fait sec on met le poil en dedans, s'il neige on le met en dehors, et l'on est ainsi complétement à l'abri de l'humidité, qui ne saurait pénétrer la laine épaisse et longue.

La chaussure la plus générale à la ville, est une pantoufle sans quartier, en peau de chagrin, verte, pointue et recourbée. Plus courte que le pied, elle s'arrête aux deux tiers de celui-ci, qui porte sur un talon très-haut et fort étroit. Le menu peuple est chaussé de larges babouches infiniment plus commodes, mais qui sont laissées aux artisans, aux raïas de toute espèce; elles sont en peau jaune ou en tissu de coton blanc. Pour monter à cheval et voyager les Persans ont de grandes bottes dans lesquelles ils enferment le bas de leurs larges *chalvars* qu'il nouent autour de la cheville, afin d'être plus convenablement accoutrés pour se mettre en selle.

Le bonnet actuellement usité est en peau d'agneau noir, pointu, et doit descendre jusque sur la nuque, la pointe légèrement inclinée en arrière. Ce *coula,* comme il s'appelle, est exactement de même forme pour tout le monde, mais il varie de prix, selon la finesse de son poil, et les Persans ont une telle habitude de l'apprécier, qu'au bonnet seul ils savent reconnaître la position de celui qui le porte. Pour en donner une idée, je dirai que la plupart de ces bonnets ne valent que cinq ou six *sâbcrâns* ou six à sept francs, tandis qu'il y en a qui se paient jusqu'à dix et douze toumâns ou cent cinquante francs; ce sont ceux de Bokhara, dont la laine a une finesse et un lustre très-recherchés. Autrefois la coiffure générale des Persans était le turban. C'est depuis l'établissement sur le trône de la dynastie des Kadjârs qu'il a été remplacé par le bonnet noir pointu. Les Mollahs et les *Seïds* ou descendants du Prophète ont seuls conservé le turban; les premiers le portent blanc, les autres bleu ou vert.

Les Persans n'ont pas, comme les Turcs, la tête entièrement rasée : ils portent leurs cheveux sur les deux côtés, et assez longs pour qu'ils dépassent leur bonnet au-dessous duquel ils forment, à droite et à gauche, deux mèches que les élégants entretiennent avec soin. Quant à leur barbe, tous la portent entière, mais plus ou moins longue. Généralement ils la laissent venir en liberté. Les princes, les khâns, les fonctionnaires et les militaires la coupent très-court, ne laissant pousser à volonté que les moustaches qui sont, pour quelques-uns, d'une longueur démesurée. Cet ornement viril est l'objet des plus grands soins de la part de tous les Persans. Les vieillards ne portent jamais leur barbe blanche; ceux de la basse classe, surtout dans les campagnes, se la teignent avec du *hennè*, ce qui lui donne un ton orange très-désagréable; mais cet usage est très-peu suivi. Le plus grand nombre, bien qu'ayant naturellement le poil très-noir, le teint encore avec une préparation de hennè et d'indigo, qui lui donne un noir bleu très-intense et lustré. Cette opération se fait tous les quinze jours à peu près, et voici comment : c'est au bain qu'elle a lieu ; on couvre la barbe d'une pommade faite avec du hennè et qui doit rester une heure, après quoi on l'enlève en lavant; la barbe est complétement rouge. Sur cette couche colorée, on en pose une nouvelle qu'on obtient avec la feuille de l'indigo ; on la met très-épaisse, et le patient doit rester, pendant deux heures, sur le dos, sans bouger, afin de laisser cette préparation se sécher et bien pénétrer la barbe. Cette seconde pommade est très-corrosive et cause de vives douleurs à la peau; la coquetterie naturelle aux Persans leur fait braver la fréquence de ce petit supplice. Quand l'effet est produit par l'indigo, la barbe est d'un vert foncé, par la combinaison de la matière colorante bleue et de celle orangée du hennè; peu à peu l'indigo reprend le dessus et le vert tourne au noir bleu; mais ce n'est qu'après vingt-quatre heures que ce résultat est obtenu. Ils ont aussi l'habitude de se teindre, avec le même hennè, les mains jusqu'aux poignets, ainsi que la plante des pieds, et de peindre leurs ongles avec du carmin.

Avant de quitter Ispahan nous allâmes faire une visite d'adieu au Meuhthamèt pour le remercier de ses bontés. Il fut aussi bienveillant et aimable que je l'avais vu précédemment. Il me dit que je pouvais compter sur sa protection tant que je serais dans son gouvernement, et qu'il l'étendrait aussi loin qu'il le pourrait au delà de ses limites. Je pus me convaincre, à l'étiquette qui régnait chez Manoutcher-Khan, aux personnages qui composaient son divan, et à tout son entourage, qu'il jouissait de la plus grande considération à Ispahan. Non-seulement aucun désordre grave n'avait troublé la tranquillité de la ville depuis qu'il en avait pris le commandement, mais son nom seul inspirait aux uns une telle crainte et aux autres une confiance si grande, que sa popularité avait pris un ascendant extraordinaire sur les habitants de toutes les classes. J'étais très-heureux de voir quelle autorité et quelle puissance morale le Meuhthamèt avait acquises, car nous allions laisser de nouveau M. Boré seul à Ispahan. Ses travaux, ses efforts pour y établir un collége français sur des bases durables, avaient besoin d'être encouragés, soutenus par l'autorité. Quelques Musulmans, mais plus encore les Arméniens, surtout les prêtres schismatiques, lui suscitaient une foule de difficultés et lui tendaient des piéges de toute espèce. Il ne se laissait pas prendre à ceux-ci, et le noble but qu'il se proposait lui donnait le courage et la force de tourner ou de briser celles-là. Cependant l'animosité et la jalousie de l'évêque et de ses vartabeds pouvaient devenir dangereuses ou tout au moins gênantes, assez pour que M. Boré dût recourir à l'autorité de Manoutcher-Khân. Il était donc rassurant de savoir que le gouverneur était animé des meilleures intentions à son égard et tout disposé à lui accorder sa protection.

CHAPITRE XXXIII.

Départ d'Ispahan. — Koumichâh. — Yezdikast. — Khonakkhorrâh. — Morghâb.
Ruines de Mâder-i-Suleïman.

Nous avions fait à Ispahan un séjour de quelques semaines pour attendre l'abaissement d'une température caniculaire, nous pensâmes à nous remettre en route et à continuer nos excursions. Elles devaient, cette fois, nous conduire dans le sud de la Perse et atteindre le golfe Persique. Afin de réussir, d'être plus dispos dans cette longue course, et plus en état de nous livrer aux études qu'elle devait nous offrir, il était important de laisser aux vents d'automne le temps de dissiper les miasmes fébriles qui planent, pendant l'été, au-dessus des contrées que nous avions à visiter et où nous pensions devoir fixer notre tente. J'étais d'autant plus désireux de voir le soleil perdre de sa force, et une saison plus fraîche succéder aux chaleurs qui nous avaient accablés, que je sentais déjà en moi le germe et les avant-coureurs de la fièvre.

Nous sortîmes d'Ispahan, ou pour mieux dire de Djoulfah,

accompagnés de notre excellent hôte M. Boré qui nous fit la conduite jusqu'à une heure de la ville. Tout le monde paraissait joyeux autour de moi, chacun était enchanté de marcher en avant. Il faut dire qu'en effet, dans ce pays où la vie est si peu en harmonie avec les habitudes européennes, on préfère, malgré les privations qu'elle impose, celle qui est active et passée à chevaucher à travers les solitudes et les ruines où du moins l'œil est distrait par le changement d'aspect des lieux qu'on parcourt. Moi seul j'étais morne, et me souciais peu des nouveautés qui m'attendaient sur mon passage. J'étais dévoré par la fièvre; l'accès était arrivé à son paroxisme, et j'avais peine à me tenir à cheval; la chaleur m'accablait. Nous marchions à peine depuis deux heures, et nous savions que le caravansérail où nous devions nous arrêter était à dix heures d'Ispahan. Je finis par me cramponner à l'arçon de ma selle, et je me laissai porter par mon cheval à qui je lâchai la bride que je n'avais plus ni la force, ni la volonté de tenir.

Le chemin était rude, rocailleux; mon cheval trébuchait souvent. Chacun de ses faux pas me causait de vives douleurs dans la tête et dans les entrailles. Je jouais de malheur : il y avait six semaines que je me reposais à Ispahan, et cette maudite fièvre s'emparait de moi le jour même de mon départ. J'en étais d'autant plus affligé que je croyais, par la maladie cérébrale que j'avais faite, avoir largement payé mon tribut au climat. Mais que faire? subir mon sort, m'armer d'énergie pour endurer le mal, de courage pour porter en croupe ce lourd et incommode bagage.

Après avoir traversé un long défilé, et suivi longtemps le pied des montagnes que nous avions à notre gauche, nous arrivâmes, à cinq heures du soir, à *Mayar*. Nous entrâmes dans le caravansérail où je ne pus descendre de cheval sans l'aide de deux hommes. Je me jetai de suite sur un tapis et restai abattu jusqu'au lendemain.

Le caravansérail de Mayar est un des plus beaux de la Perse. Les voyageurs le doivent, dit-on, à la mère de Châh-Abbas : il a été construit, non-seulement de manière à satisfaire aux habitudes persanes, mais encore avec une élégance qui en fait un monument dans son genre. En dépit du nom qui s'y rattache, et de son utilité pour les nombreuses caravanes qui s'y arrêtent, cet édifice est déjà délabré, et tombera bientôt en ruine. Dehors, il y a une citerne dans le réservoir de laquelle l'eau se maintient toujours. En face, est un village où l'on trouve tout ce dont on peut avoir besoin en fait d'aliments ou de provende pour les animaux.

Mayar est la première étape sur cette route qui mène à Chiraz. La seconde est *Koumichâh* qui est à six heures plus loin. Ce fut autrefois une ville d'une assez grande étendue, aujourd'hui ce n'est plus qu'un amas de ruines au milieu desquelles quelques maisons, restées debout, abritent un petit nombre d'habitants. L'importance trompeuse de Koumichâh est aussi due à de vastes jardins clos de murs et à une grande quantité de pigeonniers du genre de ceux dont j'ai déjà fait mention comme existant autour de Djoulfah. Cette ville fut florissante au temps des Sophis. Comme à beaucoup d'autres, les révolutions et les guerres intestines lui furent fatales.

Nous logeâmes chez un habitant qui nous reçut de son mieux, mais qui aurait sans doute été bien embarrassé de remplir à notre égard tous les devoirs d'une complète hospitalité, tant il avait l'air misérable. Nous vînmes à son secours en ne lui demandant que le logement pour lequel nous lui donnâmes une gratification qu'il accepta avec empressement. Le lendemain, je me remis en route avec l'appréhension de la fièvre — je ne me trompais pas — il y avait à peine une heure que nous marchions, quand j'en sentis les atteintes. C'est une horrible torture que de voyager, à cheval, avec une semblable compagne. Les heures pendant lesquelles elle s'emparait de moi, étaient précisément celles de notre marche. Rien n'était de nature à me distraire sur la voie que je suivais machinalement, absorbé par la souffrance.

Il est impossible, d'ailleurs, de suivre, en aucun pays, une route plus monotone ni plus désolée. En Perse même, pays de plaines immenses et stériles, ou de montagnes sauvages et arides, on en trouverait difficilement une aussi triste. Nous avions l'espoir que, sur cette grande voie commerciale, cette artère principale de l'économie vitale de la Perse, nous rencontrerions beaucoup de caravanes. Nous pensions y traverser de nombreux villages, y voir des campagnes couvertes de pâturages ou de rizières, des champs d'orge, de blé et de tabac. Notre espoir fut trompé, nous n'y vîmes que quelques hameaux rares et misérables. Autour d'eux, quelques arpents de verdure; et, pendant de longues journées, des déserts sans fin, où poussent péniblement quelques touffes de genêt épineux que broutent des troupeaux de gazelles, seuls êtres qui animent, de loin en loin, ces solitudes. Ces tristes réflexions sur la physionomie du pays faisaient seules diversion à l'abattement dans lequel j'étais.

Nous arrivâmes, après sept heures de marche, à *Aminabad.* Je me jetai dans la première cellule qui se présenta à moi dans le caravansérail.

Le jour suivant, nous n'allâmes qu'à quatre heures de là, à *Yezdikast.* La position de cette petite ville est très-étrange, elle me rappela tout à fait, sauf les dimensions, la ville africaine de Constantine. Comme celle-ci, en effet, Yezdikast est entièrement construite sur une petite montagne de roc, isolée et taillée à pic. Les maisons qui se trouvent sur la limite extrême de la ville ont pour soutien l'escarpement même du rocher. Les fenêtres et les balcons en bois où les habitants se tiennent le soir pour prendre le frais, s'avancent et sont suspendus d'une manière effrayante sur un abîme de cent cinquante à deux cents pieds. On ne pénètre à l'intérieur de cette citadelle naturelle, que par une seule porte devant laquelle un petit pont de bois traverse le ravin. Cette passerelle, qui est très-facile à supprimer, donne aux habitants de Yezdikast une assurance dans leurs moyens de défense, qui les a trop souvent disposés à ne pas obéir aux ordres du Châh; aussi passent-ils pour *hahssis* et ont-ils une assez mauvaise réputation. Mais la principale utilité de leur forte position, c'est de les mettre à l'abri des incursions des *Bactyaris* qui descendent souvent des montagnes voisines et se répandent aux alentours de cette ville.

Yezdikast domine une étroite vallée au fond de laquelle une rivière coule de l'ouest à l'est. On descend sur ses bords en suivant un chemin rapide frayé au pied même du rocher sur lequel la ville est assise. On la franchit sur un pont de pierre en mauvais état, de l'autre côté duquel on trouve un caravansérail. C'est là que nous descendîmes de cheval, car la population de la ville ne passe pas pour hospitalière.

J'avais encore la fièvre, mais j'avais pu reconnaître, depuis quatre jours, qu'elle était tierce. Son caractère intermittent une fois décidé, il ne me restait qu'à suivre les prescriptions qu'avait eu l'obligeance de m'indiquer, dans d'excellentes instructions, le docteur Lachèze : 25 grains de sulfate de quinine pris ce jour-là, et des quantités moindres, répétées pendant les jours suivants, m'en débarrassèrent complétement.

Dans la soirée, nous reçûmes la visite d'un personnage qui était descendu de la ville pour nous faire, disait-il, des offres de service qu'il serait prudent à nous d'agréer. Il se donnait pour un officier chargé de la mission de surveiller le pays, et d'y arrêter une bande de montagnards qui l'infestaient en commettant toutes sortes de brigandages. Il nous assurait qu'il y allait de notre bien, peut-être même de notre vie. Ce khan mettait dans ses paroles trop d'emphase et nous semblait faire trop l'important pour que nous ne crussions pas voir dans sa démarche un but mal déguisé : celui de se faire donner un *pichkèch*. Nous lui opposions nos doutes et l'expérience que nous avions déjà des voyages dans son pays, même dans le voisinage des Bactyaris, dont il voulait nous faire si grand' peur. Mais il insistait et voulait absolument nous accompagner avec ses cavaliers. Un empressement si grand à rendre service à des *Frenguis*, à des *chrétiens*, ne nous parut point, de la part de cet homme, d'assez bon aloi pour que nous acceptassions ses offres. Ayant consulté du coin de l'œil notre goulam, en qui nous avions appris à pouvoir placer notre confiance, Ressoul-

Bek nous fit comprendre qu'il était superflu de prendre une pareille escorte. Convaincus, dès lors, que la démarche de ce personnage n'était qu'un moyen détourné de se faire donner un présent, nous le remerciâmes avec politesse, en y joignant le témoignage de notre gratitude pour son obligeance, et nous le congédiâmes en lui disant qu'étant nombreux et bien armés, nous ne pensions pas devoir rien craindre. Cependant, comme il pouvait y avoir quelque chose de vrai dans ce que nous avait dit ce khan, nous nous préparâmes, avant de quitter Yezdikast, à repousser convenablement toute agression. Chacun visita ses armes, les chargea de nouveau, et nos Persans, qui ont l'habitude d'attacher la poignée de leur sabre au fourreau, pour qu'il n'en sorte pas, prirent soin de le dégager et de le rendre libre. Là-dessus nous nous mîmes en route, sans quitter nos bagages qui, d'ordinaire, marchaient en avant à quelque distance.

Nous cheminions paisiblement depuis deux heures environ, quand nous distinguâmes au loin une petite troupe de cavaliers armés A cette vue, notre premier mouvement fut de penser à l'avis que nous avions reçu à Yezdikast. Ressoul-Bek lui-même ne paraissait pas très-rassuré. Il fit ses préparatifs de combat, fit passer le tchervadar derrière nous, et, se redressant sur sa selle, il renouvela l'amorce de son fusil, comme s'il ne restait plus qu'à se défendre contre un ennemi inévitable. Je ne savais trop que penser quand je m'aperçus que les cavaliers qui venaient à nous se serraient les uns contre les autres et faisaient des préparatifs semblables aux nôtres. — Décidément, dis-je à mes compagnons, nous allons avoir une petite affaire. — Les deux troupes s'approchèrent assez vite, car, de part et d'autre, nous avions pris une allure plus vive et plus propre à la situation. Cependant, en examinant de plus près celui qui paraissait le chef des cavaliers qui nous faisaient face, je ne pouvais lui trouver la mine d'un chef de maraudeurs et de pillards. Mes doutes se changèrent en une certitude complète quand nous fûmes à sa hauteur. Il s'arrêta, et, portant poliment la main à son bonnet, à la manière militaire, il nous salua en nous souhaitant une bonne route. Nous nous arrêtâmes pour échanger quelques paroles avec lui. — Il nous dit qu'il venait de Chiraz et qu'il portait au premier ministre la nouvelle de la mort du Béglier-Bey de cette ville, qui avait succombé à la fièvre. Tout le pays du Guermesir, nous dit-il, est en ce moment décimé par cette épidémie. — Nous nous saluâmes de nouveau, et de chaque côté on en fut pour ses préparatifs belliqueux.

Nous continuâmes notre route vers le caravansérail de *Souldjistân* où nous arrivâmes au bout de cinq heures. Le chemin que nous venions de parcourir était à peine frayé par les chameaux et les mulets des caravanes. Ce sont les pieds de ces animaux qui marquent la trace qu'il faut suivre à travers ces plaines sans fin. Si vous la perdiez, rien ne vous la ferait retrouver, aucune marque ne vous y ramènerait; car aucun jalon n'indique la direction à prendre sur cette mer solide dont l'horizon inabordable n'est que l'effet trompeur d'un mirage lointain produit par les sels en évaporation qui blanchissent et miroitent à la surface du sol. A gauche, la vue se perd ainsi dans l'immensité du désert de Kermân, qui se confond avec le ciel dans une vapeur condensée et brûlante. A droite, l'œil cherche en vain quelque chose qui le charme; il se retire avec tristesse des montagnes sauvages dans les gorges desquelles se cachent ces voleurs intrépides qui, sous le nom redouté de *bactyaris*, sont la terreur de cette contrée et des caravanes qui les traversent. Sur cette route inhospitalière, le voyageur ne peut souvent rien trouver. Il doit, par prudence, tout porter avec lui, jusqu'à l'eau. Car, pendant et après l'été, les ruisseaux n'ont plus de cours; une croûte salée en couvre les bords; les citernes ne présentent plus qu'un fond de vase desséchée et puante.

Je n'ai rien à décrire des pays que nous traversâmes les jours suivants. C'était toujours même solitude et même tristesse. Nous couchâmes successivement à *Abadèh*, lieu qui doit avoir été très-peuplé, à en juger par l'étendue des ruines qui s'y trouvent; et à *Surmek*, petit village où nous eûmes pour logis une grande salle dans une mosquée. Quelques habitants en parurent très-offusqués, mais, comme ils ne nous offrirent pas d'autre gîte, nous restâmes dans celui-là, en dépit d'eux et de Mahomet.

Le 4, nous eûmes pour toute distraction, dans la contrée déserte que nous traversâmes, la vue de quelques onagres ou ânes sauvages qui fuirent devant nous avec une rapidité surprenante. Les Persans appellent cet animal *gour-khar;* ils estiment beaucoup sa chair, qu'ils prétendent être supérieure à celle de la gazelle. Ils le chassent avec des chiens courants, des lévriers de grande taille, mais ils le disent extrêmement difficile à saisir. Ils attribuent à ce quadrupède une malice qui dégoûte de sa poursuite chiens et chasseurs; ils assurent qu'il a une adresse remarquable pour lancer à ceux-ci des pierres qui arrivent avec une violence telle qu'elles sont un véritable danger. Ils trouvent ainsi du merveilleux à la chose la plus simple, à ce qui résulte tout naturellement de la rencontre de petits cailloux sous les sabots de l'onagre quand il est lancé à toute vitesse et de la violence avec laquelle ses pieds de derrière chassent le sol qu'ils effleurent. Mais la simplicité de ce fait ne plairait pas aux Persans, ils préfèrent de beaucoup ce qu'il y a d'extraordinaire dans l'intention qu'ils prêtent si gratuitement à cet innocent quadrupède.

Le *gour-khar* se rattache aussi à une des légendes populaires du pays; son nom même se lie à celui d'un des souverains de la dynastie Sassanide, *Bahram*, que l'on appelle vulgairement *Bahram-Gour*, parce qu'il était tellement habile à tirer de l'arc, que, poursuivant des onagres, il ne manquait jamais de mettre une flèche dans l'oreille de l'un de ces animaux désigné d'avance.

Il y avait dix heures que nous marchions sous les rayons ardents d'un soleil vertical, sans avoir vu une ombre dans le désert, sans avoir rencontré une goutte d'eau. Nous succombions à la lassitude et à la soif. Nous distinguons enfin, dans la vapeur tremblante qui vascille à l'horizon, le caravansérail où nous devons faire halte et reprendre des forces. Épuisés de fatigue et de faim, haletants, tous, hommes et chevaux, nous reprenons courage.—Sous ces murs, aperçus au-dessus des ondulations de la plaine, est le terme de nos souffrances, nous allons y trouver de l'eau, quelque nourriture. Nous approchons; les chevaux hennissent, pressent le pas; tous, impatients d'arriver, nous doublons de vitesse; nous arrivons, nous entrons dans le caravansérail, nous courons à la citerne..... Elle est à sec. Quelques vers immondes se traînent, en se tordant, sur un reste de vase en putréfaction. Ces horribles insectes eux-mêmes n'y trouvent plus la vie; ils ne peuvent s'y défendre contre la chaleur qui les tue. Découragés, la bouche sèche, les lèvres brûlantes, nous nous détournons de ce spectacle hideux, nous fuyons les émanations pestilentielles qui surgissent de cet horrible trou, où l'eau la plus limpide aurait peine à nous faire oublier ce que nous venons d'y voir. — La faim se faisait sentir aussi. Nous cherchons le gardien du lieu, il doit vendre des provisions. Personne ne répond à notre appel. Sous les voûtes sombres et silencieuses du caravansérail, ni eau ni pain; c'était un lieu de halte ordinaire, *Khonak-Horrâh*, mais aucun village, aucune habitation n'était dans les environs, — et le soleil était encore bien haut. — Que faire? Comme des naufragés jetés sur une île déserte, il fallait chercher au loin quelque oiseau qui pût nous servir de pâture. Je me mis en chasse sans beaucoup d'espoir. Cependant, je trouvai quelques perdrix, et j'eus la chance d'en abattre. Rôties à un feu d'herbes sèches, elles nous fournirent un assez maigre repas; heureux encore de les avoir pu rencontrer!

Nous étions dans un caravansérail, dans un de ces asiles élevés jadis par les soins d'un gouvernement philanthropique, ou le vœu religieux de quelque dévot personnage. Mais quel abri offrent-ils aujourd'hui au voyageur? Délabrés, à moitié ruinés, souvent sans portes, sans gardiens, ces lieux sont à tout le monde et à personne. Tous y entrent et y dorment, aucun ne s'en occupe et n'en relève les décombres. Entre qui veut sans rien devoir pour son écot, mais sans rien laisser pour l'entretien de ces murs abandonnés. Aussi, chose incroyable! ces refuges, si précieux dans un pays où ne se trouve ni auberge, ni maison amie pour le passant, l'insouciance des Persans, du gouvernement, plus encore que des habitants, les laisse tomber en ruine. Les débris de leurs murs, amassés par le temps, le fumier accumulé des bêtes de somme qui s'y succèdent, encombrent les chambres aussi bien que les écuries. Quelques années encore, et ils manqueront au voyageur, qui n'aura plus où abriter sa tête, qui ne trouvera plus à attacher sa monture. Et cependant, cette route va du golfe Persique à la mer Caspienne, de Bender-Abbassi, ou de Bouchir, à Téhérân et à Tabriz; elle est la grande voie sur laquelle circulent les marchandises de l'Inde, de l'Arabie et du nord de la Perse. L'incurie d'un gouvernement sans administration, sans prévoyance, laisse ainsi tout déchoir, laisse se perdre et se tarir les sources de la richesse publique, en négligeant de réparer les canaux par lesquels elles s'écoulent.

Nous avions pu à grand'peine nous procurer quelques aliments. Mais la chasse, un peu de riz que nous avions avec nous, ne pouvaient être d'aucun secours pour nos chevaux et les mulets de bât. Un des tchervadars avait prétendu qu'il devait se trouver à quelque distance, dans un ravin caché et soustrait à la vue des passants, un petit hameau. Il y alla avec un de nos saïs. Ce ne fut qu'au bout de deux heures et demie qu'ils rapportèrent tous deux, sur leurs montures, un peu de paille et d'orge.

Le lendemain, au caravansérail de *Khonakergoûn*, nous ne fûmes pas plus heureux.

Le jour suivant, nous marchâmes dans des chemins difficiles, à travers un pays très-montagneux. Nous y vîmes beaucoup de perdrix et y rencontrâmes deux caravanes.

Il y avait dix jours que nous avions quitté Ispahan, et nous savions que nous touchions à l'un des points signalés comme présentant des vestiges intéressants de l'antiquité. En effet, nous avions mis le pied sur le district de *Morghâb*, où se trouvent quelques ruines que l'on croit rappeler l'ancienne *Passagarde*. Le chemin que nous suivions conduisait à la ville. Nous y entrâmes et pensâmes d'abord à nous y arrêter. Mais sur les informations que nous y prîmes, ayant su que les monuments que nous devions étudier en étaient distants d'à peu près une heure et demie, nous préférâmes nous y rendre et camper auprès d'eux. Cela ne faisait pas l'affaire des tchervadars, qui auraient préféré le séjour de Morghâb à celui qui les attendait au milieu de la plaine de *Mâder-i-Suleïmân*. Ils se résignèrent pourtant, et après avoir fait provision de ce qu'il leur fallait, ils nous suivirent.

La petite ville, ou pour mieux dire la bourgade qu'on appelle *Morghâb*, est située sur une colline et domine une vallée assez riante, arrosée par plusieurs cours d'eau qui se réunissent plus loin et forment une rivière qui porte le même nom. Nous traversâmes plusieurs fois ces eaux divisées, et, restant sur la rive gauche du *Morghâb-Sou*, nous ne tardâmes pas à déboucher dans une immense plaine où se présentèrent, très-éloignés les uns des autres, plusieurs groupes de ruines. Nous choisîmes, pour notre campement, le lieu qui nous parut le plus commode, et nous allâmes mettre pied à terre auprès d'un monument qui donne son nom à cette localité appelée *Mâder-i-Suleïmân*. Les tentes furent bientôt dressées, et notre petit camp organisé.

Les ruines de *Mâder-i-Suleïmân* se dressent çà et là, au milieu d'une vaste plaine. Ces ruines ont été, par quelques archéologues, considérées comme devant se rapporter à l'ancienne *Passagarde* fondée par Cyrus. Tout, parmi ces restes, atteste, il est vrai, l'antiquité de leur origine. Mais rien ne saurait prouver, d'une manière certaine, qu'ils sont bien ceux qu'on y croit généralement voir. Il y a à la fois une homonymie et une homophonie remarquables entre *Passagarde* et *Fessa* ou *Fassa*, si l'on complète ce nom par la terminaison *zend*, usitée dans le sud de la Perse, *Gherd*, ce qui donne *Fassa-Gherd*. On a pu être par là porté, avec quelque raison, à croire que la ville moderne de *Fessa* existe sur l'emplacement occupé par la ville antique. D'un côté on lit dans Hérodote que la famille des Achéménides était issue de la tribu la plus considérable de la Perse, qu'on appelait *Passagarde*. La ville de *Fassa* est située au sud de la province de Fars, au milieu de ces fameuses tribus qui ont été la souche de la nation Perse, dont le nom même leur a été emprunté. Il résulte de là un second motif de penser que *Passagarde* était à la place occupée aujourd'hui par la petite ville de *Fassa* qui en aurait gardé le nom. Il n'y reste, à la vérité, aucun monument digne d'attention, quoiqu'il y ait des traces de constructions fort anciennes. Mais ce ne serait pas un argument suffisant pour déshériter cette localité de son antique célébrité. —D'un autre côté, il est acquis aux traditions ce fait : que Cyrus bâtit Passagarde sur le terrain où il vainquit Astyage. Or, ce prince habitait la Médie, dont les frontières n'étaient pas éloignées de Morghâb. Il est donc plus probable, en ajoutant foi à la version précitée, que la bataille qui décida de l'avenir de la Perse fut livrée sur la limite des deux pays. Il y a donc là un argument en faveur de la situation de Passagarde sur le territoire de ce qu'on appelle aujourd'hui *Mâder-i-Suleïmân*. Dans le voisinage de *Morghâb*, on trouve d'ailleurs plusieurs vestiges d'une grande ville. L'on ne peut disconvenir que c'est une raison, sinon déterminante, du moins sérieuse, pour y placer Passagarde. Il faut dire aussi que l'un des monuments que l'on y rencontre a une grande conformité avec la description qu'Arrien fait du tombeau de Cyrus, qu'il dit avoir été élevé dans cette capitale. Mais est-ce assez pour décider, en premier lieu, de l'authenticité de ce sépulcre; en second lieu, du nom de la ville dans l'enceinte de laquelle il a été construit? Toutes ces dissertations reposent plus ou moins sur des hypothèses, il faut en convenir. Aussi, quelle que soit la ville qui fut là, je ferai simplement la description de ses ruines, sans aller plus loin dans ce labyrinthe de déductions tirées de faits incertains.

Le monument le plus important est un mausolée aux formes massives et sévères. En même temps qu'elles lui ont donné de la grandeur, elles en ont assuré la conservation, car il est presque complet, au moins extérieurement. Sa masse s'élève d'une trentaine de pieds au-dessus de ses fondations. — Elle se divise en deux parties à peu près égales : l'une, qui se compose de six degrés en retraite les uns sur les autres, sert de base ou de socle à la seconde qui constitue la chambre funéraire. Celle-ci est rectangulaire et formée, comme les gradins, d'énormes blocs de calcaire blanc, d'un très-beau poli. Cette partie se termine par un faîtage dont les deux faces les plus étroites présentent chacune un fronton.

Le monument est orienté de telle sorte que l'entrée s'en trouve au nord-ouest; elle consiste en une petite porte encadrée d'un chambranle et d'une corniche. Bien que ces diverses moulures soient en grande partie brisées, on n'en reconnaît pas moins le style, qui est celui des profils grecs.

Le peu de hauteur donné à la porte de ce tombeau oblige à se courber pour pénétrer à l'intérieur. Quand on a passé cette porte, on se trouve d'abord dans une espèce de petite antichambre rectangulaire très-étroite. Au delà, est une seconde porte qui n'ouvrait sans doute que quand la première était fermée, afin que la lumière extérieure et le bruit ou la vue ne pénétrassent pas du dehors dans le sanctuaire, qui est oblong et plafonné au moyen de trois assises reposant sur les murs latéraux. C'est dans cette chambre sépulcrale qu'était le sarcophage, ou du moins la dépouille mortelle qu'on y avait renfermée, car il ne reste aucun indice de ce qui pouvait la contenir.

Les murailles, aujourd'hui enfumées, ne trahissent aucune trace ni de sculptures, ni d'inscriptions. Cependant, comment croire que ceux qui ont élevé ce monument, n'ont pas, avec le corps qu'ils y ont déposé, gravé quelques lignes en son honneur? A travers les guerres et les invasions de toutes sortes qu'a eu à subir la Perse, depuis l'érection de ce monument, cette tombe a dû être plusieurs fois violée et saccagée. On doit penser que c'est après la disparition de tout ce qu'elle renfermait, que les Musulmans se sont avisés d'en faire le lieu de pèlerinage qu'ils ont placé sous l'invocation de ce qu'ils appellent *Mâder-i-Suleïmân*. Ici, et devant ce nom, on retombe dans une nouvelle incertitude. Quel est ce *Suleïmân* dont le nom est ainsi vénéré, et a remplacé celui à la mémoire duquel ce tombeau a été érigé? Est-ce Salomon, et faut-il voir le souvenir de Bethsabée dans celui que les Musulmans révèrent aujourd'hui? Ce n'est guère admissible. Faudrait-il rapporter ce nom à celui de l'un des héros modernes de l'Islamisme? Mais on se trouve évidemment en face d'un anachronisme choquant; car il ne peut y avoir aucun rapport entre ce monument de la plus haute antiquité et aucun des personnages célèbres depuis Mahomet. Il est probable que le doute règnera encore bien longtemps autour de ce mausolée, quelle que soit la sagacité des archéologues qui en feront l'objet de leurs recherches. Quoi qu'il en soit, après avoir été profané, puis abandonné sans doute comme lieu impur, comme le sont tous les monuments du même genre, celui-ci aura subi une transformation de nom et d'attribution par le caprice de quelque fanatique. On en a fait ainsi l'un de ces nombreux *imâm-zadèhs* qui attirent de tous côtés en Perse les croyants les plus dévots. Il lui a fallu, pour cela, subir de légères modifications intérieures. Quelques lignes arabes du Khoran ont été gravées sur les parois de la cellule, en face d'un *keblèh* tracé sur la pierre, du côté du sud. Ainsi disposé et désigné sous le nom de *Meched-i-Mâder-Suleïmân*, les Persans ont fait de ce tombeau antique un lieu célèbre de dévotion, principalement pour les femmes qui, nous a-t-on dit, peuvent seules y entrer.

On voit encore autour de ce monument quelques fûts de colonnes debout. Mais en les examinant, ils ne nous ont pas paru offrir assez de garanties pour que nous pussions être certains qu'elles sont à leur place primitive, et de la même époque que le mausolée. Cette question est douteuse, et il semblerait que les Persans modernes, jaloux de surpasser en grandeur et en décoration, pour leur sainte, ce que les anciens avaient fait pour leur héros, ont enlevé à quelqu'un des édifices dont les ruines s'aperçoivent près de là des fragments de colonnes, afin d'en former une enceinte digne de l'édifice qu'ils restauraient au nom de Suleïmân.

A quelques pas se trouve une ruine qui a un caractère tout moderne. On y retrouve bien aussi des débris antiques; mais il est évident qu'ils proviennent d'autres édifices, et que cette construction ne remonte pas au delà des khalifes. On nous a dit que c'était un *medresèh* ou *couvent* où se tenaient les Mollahs chargés de la garde du tombeau aujourd'hui abandonné.

Vers le milieu de la plaine s'élèvent trois piliers et une colonne, restes d'un édifice qui a été ou un temple ou un palais. Il n'y a aucun moyen d'y reconnaître assez de détails pour en déterminer complétement le plan et la distribution. On trouve seulement, à la surface du sol, quelques fondations d'autres colonnes et de piliers, qui peuvent donner à penser qu'il y a eu là une construction importante. Sur un des piliers se voit une inscription de quatre lignes en caractères cunéiformes. La colonne qui est voisine et paraît avoir appartenu au même édifice, a conservé une hauteur de onze mètres environ. Elle est composée de trois blocs qui portent sur une petite base en pierre noire. On ne retrouve aucune de ses parties supérieures.

A l'est de ces ruines, on découvre les traces de fondations

d'un autre édifice construit en assises d'un fort volume, les unes blanches, les autres noires. Parmi ces débris est un tronçon de colonne. En cet endroit, un pilier est resté debout, préservé sans doute par la pesanteur et la masse du bloc dont il se compose. Ce monolithe présente, sur sa face polie et d'un beau grain, une sculpture tout à fait différente de celles qui se trouvent ailleurs en Perse. Elle représente un personnage vêtu d'une longue robe à franges, qui, avec une tête humaine de profil, a une corne contournée au-dessus de l'oreille. Sur le sommet de sa tête sont deux autres grandes cornes de bouquetin, projetées en avant et en arrière, sur lesquelles sont posés trois objets semblables qu'on ne peut définir, mais qu'on peut prendre pour des vases sur lesquels il y aurait trois boules ou pommes. Quatre grandes ailes sont attachées à cette figure symbolique. Deux se développent derrière et deux devant. Au-dessus de la tête sont quatre lignes en caractères cunéiformes.

On trouve encore un autre pilier qui porte également une inscription de quatre lignes.

Au nord de l'emplacement sur lequel sont ces derniers débris s'élèvent, plus haut qu'aucune des ruines précédentes, celles d'un édifice dont il est impossible de reconnaître le caractère. Il était construit en fortes assises dont quelques-unes se sont maintenues.

La grande plaine arrosée par la rivière de Morghâb est, pour ainsi dire, divisée en deux parties par la réunion de cinq petites collines isolées, groupées à peu près vers le milieu de sa longueur. D'un côté est le territoire proprement dit de *Morghâb* où est le bourg qui porte ce nom. De l'autre, au sud-ouest, est la vaste solitude où sont éparses les ruines de la ville, sans nom authentique, mais auxquelles le tombeau que j'ai décrit a fait donner le nom de *Mâder-i-Suleïmân*. Il est, d'après l'inspection des lieux, très-probable que le groupe de collines situées au nord-est des ruines, bornait le territoire de la ville, peut-être même lui servaient-elles de défense de ce côté. En effet, sur l'une d'elles, la plus rapprochée des ruines, on aperçoit une masse énorme de maçonnerie, qui semble être le reste d'une fortification. La manière dont ce grand massif est construit, sa position dominante et son plan même, tout porte à penser qu'il est la base d'une citadelle. Cependant, comme on pourra en juger par d'autres ruines analogues, il ne faudrait pas, à ces seuls indices, décider cette question; car les anciens monarques de l'Asie faisaient ordinairement bâtir leurs palais ou les temples sur des lieux élevés. (4)

CHAPITRE XXXIV.

Départ de Mâder-i-Suleïmân. — Sivend. — Arrivée à Nàkch-i-Roustâm. — Husseïn-Abad. — Mauvais vouloir du Ketkhodah. — Campement. — Commencement de nos travaux à Nàkch-i-Roustâm.

Le 9 octobre, après une halte de deux jours à Mâder-i-Suleïman, nous pliâmes notre tente de grand matin. Des karatchaders qui campaient dans le voisinage, et chez lesquels nous avions trouvé les provisions nécessaires à notre petite troupe, étaient venus nous saluer au départ. Ils prirent à part Ressoul-Bek et lui dirent qu'ils nous conseillaient de ne pas nous séparer les uns des autres, de ne pas nous éloigner de nos bagages, parce que nous pourrions être attaqués dans les gorges de la montagne au travers de laquelle nous allions nous engager; ils dirent même qu'ils savaient que l'on devait nous y attendre. Nous connaissions les Iliâts pour des gens auxquels il ne fallait pas se fier. Nomades et changeant de lieu souvent, il leur est plus facile qu'aux populations sédentaires de se livrer impunément au brigandage quand ils en trouvent l'occasion. Je pensai que ceux-ci pouvaient bien avoir des vues sur nous, et que l'avis qu'ils nous donnaient était une manière de nous éprouver. Ils voulaient peut-être, avant de s'engager dans une aventure qui pouvait leur offrir des chances défavorables, tâter le terrain et voir ce qu'il y avait à espérer. La façon dont nous accueillerions leur communication, en apparence officieuse, devait sans doute leur faire estimer ce qu'ils pouvaient attendre de nous, selon l'impression que nous en témoignerions. Si nous en avions été intimidés, ils en auraient naturellement conclu qu'une attaque pouvait réussir. Des gens qui ont peur sont à moitié vaincus. Mais il n'en fut point ainsi. Nous étions assez familiarisés avec les périls du voyage, nous connaissions suffisamment le pays et ses habitants pour ne pas redouter le danger dont on nous menaçait. Nous avions d'ailleurs confiance en nous; il eût fallu une troupe nombreuse et bien déterminée pour nous barrer le passage. Nous répondîmes donc aux Iliâts que nous ne craignions rien, et que si nous trouvions devant nous des voleurs nous avions quelques balles à leur service.

Néanmoins, il pouvait être prudent de ne pas dédaigner complétement l'avertissement des karatchaders. Nous nous trouvions sur la lisière du pays des Bactyaris. Devant nous s'ouvrait un défilé d'un aspect sauvage, et à chaque détour chaque roche pouvait servir d'embuscade à des maraudeurs. Nous savions que la contrée que nous allions parcourir était infestée par les montagnards dont les repaires la dominent. Nous résolûmes, en conséquence, de ne point nous séparer de nos tchervadars et de les accompagner pendant toute cette journée.

La route étroite et âpre que nous suivions était frayée au milieu des broussailles et des rocs détachés des flancs de la montagne. Celle-ci nous dominait à pic et très-élevée sur notre droite ; à gauche elle était un peu plus éloignée de nous, et moins haute, mais avait une physionomie tout aussi sévère. Entre ces deux murailles coulent, souvent encaissées, quelquefois libres et se divisant en plusieurs ruisseaux, les eaux du Morghâb-Sou. Les bords en sont partout couverts d'arbrisseaux. Leurs racines plongeantes obstruent le lit de la rivière, et leurs longs rameaux, retombant en berceau, y baignent l'extrémité de leurs feuilles sous lesquelles se cachent des troupes de canards et d'autres oiseaux aquatiques. Çà et là, de grands arbres aux branches puissantes, au tronc vigoureux, attestent que si la Perse est aujourd'hui dépouillée, dénuée de végétation, c'est moins la faute de la nature que celle des hommes. Il est vrai de dire que dans ce pays l'eau est rare. Mais à cette cause naturelle il s'en joint assez d'autres qui tiennent à la négligence, à l'imprévoyance des Persans pour qu'on puisse à bon droit les accuser de l'état misérable dans lequel est leur pays sous ce rapport. Parmi ces causes j'en citerai une qui est frappante : en Perse, comme dans tout l'Orient, pour faire le charbon on met simplement le feu à une certaine étendue de bois; puis on laisse gagner l'incendie qui ne s'arrête que quand il ne rencontre plus aucun aliment. Quel n'a pas dû être le résultat destructif de cette barbare méthode depuis des siècles! Il ne faut point chercher d'autre explication de la disparition des forêts qui autrefois couvraient certaines contrées dans lesquelles aujourd'hui on ne trouverait pas le plus petit brin d'arbrisseau. On ne comprend pas que, sous un climat ardent, où la pureté du ciel laisse au soleil toute sa force, l'homme n'attache pas plus de prix à l'ombre que lui donneraient les arbres qu'il ne laisse ni grandir, ni même pousser quelques rejets. J'ai vu des Persans, à leur halte du soir, mettre le feu à des chênes pour avoir un peu de braise, afin de faire cuire leur pilau et d'allumer leur kalioûn. — Telle est l'insouciance et l'incurie de l'homme d'Orient, en général. A voir le peu de souci qu'il a de l'avenir, on dirait qu'il pense que le monde va finir, et que lui-même n'a pas de lendemain.

Le lit que s'est tracé le Morghâb-Sou est très-sinueux; au moment où l'on vient de le traverser et où l'on croit l'avoir quitté, on le retrouve tout à coup. La route le traverse fréquemment, et souvent dans des endroits où les eaux sont profondes. Les divers gués ne laissaient pas de nous arrêter et de ralentir notre marche, à cause des précautions qu'il fallait prendre pour qu'aucune charge ne fût mouillée; aussi la journée fut-elle longue, et ce ne fut qu'après une marche pénible de sept heures que nous arrivâmes au village de Sivend. De brigands nous n'en avions vu aucun — mais nous avions rencontré d'innombrables troupes d'inoffensives perdrix dont nous tuâmes quelques-unes, pensant qu'elles feraient un meilleur rôti que les poules maigres que nos hôtes nous offriraient pour notre souper.

Nous avions l'espoir que ce site intermédiaire aux deux grandes villes de Persépolis et Passagarde nous montreraient quelques débris d'édifices ou de sculptures antiques. Mais nous n'avons rien vu de ce genre, il ne s'y trouve même pas de village, et, pendant sept heures, nous n'avons aperçu sur notre passage aucune trace d'habitation. Cependant, à moitié chemin à peu près, nous avons remarqué au loin, dans une autre vallée qui s'ouvrait à l'est, deux ou trois villages.

Sivend est un bourg placé sur un mamelon au pied de la montagne, à un kilomètre environ de la rive gauche du *Morghâb-Sou* qui change là son nom contre celui de *Sivend-roud* ou *rivière de Sivend*. — Je crois avoir déjà dit qu'il est d'usage, en Perse, de donner aux cours d'eau le nom de la localité qu'ils arrosent, d'où il suit qu'ils n'ont point de désignation propre, et qu'il est très-difficile de se reconnaître au milieu des dénominations diverses affectées à une seule rivière. — Ainsi, celle dont je parle s'appelle rivière de *Morghâb*, près de ce bourg; ici, elle prend celui de *Sivend;* plus loin, elle devient le *Poulbar*.

Nous fûmes très-étonnés, en approchant de Sivend, de trouver ce bourg entièrement désert. Mais, comme les maisons étaient soigneusement fermées et qu'elles paraissaient en bon état, nous pensâmes que les habitants n'en étaient pas loin. En effet, sur notre droite, et presque au bord de la rivière, nous aperçûmes leurs tentes. Ils s'étaient établis ainsi afin d'être plus à portée des pâturages et des terres qu'ils cultivaient au-dessus des berges du *Sivend-roud*. Nous campâmes au milieu d'eux.

Il y a, de Mâder-i-Suleïman à Sivend, une autre route que celle que nous avions suivie. Au lieu d'entrer dans la gorge ou vallée du *Morghâb-Sou,* on descend plus au sud la plaine de Mâder-i-Suleïman, et l'on gravit la montagne qui est sur la rive gauche de cette rivière. On n'y trouve pas les difficultés que nous avions rencontrées et qui sont dues au passage des gués; mais la route est plus longue. Elle traverse le village de *Kemin* qui fait étape entre Sivend et *Morghâb*.

Le lendemain, afin d'arriver de bonne heure dans la plaine de *Merdâcht*, où se trouvent réunis tous les groupes d'antiquités, nous partîmes de grand matin. Nous traversâmes presque aussitôt la rivière qui s'élargissait de plus en plus. Nous contournâmes fort longtemps, en changeant souvent et brusquement de direction, la base des montagnes arides que la fumée mourante des feux nocturnes de quelques pâtres encore endormis animait seule. Le triste aspect de ces vieux rocs, le silence de la vallée, les monticules qui commençaient à se dessiner sur le sol, nous préparaient bien à voir ces lieux célèbres, témoins de la gloire des anciens rois de la Perse, où semblent errer encore, à travers les ossements épars de leurs villes, l'ombre de Darius à côté de celle de Châpour.

Il y avait cinq heures que nous marchions, excités par la curiosité; nous pressâmes le pas de nos montures, impatients de voir enfin ces monuments antiques que le temps a respectés plus que les hommes. Nous aperçûmes, à notre gauche, une colonne debout au centre d'un amas de décombres et d'éminences attestant de tous côtés l'enfouissement d'un monde passé, d'une grande cité inhumée là. C'était en effet le grand tumulus de la ville d'*Istakhr*.

Une heure plus loin, nous nous trouvâmes au détour d'un rocher élevé et vertical, en face d'une longue et imposante muraille naturelle, sur la paroi de laquelle étaient sculptés plusieurs grands bas-reliefs surmontés de caveaux funéraires : c'était *Nakch-i-Roustâm*. Nous nous arrêtâmes quelque temps dans ce lieu pour admirer ces étonnants souvenirs de la Perse antique. Nous cherchions au loin les palais de Persépolis, le fameux plateau de *Tchehel-Minar* ou de *Takht-i-Djemchid*, nom qu'on lui donne indifféremment; mais rien ne nous le faisait distinguer. Aucune colonne n'en désignait la place à nos yeux. Caché derrière une pointe de rocher, au sud-est de Nakch-i-Roustâm, il nous fallut avancer encore de quelques pas pour le distinguer.

Nous étions arrivés sur l'un des points les plus riches en antiquités, sur le théâtre où, avec tous les souvenirs de l'histoire des Perses, allaient passer devant nous les innombrables sculptures qui s'y rattachent. Nous entrevoyions de grands travaux à faire dans cette localité, et, selon toutes probabilités, un long séjour.

Nous cherchions un village où nous pussions loger et qui fût assez près de nos études pour ne pas leur être un obstacle. Nous avisâmes, à l'ouest des roches de Nâkch-i-Roustâm, un hameau renfermé entre quatre murailles flanquées de tours; il n'était guère qu'à une demi-heure de là; nous y allâmes tout droit. — Après avoir franchi plusieurs canaux d'irrigation, nous arrivâmes devant la porte de ce village qui portait le nom de *Husseïn-Abad*. Quelques hommes étaient assis au soleil et fumaient le kalioûn. Selon l'habitude, Ressoul-Bek fit appeler le ketkhodâh à qui il présenta le firman royal. Celui-ci reçut cette communication assez mal, dit qu'il ne pouvait nous loger, qu'il n'avait aucune maison à nous donner et que nous eussions à chercher gîte ailleurs. Notre goulam insistant, le ketkhodâh se fâcha; il fit avec le firman le geste du plus ignoble mépris pour le sceau dont il était revêtu, et ajouta qu'il ne connaissait pas le Châh, qu'il se moquait de tous les *firmans*, *barats* et autres ordres émanés du gouvernement du roi; qu'il était châh dans son village, et qu'il n'y faisait que ce qui lui convenait; qu'en conséquence, comme il ne lui convenait pas de nous héberger, il nous engageait à passer outre. Nous avions bien quelquefois rencontré de la mauvaise volonté de la part des habitants ou des ketkhodâhs, mais jamais pareille insolence, non-seulement vis-à-vis de nous, mais encore à l'égard du Châh. Ressoul-Bek était indigné. Poussant son cheval vers le grossier ketkhodâh, il allait lui infliger une correction exemplaire. Il était d'autant plus furieux qu'il considérait l'injure comme personnelle, attendu qu'il était, lui, porteur des firmans, *Goulam-i-Châh*, et chargé, en cette double qualité, de faire respecter l'autorité et le nom de son souverain. Dieu sait à quel tumulte, à quelle rixe cette querelle aurait donné lieu. Il était probable que le ketkhodâh n'osait parler ainsi que parce qu'il se sentait appuyé par les gens de son village, peut-être même par tout le pays qui passait pour être tant soit peu *Hahssi*. Je me jetai entre eux, j'empêchai Ressoul-Bek de joindre ses actes aux menaces qu'il proférait et que dans sa fureur il aurait exécutées. Il avait déjà le pistolet au poing, et je voyais, pour le ketkhodâh aussi bien que pour nous, l'imminence d'un malheur dont les suites étaient incalculables. Notre mission demandait de notre part autant de calme et de prudence que de fermeté et de courage. Il ne fallait pas qu'en oubliant les premières de ces conditions, nous fissions échouer notre entreprise pour laquelle nous n'épargnions rien des secondes. Nous devions, tout en maintenant nos droits et faisant respecter notre qualité, éviter toute discussion qui pouvait inutilement mettre en péril le succès de notre voyage. Aussi, dans cette circonstance, l'insulte n'étant pas adressée à nous-mêmes, le mauvais vouloir seul du ketkhodâh s'étant manifesté à notre égard, je jugeai à propos de détourner la querelle et de nous passer, si faire se pouvait, de son hospitalité. Aussi bien, pensais-je qu'il en serait puni, car il perdait ainsi la gratification que nous lui eussions donnée s'il eût agi différemment.

A une très-petite distance du village était un grand jardin. Le temps était superbe. L'atmosphère, encore tiède et pure, ne nous faisait rien craindre d'un séjour en plein air. Nous nous dirigeâmes vers ce jardin, mais non sans que le ketkhodâh eût été préalablement accablé d'injures et de malédictions en *bon persan*. — Je lui fis dire, pour ma part, que je me réservais de faire connaître sa conduite au gouverneur du district et au Béglier-Bey de Chiraz.

Le 10 octobre, nous prîmes possession du verger qui devait nous tenir lieu du logement qu'on nous refusait; il était assez bien planté, et arrosé; des canaux pleins d'eau en formaient l'enceinte. Au milieu, sous de grands arbres, était une estrade en briques, élevée d'un mètre au-dessus du sol, et assez étendue pour que nous pussions y déployer notre tente. Nous nous y établîmes. Cette plate-forme nous défendait de l'humidité du sol, ainsi que des insectes ou reptiles qui auraient pu s'introduire dans notre tente. Ce genre d'estrade se rencontre assez communément dans les jardins persans. Quelquefois, dans ceux qui sont disposés avec luxe, elle sert de soubassement à un kiosque. C'est là qu'on se réunit pour faire le kief, pour fumer ou faire la collation. Les Persans ont le goût des jardins. Ils s'y donnent rendez-vous, ils s'y entretiennent intimement, débitent des contes ou récitent des vers de leurs poëtes favoris. L'estrade sur laquelle nous avions planté notre tente avait donc dû souvent être témoin de réunions de ce genre; pour le moment, elle reçut notre établissement, et se trouva transformée en une habitation européenne. Tout près de nous s'établirent nos gens, qui improvisèrent une cuisine à côté de leurs tentes. Les chevaux furent attachés aux troncs des abricotiers ou des ormeaux; ils avaient pour litière une herbe fine et touffue. Aux branches pendaient de tous côtés des fusils, des sabres, des brides ou des manteaux au-dessus des caisses d'où notre cuisinier tirait marmites, casseroles, cafetières, etc...

En somme, si nous avions sujet de nous plaindre de la réception du ketkhodâh d'Husseïn-Abad, nous ne regrettions nullement la maison qu'il aurait pu nous donner dans son village, car nous étions infiniment mieux dans notre jardin. Maîtres du lieu, seuls, loin des importuns, en bon air, et n'ayant rien à redouter de la malpropreté des habitants, nous nous applaudissions en secret de la mésaventure qui nous avait conduits dans ce *bâgh*. Notre séjour devait s'y prolonger un peu, car c'était de là que nous pensions nous rendre chaque matin à Nakch-i-Roustâm pour en étudier les monuments.

Lorsque notre tchervadar eut déposé toutes ses charges, nous le payâmes, et il nous quitta. Il s'en alla à Chiraz qui n'était qu'à deux jours de là. Estimant approximativement à deux mois la durée de nos travaux dans cette localité, nous ne pouvions garder des muletiers inutilement. Nous pensions, soit pour changer de place, soit pour gagner Chiraz, pouvoir trouver facilement des moyens de transport dans les villages de la plaine.

L'accueil que nous avions reçu à Husseïn-Abad et le mauvais renom du pays nous firent craindre que notre sécurité ne se trouvât compromise en ce lieu. Après nous être concertés avec *Ressoul-Bek,* il fut convenu qu'il partirait immédiatement pour Chiraz, en faisant la plus grande diligence possible, et qu'il demanderait au gouverneur de lui donner deux ou trois soldats, à nos frais, pour nous garder la nuit.

Le ketkhodâh avait, à ce qu'il paraît, fait quelques réflexions sur les suites que pourrait avoir pour lui, non-seulement son manque d'égard pour des voyageurs munis de firmans, mais encore, et surtout, l'indécente grossièreté avec laquelle il avait manifesté le peu de cas qu'il faisait de ceux-ci; car, dans la soirée du premier jour, il vint à notre tente nous offrir ses services, et s'excuser de la scène du matin. Je le traitai un peu durement en lui disant que je ne voulais rien de lui.

Dès le lendemain, nous nous mîmes à l'œuvre. Nous allâmes, de grand matin, aux rochers de Nakch-i-Roustâm. Nous faisions le trajet à cheval, afin d'abréger le temps qu'il fallait y consacrer. Nous n'eussions pu d'ailleurs le faire à pied, à cause des nombreux canaux d'irrigation qu'il fallait franchir. Nous avions fait faire à Ispahan deux espèces de petites tentes, du genre de celles que les Persans appellent *hoftöb-guerden,* mot à mot *parasols.* C'étaient réellement des moitiés de tentes, n'ayant que trois côtés, reposant sur deux petits mâts, et s'étendant au moyen de cordes attachées à des piquets. On les plaçait de manière à s'abriter des rayons du soleil; le quatrième côté ouvert. C'était extrêmement commode pour nous, parce que, les sculptures regardant le midi, nous pouvions nous abriter sous ces *hoftôb-guerden* sans être gênés pour nos études. Cette installation était parfaite, et, grâce à elle, nous pouvions travailler en plein air, presque aussi à l'aise que dans une chambre. Nos gens nous apportaient à déjeuner sur le lieu de nos travaux, et, le soir, on nous ramenait nos chevaux pour retourner à notre *bâgh*.

Notre premier soin fut, en nous retrouvant en face des étonnantes sculptures de Nakch-i-Roustâm, de recommencer et de faire, avec plus de soin, l'examen général que nous avions fait rapidement la veille en arrivant. Ces monuments sont de deux genres tout différents: les uns appartiennent à l'époque antique des Achéménides; les autres, Sassanides, ne remontent pas au delà du IIIe siècle de notre ère. L'existence et l'exécution de ces derniers dans ces lieux témoins de la ruine des palais et de la capitale de Darius, prouvent que, longtemps encore après la destruction de Persépolis, cette localité conserva une grande importance. Il est présumable qu'il s'y forma des établissements dont l'ornementation de ces rochers fut la conséquence, et qui doivent être attribués aux princes qui, entre la dynastie glorieuse des Achéménides et celle des Sophis, eurent aussi la gloire d'avoir tenté de régénérer la Perse.

Les monuments des deux époques ont pour support commun et pour base impérissable de gigantesques rochers à pic, dans le cœur desquels ils sont taillés et entièrement exécutés. Ils sont, non-seulement par leur style, mais encore par leur destination, très-différents les uns des autres. Les plus anciens, ceux qui sont d'origine achéménide, sont des monuments funéraires. Ils ont fait donner au lieu où ils se trouvent le nom de *Kabrestân-Kauroûn* ou *cimetière des Guèbres*. Ce sont des caveaux creusés dans le roc vif, à quinze mètres environ au-dessus du sol. Il y en a ainsi quatre, dont trois font face au sud, et le quatrième regarde le couchant.

Postérieurement à la création de ces hypogées, des princes sassanides eurent l'idée de se servir des mêmes rochers pour la perpétuation de leur gloire; mais ils donnèrent aux monuments qu'ils y placèrent un caractère tout différent. Ceux-ci sont des bas-reliefs sculptés à la base de la montagne. Il y en a qui se trouvent immédiatement au-dessous des tombes royales avec lesquelles ils n'ont évidemment aucune relation. La place n'a dû en être déterminée que par la plus grande facilité ou le plus beau poli que présentait le roc pour les exécuter. Ils sont au nombre de sept. Comme les voyageurs qui nous ont précédés, nous-mêmes, en arrivant sur ce lieu, nous n'en vîmes que six; une fouille heureuse nous en fit découvrir un septième.

Afin de procéder méthodiquement à cette description, je commencerai par l'une des extrémités, celle de l'est. Le premier bas-relief de ce côté se compose de quatre figures. La conservation en est parfaite, sauf quelques légères mutilations. Les parties recouvertes par la terre et qui ont été déblayées se sont produites intactes. Ce tableau paraît représenter une scène de famille. Au centre est un personnage qu'on reconnaît pour un prince, à sa tiare surmontée d'un globe, et aux bandelettes qui flottent au-dessus de ses épaules. Le vêtement qu'il porte est d'ailleurs le même que celui que nous avons eu occasion de décrire plusieurs fois déjà, à propos des sculptures de la même époque. La main gauche tient par la poignée une épée qui pend à son côté, tandis que, de la droite, il tend un large anneau ou diadème orné de bandelettes, que saisit un personnage placé à sa gauche. A en juger par la coiffure de cette figure, qui consiste en de longues tresses pendantes devant et sur les épaules, par son costume qui paraît être une longue robe dont les plis amples cachent complétement les pieds, et dont les manches recouvrent les mains, à en juger surtout par les contours de certaines parties du corps, on doit croire qu'elle représente une femme. Ce tableau, qui paraît rappeler ou un serment ou le partage d'une couronne entre deux époux royaux, est complété par un enfant placé entre eux. Ce petit prince est coiffé et vêtu à peu près comme le roi. Il porte une épée sur la poignée de laquelle sa main gauche est posée. — Nous avons déjà fait observer que dans l'un des groupes des sculptures de *Tâgh-i-Bostan*, nous avions acquis de fortes présomptions pour croire que l'une des figures est celle d'une femme. Nous aurions donc ici le second exemple de la représentation d'un individu du sexe féminin sur les bas-reliefs de Perse. Cette particularité se présente d'ailleurs très-rarement, et il est remarquable qu'on ne la rencontre que sur les bas-reliefs sassanides. En effet, dans aucune partie des nombreuses sculptures de Persépolis ou autres de l'époque antique de la Perse, on ne trouve une figure qui puisse être prise pour celle d'une femme. Cette observation, ou plutôt ce fait, est donc particulier à l'ère des Sassanides, et il tend à prouver que, lorsque ces princes régnaient sur la Perse, les mœurs avaient éprouvé une modification qui avait sans doute permis que les femmes fussent moins invisibles.

On peut, en effet, penser qu'elles ne vivaient pas dans une retraite aussi complète ni aussi sévère, puisque leur image pouvait se trouver exposée sur des bas-reliefs placés sous les yeux de tous. Peut-être faut-il voir là une des influences produites par la domination occidentale des Grecs sur les mœurs de l'Orient. — A gauche de ce tableau, et à la droite du personnage royal, en est un quatrième, vêtu comme celui-ci, mais coiffé d'un grand bonnet recourbé en avant et terminé par une petite tête d'animal. Cette partie de sa coiffure a été mutilée; cependant, d'après les traces de contours qu'on retrouve, on peut croire que cette tête est celle d'un taureau ou d'un cheval.

Les mutilations qu'a subies ce bas-relief ont entamé les mains, quelques parties des visages, et surtout celui de la femme. Le soin avec lequel il semble même qu'on ait voulu faire disparaître celui-ci est une preuve de l'acharnement qu'ont mis à le détruire les Musulmans iconoclastes qui, tout en brisant indistinctement ces images par superstition ou fanatisme, semblent avoir éprouvé une indignation plus grande en face de cette figure de femme. Quoi qu'il en soit, cette sculpture est, par le soin avec lequel elle a été exécutée, par le fini de ses détails, une des plus remarquables parmi celles de l'époque sassanide. C'est toujours à peu près le même caractère, le même style; et l'on voit, en les comparant toutes ensemble, que l'art, comme les mœurs et les habitudes de ces temps, est resté stationnaire pendant la période de quatre siècles qu'a duré le règne de cette dynastie. Mais, comme, tout en suivant la même voie, il a dû se trouver nécessairement des sculpteurs plus ou moins habiles, c'est seulement à ces nuances de talent qu'il faut attribuer la différence que l'on remarque dans l'exécution de ces diverses sculptures.

Le second bas-relief, qui se trouve surmonté d'espèces de créneaux, représente un combat entre deux cavaliers. Ils sont armés de toutes pièces. L'un, qui est à droite, reçoit un coup de lance qui paraît le renverser, tandis que son cheval, blessé également ou ébranlé par le choc de celui de son adversaire, s'accule et tombe sur sa croupe. Sous les pieds du cavalier de gauche est prosterné un guerrier mort. Derrière lui, un écuyer ou un page, dont on ne retrouve guère que la silhouette, tient une espèce d'étendard dont la forme nous parut nouvelle. Le haut de la hampe est croisé par une barre de même grosseur, aux extrémités de laquelle pendent des touffes ondulées qui ressemblent à des flocons de laine ou de soie, mais qu'il est impossible de définir plus exactement; au-dessus de cette barre est un anneau surmonté d'une espèce de panache. Dans son ensemble, cette scène rappelle celles des tournois du moyen âge. — Entre quels personnages ce duel a-t-il lieu? Rien ne l'indique. Aucune inscription ne peut le faire connaître. On peut seulement admettre que ce sont rois ou princes. Le cavalier de gauche porte une coiffure qui consiste en une espèce de casque surmonté de deux ailes d'oiseau, entre lesquelles est un globe; et, comme on sait que cette coiffure est sassanide, on est autorisé à penser que celui qui la porte ici est un prince de cette race. Quant à l'autre cavalier, il paraît avoir aussi la tête couverte d'un casque dont le cimier a la forme d'un oiseau; mais il n'a d'ailleurs aucune marque distinctive à laquelle on puisse le reconnaître.

CHAPITRE XXXV.

Querelle avec le Ket-Khodâh. — Travaux et déblais à Nakch-i-Roustâm. — Découverte d'un bas-relief. — Châtiment infligé au Ket-Khodâh. — Cadeau pour des yeux bleus.

J'étais occupé à étudier les diverses parties de ce tableau, quand je vis avec étonnement arriver à toute bride mon saïs. Il venait en hâte, me prévenir que le ket-khodâh de Hussein-Abad faisait grand train au jardin que nous occupions, et qu'il s'était même permis de battre deux de nos serviteurs. Je sautai de suite sur le cheval que l'on m'avait amené et me rendis au *bâgh*. J'y trouvai tout notre monde en rumeur. Voici ce qu'on me raconta : le ket-khodâh s'était, dès le premier jour, imposé comme seul pourvoyeur de toutes les denrées dont nous avions besoin; vendant tout au-dessus de sa valeur, on s'était adressé à d'autres. Les paysans donnaient à meilleur compte, et, en conséquence, on avait cru devoir ne plus acheter exclusivement au ket-khodâh. Celui-ci l'ayant su avait défendu à aucun de ses *raïas* de nous vendre la moindre chose; néanmoins il voulait maintenir ses prix.

Nos serviteurs n'avaient pas voulu se soumettre à ce monopole. Ils avaient mis en avant leur qualité de *frenguis*, pensant que leur indépendance, comme celle de leurs maîtres, serait respectée; il n'en fut point ainsi, et le ket-khodâh, passant de l'abus de son pouvoir aux invectives, puis des invectives aux voies de fait, s'était oublié au point de frapper deux de nos domestiques.

Tous ces griefs avaient, dans l'isolement où nous étions, une gravité réelle; car, en Orient, une faiblesse en entraîne une autre, et à la suite un péril. Je ne pouvais donc pas céder; mais comme les *raïas* de Husseïn-Abad n'osaient enfreindre la défense de nous vendre, je donnai l'ordre à nos gens de ne plus rien prendre dans ce village, dussions-nous pourvoir à nos besoins en envoyant un homme à cheval dans l'un des autres bourgs de la plaine — la distance n'était rien; — je ne doutais pas d'ailleurs que les habitants, quelle qu'elle fût, ne vinssent avec empressement nous approvisionner. — Ce qui importait, c'était de nous faire respecter et de ne point subir la loi brutale du ket-khodâh dont la conduite actuelle ne démentait en rien celle qu'il avait tenue à notre arrivée. Il ignorait à qui il avait affaire. J'étais bien résolu à maintenir notre liberté d'action, l'indépendance de notre bourse et le respect de nos personnes; d'un autre côté, toutes les fois que j'en trouvais l'occasion, j'aimais à prouver à nos gens que j'étais prêt à les soutenir, à les protéger, et à les venger au besoin. Eussent-ils eu tort, que, ostensiblement, je leur aurais donné raison et les aurais soutenus. On comprend en effet que ces gens, voyageant sans cesse avec nous, partageant toutes nos fatigues, nos dangers, sans avoir en espérance aucune des satisfactions qui pouvaient nous attendre, aucune compensation même aux privations qu'ils enduraient avec nous, il fallait, du moins, qu'ils se crussent toujours placés sous notre protection. Nous ne les aurions jamais sacrifiés, et il était utile qu'ils en fussent convaincus pour qu'ils conservassent le courage de nous suivre dans toutes nos pérégrinations. De plus, pour nous-mêmes, il y avait un grand intérêt à ce qu'ils n'eussent aucun motif de juste mécontentement; car nous étions dans leurs mains, ils avaient en leur possession nos bagages, nos chevaux, notre vie — nous étions deux, ils étaient cinq — la nuit, pendant notre sommeil, qui les aurait empêchés de nous faire subir le sort de Nadir-Châh, et de nous écraser sous le poids de notre tente? (7) Le jour, même, dans les solitudes sauvages que nous traversions, qui les aurait arrêtés s'ils avaient eu la fantaisie de se débarrasser de nous, en nous envoyant une balle dans la tête, ou en nous précipitant dans quelque abîme d'où personne assurément ne nous aurait tirés? — Il fallait donc, d'une part, qu'ils nous fussent tant soit peu attachés; de l'autre, qu'ils nous craignissent; l'un et l'autre était salutaire. Aussi n'épargnai-je jamais rien pour acheter leur dévouement, comme aussi pour leur bien faire comprendre que, s'ils avaient jamais la fantaisie d'attenter à notre vie, il ne fallait pas qu'ils manquassent leur coup, car je n'aurais pas manqué le mien. C'était par des soins et des moyens semblables que nous étions arrivés tous, maîtres et serviteurs français ou persans, à compter les uns sur les autres, et à faire, en quelque sorte, une petite famille au milieu de laquelle il y avait réciprocité de dévouement. Je suis profondément convaincu que ce n'est qu'au prix de cet échange de procédés qui, d'un côté, étaient une autorité bienveillante, et, de l'autre, de la soumission affectueuse, que nous dûmes de faire heureusement, avec les mêmes serviteurs, les longues, pénibles et dangereuses courses qui ne demandèrent pas moins de deux années.

Dans cette circonstance, comme dans d'autres, je me montrai donc sensible à la brutalité exercée sur nos gens, tout autant qu'à l'affront personnel qui nous était fait. Je ne pouvais aller chercher le *ket-khodâh* dans son village, car je ne pouvais me compromettre au milieu de ses *raïas* : mais j'attendis l'occasion. Elle ne tarda pas à se présenter. Cet autocrate au petit pied vint effrontément ranimer la querelle, et dire hautement devant nous « qu'il ne souffrirait pas, tant que nous serions sur son territoire, que nous achetassions rien dans un autre village que le sien. » L'occasion était belle; son insolence me la présentait à point. J'allai à lui, et, tout en lui disant « que je comptais maintenir notre droit d'acheter où bon nous semblait, » je lui intimai l'ordre de quitter à l'instant même le jardin et de ne jamais reparaître devant moi, sans quoi je ne manquerais pas de lui appliquer la peine du talion, c'est-à-dire que je le ferais bâtonner, puisqu'il avait osé frapper nos gens. En disant cela, je le fis pousser hors de notre enceinte, de manière à ce qu'il comprît qu'il n'y avait pas à faire résistance. Le ket-khodâh voyait bien à mes façons d'agir qu'il ne fallait pas qu'il se fît montrer le chemin deux fois; il se retira. Mais ce fut en hurlant et en lançant contre nous tous de terribles malédictions. Il nous menaça de sa vengeance, en disant qu'il allait revenir avec ses *raïas*. Cette menace ne m'épouvanta pas beaucoup. D'abord, parce que j'avais déjà appris à mépriser la populace persane, ensuite parce que je ne pensais pas que ce misérable ket-khodâh, qui avait voulu monopoliser et garder, au détriment de ses subordonnés, la vente des poules, des œufs, du vin, des fourrages, etc., dût trouver parmi eux une grande sympathie. Ils ne devaient pas être très-disposés à se faire casser la tête pour le venger. Cependant, comme il ne fallait pas se laisser surprendre, je pris quelques mesures de prudence : je fis charger toutes les armes; je posai une vedette du côté du village; et, après quelques autres dispositions pour rendre moins facile l'accès de notre camp, j'attendis. Nous n'étions plus que six, car Ressoul-Bek était à Chiraz. — La journée s'acheva fort tranquillement. — La nuit, chacun veilla à son tour; — elle se passa de même, si ce n'est que l'un de nos hommes, ayant entendu du bruit dans les broussailles du jardin, lâcha imprudemment, et par peur sans doute, un coup de pistolet. Nous fûmes tous sur pied en un instant; mais nous reconnûmes qu'une troupe de chacals s'était glissée jusqu'à notre tente, et que c'étaient là les seuls ennemis qui eussent tenté une attaque nocturne.

Mais je reviens à nos antiquités ; les bas-reliefs sculptés à la base des rochers de Nakch-i-Roustâm étaient assez complétement visibles. Cependant quelques-uns d'entre eux étaient plus près du sol que les autres; ils étaient quelque peu cachés par la terre qui, de siècle en siècle, s'était accumulée vers leur partie inférieure. Nous avions pris à Husseïn-Abad cinq ou six hommes avec des pioches et des pelles, et nous les employions à enlever avec précaution la terre qui recouvrait les sculptures, de façon à les dégager complétement. Les fouilles, ou pour mieux dire, le découvrement que nous faisions exécuter venait d'acquérir tout à coup un intérêt plus grand. En voulant nettoyer la base du dernier bas-relief que j'ai décrit, la partie du roc située au-dessous s'était présentée avec des apparences de sculpture. Cette indication, quelque légère qu'elle fût, pouvait trahir l'existence d'un second bas-relief enfoui et inconnu. C'en était assez pour que nous ne dussions point dédaigner cette trace et pour que nous fissions pousser plus avant le travail de la pioche. Le sol était presque aussi dur que le roc. Il fallait creuser un talus produit par les terres qui s'étaient éboulées du haut des rochers, et qui, mêlées à des débris de pierres, s'étaient ammoncelées et durcies peu à peu depuis bien des siècles. Mais les efforts de nos terrassiers étaient encouragés par la révélation progressive d'un bas-relief aussi grand que le premier, et beaucoup mieux conservé.

Ces hommes intelligents s'intéressaient, comme nous, au succès de cette découverte qu'ils étaient bien loin de soupçonner. Aucune génération, depuis bien longtemps, n'avait connu l'existence de cette sculpture qui, à en juger par son état de conservation, était enterrée depuis plusieurs centaines d'années. Malgré l'ardeur de nos ouvriers, leur travail était lent, à cause de la mauvaise qualité de leurs outils qui avaient de la peine à mordre la terre pierreuse et compacte. Cependant, après trois jours d'un travail opiniâtre, et après avoir creusé une tranchée de quatre mètres de profondeur, sur six ou sept de longueur, nous eûmes mis complétement au jour un bas-relief qui avait des dimensions égales.

Ce bas-relief, séparé de celui qui le surmontait par une bande étroite, représentait une scène semblable. L'exécution en était à peu près de même valeur, mais l'état de conservation dans lequel il se trouvait ne laissait que fort peu de chose à désirer. Celui-ci fait mieux comprendre les habitudes militaires ainsi que les armures qu'avaient les Perses de ce temps-là. Les coiffures seules sont mutilées et méconnaissables. Mais, autant qu'on en peut juger, elles sont du même genre que celles que j'ai précédemment fait connaître, et montrent que l'un des deux guerriers est aussi de race sassanide. La partie intéressante de leur ajustement est celle qui couvre leur corps. Des traces d'écailles, encore très-apparentes sur les épaules du cavalier de droite et sur celles du personnage foulé aux pieds du cheval de gauche, prouvent qu'ils avaient le haut du corps couvert d'une armure de fer. Des lignes parallèles, tracées tout autour de leurs bras et de leurs jambes, indiquent qu'ils étaient revêtus, soit d'une armure composée de petites lames qui laissaient, par leur mobilité, la liberté de tous les mouvements, soit d'un réseau de fer dont les mailles recouvraient les membres. Cette défense se rapproche beaucoup de celle usitée au moyen âge en Europe. Le milieu du corps était protégé par une espèce de cotte qui paraît avoir été, non pas en mailles de fer, mais bien en petites écailles de ce métal, superposées et semblables à celles qui couvraient le haut du corps. La lance est leur arme comme pour les combattants du tableau supérieur; un carquois plein de flèches est suspendu à l'arçon de leur selle à droite.

Il est encore de toute évidence, et constaté par ce curieux bas-relief, que les chevaux de bataille étaient, comme les cavaliers, défendus, sinon par une armure, du moins par une sorte d'enveloppe qui couvrait tout leur corps et le haut de leurs membres. Cette enveloppe trahit les muscles de ces animaux. Une ouverture que l'on aperçoit sur leur poitrail, avait sans doute pour but de permettre qu'on les en revêtît; après quoi on la fermait au moyen de boutons ou d'agrafes que le sculpteur a rendus très-apparents. A ces divers signes, on croit pouvoir penser que cette espèce d'armure ou de défense des chevaux devait être une sorte de housse en mailles de fer, ou une peau d'animal assez épaisse pour les protéger au moins contre les flèches.

De tous les bas-reliefs de Perse, achéménides ou sassanides, celui-ci est le seul qui donne une idée à peu près complète de l'armement des Perses. S'il ne nous fait connaître que la manière dont s'armaient les guerriers de la seconde époque, il n'en est pas moins intéressant, et nous devons nous estimer très-heureux de l'avoir découvert.

Le cadre le plus remarquable de tous ceux qui forment cette série si curieuse et si intéressante, est le quatrième. Il ne se distingue pas par le luxe de la composition et la prodigalité des épisodes qu'il contient. Ici il n'y en a qu'un seul, mais il est traité avec une force de dessin, avec une énergie de physionomie qui a quelque chose de sauvage, et qui produit une grande impression. Le sujet est celui-ci : *Chapour* ou *Sapor*, vainqueur de Valérien, est à cheval et semble recevoir l'hommage de deux généraux romains dont l'un a la tête ceinte d'une couronne de lauriers; l'autre se prosterne et étend les bras devant le roi. C'est là tout le tableau, avec une figure dont on ne voit que le haut du corps et qui, placée dans un coin du cadre, représente un Perse imberbe.

L'exécution de cette sculpture laisse sans doute beaucoup à désirer; elle pèche, comme toutes celles que nous connaissons et que nous verrons encore, par le dessin, par cette raideur et ces poses conventionnelles, ou cette symétrie qu'on est en droit de reprocher à toutes les sculptures de ces monuments anciens. Malgré ces défauts, je répéterai ce que je disais en commençant : que le sculpteur a imprimé à ce bas-relief un grand aspect de force, de majesté, et quelque chose même de grandeur un peu barbare qui lui donne un grand effet. On remarque encore, il faut le dire, dans certaines parties de cette œuvre vraiment belle, une habileté qui ne peut permettre de douter du degré d'avancement de l'art à l'époque de Châpour. Ainsi, la tête de ce monarque, celle de son cheval et les têtes de Romains du premier plan, sont exécutées avec un art qui est déjà loin de ses premiers pas.

Le fond du tableau était couvert d'inscriptions pehlvis qui, dans un nombre infini de lignes, relataient sans doute les faits qui se rapportent ou au règne de Chapour, ou à sa victoire. Malheureusement ces inscriptions sont bien effacées, et il n'a été possible d'en prendre que des fragments.

Le lendemain du jour où avait eu lieu la scène provoquée par le kei-khodâh, une occasion se présenta, à point nommé, de lui infliger régulièrement, administrativement, le châtiment que sa conduite lui avait si bien mérité. Le fils du hakim qui exerçait son autorité sur tout le district, était venu nous faire visite. Il s'appelait Nassoullah-Khân, et résidait avec son père au village de Hadji-Abad, peu distant de notre jardin. Après tous les compliments d'usage, après les offres de services les plus cordiales de sa part et de celle de son père, il nous demanda comment nous nous trouvions en ce lieu. Nous lui répondîmes que nous étions fort bien, à l'exception de ce qui concernait le ket-khodâh. Il insista naturellement pour savoir quelle plainte nous avions à formuler contre lui. Il entra dans une grande fureur quand nous lui racontâmes ce qu'il avait fait, et, séance tenante, l'ayant envoyé quérir, il le fit bâtonner par ses *ferrachs*. Nous remerciâmes le *khan* de ses *manières obligeantes*, et de la protection dont il voulait bien nous honorer. Ce qu'il venait de faire prouvait, en effet, que son autorité était très-réelle sur les villages de la contrée, et que sa faveur nous était acquise. Le châtiment public qu'il avait ordonné, connu aux alentours, ne manquerait pas de nous faire respecter des habitants. La conduite du ket-khodâh avait donc complétement tourné à notre avantage, et j'aurais été fâché qu'il ne l'eût pas tenue, puisqu'elle avait de telles conséquences pour l'avenir.

Mais voici un des traits distinctifs du caractère persan : le jour suivant, l'infortuné chef du village de Husseïn-Abad vint, en suppliant, à la porte de notre tente, nous demander d'oublier sa conduite. Qu'on blâme, après cela, ces moyens expéditifs de la justice persane! Au reste, je m'attendais à cette démarche du ket-khodâh, cependant je voulus être encore sévère, et persister dans mon ressentiment. Je le fis chasser sans pitié. — De ce moment, personne de nous n'eut à se plaindre du ket-khodâh, il fut doux et poli, et se mit en quatre pour nous rendre service.

Ces diverses scènes de mœurs exotiques venaient se mêler à notre vie laborieuse, remplie ; elles en rompaient de temps à autre la monotonie. La dernière que je viens de raconter eut pour résultat de nous tranquilliser et de nous éviter les inquiétudes que nous aurions pu conserver sur nos gens et notre camp que nous abandonnions chaque matin pour aller, devant nos monuments, travailler jusqu'au soir.

Le lendemain du jour où les verges avaient fait justice, nous venions d'arriver à Nakch-i-Roustâm, quand une troupe de cavaliers se présenta devant nous. Un homme âgé, qui paraissait être le chef, mit pied à terre en se soutenant pesamment sur le saïs qui tenait la bride de son cheval, et lui présentait l'épaule comme point d'appui. Il entra, avec la plus grande politesse et les manières aisées d'un homme bien élevé, sous l'*hoftôb-guerden* où je travaillais et où je m'excusai de ne pouvoir le recevoir plus convenablement. Il m'apprit qu'il était le hakim du district, et que c'était son fils qui était venu la veille nous voir au bâgh où nous campions. Il me témoigna tous ses regrets de la mésaventure que Nassoullah-Khân lui avait racontée, et me dit « combien « il était humilié que le ket-khodâh d'un des villages soumis à « sa juridiction se fût mal conduit à notre égard; qu'il nous « priait de l'oublier, et que si nous croyions devoir lui de- « mander une plus ample satisfaction, il serait heureux de « nous la donner, désireux qu'il était de nous prouver « combien il avait à cœur que nous n'eussions aucun mau- « vais souvenir à emporter du district où il était chargé de « faire respecter les ordres du Châh son maître. » Je répondis au khân : « Que je trouvais le ket-khodâh assez puni « par les deux corrections qu'il avait reçues. Que j'avais « tout lieu de croire qu'il se repentait de sa faute, et « que je ne demandais rien de plus pour la lui faire ex- « pier. » Le hakim m'avait parlé avec la plus grande bonhomie et l'air le plus simple du monde, sans paraître vouloir mettre aucun prix au service qu'il avait pu nous rendre, lui ou son fils, en faisant justice des insolences du ket-khodâh. Mais, soit que la leçon leur fût faite, soit qu'ils voulussent faire preuve de zèle vis-à-vis de leur maître, les ferrachs rangés en cercle autour de nous ne cessaient de répéter « que nous devions bien quelque chose au Khân, et que « nous ne pouvions faire autrement que lui donner un fusil, « pour prix de sa protection. » Cela était dit d'une manière assez détournée pour que je pusse faire semblant de ne pas comprendre; j'en profitai et fis le sourd. — Cette surdité est souvent utile en Perse; les insinuations ou les demandes directes y sont si fréquentes, quelquefois si éhontées, qu'il faudrait traîner après soi tout un bazar pour y satisfaire. — Nous causâmes après cela de toute autre chose. Mehemet-Nafi-Khân, c'était le nom du Hakim, paraissait un homme intelligent et instruit. Il nous raconta plusieurs particularités relatives aux antiquités de cette localité, et nous renseigna sur tous les points où nous pouvions en trouver quelques vestiges. Il nous dit, entre autres choses « que les « Anglais avaient, quelques années auparavant, emporté beaucoup de pierres de Takht-i-Djemchid et qu'ils avaient dû « très-certainement en emporter aussi beaucoup d'or, parce « qu'ils lisaient les inscriptions cunéiformes ou *Guinch-Nahmèh* qui leur indiquaient des trésors enfouis autrefois parmi ses ruines. » Le Khân nous fit promettre d'aller le voir, et nous répéta d'user de lui et de son pouvoir toutes les fois que nous en aurions besoin. Nous le saluâmes, enchantés de cette nouvelle connaissance qui pouvait nous être très-utile dans le cours de notre séjour à Persépolis.

J'avais reçu Mehemet-Nafi-Khân en face du cinquième tableau, qui représentait encore un combat entre deux cavaliers couverts d'armures pareilles à celles que j'ai décrites. Le guerrier de droite reçoit dans la gorge un coup de lance de son adversaire qui le désarçonne et, du même choc, est renversé de son cheval. Ce bas-relief présente une nouvelle remarque à faire : c'est que le poitrail de l'un des chevaux est couvert d'une armure de petites lames de fer dont on reconnaît facilement encore les attaches. Le reste du caparaçon qui couvre ce cheval est semblable à celui que j'ai indiqué précédemment, avec cette seule différence que, sous le ventre du cheval, pendent de petites boules qui ne sont probablement qu'un ornement. La coiffure des deux cavaliers diffère de celles que nous connaissons; le cavalier de droite paraît avoir un casque surmonté d'une espèce de boule irrégulière; celui de gauche a une coiffure très-large du haut, terminée par trois pointes auxquelles sont attachées de petites houppettes avec de petites bandelettes. Sur ses épaules, il a des houppes à peu près pareilles. Sur le côté droit de son cheval, on voit quatre autres houppes plus grosses, retenues par des cordons et enfermées à moitié, comme des glands, dans une capsule dentelée. On ne saurait expliquer ces espèces de glands ou de flocs qu'en les comparant à ce qui est encore usité aujourd'hui dans tout l'Orient, où l'on adapte au harnais des montures des glands du même genre, en laine, qui servent à la fois d'ornements et de chasse-mouches. Certains voyageurs, en rapprochant ces objets, représentés sur ces anciennes sculptures, du feu sacré que l'on conservait auprès des rois de religion guèbre, ont voulu y voir des espèces de fourneaux rappelant ce fait. Ce qui a sans doute contribué à ce que j'appellerai leur méprise, ce doit être le dessin des flocs de laine ou de glands, qu'ils ont pris pour des flammes. Mais il ne me paraît pas possible de s'arrêter un instant à cette idée; car, comment supposer qu'un cavalier combattant puisse avoir, attachés aux flancs de son cheval, des réchauds enflammés? Cette supposition me paraît absurde. Derrière le cavalier vainqueur est un troisième cavalier qui porte un étendard en forme de croix. Cinq houppes y sont attachées de façon à ce que trois soient en l'air et que deux retombent.

Nous avons trouvé ce bas-relief dans un état de ruine qui nous en a fait perdre beaucoup de détails. Néanmoins, en profitant de ce qu'il est possible de saisir encore sur le roc tout rongé et crevassé, on peut se convaincre que, si la raideur et la symétrie rendent parfois ces sculptures sèches et monotones, le sujet, et la convention née des mœurs des Perses, en sont la cause; et l'on acquiert cette autre conviction, c'est que, quand ils le voulaient, ils savaient parfaitement aussi donner du mouvement et de la vie à leurs tableaux; car celui-ci est remarquable par l'animation de la scène, la vigueur d'attaque du vainqueur, comme tout est vrai et saisi dans la pose du vaincu qui fait de vains efforts pour rester en selle sur son coursier acculé et qui se cabre.

Les quatre derniers tableaux que je viens de décrire, mais principalement les trois qui représentent des combats singuliers, ont fait donner par les Persans modernes, à ce lieu, le nom de *Nakch-i-Roustâm*, ou *portrait de Roustâm*. Ils ne voient, dans ces sculptures, autre chose que la célébration des hauts faits de leur héros ou *pelhavan* favori et la représentation matérielle des exploits fabuleux racontés par leurs poëtes ou leurs conteurs. C'est là ce qui a fait, au nom antique de *Kabrestan-Kauroûn* ou *Tombes des Guèbres*, substituer, depuis quelques siècles, le nom de *Nakch-i-Roustâm* sous lequel ce groupe d'antiquités si intéressantes est exclusivement connu aujourd'hui.

J'étais absorbé par l'étude attentive de tous les détails de cette sculpture, que ses parties frustes rendaient difficile à bien saisir, quand un singulier visiteur s'approcha de moi. — C'était un pauvre diable en haillons, misérable raïa du pays, qui, après m'avoir salué très-humblement, et être resté silencieusement recueilli dans la contemplation de mon travail, me demanda timidement de lui faire un pichkèch. — J'étais accoutumé à ce genre d'obsession; j'étais d'ailleurs ferré à glace au sujet des *pichkèchs*. Comme cet homme était très-poli, et se tenait respectueusement à distance, il me prit l'envie de le faire causer un peu, tout en travaillant. Au lieu donc de lui dire de s'éloigner et de ne pas m'importuner, je lui demandai à quel titre il réclamait un cadeau de moi. — « Parce que j'ai des yeux *frenguis*, » me répondit-il avec assurance. Stupéfait d'une si singulière réponse, je regardai cet homme que j'avais à peine vu, car je n'avais pas daigné détourner sur lui mon attention. — « Comment, des yeux *frenguis!* » — « Oui, ils sont bleus, comme ceux des Frenguis, comme les vôtres. » — C'était vrai, — et il était vrai aussi que c'était une chose si exceptionnelle, si rare, que c'était la première fois que je rencontrais en Perse un homme n'ayant pas les yeux noirs. Celui-ci avait les yeux parfaitement bleus, d'où il tirait la conséquence que je lui devais un cadeau pour leur couleur. — Je ne pouvais le lui refuser.

Au delà du dernier bas-relief dont j'ai parlé, le pied de la montagne change de direction et incline vers le nord. En cet endroit s'en trouve un sixième, d'une composition plus pacifique que celle des précédents. C'est un simple portrait d'un prince sassanide, remarquable par sa coiffure qui figure des ailes d'oiseau surmontées d'un globe. Ce roi sassanide est entouré de huit autres personnages, cinq à sa droite et trois à sa gauche. Les uns ont de fortes barbes ; les autres, qui au contraire sont imberbes, sont les plus rapprochés du roi. Les mœurs asiatiques assignant les places les plus rapprochées du souverain aux personnages les plus élevés en rang, on a quelque raison de croire que les cinq figures imberbes représentent ses fils, ou du moins les membres de la famille du souverain. Aucune marque distinctive ne les signale d'ailleurs. Deux d'entre eux portent une tiare ou mitre arrondie du haut et retombant sur la nuque ; les trois autres ont des espèces de bonnets phrygiens dont deux se terminent par une petite tête d'animal, de lion ou de cheval. Des trois autres personnages qui terminent de chaque côté ce tableau, celui de gauche est nu-tête ; l'avant-dernier à droite porte un bonnet phrygien, et le dernier une mitre sur laquelle est tracé un petit croissant. Ces huit personnages qui font cortége au roi ne sont point complets. On n'en a exécuté que le haut du corps, et au-dessous de leur buste le rocher est seulement poli. Cette préparation, et les lignes d'un cadre qu'on aperçoit au-dessous, font penser qu'on avait eu l'idée de graver des inscriptions sur ces tablettes ; mais il ne s'en voit pas la moindre trace.

Sur un rocher voisin se distingue l'ébauche d'une figure qui ne paraît pas se rattacher au tableau précédent.

A quelques pas de là, on rencontre le dernier des bas-reliefs qui composent cette série intéressante. Il représente deux personnages à cheval, vêtus de longues robes et ne portant aucune arme. La scène qui se passe entre eux est toute pacifique. Celui de droite, qui paraît le plus âgé, tient de la main gauche un long bâton qu'on peut prendre pour un sceptre; de la droite, il tend au personnage qui lui fait face une couronne de laquelle se déroulent des bandelettes. Celui-ci étend la main droite vers la couronne et fait, de la main gauche, un signe qui semble être celui d'un serment. Le cavalier de droite, bien que tenant en main le sceptre et tout en ayant un air d'autorité sur l'autre, puisqu'il lui présente la couronne, ne porte cependant pas le signe distinctif de la royauté; il n'a point sur la tête ce globe qui accompagne la coiffure des rois sassanides. Le cavalier de gauche, au contraire, qui paraît prêter serment, porte en tête le globe royal. De plus, on voit derrière lui un jeune garçon agitant un chasse-mouches qui est encore un des attributs de la souveraineté.

Deux idées naissent dans l'esprit en regard de cette scène : ou elle représente l'abdication et la transmission de la couronne de la part d'un roi à son successeur; ou elle a pour sujet la reconnaissance du culte du feu, et le serment aux doctrines de Zoroastre, prononcé par un prince en face de l'un des ministres du culte ou de Zoroastre lui-même. Cette dernière opinion me paraît la plus fondée, et voici deux faits sur lesquels je crois pouvoir l'appuyer : d'abord on lit, sur les poitrails des deux chevaux, deux petites inscriptions en caractères grecs qui disent, pour le personnage de gauche, qu'*il est fils de roi;* tandis que rien, pour celui de droite, ne rappelle qu'il soit de souche royale. Il faut remarquer que cette particularité de caractères grecs, gravés sur ce bas-relief, conduit à l'idée que le personnage important de la scène représentée, est un des premiers princes de la dynastie sassanide, qui aurait régné à l'époque où l'usage de la langue grecque, dans les actes publics, n'était pas encore entièrement perdu. On sait que cet usage d'inscription d'un même texte, en langue perse, médique et assyrienne, existait au temps où la monarchie perse avait pour éléments principaux les trois nations auxquelles elles étaient propres. On le retrouve ici avec le changement que les révolutions et les conquêtes ont apporté dans les idiomes les plus répandus dans cette partie de l'Asie. En effet, par leurs possessions en Asie Mineure, par leur contact avec les peuples qui parlaient la langue grecque, les Perses en étaient venus, sinon à la rendre usuelle dans leur pays, du moins à ce qu'elle ne leur fût pas tout à fait étrangère. Aussi, la voit-on sur ces monuments à côté de la langue nationale.

Les deux cavaliers foulent aux pieds de leurs chevaux deux personnages dont l'un a pour coiffure une mitre accompagnée de bandelettes, et dont l'autre est nu-tête. La présence de ces corps dans cette scène, qui n'a rien de guerrier, ne peut s'expliquer que par le sens allégorique qu'on leur aurait donné; ces cadavres représentent probablement des nations subjuguées et rangées sous le joug du monarque qui reçoit la couronne; ou peut-être symbolisent-ils l'usurpation du pouvoir royal par les Sassanides au détriment des

Arsacides dont le dernier fut tué de la propre main d'Ardechir, fondateur de la dynastie nouvelle. C'est à ce dernier bas-relief que se bornent les sculptures des deux époques entées l'une à l'autre sur les rochers de Nakch-i-Roustâm.

Cet ensemble de grands monuments de deux âges ne peut laisser de doute sur l'importance qu'a eue ce lieu dans le passé. Les rois des deux dynasties qui ont jeté de l'éclat sur la Perse, s'étaient plu, les uns à y préparer leur sépulture, les autres à y buriner, sur le roc durable, les hauts faits de leur histoire, afin d'en assurer le souvenir pour le transmettre aux âges futurs; et l'on voit qu'ils ont réussi, puisque nous les y retrouvons après quinze siècles. Quelle que soit l'idée qui ait dominé aux deux époques distinctes auxquelles ces monuments divers se rapportent, il est très-probable que ce lieu a toujours été en honneur. Dans ces temps reculés, où l'obéissance à l'autorité profane des souverains se confondait dans le culte religieux qu'on rendait à la divinité, ce lieu a dû être comme sacré et l'on devait y venir adorer à la fois l'Être suprême et le monarque. Un petit monument, isolé aujourd'hui, mais placé près de là, vient à l'appui de cette opinion. Sur un rocher qui s'avance en s'élevant un peu au-dessus de la plaine, se trouvent, sculptés dans sa masse, deux autels du Feu qui sont pour ainsi dire jumeaux, car ils sont exactement semblables et ne sont séparés que par un intervalle de quelques centimètres. Ils sont de forme quadrangulaire. Aux quatre angles sont figurées des espèces de petites colonnes engagées entre lesquelles sont évidées quatre niches ou arcades sur les quatre faces. A la partie supérieure, règne, sur les quatre côtés, une corniche surmontée d'une dentelure en forme de créneaux.

Près de là, on rencontre beaucoup de traces d'anciennes carrières et des fragments de rochers ébauchés comme matériaux de construction. Au milieu d'eux se dresse une petite colonne prise dans la masse même du roc. Dans son isolement actuel, rien ne révèle qu'elle ait été liée à aucun édifice, car il ne paraît pas qu'il y en ait eu jamais en cet endroit.

CHAPITRE XXXVI.

Retour de Ressoul-Bek avec des soldats de Chiraz. — Description des caveaux funéraires. — Préjugés des habitants à l'égard des fouilles. — Singulière manière de guérir la piqûre du scorpion. — Excursion à Takht-i-Djemchid. — Nakch-i-Redjâb. — Istakhr. — Cheik-Ali. — Mont-Istakhr.

Il y avait six jours que Ressoul-Bek était parti quand il revint. Il ramenait trois soldats pris dans un régiment de l'Azerbaïdjân, en garnison à Chiraz. Ces hommes avaient un petit âne pour porter leurs sacs et quelques légères provisions. Notre goulâm l'avait en outre chargé de riz, de raisins secs, de sucre, de café et d'autres choses que nous ne pouvions nous procurer dans les villages voisins. Nous fîmes connaissance avec nos trois tuffekdjis qui nous parurent de très-braves gens et avaient la mine de *caraouls* à faire bonne garde.

Pendant que je traçais, avec le plus grand soin, ces beaux tableaux de pierre, où, dans un style original et une conception bizarre, les Persans des temps anciens avaient représenté leurs princes ou des héros de leur histoire, M. Coste s'occupait de l'étude des tombes et se faisait hisser à l'aide d'échelles, ou de bras et de cordes, sur la plate-forme des tombeaux placés au-dessus des bas-reliefs. Ces tombes étaient inaccessibles et avaient dû l'être toujours, d'après la manière et le soin avec lesquels le rocher avait été au-dessous d'elles taillé verticalement. Aucune trace de rampe ou d'escalier ne s'y retrouvait; il est donc probable qu'après l'introduction des corps dans les caveaux, on faisait disparaître ce qui en avait facilité l'accès, et la dépouille mortelle, ainsi isolée et à l'abri de tout contact humain, restait confiée au sarcophage que la montagne recélait. L'élévation de ces tombeaux, et leur inaccessibilité, s'expliquent peut-être par cette coutume attribuée aux Guèbres : « Ils exposaient, dit Hérodote, les cadavres des morts en des lieux élevés, à l'abri de la voracité des chiens ou des bêtes féroces; mais où les oiseaux de proie pouvaient venir s'abattre et en arracher les lambeaux de chair. Lorsque les aigles et les vautours avaient ainsi dépecé les corps, et que leur bec avait parfaitement nettoyé le squelette, ils le portaient au lieu de sa sépulture. » D'après cela, il ne serait pas invraisemblable que les plates-formes qui se trouvent en avant de chacun des caveaux de Nakch-i-Roustâm eussent servi à entreposer les corps morts pour faciliter la pâture des oiseaux qui avaient mission de les dégager de tout ce que les cercueils ne devaient point renfermer.

Ces tombes sont toutes sur le même modèle; je n'en décrirai donc qu'une pour les faire connaître. Chacune d'elles consiste en trois parties d'une hauteur égale : celle du milieu est plus longue, et forme la croix avec les deux autres; la partie inférieure de cette croix s'arrête à une dizaine de mètres environ du sol ; la pierre y est polie, mais nue, et ce n'est qu'à la seconde partie que commence réellement le monument. C'est là qu'est l'entrée du tombeau, qui n'est pas autre chose qu'une large excavation de la montagne même. Cette entrée se trouve à la partie inférieure d'une façade qui offre à sa base un portique simulé par quatre colonnes engagées. Leurs chapiteaux étaient formés de deux corps adossés de taureaux dont les fronts cornus supportaient une corniche à denticules et un entablement au-dessus duquel se trouve un très-grand et très-intéressant bas-relief dont le sujet est essentiellement religieux. A la partie supérieure est le *Mihr* qui semble présider à un acte du culte du feu, accompli par un personnage qui est debout, monté sur trois degrés ; il tient un arc de la main gauche, et il étend la droite en signe de serment ou d'adoration en se tournant du côté d'un autel sur lequel est représenté, tout enflammé, le feu sacré. Cette scène semble avoir pour motif la consécration de la foi ignicole jurée par le souverain dont la dépouille mortelle a été déposée dans ce caveau. Cette première partie du tableau est placée sur une espèce de table ornée d'une rangée d'oves, et terminée aux deux bouts par deux corps d'un monstre bizarre, espèce de chimère qui a de fortes pattes, de grandes oreilles, et une corne avec une tête hideuse Des figures de physionomies et de costumes différents semblent supporter cette table, ou cette estrade : il y en a deux rangées superposées de quatorze chacune.

Sur le cadre figuré autour de ce tableau, et de chaque côté du bas-relief, sont encore sculptés trois rangs de figures placées dans trois champs qui se prolongent, en retour d'équerre, sur la face polie du rocher resté en surplomb sur la frise de la façade. Dans chacun de ces champs une seule figure est sur le même plan que le grand bas-relief et deux autres sont sur le plan perpendiculaire. Celles de gauche représentent des guerriers ou des gardes; celles de droite portent le même costume, mais point d'armes. Elles ont la main gauche élevée, recouverte par les plis de leur manche, et semblent, par ce geste, indiquer les pleurs qu'elles versent. Tel est l'extérieur, qui se trouve répété sur chacun de ces hypogées. S'il y a entre eux quelques différences, elles ne portent que sur de petits détails sans importance. Cependant l'une de ces tombes en offre une très-remarquable avec les voisines : c'est une longue inscription en caractères cunéiformes, gravée dans les entre-colonnements de son portique et jusqu'en haut du cadre supérieur. Elle est malheureusement fort altérée, ce qui est bien regrettable, car elle eût pu mettre les philologues à même de faire connaître sans doute les faits historiques qui se lient à la vie du célèbre mort à qui ce caveau a servi de sépulture.

A l'intérieur, ces tombeaux diffèrent peu dans leur distribution : chacun d'eux contient trois sarcophages vides, creusés dans le roc.

En face des rochers dans lesquels ont été pratiquées ces excavations destinées à recevoir les dépouilles mortelles des rois, est un petit monument dont la construction est de la plus grande simplicité, et dont l'aspect est très-sévère. Il n'a pour tout ornement qu'une corniche à denticules. Il se termine par une terrasse. Le plan de cette construction forme un carré. Sur trois de ses faces sont figurées, au moyen d'encadrements de pierre noire, des espèces de niches ou de fenêtres closes, sur trois rangs, et variant de grandeur d'un rang à l'autre. Sur la quatrième face seulement, qui est tournée du côté des tombes, est une porte par laquelle on pénétrait à l'intérieur de ce monument; elle conserve les traces du chambranle et de la corniche qui l'encadraient. Cette porte se trouve aujourd'hui à peu près accessible par suite de l'exhaussement des terres amoncelées autour de cette construction; mais elle était dans l'origine à quelques mètres au-dessus de sa base. De cette élévation, faut-il conclure qu'il y a eu intention de rendre cette porte inabordable? La question est douteuse, quand on remarque, au-dessous du seuil, certaines dégradations qui pourraient faire penser qu'elles sont les traces d'un perron par lequel on y montait. D'un autre côté, les historiens anciens, et parmi eux Hérodote, rapportent que les Perses avaient la coutume de laver les corps morts, et de leur faire subir quelques préparations dont l'une consistait à les enduire de cire avant de les ensevelir. N'est-il pas alors probable que le lieu où ils se livraient à ce pieux travail était isolé, inaccessible, et que, s'il faut voir dans la ruine dont je parle un monument qui avait pour destination de recevoir les cadavres pour en faire l'embaumement, la porte devait en effet en être placée au-dessus du sol, à une élévation qui n'en permît pas l'entrée. Quoi qu'il en soit, cette porte donne accès dans une salle de petites dimensions, qui ne présente rien de remarquable et dont les murs sont dénués de tout ornement.

Extérieurement, on voit des refouillements rectangulaires pratiqués symétriquement dans les assises des quatre faces. Il est difficile d'en comprendre l'objet; peut-être étaient-ils destinés à recevoir des plaques sur lesquelles on inscrivait les noms des morts au fur et à mesure de leur entrée dans ce laboratoire des embaumeurs. On voit que les anciens rois perses qui avaient destiné ce lieu à leur sépulture, avaient donné aux rocs sculptés, ainsi qu'à l'édifice que je viens de décrire, un caractère de sévérité en harmonie avec leur destination.

Nos recherches et nos études, conduites simultanément à Nakch-i-Roustâm, tiraient à leur fin; nous entrevoyions le jour prochain où nous pourrions changer de place. Nous nous sentions encouragés, par ce que nous avions déjà vu, à chercher sur un autre point, un nouveau filon de cette mine si précieuse en souvenirs matériels de cet art antique peu défini, mal connu, et jusqu'alors imparfaitement retracé. Nos ouvriers avaient achevé de dégager toutes les sculptures. Quand nous les eûmes soldés, ils nous demandèrent un *pichkèch*, en disant « qu'ils l'avaient bien gagné, parce que bien certainement ils ne tarderaient pas à tomber malades.» Leur ayant demandé la cause de cette menaçante épidémie, ils me répondirent « que les Anglais, il y avait quelques années, avaient emporté de Persépolis des morceaux de sculptures qu'ils avaient fait chercher dans la terre, comme nous venions de le faire nous-mêmes; que, de ce moment, presque tous les habitants du village voisin, parmi lesquels ils avaient choisi des ouvriers pour ce travail, avaient été pris de maladie. » Je ris de leur superstition, mais ils y persistèrent, et ce qui m'étonna beaucoup, c'est que Ressoul-Bek joignit sa crédulité et ses affirmations aux leurs. Pour nous, nous n'avions aucun scrupule, et nous nous promettions bien de faire entreprendre ailleurs de nouveaux et semblables travaux, sans rien redouter pour la santé publique.

Mes réflexions sur la singularité des préjugés communs à tous les Orientaux ne m'avaient point encore abandonné, quand une nouvelle circonstance y vint ajouter un nouveau sujet. C'était une femme qui se présentait en suppliante ; elle tenait dans ses bras un enfant qu'elle me tendait en disant : « Vous êtes *hekim*, guérissez-le. — Je ne suis pas médecin, lui répondis-je; je n'oserais pas donner à votre enfant un médicament qui pourrait lui faire mal, et d'ailleurs, je n'en ai pas. — Mais vous êtes *Frengui*, vous êtes donc *hekim*, répliqua-t-elle, faites-lui prendre une médecine. » Et elle me suppliait de nouveau. Je ne pouvais lui faire comprendre qu'il ne suffisait pas d'être Européen pour connaître la médecine. Elle se mit à pleurer. « Mon enfant est bien mal, « disait-elle en sanglotant... *Allah!* laissez-moi seulement « toucher vos habits. » Je ne pus refuser à la pauvre mère cette satisfaction, quelque puérile et vaine qu'elle fût ; — c'était une idée superstitieuse de la tendresse maternelle; elle était à ce titre trop respectable pour que je ne m'y prêtasse pas. Ces superstitions ne sont-elles pas à ménager ? Ceux qui les adoptent y ont une telle foi, que, surtout lorsqu'elles se présentent sous une forme consolatrice, il y aurait de la cruauté à les détruire, ou même à en amoindrir l'effet. Cette femme éplorée, ne pensant qu'à son enfant en péril, se rattachant à une dernière espérance, suspendant sa tendresse à une crédulité superstitieuse, ne me rappelait-elle pas d'ailleurs les croyances de nos mères? N'avais-je pas vu des chrétiennes aussi, portant au pied des autels, sur les reliques des saints, des vêtements, des langes, dans l'espoir que, par le seul contact, ils acquerraient une vertu bienfaisante et protectrice ?—Il est vrai que je ne suis pas un saint, me disais-je, tant s'en faut; mais, n'importe, cette malheureuse femme croit à une puissance surnaturelle : tout est là; il ne faut pas considérer l'objet de sa foi. Je ne dois voir que sa foi elle-même. C'est sa foi qui est tout. Je me prêtai donc à ce que réclamaient de moi les larmes de la pauvre mère, et lui remettant une petite pièce de monnaie, je la renvoyai plus calme, — elle espérait.

Le 21 octobre, nous achevâmes nos travaux à Nakch-i-Roustâm.

En rentrant à notre camp nous eûmes connaissance d'un malheureux accident arrivé à l'un de nos soldats : il avait été mordu à la main par un serpent; son bras était déjà très-enflé, et il souffrait beaucoup. Je le pansai de suite avec de l'ammoniaque et lui en fis avaler quelques gouttes. Mais il était trop tard. Le venin avait eu le temps de s'infiltrer et de circuler dans le sang. Je le fis partir pour Chiraz, lui conseillant de s'y rendre le plus vite possible pour se faire soigner.

Il y a, en Perse, des hommes, ce sont ordinairement des derviches, qui passent pour avoir des recettes contre les morsures ou piqûres de tous les animaux venimeux. Ceci me rappelle qu'à Ispahan, un homme ayant été piqué par un scorpion, l'Européen au service duquel il était voulut le soigner en employant aussi l'alkali volatil; mais il ne montra aucune confiance au remède de son maître, et s'en fut en courant au Bazar. Quand il revint, il se disait guéri; et de fait, il le paraissait. L'Européen, un peu intrigué de cette cure presque instantanée, demanda à son serviteur auprès de qui il s'était rendu. Il raconta qu'il était allé voir un derviche qui a la réputation de guérir toutes les blessures du même genre. Celui-ci, disait-il, après avoir bien examiné la blessure et avoir prononcé quelques paroles, avait approché plusieurs fois de la plaie, en la touchant légèrement, une petite lame de fer. L'Européen, encore plus stupéfait du remède que de la cure, voulut voir l'instrument à l'aide duquel celle-ci avait eu lieu. Il lui fut permis, au prix d'un léger *pichkèch*, de le tenir quelques instants en sa possession. Après l'avoir tourné, retourné, examiné sur toutes les faces, il n'y découvrit rien de particulier. Il pensa alors qu'il n'y avait là que de la jonglerie; que le derviche était un imposteur; que si le malade avait guéri, c'est que le dard venimeux n'avait pas pénétré, et qu'il avait eu plus de peur que de mal. Il jeta dédaigneusement l'outil sur la table, honteux d'avoir cru un instant à sa vertu. — Quel fut son étonnement de le voir s'attacher avec force à un couteau qui s'y trouvait! — L'instrument de l'empirique du Bazar était donc tout simplement aimanté. Mais, quelle vertu pouvait avoir sur les venins l'attraction magnétique de l'aimant? Cette découverte était très-bizarre; l'incrédulité était à bout; et cependant l'homme piqué par le scorpion avait été guéri, et celui qui l'avait guéri était en grand renom à Ispahan pour ces sortes de blessures. — Je raconte ces faits sans commentaires; qui sait si un jour la science n'y découvrira pas quelque chose d'encore inconnu pour elle et que pratiquent les Persans? Les sauvages n'ont-ils point des remèdes composés de sucs extraits de plantes dont notre science européenne ne connaît même pas l'existence?

Pour revenir à notre soldat, ses camarades lui donnèrent leur âne qu'il enfourcha, et il nous quitta assez malade pour que nous ne fussions pas sans inquiétude sur son compte.

Le jour suivant, nous chargeâmes Ressoul-Bek de se procurer des bêtes de somme pour transporter nos bagages du côté de Persépolis, point vers lequel nous devions désormais porter nos investigations. Afin de savoir au juste de quelle manière nous pourrions nous organiser pour travailler commodément, et aussi pressés par la curiosité, nous poussâmes avec un guide une reconnaissance jusqu'à ces ruines. Nous traversâmes la rivière de Sivend, ainsi que plusieurs canaux larges et profonds et quelques marécages. Nous passâmes devant une grande plate-forme en pierre, qui nous parut être un soubassement de monument : on l'appelle *Takht-i-Roustâm* ou *Trône de Roustâm*. Nous arrivâmes, après une heure de marche, au pied du plateau sur lequel reposent les restes imposants du palais des rois Achéménides.

Le résultat de cette reconnaissance fut de nous convaincre que le village de *Kanara*, le plus voisin de Persépolis, en était trop éloigné pour que nous pussions nous y loger; qu'en nous y installant, nous perdrions trop de temps chaque jour à aller et venir, et que ce qu'il y avait de mieux à faire c'était de camper là, comme nous avions fait à Husseïn-Abad. La saison était déjà bien avancée; cependant le temps se maintenait encore assez beau pour que nous n'hésitassions pas à nous fier aux derniers jours d'automne, et à installer notre tente sur le plateau même des ruines.

Nous continuâmes notre exploration pour avoir une idée de l'ensemble des travaux qu'il nous restait à exécuter. De Persépolis ou *Takht-i-Djemchid*, nous allâmes, en suivant, dans la direction du nord, le pied de la montagne, voir les sculptures qui portent le nom de *Nakch-i-Redjâb*; elles se trouvent placées dans une espèce d'angle rentrant de la montagne, formé par l'assemblage de trois ou quatre rochers verticaux; leurs plans s'entrecoupent et forment comme une petite salle naturelle dont le fond est adossé à la montagne et dont l'ouverture fait face à la plaine.

Les anciens Perses semblent avoir recherché, pour placer leurs monuments, des lieux où la nature pouvait offrir des facilités. A l'époque des Sassanides, surtout, ils paraissaient avoir fait moins d'efforts pour créer, de leurs mains, des édifices, que pour découvrir, sur toute l'étendue de leur pays, des montagnes ou des rochers qui se prêtassent à recevoir l'image de leurs princes et qui offrissent aux sculpteurs des tableaux préparés par la nature, afin de diminuer les difficultés de leur travail. Il faut ajouter que les princes, préoccupés de leur gloire personnelle, trouvaient ainsi le moyen d'en assurer la durée en en confiant le souvenir à des rocs dont les racines profondément enterrées et fortement liées à la base des montagnes offraient plus de garanties de solidité que les fondations les mieux construites.

Le site qui porte le nom de *Nakch-i-Redjâb* est un de ceux qui sont le moins connus; il n'est pas en vue à cause de l'anfractuosité de la montagne où il est situé. Il faut, pour le découvrir, chercher avec le soin d'un explorateur sérieux qui tient à ne pas oublier, parmi toutes ces ruines, ce qui peut offrir encore de l'intérêt.

Des voyageurs ont écrit que *Nakch-i-Redjâb* était une salle construite. Ils ont commis une erreur; il n'y a pas la moindre trace de construction, de même qu'à *Nakch-i-Roustâm*. Là aussi, les trois bas-reliefs dont il s'agit ont été sculptés sur la face, polie *ad hoc*, de trois rocs dont les autres parties sont encore complétement à l'état primitif. Contrairement à l'opinion sans doute peu approfondie de quelques auteurs, je crois pouvoir soutenir qu'il n'a jamais dû y avoir là aucune habitation, et qu'il ne faut voir dans la présence de ces trois bas-reliefs, placés à peu près symétriquement en regard les uns des autres, qu'un fait dû à la fois au caprice de la nature qui a ainsi disposé les pierres sur lesquelles ils ont été exécutés et des princes qui les y ont ordonnés.

Le premier bas-relief à gauche est celui qui se fait remarquer par le plus d'art, de dessin, et aussi par sa composition. Il représente un roi à cheval, coiffé de la tiare surmontée d'une boule. Cette figure a été peu ménagée par les destructeurs fanatiques de ces curieux tableaux. Par ce qui reste et ce qui se devine, on peut juger que ce personnage avait une épaisse et longue chevelure comme Châpour. Il conduit son cheval de la main gauche, et tient dans la main droite quelque chose qui doit être son sceptre.

Derrière ce cavalier, qui occupe à lui seul toute la partie droite et la moitié du cadre, sont groupés neuf autres personnages dont trois seulement sont en pied; devant eux, pend à leur ceinturon un glaive sur le large pommeau duquel ils ont les mains appuyées. De ces deux figures, l'une, qui est la plus rapprochée du roi, dépasse de beaucoup les deux autres qui sont d'une taille égale. Les autres personnages ne montrent que le haut du corps; ils sont tous, à l'exception d'un seul, coiffés de cette mitre haute et arrondie que j'ai déjà mentionnée. Trois de ces coiffures portent sur le côté un signe différent qui n'est pas un caractère d'écriture, et qui a probablement pour objet d'indiquer le rang ou la fonction de celui qui le porte. La neuvième figure, dont on ne voit que la tête et l'épaule confondues dans les plis du manteau royal, est nu-tête; ses cheveux paraissent relevés et maintenus par un anneau sur le sommet de sa tête où ils forment une grosse touffe frisée semblable à un panache. Sur le poitrail du cheval est une petite inscription grecque accompagnée probablement de sa traduction en pehlvi. Une seconde inscription, dans cette dernière langue, est également gravée à droite du cheval.

Sur le rocher du fond, qui fait angle avec celui qui porte cette sculpture, est représentée une scène qui rappelle celle du dernier bas-relief décrit à Nakch-i-Roustâm. Ici les personnages sont à pied; mais celui qui, à droite, présente un anneau ou diadème, et celui de gauche qui le saisit, sont, par leur coiffure et par divers autres détails de leur ajustement, semblables aux deux cavaliers dont j'ai parlé. Cependant, tout en cherchant à en tirer cette induction, que le sujet pouvait être le même, je ne voudrais pas autoriser à penser qu'il a été exécuté précisément dans le même temps et par le même prince; car le bas-relief de Nakch-i-Roustâm est d'un travail qui ne manque pas d'habileté, tandis que celui-ci est extrêmement grossier, et traité avec une barbarie qui dénote ou l'enfance de l'art, ou sa chute dans une décadence déplorable.

Quoi qu'il en soit du rapport qui peut exister entre ces deux sculptures, il est évident que le sujet est le même; il représente aussi une transmission de couronne ou un serment religieux. Entre les deux personnages principaux sont deux enfants. Derrière le personnage de gauche sont deux figures dont l'une représente un guerrier appuyé sur son épée, et dont l'autre, imberbe, est un page élevant le bras en étendant un objet qui, quoique imparfaitement rendu, ne peut être autre chose qu'un chasse-mouches.

Derrière le personnage de droite qui tient la couronne, est figurée une colonne à chapiteau; elle semble indiquer une division dans la distribution du tableau, et simule un autre lieu que celui où se passe la scène principale. Dans le compartiment qu'elle forme sont deux figures imberbes dont l'une, au moins, semble être une femme, à en juger par les traits et les longues tresses de cheveux qui pendent sur ses épaules. Toutes deux sont tournées en sens inverse du groupe principal, ce qui indique encore qu'elles sont dans un lieu différent, et ne font point partie de ce groupe. Dans le coin à gauche, et en haut du rocher, en dehors du cadre où est sculpté le bas-relief, est une figure dont le buste seul a été exécuté. Peu visible par la manière dont elle est rendue, elle était en partie cachée par un arbrisseau qui avait pris racine dans une fissure du roc. En relevant les branches pendantes pour mieux voir cette figure, nous découvrîmes, sous leur feuillage, une inscription pehlvi très-bien conservée et qui n'avait pas moins de trente et une lignes presque complètes. Je crois pouvoir affirmer que cette inscription était complétement inconnue, car il n'en est fait mention par aucun voyageur. C'est donc une heureuse découverte, non-seulement pour l'étude de la langue pehlvi, mais encore pour l'intelligence de ce monument sur lequel elle jettera certainement un jour nouveau.

Si le tableau que je viens de décrire rappelle l'un de ceux de Nakch-i-Roustâm, le troisième présente une analogie encore plus grande avec celui-ci. Ce sont deux cavaliers face à face, et tenant, l'un par la couronne, l'autre par les bandelettes, un diadème. La similitude qui existe entre ces deux personnages est telle, qu'elle ne laisse rien à deviner quant au rôle que chacun joue dans cette scène.

A une demi-heure de là, nous entrâmes dans une enceinte d'éminences et de fossés, au milieu de laquelle s'élève la colonne que nous avions aperçue sur notre gauche, un peu avant d'arriver à Nakch-i-Roustâm. Autour, des débris d'architecture, des chapiteaux et quelques pans de murs indiquaient les restes d'un édifice : c'était Istâkhr, la ville du peuple, voisine mais séparée de celle des rois.

Le nom d'*Istâkhr* est d'origine zend, et le site ainsi nommé atteste d'une manière non équivoque l'emplacement d'une ville. La dénomination d'*Istâkhr* se retrouve dans plusieurs écrivains orientaux; mais on la cherche en vain dans les auteurs anciens. On est fort embarrassé pour décider si ce nom doit indiquer la ville capitale au temps des Achéménides, et à laquelle les Grecs auraient donné le nom de Persépolis, ou s'il ne désigne que celle qui, sortie des cendres de la cité de Darius, subsista jusqu'à l'invasion des Arabes. L'embarras s'augmente par le rapprochement des assertions très-divergentes des historiens : les uns, écrivains d'Occident, prétendent qu'Alexandre livra au pillage et détruisit de fond en comble la métropole de la Perse, à cause de la haine connue de ses habitants pour les Grecs. A les entendre, ce conquérant ne voulut d'abord épargner que le palais des rois, qui fut, à la vérité, brûlé, dans un moment où, si l'on en croit les historiens grecs, le héros macédonien n'avait pas toute sa raison. Selon les auteurs orientaux, au contraire, la ville d'*Istâkhr* aurait survécu longtemps à la ruine du palais des rois de Perse, et les habitants s'en seraient dès lors distingués, parmi tous leurs compatriotes, par une haine implacable contre les conquérants de leur patrie, précisément en raison de l'incendie du palais de leurs souverains.

Sans vouloir faire prévaloir l'une ou l'autre de ces deux assertions, je ne puis, après l'inspection des lieux, me défendre de pencher pour la première. Aujourd'hui, on comprend sous le nom d'*Istâkhr*, un espace de huit à neuf kilomètres de tour, qui présente de grands mouvements de terrain ; çà et là, sur ce vaste périmètre, se succèdent des talus ou de petites éminences, restes de murailles et de tours qui formaient l'enceinte de la ville. Sous la croûte épaisse de terre végétale qui, en s'amoncelant de siècle en siècle, tend à opérer un nivellement de ces ruines, on découvre encore d'antiques maçonneries ; d'autres monticules rapprochés les uns des autres, des décombres qui apparaissent de tous côtés, sont autant d'indices de l'œuvre de destruction qu'à une époque reculée, ces lieux ont vu s'accomplir. Solitaire au milieu de ces tristes vestiges, s'élève une colonne restée seule debout. Huit bases, des fûts et fragments de chapiteaux d'autres colonnes semblables gisent à l'entour, à côté de quelques pans de murailles. La colonne restée debout est cannelée, ainsi que celles qui sont tombées ; elle est de petite dimension. Son chapiteau est formé de deux corps de taureau adossés : c'est, comme nous le verrons, le type commun à tous les chapiteaux de Persépolis. Dans un rayon de quelque cent mètres autour de ces ruines, on en trouve d'autres parmi lesquelles sont aussi des débris de colonnes ; mais elles n'ont conservé aucun intérêt. Ces vestiges de constructions antiques se retrouvent sur les deux rives du Sivend-Roûd. Nous en avions vu assez pour prévoir une suite longue et fertile de recherches et d'études.

Nous étions tout près du village de Hadji-Abad, nous en profitâmes pour faire une visite au Hakim à qui nous devions bien politesse. Mohamet-Nafi-Khan se mit en frais pour nous faire un accueil cordial et empressé. Nous causâmes beaucoup de tout ce que nous venions de voir dans la journée : il nous dit les choses les plus aimables quand il sut que nous avions trouvé dans notre exploration les motifs d'un long séjour sur son territoire; il renouvela ses offres de services, et nous proposa une garde lorsque nous lui dîmes que nous comptions nous établir au milieu même des ruines de Takht-i-Djemchid. — « Le pays, nous dit-il, n'est aucunement sûr; défiez-vous, « la nuit, des maraudeurs. » Nous le remerciâmes, en le rassurant et lui disant que nous pensions être assez d'hommes bien armés et bien disposés à se défendre pour ne pas abuser de ses bontés.

Nous demandâmes au Hakim des renseignements sur une grotte que nous savions être dans le voisinage de Hadji-Abad, et où se trouvaient quelques inscriptions. Il nous dit qu'en effet ces tablettes étaient près de là, dans un coin retiré de la montagne qui portait le nom de *Cheik-Ali*. Son fils voulut nous y conduire lui-même, et quand nous prîmes congé de Mohamet-Nafi-Khân, Nassoulah-Khân monta à cheval et nous accompagna avec quelques cavaliers.

Au nord-ouest des monticules qui indiquent le périmètre de l'ancienne ville d'Istâkhr, et près du village de Hadji-Abad, dans une gorge de la montagne, on aperçoit des cavernes naturelles. Dans l'une d'elles sont disposées, sur sa paroi même, cinq tablettes, dont deux portent des inscriptions pehlvis bien conservées. Ce lieu est vulgairement appelé *Cheik-Ali*, du nom d'un personnage vénéré des Persans. Il le doit, comme on voit, non à ces inscriptions qui ne sont d'aucun intérêt pour eux, mais bien à la mémoire d'un anachorète qui, prétendent-ils, a vécu longtemps retiré dans une de ces grottes. Cependant, parmi les Persans, ceux qui se piquent d'avoir quelque érudition, laissent de côté le nom de Cheik-Ali et appellent ces cavernes : *Zendân-Djemchid* ou *prisons de Djemchid*. Cette désignation, à la vérité, est plus en harmonie avec les monuments antiques qui se retrouvent partout dans cette contrée; mais rien ne s'y découvre qui rappelle l'époque achéménide.

Près de là, nous rencontrâmes quelques perdrix; ce fut pour le jeune Khân une nouvelle occasion de renouveler, en se faisant appuyer par ses familiers, ses bassesses pour me soutirer mon fusil; mais je fus toujours aussi dur d'oreille. Cependant, pour amuser ce jeune homme qui paraissait avoir une très-grande envie de se servir de cette arme, je la lui prêtai, et il se mit à poursuivre les perdrix, qui, de rocher en rocher, escaladaient la montagne. Il eut la satisfaction d'en démonter une posée, car les Persans ne tirent jamais autrement. Ses ferrachs étaient dans le ravissement de son adresse, et du fusil, bien entendu, qui ne devait pas, selon eux, sortir des mains qui s'en servaient si adroitement. L'un d'eux se précipita à bas de son cheval pour courir après la perdrix qui n'était que blessée, puis avec son poignard, il coupa la tête de l'oiseau. Les Persans font toujours ainsi quand ils ramassent une pièce de gibier quelconque. Ils n'oseraient en manger, si elle n'était de suite saignée de cette manière. Tout animal dont le sang est resté à l'intérieur du corps est impur à leurs yeux. Après cet exploit qui enchantait Nassoulah-Khân, il nous quitta, et nous regagnâmes notre jardin.

Avant de quitter Husseïn-Abad, il nous restait, de ce côté, à visiter encore un point digne d'intérêt, c'est celui où se trouvent les trois monts *Istâkhr*. Dans la partie occidentale de la plaine du Merdâcht, là où elle se rétrécit et se trouve fermée par les montagnes du Louristan, on aperçoit trois masses de rocher qui se suivent presque en ligne droite et très-rapprochées l'une de l'autre; on les remarque à leurs formes étranges et semblables qui, de loin, figurent un cône tronqué : ces trois éminences portent les noms de *Khôu-Istâkhr*, *Khalèh-Istâkhr*, ou encore *Khôu-Rhamgherd*, c'est-à-dire *monts Istâkhr*, ou *citadelle d'Istâkhr*, ou bien *monts isolés*. Ces trois éminences sont espacées entre elles de deux à trois kilomètres; dans les intervalles qui les séparent, on retrouve se dirigeant de l'une à l'autre, des traces de fondations, et même quelques portions de mur qui s'élèvent au-dessus du sol. On doit, d'après cela, présumer que ces espèces de citadelles naturelles étaient reliées au moyen de murailles, et avaient dû être utilisées pour la défense du territoire de la ville d'Istâkhr. Ces trois monts, bizarres de forme, ne présentent pas d'ailleurs un grand intérêt archéologique. Cependant celui du milieu, que les habitants désignent sous le nom particulier de *Khâlèh-Serb*, *forteresse du cyprès* ou *du cèdre*, porte encore à son sommet des vestiges qui ne laissent pas de mériter quelque attention. Peu importants par eux-mêmes, ils attestent néanmoins l'existence d'ouvrages qui devaient se rattacher à un système de fortifications que les princes achéménides avaient voulu donner pour rempart à leur capitale et à leur trône. Celui de ces trois monts désigné sous le nom de *Khalèh-Serb* porte, sur un plateau élevé de quatre cents mètres environ au-dessus de la plaine, et d'une circonférence de deux mille cinq cents mètres, les restes d'une construction solide en pierres. Le sol, qui est incliné vers le centre, est coupé par des réservoirs destinés à recevoir en même temps les eaux du ciel et celles d'une petite source voisine. Ces réservoirs ont été construits en maçonnerie revêtue d'un ciment très-dur : ils étaient placés les uns au-dessous des autres, de façon à ce que le trop plein se déversât successivement de l'un à l'autre, pour arriver à celui du centre, qui est le plus grand et forme la piscine principale. Auprès de celle-ci est l'arbre vert qui a donné son nom au rocher. A ses branches projetées horizontalement, il nous a paru être un cèdre, et si l'on en juge par la circonférence du tronc, qui est de quatre mètres, il doit être très-vieux. Cet arbre et la place qu'il occupe, de manière à couvrir de son ombre le bassin auprès duquel il a été planté, donnent lieu de croire que, si ces réservoirs sont à sec aujourd'hui, ils ont dû être entretenus et contenir de l'eau bien des siècles encore après la ruine de Persépolis ou d'Istâkhr. Ce fait paraît d'ailleurs confirmé par une grande quantité de débris de briques répandus sur ce sommet, et dont la surface émaillée prouve l'origine moderne. A la fin du XXIe siècle, il existait là encore une citadelle; car des écrivains de cette époque rapportent que l'on y enfermait les prisonniers d'État, d'autres disent que Châh-Abbas en fit le siége et lui donna l'assaut pour y saisir un chef du Fars qui s'était révolté contre lui.

La position de *Khâlèh-Serb*, qui réunit toutes les conditions désirables dans un poste militaire, a dû certainement lui donner de l'importance, surtout dans les temps anciens. L'escarpement et la hauteur du rocher sur lequel était assis le fort devaient en rendre autrefois, comme aujourd'hui, l'approche des plus difficiles. Ne sachant comment expliquer la construction d'une citadelle sur ce plateau presque inabordable, les Persans disent que ce sont des chèvres qui y portèrent tous les matériaux. Il est certain qu'aujourd'hui encore ces éminences ne semblent guère accessibles à d'autres animaux.

CHAPITRE XXXVII.

Départ de Husseïn-Abad. — Établissement sur le plateau de Takht-i-Djemchid. — Description des monuments. — Portique des Taureaux. — Grande colonnade.

Le 25 octobre nous fîmes nos dispositions de départ, mais la journée se passa presque tout entière à attendre des moyens de transport que Ressoul-Bek était allé quérir et qui n'arrivaient pas. Les tentes étaient pliées, les chevaux sellés, et assis sur nos caisses fermées nous regardions au-dessus des lignes horizontales de la plaine si rien n'annonçait la venue des bêtes de somme qui devaient transporter nos bagages. Enfin, vers le soir, le tintement éloigné d'une sonnette, nous annonça l'approche d'une douzaine de chameaux; c'était la première fois que nous employions ces animaux. Leur force et leur patience proverbiale les rendent très-propres au service des caravanes; mais leur pas lent est cause que les voyageurs n'en font pas usage; on s'en sert exclusivement pour le transport des fardeaux. L'allure de ces animaux n'offrait aucun inconvénient pour la courte distance que nous avions à parcourir jusqu'aux ruines de Takht-i-Djemchid, aussi les accueillîmes-nous avec satisfaction. Nous quittâmes sans regret notre *Bâgh* de Husseïn-Abad ainsi que le ket-khodâh qui était venu piteusement nous saluer une dernière fois. — Le moment de l'oubli était arrivé, et nous daignâmes lui jeter quelques mots de pardon.

Nous eûmes bientôt franchi, malgré de fréquents détours, les canaux et les marécages de la plaine; le soleil baissait quand nous arrivâmes au pied du grand escalier qui conduit sur la plate-forme où reposent les restes du palais des rois Achéménides. Nous aperçûmes alors les quinze colonnes encore debout. Leurs fronts dorés semblaient, comme des miroirs, réfléchir les rayons du soleil couchant. Les ombres grandissaient rapidement, glissaient le long des élégantes cannelures qui, bientôt éteintes elles-mêmes et sombres, ressortaient sur les roches encore brillantes de la montagne voisine. La montagne s'obscurcit à son tour, et il faisait presque nuit quand nous mîmes pied à terre au milieu de ces antiques restes de la splendeur royale qu'Alexandre, dans un accès d'ivresse ou de barbare dédain, a fait crouler dans la poussière. Le vol des hiboux et le pas craintif des chacals sortant de leurs tanières troublaient à peine le silence de ces lieux. L'heure, la solitude, tout contribuait à leur donner un aspect triste et sévère.

Nous avions un peu devancé nos chameaux; et quand ils eurent déposé nos bagages au pied des colonnes antiques, la nuit était complète. Nous ne pouvions, à cette heure, choisir l'emplacement définitif de notre campement. Nous nous arrangeâmes le mieux que nous pûmes pour passer la nuit où nous nous trouvions, remettant au lendemain à nous organiser d'une manière à la fois stable et aussi confortable que le permettait le lieu.

Les ombres qui se dessinaient au milieu des blocs renversés et des colonnes silencieuses, toutes ces grandes figures de rois et de guerriers, que la lune semblait animer en se jouant sur leurs graves silhouettes, semblaient autant de spectres antiques.

Le soleil, encore caché derrière la montagne, commençait à dorer les chapiteaux des colonnes les plus hautes, lorsque nous ouvrîmes les yeux. Après avoir jeté autour de nous un regard de plaisir et d'étonnement de nous réveiller au milieu de ces vénérables ruines, nous songeâmes, sans perdre de temps, à nous y installer. Nous étions là en présence des antiquités les plus remarquables, non-seulement du district de Merdâcht, mais encore de toute la Perse. *Persépolis*, c'est la ville par excellence, la *Ville Royale.* Ce nom, qui devait, dans l'esprit des auteurs anciens, s'appliquer à la capitale dans toute son étendue, s'est restreint peu à peu, et ne désigne plus aujourd'hui conventionnellement que le groupe des monuments qui représentent l'immense palais des rois de Perse. On ne peut disconvenir que cette restriction irrationnelle laisse un peu de confusion dans l'esprit au sujet de ces ruines, et qu'en adoptant la désignation de *Persépolis* pour les palais seuls, on s'expose à faire croire qu'il n'y avait là autrefois qu'une résidence royale.

Selon moi, les Persans font entre toutes les antiquités de ce district une distinction qui est bien plus raisonnable : ils donnent à chaque groupe, à chaque monument son nom, sa désignation particulière. Ils appellent celui-ci *Takht-i-Djemchid*, littéralement : *trône de Djemchid*, ou en d'autres termes, *palais de Djemchid;* ils lui donnent aussi quelquefois le nom de *Tchehel-Minar*, *Tchehel-Sutoûn*, *les quarante colonnes*, par allusion au grand nombre des colonnes qui étaient comprises autrefois dans ces palais. Mais ce nombre de *quarante* est tout à fait arbitraire, et il faut reconnaître d'ailleurs que cette dénomination de *Tchehel-Minar* est banale. Les Persans la donnent également à d'autres édifices modernes qui n'ont aucune espèce de rapport avec ceux-ci. L'appellation de *Takht-i-Djemchid* a le double avantage d'être la plus usitée en Perse, et d'y être exclusivemeut réservée à ces palais. Elle sert à les distinguer de toutes les autres ruines du même temps, et empêche de confondre ces édifices avec d'autres qui ne sauraient être pris pour les restes imposants et majestueux de la demeure des successeurs de Cyrus.

Après nous être abandonnés aux premiers élans d'une juste admiration pour ces belles ruines, nous songeâmes à nous y établir. Il nous fallait y trouver une assiette commode pour un campement et qui nous mît à l'abri d'un coup de main nocturne. Nous devions faire là un long séjour. Notre arrivée devait être bientôt connue des habitants de la plaine et des montagnes environnantes. Leurs mœurs sauvages, leur passion pour le brigandage rendaient probable une agression contre laquelle nous devions nous mettre en garde. Le plateau sur lequel se trouvent les ruines est ouvert et accessible de tous côtés; il ne nous offrait donc aucune garantie de sécurité. Nous l'abandonnâmes pour chercher ailleurs un emplacement plus favorable à notre établissement, et nous choisîmes, pour cela, une terrasse située au-dessous. Protégée de deux côtés par un escarpement de sept à huit mètres, cette terrasse était défendue, sur le troisième, par un grand mur auquel nous adossâmes notre tente et attachâmes nos chevaux. Ainsi établis, n'étant à découvert que par le quatrième côté, nous pouvions espérer ne pas être enveloppés par une attaque que nous avions toute raison de craindre. Ces dispositions bien insuffisantes étaient les seules que nous pussions prendre ; notre suite, d'ailleurs, ne se composait que de cinq serviteurs, dont trois Persans auxquels nous ne pouvions accorder une bien grande confiance, et de deux soldats. Notre petite troupe était ainsi portée à neuf combattants plus ou moins disposés à défendre notre camp.

Dès le lendemain, nous nous mîmes à l'œuvre et commençâmes la longue et pénible étude qui devait, nous l'espérions du moins, compléter les travaux de nos prédécesseurs. La montagne au pied de laquelle nous étions et qui borne la plaine à l'est, forme en cet endroit comme une espèce d'hémicycle. Sa base s'élargit en suivant une pente douce. C'est là que, sur un vaste plateau, en partie produit naturellement par le rocher, en partie construit avec de gros blocs de pierre rapportés pour établir le niveau du sol, s'élèvent les ruines encore majestueuses de *Takcht-i-Djemchid*. La position avait été admirablement choisie : adossé à la montagne, entouré sur trois côtés par une ceinture de rochers élevés, le palais était parfaitement abrité contre les intempéries qu'auraient pu lui apporter les vents du nord et de l'est ; exposé obliquement au sud et faisant face à l'ouest, il recevait les rayons du soleil, pour ainsi dire, *tangentiellement*, et l'ardeur de ces rayons, ainsi tempérée, ne faisait qu'attiédir l'air qui circulait sous les vastes portiques.

Du haut de la plate-forme qui lui servait de base, le palais dominait la plaine de Merdâcht dans toute son étendue. Assis sur son trône, le souverain pouvait, d'un coup d'œil, embrasser une immense portion de son empire. Il apercevait au sud les montagnes du *Loristan;* en face, il pouvait suivre le soleil à son déclin, brisant ses rayons sur les pics élevés du *Fars*, qu'il colorait de ses dernières teintes; au nord-ouest, ses yeux se reposaient avec confiance sur les défilés presque infranchissables des monts *Bactyaris*, sur les citadelles d'*Istakhr*, et s'arrêtaient au nord sur les façades funèbres des rochers excavés de *Nakch-i-Roustâm* où sa sépulture l'attendait.

L'élévation de l'immense terrasse sur laquelle a été construit le palais n'a guère varié, grâce au sol rocheux qui lui sert de base. La hauteur de cette terrasse dépasse dix mètres; sa longueur, du nord au sud, est de quatre cent soixante-treize mètres, et sa largeur se mesure par deux cent quatre-vingt-six mètres de l'est à l'ouest. Ce vaste plateau n'a pas un niveau constant; il est accidenté par plusieurs plates-formes sur lesquelles furent élevés les divers édifices dont se composait le palais de Takht-i-Djemchid dans son ensemble. — Était-ce pour donner du mouvement aux lignes architecturales, en rendre l'aspect plus agréable à l'œil, que l'on avait ainsi ménagé des différences de niveau, ou bien ces constructions, sur des points qui se dominaient les uns les autres, furent-elle imposées par la nature abrupte du roc qui en est la base? — Telle est l'une des questions que se fait l'antiquaire au milieu de ces ruines, à la vue du sol accidenté qui les supporte. La seconde de ces hypothèses paraît plus en harmonie avec l'aspect des lieux.

Les restes des magnifiques palais d'où Darius, vaincu et fugitif, s'échappa pour aller mourir sous le poignard d'un traître, sont ainsi disposés sur un immense plateau qui domine la plaine de Merdâcht. Certes, ils sont peu de chose aujourd'hui, comparés à ce qu'ils devaient être au temps du dernier prince qui s'abrita sous leur faîte royal. Cependant, ce que l'on en retrouve excite encore l'étonnement et inspire un sentiment de religieuse admiration pour une civilisation qui a su créer de si pompeux monuments, leur imprimer un tel caractère de grandeur, et leur donner une solidité qui a permis aux parties les plus importantes de résister jusqu'à nos jours, à travers vingt-deux siècles et tant de révolutions qui ont dévasté la Perse. Tout est grand et saisissant d'ailleurs dans l'austère paysage qui sert d'encadrement à Takth-i-Djemchid : l'immensité de la plaine qui domine l'antique palais, les lignes majestueuses des montagnes dont l'aspect change à chaque pas, la pureté de l'atmosphère, l'azur d'un ciel profond, et jusqu'au silence de ces lieux inhabités. Rien ne peut donner une idée de cet ensemble solennel que découvre le voyageur placé en face de ces monuments : en face de lui, le palais des Rois, ruiné, désert, s'élève et s'étend de la montagne vers la plaine verdoyante, au-dessus d'une longue muraille coupée par un gigantesque escalier à rampe double; en haut, un large groupe de colonnes élégantes qui soutiennent encore quelques débris de leurs chapiteaux aériens; à gauche, les piliers massifs sur lesquels se détachent les colosses imposants qui gardaient autrefois l'entrée de la demeure royale; à droite, d'autres palais en ruines dont les murs sculptés se détachent d'abord en noir dans un milieu lumineux, puis se colorent peu à peu sous les rayons d'un soleil ardent. Au fond, entre les colonnes, l'œil découvre encore des ruines, des masses de pierres couvertes de figures symboliques, et, dans la brume bleuâtre de cette atmosphère tranquille, on aperçoit des tombes creusées dans le flanc de la montagne qui sert de fond à ce théâtre imposant.

A peine interroge-t-on ces ruines vénérables, qu'on rencontre un premier sujet d'étonnement dans cette muraille intacte, dont les blocs défient les siècles et répondent si bien à la durée qu'en attendaient les constructeurs de ces immenses édifices. Ce soubassement gigantesque a le caractère d'un appareil cyclopéen, les pierres en sont de toutes formes et de toutes grandeurs; à côté de celles qui n'ont que quelques décimètres, on en voit qui ont jusqu'à quinze et dix-sept mètres de long sur deux à trois mètres d'épaisseur. Elles sont rectangulaires, carrées ou oblongues; elles ont la forme d'un trapèze, d'un triangle, ou bien elles ont un angle rentrant. Il semble que la dureté seule de ces blocs les ait fait choisir, et qu'on les ait pris avec les irrégularités qu'ils tenaient de la nature, en se bornant à rectifier leurs angles, afin d'en faciliter l'adhérence. Quant à cette adhérence même, elle est parfaite; les lits et les joints de toutes ces pierres sont taillés avec la plus grande précision; et, rangées les unes sur les autres sans mortier, elles se trouvent si parfaitement juxtaposées, qu'il y a des endroits où c'est à peine si l'on en peut distinguer les interstices. A la partie supérieure de cette muraille sont des refouillements pratiqués d'une pierre à l'autre, en queue d'aronde, dans lesquels était coulé du métal, afin de les lier plus fortement.

Il ne se trouve d'ailleurs aucun ornement sur la face de cette muraille : en la construisant, on n'a pensé qu'à la durée, et la simplicité même du soubassement ajoute, par le contraste, à l'effet que devait produire la richesse d'ornementation prodiguée aux palais qui le dominaient. Cette muraille s'ouvre et s'incline pour faire place au gigantesque escalier qui conduit à la terrasse; à droite et à gauche se développent deux rampes divergentes qui ont cinquante-huit degrés; en haut de ces deux premiers escaliers sont deux paliers sur lesquels s'ouvrent et montent, en sens inverse des deux premières, deux autres rampes de même largeur ayant quarante-huit marches chacune. Les degrés de ces quatre rampes ont une hauteur de dix centimètres seulement, et la pente en est si douce, qu'on peut la monter ou la descendre à cheval. On doit penser que cet escalier a été ainsi construit afin de permettre aux cavaliers, comme aux gens de pied, de le gravir aisément.

Deux énormes piliers, sur lesquels se présentent, de face, deux quadrupèdes de dimensions colossales, tel est le premier monument qu'on rencontre sur la terrasse. Au delà sont deux colonnes, et plus loin deux autres piliers semblables et correspondants aux premiers. Il est probable que c'était là un des magnifiques portiques par lesquels on avait accès dans l'enceinte du palais. Ces quatre piliers portent, sculptés dans leur masse et posant sur un socle, quatre animaux gigantesques, qui ont six mètres de longueur sur plus de cinq mètres et demi de hauteur. Sur la façade tournée du côté du grand escalier, chacun des colosses présente un large poitrail porté par deux jambes puissantes. Cette partie antérieure du corps de l'animal, qui est très-saillante, est traitée en ronde-bosse. La partie postérieure se prolonge sur la face interne de chaque pilier, où elle a un relief moins saillant.

Beaucoup de voyageurs se sont mépris quant à l'espèce d'animaux représentés sur ces pylônes. Je ne parlerai pas de

Chardin, ce marchand de pierreries qui visita la Perse pour son commerce, archéologue sans préméditation, et inhabile à comprendre ces monuments. Dans son naïf embarras pour qualifier ces colosses, il ne savait trop s'il devait y voir des chevaux, des lions, des éléphants ou des rhinocéros. C'est en vérité par trop méconnaître l'évidence, que de confondre entre eux ces divers animaux. D'autres voyageurs, sans y avoir pu néanmoins voir ni visage de femme, ni corps de lion, se sont appuyés sur un prétendu défaut de précision dans les formes pour les considérer comme des sphynx.

Je dois réhabiliter ici le sculpteur qui a exécuté ces gigantesques quadrupèdes. Loin de les avoir imparfaitement traités, il a apporté dans l'exécution, soit de l'ensemble, soit des détails, un soin et une vérité qui ne devraient pas laisser place à la moindre hésitation; car, au premier coup d'œil, on distingue en eux des taureaux. En effet, il est impossible de ne pas reconnaître cet animal à ses proportions massives et raccourcies, signes de sa force, à son encolure puissante, à ses jambes courtes, mais vigoureuses, terminées par un sabot fendu, et à sa queue nerveuse légèrement relevée à sa naissance, qui descend le long de ses cuisses jusqu'à terre, pour se terminer par un gros bouquet de poils frisés. Il n'y a pas jusqu'aux parties sexuelles qui ne soient indiqués de manière à ne pas laisser le plus léger doute. Il est vrai que la tête manque; mais à quel autre animal que le taureau pourraient appartenir ces diverses parties du corps du quadrupède sculpté sur ces deux premiers piliers? Ce que l'art du sculpteur nous faisait comprendre s'est trouvé d'ailleurs vérifié par la découverte que nous fîmes des débris de la tête d'un de ces animaux, enfouie dans la terre près du socle qui le porte. Ces figures, qui ont l'apparence de symboles, sont ornementées d'une façon toute conventionnelle, et, pour en rendre l'effet plus architectural, le sculpteur a couvert de frisures quelques parties de leur corps, telles que le poitrail, le col, les épaules, les flancs, la croupe et les cuisses. Il y a ajouté un collier garni de rosaces.

Les deux autres piliers sont disposés de la même manière, mais les colosses sont très-différents. Ceux-ci, avec un corps et des jambes de taureau, ont de grandes ailes et offrent des poitrails emplumés surmontés d'une tête humaine coiffée d'une large tiare. Leur visage est accompagné d'une forte barbe, et derrière les oreilles retombe une longue chevelure. La tiare se termine par une couronne de rosaces et de plumes; sur la partie antérieure, sont figurées trois paires de cornes.

A la partie supérieure de chacun de ces pylônes, sont trois tablettes d'inscriptions de vingt lignes. Le système de caractères cunéiformes qu'on y trouve employé ne semble pas être le même pour les trois. Celui de la tablette de droite, qui paraît le plus compliqué, a beaucoup de rapport avec l'écriture des briques babyloniennes que l'on connaît, et il se rapproche tellement de celle des bas-reliefs de Ninive, que l'on doit croire qu'il représente la langue assyrienne.

La différence entre les deux autres inscriptions paraît moins grande ; néanmoins elle est assez sensible pour que l'on puisse, à la simple vue, reconnaître deux écritures distinctes. Cette observation, faite également par nos prédécesseurs, autorise à conclure que ces tablettes sont trilingues, et qu'elles avaient été écrites probablement en langue perse, médique et assyrienne, afin, sans doute, d'être comprises par les individus de ces trois nations dont les deux dernières étaient alors vassales de la couronne de Perse. On remarque que la place d'honneur est toujours occupée par l'inscription perse qui est invariablement la première à gauche. Cette place appartenait de droit à l'idiôme de la nation dominatrice. Ce système de tablettes triples est d'ailleurs répété sur tous les points de Persépolis où il se trouve des inscriptions.

Une particularité d'un ordre tout différent que présentent ces piliers, c'est qu'ils sont couverts de noms européens gravés profondément dans la pierre. Il semble que ceux qui les y ont écrits aient eu la prétention, grâce à la solidité de ces murs, de faire avec eux parvenir aux âges futurs le souvenir de leur passage à Persépolis. Ces nobles et grandioses tablettes de pierres sont couvertes de signatures anglaises comme le plus vulgaire des albums. Parmi les noms qu'on n'a pas craint de graver sur les restes du palais de Xercès, on en remarque bien peu qui rappellent des voyageurs célèbres. Nous lûmes cependant ceux de deux diplomates anglais qui ont laissé, de leur passage en Perse, des souvenirs plus honorables que ce singulier *visa* apposé entre les jambes ou sur le poitrail des colosses de Persépolis. L'un est sir John Malcolm, ambassadeur auprès de Feth-Ali-Châh, en 1807, qui a écrit une excellente histoire du pays. L'autre est le charmant auteur du *Gil-Blas persan*, d'*Hadji-Baba*, Morier qui à son talent d'écrivain joignait celui de l'observateur et du peintre de mœurs. Les autres autographes sont dus à un assez grand nombre d'officiers ou de négociants anglais suivant cette voie pour aller aux Indes ou pour en revenir.

Deux Français seulement s'étaient inscrits à côté de

tous ces Anglais. C'étaient deux de nos compagnons de voyage, MM. de Beaufort et Daru, officiers attachés à la mission de M. de Sercey. Nous ne remarquâmes pas à Persépolis un seul nom de notre pays antérieur à cette époque, et cependant les premiers explorateurs de ces contrées étaient Français. *Thévenot* en 1650, *Chardin* dix ans plus tard, et *Tavernier* avaient frayé les chemins de la Perse à une époque où l'on ne s'aventurait guère dans des entreprises aussi hasardeuses que l'était, il y a deux siècles, un voyage dans l'intérieur de l'Asie. — Pourquoi ne trouve-t-on pas à Persépolis les noms de *Fabvier, Trezel, Lami?* N'ont-ils pas, plus que les Anglais, des titres à ce que la Perse conserve le souvenir de leur passage? Tandis que ceux-ci n'ont rien négligé, depuis quarante ans, pour amoindrir, pour tuer ce pays, appauvrir son peuple, les officiers français, au contraire, ont organisé l'armée du Châh, fortifié ses villes, enseigné aux Persans l'art de fabriquer des canons. Si le roi de Perse et son peuple avec lui sont aujourd'hui sous la dépendance des consuls anglais ou russes, c'est que ni le Châh ni ses sujets n'ont su profiter des leçons qu'allèrent leur donner, avec un généreux dévouement, les officiers distingués que Napoléon avait chargés de préparer l'affranchissement du continent asiatique.

Quoi qu'il en soit, et pour revenir aux antiquités de Persépolis, il est constant que les piliers, placés en haut du grand escalier, formaient les jambages de deux magnifiques portes séparées par un groupe de colonnes entre lesquelles circulaient les visiteurs avant d'être introduits dans le palais. D'après les fragments retrouvés, ces colonnes étaient semblables entre elles; elles étaient cannelées, et reposaient sur une base également ornée de cannelures; elles étaient surmontées d'un chapiteau très-élevé composé de plusieurs pièces et d'une forme très-bizarre. La première partie de ce chapiteau rappelle, dans son ensemble, la tête du palmier. Elle se décompose en deux portions : l'une retombe sur le fût et figure les branches desséchées de cet arbre, qui naturellement s'abaissent et se courbent ainsi sur le tronc ; l'autre représente les branches nouvelles, pleines de séve, qui s'élancent au-dessus des autres, et auxquelles leur poids seul fait décrire une très-légère courbe. Cette partie est surmontée d'un assemblage de seize volutes disposées sur quatre faces qui se coupent à angles droits et sur chacune desquelles sont quatre volutes, dont deux en haut et deux en bas, s'enroulant sur elles-mêmes. Sur ce faisceau de cannelures et de volutes reposait un corps de taureau auquel s'adaptaient deux têtes et deux poitrails tournés en sens inverse; les jambes étaient repliées sous le ventre. Emblèmes de la force, les effigies de ces animaux avaient été placées là comme supports de l'entablement que devaient soutenir ces colonnes. On voit, en effet, entre les deux cols, sur la portion du dos qui leur est commune, une partie plate et refouillée où était encastrée la plate-bande en pierre ou en bois qui régnait d'une colonne à l'autre. Quant aux têtes, elles étaient entièrement dégagées.

Le voyageur aujourd'hui, comme autrefois le courtisan ou le solliciteur, après avoir franchi ce portique, doit tourner au sud pour arriver aux palais qui se trouvent groupés à droite du plateau. En face de lui se dressent, au milieu des débris d'un grand nombre d'autres, treize colonnes restées debout. Entre la terrasse sur laquelle s'élèvent ces colonnes, et le portique qu'on vient de quitter, est un vaste espace dans lequel on ne voit d'autres restes que ceux d'un bassin carré creusé dans le roc. Il est impossible que cet espace, compris entre le portique et le grand palais qui lui fait face, ait été autrefois complétement vide. — Si je n'étais retenu par la crainte de tomber dans l'erreur, je pourrais, pour mieux expliquer ces monuments, leur appliquer le système de jugement par analogie, d'après ce que j'ai vu des palais modernes. Je dois le dire, ce scrupule s'affaiblit beaucoup devant les affinités que l'étude des antiquités persanes révèle si souvent entre les temps les plus reculés et l'âge présent. — J'ai dit que l'intervalle qui sépare le portique du plateau surmonté de treize colonnes ne contenait aucun vestige de construction. Je crois qu'il y avait là, précédant le palais, une grande cour ou même un jardin servant d'avenue au perron par lequel on arrivait à la colonnade. Le bassin retrouvé sur la gauche, n'est-il pas lui-même un indice qui justifie cette dernière conjecture? Aujourd'hui encore, en Perse, toutes les demeures royales modernes, celles même des simples particuliers, sont toujours ou presque toujours précédées d'une cour plantée, avec de l'eau contenue dans un bassin destiné aux ablutions très-fréquentes chez les Persans. Le jardin, dont je crois retrouver l'emplacement au milieu des ruines de Takht-i-Djemchid, ne serait donc qu'une similitude de plus entre cet ancien palais et la plupart des palais modernes. Bien qu'on ne retrouve plus aujourd'hui sur ce sol aride les éléments nécessaires à l'existence d'un jardin, on doit croire qu'une végétation puissante y avait été autrefois favorisée par le climat, et que les anciens souverains de la Perse s'étaient plu à en marier les richesses aux magnificences architectoniques de leurs somptueuses demeures.

L'édifice auquel appartenaient les treize colonnes restées debout sur cette partie du plateau était assis sur une terrasse à laquelle on arrive par quatre escaliers. La hauteur primitive du mur qui soutenait la terrasse devait être de trois mètres environ. Les escaliers par lesquels on y montait étaient à rampes inverses. Deux étaient placés au centre, où ils formaient un premier perron appuyé au mur qui se terminait à chaque extrémité par un autre escalier semblable aux premiers, formant ainsi comme un second perron plus étendu. Toute la surface de ce mur, dont le développement n'est pas moindre de quatre-vingt-trois mètres, est littéralement couverte de sculptures. Les quatre rampes sont formées chacune de trente et une marches, et leurs murs, sculptés, représentent autant de figures de gardes armés de lance, d'arcs et de carquois, posés sur chaque degré et qui semblent ainsi protéger les abords du palais. Dans un cadre de forme triangulaire, compris entre le sol et la ligne d'inclinaison des escaliers, est un bas-relief d'un grand effet; il représente un taureau qui se cabre et se défend vainement contre la rage d'un lion qui l'a saisi avec ses puissantes griffes et dévore sa croupe. Ce tableau ne peut avoir qu'une signification symbolique; les nombreuses reproductions du même motif en semblent être la preuve.

Quelle que soit l'idée cachée sous cet emblème énigmatique, il est assez étrange que le duel de ces animaux se soit perpétué, et que, transporté de la sculpture dans la réalité, il soit devenu l'un des spectacles favoris des Persans. Ainsi, dans leurs fêtes, dans les grandes réjouissances publiques où figurent des bateleurs et des athlètes, on amène au milieu du cirque un jeune taureau, on l'effarouche, on l'excite; puis, quand il commence à entrer en fureur, on lance sur lui un lion. Le lion est un des emblèmes de la monarchie persane, et figure dans les attributs de la royauté comme représentant la force et la noblesse. On conçoit que les Persans, d'ailleurs fort superstitieux en fait de présages, ne souffrent pas que le représentant symbolique de leur empire soit vaincu par le taureau. Si le lion ne déchirait pas et ne terrassait pas complétement le malheureux taureau, destiné à lui servir de pâture, ils y verraient un très-fâcheux augure pour leur pays. Aussi, afin de ne rien avoir à redouter, afin de se rendre l'augure favorable, ils agissent toujours de ruse, et ils profitent, pour lâcher le lion, d'un moment où sa proie a le dos tourné et reste immobile. En quelques bonds, le lion s'est élancé sur l'encolure ou sur la croupe du taureau et l'a abattu. Si, au contraire, et par malheur, il manque son coup, se rebute et n'a pas une faim qui le pousse à braver les redoutables cornes du taureau, alors on retient celui-ci jusqu'à ce que, misérable victime sacrifiée à la superstition, il tombe sous les griffes du lion ou même sous le poignard de son maître.

Les portions de murs comprises entre les cadres triangulaires des escaliers et les rampes, sont ornées de sculptures dont la série n'est interrompue que par trois tablettes préparées pour recevoir des inscriptions. Une seule de ces tablettes est gravée, et il me paraît hors de doute que si l'inscription qu'elle porte ne se trouve pas répétée sur les autres, c'est que les monuments de Persépolis ont été surpris par la destruction avant leur entier achèvement. Sur le mur du perron central, de chaque côté de la tablette non remplie, mais destinée à une inscription, quatre figures de grandes dimensions semblent représenter des gardes. Vêtus d'une tunique longue, serrée sur les reins, formant plusieurs plis réguliers, avec de larges manches, ces guerriers sont coiffés d'une espèce de tiare un peu évasée du haut et côtelée; ils tiennent une lance devant eux des deux mains, un bouclier est attaché sur leur hanche. Cette partie du mur était complétement renversée, et elle était resté inconnue jusqu'à notre visite à Persépolis. Nous avons réussi les premiers à en relever les énormes blocs.

A droite comme à gauche de ce perron, le mur s'étendait sur une longueur de seize mètres, jusqu'aux rampes extrêmes. Il était divisé, sur sa hauteur, en trois champs dans lesquels étaient rangés processionnellement des personnages et des animaux marchant vers le centre. La différence est très-sensible entre les sujets du mur de droite et ceux de gauche; elle existe non-seulement dans l'arrangement des scènes représentées de chaque côté, mais encore dans le caractère et les costumes des personnages qui les composent. Cette nuance est si tranchée qu'au premier coup d'œil il est impossible de ne pas comprendre que deux ordres d'idées bien distincts ont dû présider à la composition de ces deux grands tableaux. A gauche, on reconnaît les gens du roi, les officiers du palais, les courtisans; à droite, ce sont des individus d'une autre classe, des artisans, des gens de la campagne. Si l'on en juge par la diversité de leurs costumes, de leurs attributs, il est bien à présumer qu'ils représentent les diverses nations ou peuplades constituant l'empire de Perse.

Les personnages du tableau de gauche ne sont que de deux

sortes, c'est-à-dire qu'ils ne portent que deux costumes différents. Ils se présentent alternativement, soit vêtus d'une robe longue à manches amples, coiffés d'une tiare large et à côtes, soit couverts d'une petite tunique s'arrêtant aux genoux et tombant sur des pantalons larges avec une coiffure arrondie en forme de casque. Leurs cheveux, frises avec soin, forment de grosses touffes sur leur cou, et leur barbe, également soignée, est taillée en pointe. Ils sont tous armés d'un poignard passé dans leur ceinture ou pendant sur le côté et retenu par un baudrier. Parmi eux, il y en a qui portent à la main une espèce de bouquet. — L'usage de porter des bouquets, qui semble avoir été fort répandu parmi les anciens habitants de la Perse, à en juger par les bas-reliefs de Takht-i-Djemchid, s'est perpétué jusqu'à nos jours. Les Persans trouvent de très-bon goût d'avoir une fleur entre les doigts pour l'offrir à un ami, ou faire une politesse au premier venu qu'on rencontre. La jacinthe est leur fleur de prédilection. — Quant a l'arc qui pend au côté de quelques-uns de ces personnages, on doit le considérer comme l'emblème de la profession militaire. Toutes les figures représentées sur le tableau de gauche portent d'ailleurs un collier, marque d'une dignité, d'un rang élevé dans l'État. Le sculpteur a voulu évidemment consacrer cette partie de son œuvre aux officiers, aux hauts fonctionnaires, en un mot aux dignitaires de l'empire. Cette première série marche vers le perron central, comme pour en gravir les degrés, et elle est précédée d'une espèce de garde d'honneur figurée par quatre vingt-quinze personnages armés de lances.

L'arrangement des sculptures qui ornent l'autre partie du mur n'est pas le même. Les bas-reliefs qui s'y trouvent, au lieu de former un ensemble de sujets et de figures continu d'un bout à l'autre, se composent de plusieurs scènes variées. Un cyprès, placé symétriquement de chaque côté de ces tableaux partiels, les sépare les uns des autres. Les figures qui y sont sculptées doivent être considérées comme représentant des gens de diverses corporations, castes ou tribus de l'empire de Perse. J'ajouterai que la composition de ces scènes doit avoir eu pour objet de représenter des cérémonies d'hommages ou d'offrandes adressés, soit à l'Être Suprême adoré alors sous la forme du feu, soit à la personne du souverain qui avait lui-même un caractère religieux. L'analyse des antiquités de Persépolis, complétée par l'étude des mœurs modernes de la Perse, prouve en effet qu'on rendait au roi une espèce de culte dont ces offrandes étaient l'expression. Tous les individus représentés sur cette série de bas-reliefs portent et semblent offrir différents objets; quelques-uns conduisent des animaux. Tous sont amenés par les introducteurs officiels qui ont, comme aujourd'hui encore à la cour du Châh, une grande canne à la main, insigne de leurs fonctions.

Parmi les sujets variés dont se composent ces bas-reliefs, on remarque, au premier rang, des individus vêtus de tuniques courtes menant un cheval en main, puis d'autres avec une longue robe conduisant une lionne aux mamelles pleines. Les personnages de ces deux groupes sont semblables à ceux qui forment la procession de gauche; ils me paraissent devoir représenter les deux grandes familles médique et perse marchant à la tête des nations ou peuplades tributaires de l'empire. Les premiers personnages, conduisant un cheval, peuvent être considérés comme les Mèdes ou Parthes, fameux par leur adresse hippique; les autres, amenant une lionne, désigneraient les Perses originaires du Sud et habitant les montagnes où la tradition conserve le souvenir des lions qui les fréquentaient.

Parmi les autres groupes, on remarque ceux au milieu desquels figurent un bison accompagné d'hommes reconnaissables pour des Indiens à la forme de leurs longs vêtements, un char attelé de deux chevaux élégamment harnachés, un chameau de la Bactriane, à deux bosses, et encore un onagre ou âne sauvage, animal pour lequel les Persans ont une grande estime à cause de son agilité et de sa nature fière et indomptable. Dans ces divers tableaux, qui sont au nombre de dix-neuf, il y a quinze ou seize variétés d'hommes différant par leurs costumes et par les produits de leurs différentes industries.

Jusqu'à présent on n'a pas été d'accord ou plutôt on ne s'est pas arrêté à une opinion précise sur le caractère de la cérémonie que cette longue succession de bas-reliefs et de personnages divers peut représenter. Sur le dire de quelques visiteurs plus ou moins clairvoyants, l'idée s'est accréditée que les murs dont ces sculptures forment la décoration avaient appartenu à des temples.

Il y a des voyageurs et des archéologues qui ne veulent jamais voir dans les ruines de l'antiquité autre chose que des restes d'édifices religieux. Sans doute, dans les temps anciens, comme au moyen âge et à notre époque, la religion, quel qu'ait été son culte, quelle qu'ait été son expression, idolâtre, païenne ou chrétienne, a produit de grands monuments, tels que le Parthénon d'Athènes, le Panthéon à Rome et la cathédrale de Strasbourg. Mais à côté de ces temples grecs, romains ou gothiques, il y a eu d'autres édifices également admirables et inspirés par des idées profanes; ainsi le Colisée à Rome ou notre Louvre. Si l'on remonte à l'antiquité la plus reculée, les découvertes faites récemment sur le sol de Ninive prouvent d'une manière authentique et irréfragable que les murs couverts de bas-reliefs qui distribuent en plusieurs salles le plan de ces ruines appartenaient à un immense palais. (8)

Pour moi et pour quelques voyageurs sans préventions, sans parti pris, les ruines qui s'élèvent au-dessus de la plaine de Merdâcht, au lieu où fut la capitale des rois de race achéménide, sont les derniers vestiges qui nous restent d'un magnifique palais. Mais l'assertion de quelques écrivains qui ne veulent y voir que les débris d'anciens temples du Feu n'est pas entièrement incompatible avec mon opinion. Je crois, au contraire, que l'on peut parfaitement concilier ces deux manières de voir. On sait, en effet, que dans l'ancien Orient, au temps des mages et du culte du feu, le haut sacerdoce était dévolu aux rois qui, non contents du pouvoir le plus absolu, cherchaient à entourer leur souveraineté d'une espèce de prestige divin. Dans ces temps d'idolâtrie et de fétichisme monarchique, les rois de Perse exerçaient une puissance qui était quelque chose de plus que le pouvoir spirituel et temporel des papes; c'était une autorité à la fois militaire et religieuse. Tout en considérant l'ensemble des ruines de Takht-i-Djemchid comme celles d'un ou de plusieurs palais, on ne saurait donc se refuser à admettre qu'au milieu de cette demeure du monarque, il s'élevait un sanctuaire consacré au culte du feu. Les sujets des bas-reliefs du perron de Takht-i-Djemchid s'expliquent dès lors, et ne peuvent plus être regardés comme les indices de la destination exclusivement religieuse qu'on voudrait attribuer aux édifices réunis sur le plateau de Persépolis. Il suffit, pour comprendre ces bas-reliefs si diversement interprétés, de chercher dans les mœurs actuelles de la Perse une analogie que son passé ne repousse pas. C'est ce que j'ai fait, et ce rapprochement m'a conduit à voir, dans les sculptures du perron de Persépolis, la représentation d'une grande cérémonie dans laquelle la nation entière, par l'organe de ses délégués, vient rendre hommage au roi des rois. Cette cérémonie correspondait probablement à la fête du *Norouz*, qu'on célèbre encore aujourd'hui. Les historiens nationaux disent que ce fut *Djemchid* qui institua cette fête en l'honneur du soleil qui, à l'époque de l'équinoxe du printemps, reprend toute sa force et ravive la nature. — Ce *Djemchid* dont le règne est entouré de fables telles qu'il est impossible de lui assigner une date historique, paraît être cependant le même que l'Achémen des Grecs, fondateur de la dynastie des Achéménides. Cette tradition s'est perpétuée aux lieux où furent les palais de Persépolis par le nom de *Takht-i-Djemchid*, que leur donnent les Persans modernes. — Il est assez probable que la cérémonie représentée sur le grand bas-relief dont on a tant discuté l'esprit n'est autre que celle du Norouz. Les hommages et présents qui y sont figurés sont les mêmes que la fête du Norouz rend encore aujourd'hui obligatoires.

Le symbole du lion terrassant le taureau, dont M. Lajard a donné une si ingénieuse explication, peut être cité comme un argument de plus à l'appui de mon opinion. Les recherches de cet ingénieux et docte interprétateur des monuments antiques de l'Asie, et principalement celles qui concernent la religion des anciens Perses, ont été, on le sait, couronnées d'un succès dont les récentes découvertes faites sur le territoire de Ninive ont été la confirmation éclatante. De la doctrine émise par M. Lajard sur les mystères des ignicoles de l'antiquité, il résulte que le lion représente le principe de la chaleur, celui de l'eau étant figuré par le taureau. De là cette conséquence que la victoire du premier de ces animaux sur l'autre est le symbole de celle remportée par le soleil sur l'humidité. L'équinoxe du printemps est l'époque où la chaleur renaît, où elle acquiert une nouvelle intensité et succède définitivement à la saison froide. Les Perses, qui ont fait de ce jour de l'année une solennité encore usitée sous le nom de *Norouz*, l'ont figuré symboliquement par ce combat dans lequel le taureau est vaincu par le lion. L'initiation aux mystères religieux de la Perse, initiation que l'on doit à M. Lajard, vient donc en aide ici pour expliquer le véritable sens des sculptures de Persépolis. Je pense ainsi combattre avec avantage l'idée exclusive qu'y attachèrent certains antiquaires, en ne voulant y voir autre chose que des victimes amenées au temple pour servir aux sacrifices. On voit d'ailleurs que cette cérémonie avait un double caractère, et que l'hommage au souverain s'y confondait nécessairement avec l'hommage rendu à la divinité ou au soleil.

Au point de vue de l'art, ces sculptures ne sont pas moins remarquables qu'au point de vue archéologique. Ce qui les distingue particulièrement, c'est une grande rectitude de dessin, et une pureté de contours qui va jusqu'à la sécheresse. On ne peut se dissimuler que l'ordonnance symétrique des bas-reliefs ne répande un peu de froideur sur ces différentes scènes représentées d'ailleurs sans aucune animation; mais cette froideur n'exclut ni la majesté, ni la pompe. Ces longs bas-reliefs sont peu apparents à distance; en cela ils diffèrent beaucoup des colosses du portique, qui, par leurs formes accentuées et puissantes, par leur haut relief, se détachent fortement sur les murs qui les portent et produisent de loin un très-grand effet. Les sculptures dont je parle, au contraire, ne peuvent être appréciées que de très-près. De plus, étant exposées au nord, elles ne permettent au soleil aucun de ces jeux de lumière qui, par les ombres et les grands clairs qu'ils produiraient, suppléeraient à ce que la faible saillie des figures est impuissante à rendre. Ce que ces bas-reliefs offrent de plus remarquable, ce sont les profils des têtes qui toutes ont un beau caractère. On y retrouve les lignes du visage des Persans du sud. L'exécution des vêtements ou des parties du corps les plus larges qui se prêtent peu au modelé est d'une grande simplicité. En revanche, toutes les parties qui offraient un peu de prise à la sculpture de détail sont exécutées avec un fini et une délicatesse minutieuse qui donneraient une fausse idée de l'art persépolitain, si on ne pouvait l'admirer sous un plus noble aspect dans l'ensemble des sculptures variées qu'étalent ces grands monuments.

Le reproche le plus grave que l'on soit en droit de faire à l'habile sculpteur qui a prodigué tant de véritable talent sur ces immenses cadres de pierre, c'est de n'être pas resté assez esclave des proportions naturelles. Ainsi, généralement les figures sont trop courtes, et il n'y a aucune proportion entre les hommes et les animaux. Ceux-ci sont comparativement trop petits; mais ce sont là des irrégularités de convention ou des caprices auxquels il faut s'habituer dans l'étude des bas-reliefs antiques, car on les y rencontre fréquemment. Le plus souvent, et notamment à Persépolis, de telles bizarreries sont moins le fait d'une grossière ignorance que d'un parti pris; elles résultent d'une disposition toute conventionnelle. On ne saurait admettre, en effet, que les artistes qui ont sculpté ces bas-reliefs aient négligé l'étude de la nature au point de commettre des fautes aussi graves que celles que je signale. L'exécution savante de certaines parties très-difficiles à rendre, comme le visage, les mains, etc., ne permet pas de révoquer en doute l'adresse merveilleuse de leur ciseau. Au premier aspect, toutefois, ces irrégularités sont choquantes, mais elles disparaissent bien vite sous la grâce et la richesse de cette admirable ornementation.

Après avoir franchi le vaste perron dont j'ai décrit toutes les parties, on arrive à la plate-forme sur laquelle s'élevait la magnifique colonnade dont les débris gisent au pied des treize colonnes restées seules debout au milieu de ces ruines. Il est difficile de reconnaître aujourd'hui la destination de ce monument, et quelle liaison a pu exister entre ses diverses parties. D'après les bases retrouvées sur place, cet ensemble incomplet se composait de quatre séries de colonnes. Le principal de ces groupes en comptait trente-six; les trois autres, placés à distance, en avant et sur les ailes, n'en avaient chacun que douze, et devaient être comme des portiques précédant la partie centrale. Ils devaient être comme des salles de pas-perdus où se tenaient les gardes et où circulaient les gens ayant accès dans le palais, en attendant leur tour d'admission dans le sanctuaire. Il n'est pas probable que là ait été un palais d'habitation; il est présumable que c'était un lieu de représentation, destiné aux grandes cérémonies royales ou religieuses. On comprend, comme je l'ai dit, que, d'après la disposition et l'étendue de ce monument, on ait pu y voir un temple aussi bien qu'un de ces lieux profanes où apparaissait le roi des rois dans toute la pompe et la majesté de sa puissance.

Le premier portique, précédant la grande salle du centre, avait, ainsi que celle-ci, des colonnes semblables à celles que j'ai décrites en parlant du monument rencontré le premier sur ce plateau. Quant à celles des groupes, ou des portiques latéraux, elles sont beaucoup plus simples, et leur chapiteau moins riche ne se compose que d'un corps d'animal à deux têtes, posé sur le fût même. Elles se distinguaient d'ailleurs les unes des autres en ce que les colonnes de droite portent des corps de taureaux, tandis que celles de gauche portent des espèces de bêtes chimériques ou licornes dont le type fréquemment représenté à Persépolis, ne se retrouve dans aucun autre monument des âges antiques de la Grèce ou de l'Orient. Cet animal paraît être une création exclusivement persane : il a une face monstrueusement accentuée et grimaçante; sa gueule ouverte montre des mâchoires garnies de fortes dents; sur son large front, qu'accompagnent de longues oreilles, est plantée une corne unique. Les pattes sont, comme celles du lion, armées de puissantes griffes; une espèce de collier de poils descend de ses oreilles à son col, et une crinière droite suit la courbe de son encolure. Deux avant-corps de ce monstre, placés dos à dos, forment le chapiteau de ces colonnes.

Il se présente ici naturellement une grande difficulté à résoudre, celle de savoir comment était terminé cet édifice et quelle espèce de toiture il portait. Il existe, au milieu des chapiteaux, entre les deux corps d'animaux, un refouillement qui semble indiquer la place d'une plate-bande en pierre, ou d'une épaisse solive formant la base d'une architrave et portant le haut du monument; mais c'est la seule remarque qu'on puisse hasarder sur la disposition des parties supérieures de la construction. On n'a pu retrouver, ni au fond, ni à la surface du sol, aucun débris de pierre ou de bois qui pût fournir des indications précises à ce sujet.

Un peu plus loin, à droite, on reconnaît les traces d'un autre petit monument qui paraît avoir été isolé. Ces traces consistent en huit fondements d'assises qui ont dû supporter des colonnes. Six de ces pierres se groupent régulièrement; entre les deux autres et les six premières, reste libre un espace au centre duquel on voit encore une assise qui, selon toutes les probabilités, servait de base à un socle de monument, statue ou plutôt autel du Feu. — Ces débris complètent le principal groupe des antiquités de Takht-i-Djemchid.

CHAPITRE XXXVIII.

Visiteurs persans. — Coup de fusil. — Suite de la description des monuments. Fakir.

Nos divers travaux d'exploration et d'analyse se continuaient d'ordinaire dans une solitude complète et dans un calme profond. De temps à autre un voyageur, traversant au loin la plaine, se détournait de son chemin et venait voir ces belles ruines. Les colonnes qu'on aperçoit de quatre ou cinq lieues m'amenaient donc, de loin en loin, quelques visiteurs. Il va sans dire que c'étaient toujours des Persans. Depuis longtemps déjà je n'espérais plus voir ma retraite partagée par un Européen. Je remarquai que les Persans ne manquaient jamais de tout examiner, et qu'ils cherchaient à comprendre les bas-reliefs qui fixaient principalement leur attention. Ils exprimaient par leurs *vaïh! vaïh!* exclamations d'étonnement répétées, l'admiration que leur inspiraient ces innombrables sculptures. Ils venaient toujours me saluer et causer avec moi. Tout en examinant mon travail ils m'accablaient de questions sur ces ruines, sur ce que je faisais, sur l'utilité des études auxquelles je me livrais. Ils ne pouvaient comprendre que j'eusse traversé les mers, que je fusse venu si loin de mon pays dans l'unique intention de retracer ces restes antiques. Ce qui redoublait encore leur surprise, c'était notre établissement sur les lieux mêmes, notre camp au milieu des ruines. Ils ne s'expliquaient pas le séjour prolongé que nous y faisions dans des conditions si peu commodes et si peu sûres. La conséquence qu'ils en tiraient et qu'ils m'exprimaient avec un certain orgueil, c'est qu'il n'y avait dans mon pays rien d'aussi beau, d'aussi grand que ces monuments. Avec la naïveté de gens qui ignorent les fruits et les besoins de notre civilisation, ils ne donnaient à notre voyage, à notre présence à Persépolis, d'autre but que le stérile désir de voir quelque chose de plus beau que tout ce qu'il y avait en France ou en Europe. Ils ne savaient point y découvrir un autre mobile, cette irrésistible passion du savant ou de l'artiste qui les entraîne à rechercher, même dans les débris en apparence les moins dignes d'attention, les traces d'un art qu'ils ont perfectionné, les origines d'une science dont ils ont hâté les progrès.

Au reste, je prenais moi-même plaisir à questionner ces visiteurs persans. Je les trouvais tous dans une ignorance complète au sujet de l'histoire de leur pays et de celle de ses monuments. Leurs idées confuses se perdaient dans un pêle-mêle de fables sans nombre rattachées à quelques faits. Ils attribuaient tous la construction de ce palais à Djemchid; mais ils entouraient l'existence de ce personnage de tant de contes absurdes, ils donnaient à la durée de son règne tant de siècles, qu'il était impossible de reconnaître dans la figure qu'ils en traçaient rien qui rappelât un des princes dont les historiens nous ont conservé le souvenir. Les Persans aiment trop le surnaturel pour se préoccuper sérieusement de dégager les faits historiques du chaos des traditions fabuleuses. Les voyageurs que j'interrogeais ne savaient rien de précis ni sur l'origine, ni sur la destruction du palais de Persépolis. Tous, cependant, avaient entendu parler d'un conquérant nommé Iskander, et dans lequel je reconnaissais sans peine Alexandre. Si peu intéressants que fussent pour moi des récits où se trahissait toujours l'ignorance profonde des Persans sur leur propre histoire, je ne m'en plaisais pas moins à consulter les rares visiteurs que le hasard amenait auprès de nos tentes. Dans notre vie monotone et solitaire, tout faisait événement, et la venue d'un étranger était une précieuse distraction. Aussi, ces Persans, quand ils étaient polis et discrets, étaient-ils les bienvenus. Je dois dire que presque toujours j'avais à me louer de leur discrétion comme de leur politesse. Pourtant, je me rappelle à ce propos une exception qui mérite d'être notée comme un des plus curieux incidents de notre séjour à Persépolis.

Un jour, une de ces grandes tribus nomades qu'on appelle Kara-Tchâder ou *Tentes Noires*, nom qu'on leur donne à cause de la couleur noire de leurs tentes, suivait le chemin peu frayé qui passe au pied des murs de Takht-i-Djemchid. La tribu, fuyant l'hiver qui arrivait, émigrait des plaines de la Perse septentrionale, et allait chercher dans le sud de nouveaux pâturages sous un climat plus doux. Elle était numériquement très-importante, et traînait à sa suite plusieurs troupeaux. De nombreux chameaux portaient, assis sur les tentes et les bagages de toutes sortes, les femmes et les enfants. Les hommes marchaient à pied à côté, un bâton à la main, le fusil soutenu à l'épaule par la bretelle; quelques-uns d'entre eux, des jeunes gens, s'étaient séparés de la caravane, avaient gravi le grand escalier et étaient venus visiter en passant le Trône de Djemchid. Après avoir échangé avec moi quelques paroles, ils m'avaient quitté. Je les croyais partis, quand, regagnant ma tente, je les vis groupés autour de mon compagnon, M. Coste qui levait un plan, et qui était très-contrarié en ce moment de leurs importunités. Je criai à notre *goulam*, qui était à côté de M. Coste, de faire ranger ces gens et de les renvoyer au besoin. Je n'eus pas plus tôt donné cet ordre, que je me vis couché en joue par un de ces misérables, qui me lâcha un coup de fusil à moins de vingt pas. Sa balle ne passa pas loin, et alla faire un trou dans le mur derrière moi. Je sautai sur les fusils de nos hommes de garde; mais, par une fatalité, ou plutôt par un excès de soin, ceux-ci avaient retiré l'amorce afin qu'elle ne se mouillât pas. Aucune de ces armes n'était en état de faire feu, et, pendant le temps que je mettais ainsi à en chercher une, l'homme qui avait tiré fuyait avec ses camarades en rejoignant le gros de la tribu qui était déjà loin.

Cependant je ne voulais pas laisser impunie cette lâche agression; et m'emparant d'un sabre, je me mis à courir avec deux de mes hommes à la poursuite de celui qui s'en était rendu coupable. Il avait trop d'avance sur moi. Après avoir couru ainsi près d'un kilomètre, voyant que je n'avais à pied aucune chance de l'atteindre, je résolus de me venger au hasard sur sa tribu; je saisis le premier chameau que je vis passer portant une lourde charge, et, malgré l'opposition de ceux qui l'accompagnaient, malgré les cris des femmes qui étaient perchées dessus, je le fis conduire à mon camp. J'espérais, en gardant cet otage d'une nouvelle espèce, que, pour le ravoir, on me livrerait le coupable. Malheureusement j'avais compté sans les femmes, qui n'avaient pas voulu s'en séparer, et qui m'assourdissaient de leurs plaintes et de leurs lamentations auxquelles je ne comprenais rien. Ces plaintes étaient très-probablement entrecoupées de mille malédictions et d'injures d'autant plus grossières qu'elles étaient pour moi inintelligibles. Le chameau poussait des gémissements désespérés à la vue de ses camarades qui s'éloignaient. Au bout d'une heure, ma colère s'était calmée, et ce concert assourdissant devenait de plus en intolérable. Aussi me décidai-je à rendre le pauvre animal, afin de ne plus l'entendre beugler et soutenir de sa basse le cri aigu des femmes. J'avais d'ailleurs l'espoir d'obtenir par un moyen plus sûr, une réparation directe de la part du chef de la tribu. Je pris le parti de lui envoyer notre *goulam*, avec l'ordre d'insister pour qu'il fît, de manière ou d'autre, amende honorable. Notre courrier ne revint que le lendemain, porteur de respectueuses excuses du chef, qui s'engageait à punir le coupable. Je dus me contenter de cette promesse, ou plutôt de cette apparence de satisfaction.—Ce petit épisode détourna un moment ma pensée des ruines que j'étais venu visiter, pour la reporter sur les dangers qui menacent le voyageur français dans un pays où la France n'a pas de représentant ; mais ce ne fut là qu'une distraction passagère. Mon attention se concentra bientôt de nouveau sur les admirables monuments dont je n'avais encore examiné qu'une faible portion, et dont je voulais étudier l'ensemble.

J'ai décrit le principal groupe de ruines qu'on rencontre au milieu des nombreux monuments compris sous la désignation commune de Persépolis. A côté de ce palais, d'autres palais s'élèvent, d'autres débris précieux appellent l'attention de l'archéologue. Il me reste à faire connaître ces monuments dans l'ordre où ils se présentent.

En arrière de la magnifique colonnade qu'on rencontre après avoir franchi le grand perron de Takht-i-Djemchid, on remarque les ruines d'un édifice qui a dû être un palais d'habitation. Ce monument, de forme rectangulaire, est assis sur un soubassement élevé de trois mètres au-dessus du sol environnant, et construit en larges assises; quelques portes et fenêtres dont les chambranles et les linteaux n'ont pas bougé, sont encore debout. Ces baies, formées d'énormes pierres, ont pu défier la destruction, tandis que les portions de murailles comprises entre elles, et sans doute construites en petits matériaux, ont totalement disparu. C'est à peine si l'on en retrouve assez de traces pour reconnaître la distribution intérieure de l'édifice. Cependant, au moyen de fouilles pratiquées dans plusieurs endroits, il a été possible de reconnaître des indications plus complètes, et de se convaincre ainsi que ces ruines étaient bien celles d'un palais d'habitation.

Ce palais avait deux façades sur lesquelles régnaient deux perrons à rampe double; leurs murs de soutènement et leurs escaliers étaient ornés de sculptures représentant encore des individus porteurs de présents, le groupe du lion terrassant le taureau, et les gardes armés de lances, avec trois tablettes d'inscriptions sur le mur du plus grand perron, et une au centre du plus petit. Au premier perron aboutissent deux escaliers de vingt-trois marches sur chacune desquelles est figuré un petit personnage qui semble monter les degrés ; ces figures portent toutes un objet qu'elles paraissent vouloir offrir au royal habitant du palais : les unes tiennent sous le bras un chevreau, les autres portent à la main des vases, ou sur leur épaule quelque chose difficile à définir, ressemblant assez à un coffret. L'analogie qui existe, pour l'ornementation comme pour la disposition, entre ce perron et celui de la grande colonnade, se complète par les bas-reliefs qui en décorent le mur de soutènement : on y retrouve le groupe symbolique du taureau dévoré par le lion, accompagné de tiges de lotus fleuries, et entre les cadres d'inscriptions sont des doriphores armés de lances.

Au-dessus de la tablette gravée du centre, on aperçoit la partie inférieure du *mihr* ou *ferouher*, représentation symbolique des deux divinités persanes *Ormuzd* et *Mithra*. De chaque côté de cet emblème, était assis un animal dont on ne voit plus que l'extrémité des pattes semblables à celles du lion. Cette ornementation se trouvait complétée par la portion détruite du parapet qui bordait la terrasse du perron ; des tiges de lotus entrelacées formaient, de chaque côté, une guirlande gracieuse qui s'étendait jusqu'aux escaliers. On arrivait, par ce perron, à un portique formé de huit colonnes sur deux rangs ; le profil de l'entablement, qui régnait le long de la partie supérieure de la façade, est indiqué par un refouillement dont la trace est encore visible au sommet des piliers d'angles.

Pénétrons maintenant à l'intérieur de ce palais : au centre est une salle carrée avec laquelle communiquent d'autres pièces plus petites. Cette salle étant encombrée de terre, nous la fîmes déblayer, et seize assises adhérentes à ce qui formait le sol de cette pièce, indiquèrent un pareil nombre de colonnes qui supportaient la toiture. Dans le pourtour de la salle s'ouvraient plusieurs portes et fenêtres qui avaient pour jambages des blocs de basalte très-épais, restés en place au milieu des décombres et de la terre qui cachait le pied des murs. La forme rectangulaire règne presque exclusivement dans les diverses parties de cette architecture : toutes ces portes, fenêtres ou niches, sont formées de deux piédroits d'un seul bloc, sur lesquels repose un troisième bloc servant de corniche; celle-ci n'est point rectiligne, elle est concave et surplombe les chambranles. Les portes et les fenêtres fermaient au moyen de deux vantaux, ainsi que le prouvent des refouillements pratiqués à la partie supérieure des embrasures, et dans lesquels il est évident que s'engageaient les gonds de fermeture.

Il est facile de reconnaître, par les piédroits restés debout, qu'il y avait dans ce monument douze portes, dont plusieurs sont intactes. Toutes, sans exception, sont ornées de sculptures sur les faces internes de leurs embrasures; quelques unes méritent d'être décrites. Je citerai, entre autres, la principale porte qui du portique donne accès dans la salle à colonnes; cette porte a, sur chaque côté de son embrasure, un bas-relief représentant un personnage qui a une canne dans une main, et dans l'autre une espèce de bouquet ou de fleur de lotus. Au parasol et au chasse-mouches que tiennent au-dessus de la tête de ce personnage deux serviteurs de taille plus petite, on doit reconnaître en lui le roi. Au fond de la salle, deux autres portes sont ornées de sculptures représentant le même sujet qu'on trouve d'ailleurs fort souvent répété sur ces murs.

bien compris ce qu'elles représentaient. Au reste, l'erreur

A ces représentations de la majesté royale viennent se mêler des souvenirs de la mythologie persane. Le mythéisme de l'idolâtrie antique a, comme le culte de la souveraineté temporelle du monarque, une très-grande place dans les sujets représentés à Persépolis. Les symboles obscurs et fantastiques de la religion des Perses, empruntés au monde terrestre ou inventés par une imagination bizarre, sont là partout à côté de la figure du roi. Ainsi, sur plusieurs portes de ce palais, est sculpté un personnage combattant et éventrant d'un coup de poignard un animal qui se défend sous sa main vigoureuse. — Quel est ce personnage? Est-il dieu, roi ou simple mortel? — Rien ne le caractérise assez pour qu'on reconnaisse son essence. Quelle qu'elle soit, il est impossible de méconnaître que cette sculpture symbolique a un sens religieux. L'animal immolé est tour à tour un lion, un taureau, un griffon ou un monstre de création bizarre. Il a une tête horrible, avec de grandes oreilles et une corne sur le front; ses pattes de devant sont semblables à celles du lion, tandis que celles de derrière tiennent des serres de l'aigle; son corps est emplumé, il a de grandes ailes, et sa croupe se termine par une queue de scorpion.

Des voyageurs, notamment l'Anglais Ker-Porter, se sont singulièrement mépris sur cette queue. Ker-Porter l'a représentée, dans son Atlas, comme une continuation de la colonne vertébrale. C'est là, sans contredit, une idée fort ridicule; il faut cependant être juste, et ne pas trop s'étonner qu'en face de sculptures aussi étranges, on ait pu admettre quelquefois certaines formes, certaines idées que répudie le bon sens. C'est donc dans le caractère même de ces sculptures qu'il faut chercher l'excuse de nos devanciers qui n'ont pas dans laquelle est tombé le voyageur anglais Ker-Porter est due à ce qu'il a négligé de faire une fouille pour compléter les figures dont il n'a pas vu les extrémités inférieures; s'il les eût dégagées de la terre qui en recouvrait le bas, il eût trouvé le bout de la queue de l'animal, qui est, de toute évidence, celle d'un scorpion. La nature de cette queue a d'ailleurs un sens; elle s'explique par la pensée qu'on a eue de représenter un monstre réunissant les formes et les natures les plus dangereuses, afin de le faire paraître plus terrible.

Une autre embrasure reproduit le même combat du mystérieux lutteur avec un taureau. L'animal est debout sur ses pieds de derrière; il se dresse contre son agresseur en le repoussant de ses pieds de devant, dont l'un porte sur sa poitrine; mais son ennemi le tient fortement, de son bras droit, par les cornes, tandis que, du bras gauche, il lui plonge un large poignard dans le ventre. Une quatrième porte, dont il ne reste qu'un des jambages, a pour ornement un bas-relief montrant le même personnage qui, dans une étreinte vigoureuse, étouffe entre ses bras un lion qu'il soulève de terre, et qui fait avec ses pattes de vains efforts pour se dégager. La figure de dieu ou d'homme représentée dans ces diverses scènes de combat porte un vêtement très-simple, consistant en une tunique qui forme des plis nombreux. Cette tunique est relevée par devant, de façon à permettre aux jambes de se mouvoir facilement; les extrémités en sont rejetées sur les épaules et pendent par derrière en couvrant les reins, mais en laissant les bras dégagés. La barbe et la chevelure de ce personnage sont très-soignées et habilement frisées. Un étroit bandeau ceint son front; ses pieds sont enfermés dans des espèces de cothurnes ; son aspect, un peu froid, est sévère et ne manque pas de majesté.

Ce duel est peut-être celui d'Ormuzd et d'Ahrimane (9) représenté sous des figures diverses d'animaux malfaisants ou terribles. Le dieu victorieux a un sang-froid et une tranquillité qui n'impriment pas à ces scènes tout l'effet qu'elles pourraient produire. Peut-être faut-il voir dans cette placidité, dans cette raideur même, le signe conventionnel et religieux de la puissance irrésistible du vainqueur.

Deux autres portes représentent des sujets plus intimes, appropriés, selon toute apparence, à la destination même des pièces retirées dans lesquelles ces portes donnaient accès. Sur les piédroits de l'une et de l'autre, on voit, en effet, une figure de jeune garçon imberbe, serviteur ou page, portant dans une main un vase, et de l'autre une espèce de serviette ou une cassolette. Il y a encore d'autres portes dont les bas-reliefs diffèrent de ceux qui précèdent : ce sont celles qui ouvrent sur le portique ou sur le petit perron. Ici le sculpteur a figuré des gardes armés de lances, qui semblent veiller sur les entrées du palais.

J'en étais là de mes recherches et de mon exploration au milieu de ces ruines, quand je vis s'approcher de moi un homme d'un aspect étrange. Le hâle et le soleil avaient noirci sa peau; ses cheveux, fort longs, tombaient en grosses mèches sur ses épaules couvertes d'une peau de tigre. Il était coiffé d'un bonnet pointu en feutre jaune. Ses bras et ses jambes étaient nus, ainsi que sa poitrine sur laquelle était suspendu, dans un étui de cuir noir, un large talisman. Il tenait pendue à l'un de ses bras, par une chaîne de cuivre, une espèce de grande tasse faite d'une noix de l'Inde coupée en deux. Cette tasse contenait quelques pièces de menue monnaie et un peu de miel qu'il m'offrit. C'était une manière de me demander l'aumône, tout en paraissant me faire un cadeau. Cet homme étrange, dont le regard fauve et vitreux avait quelque chose de hagard, était ce que les Persans appellent un derviche, et les Indiens un fakir, c'est-à-dire un pauvre diable sans feu ni lieu, vivant de charité et voyageant, un bâton à la main, du Tigre à l'Indus, du golfe Persique au Caucase. Cette espèce de gens, qui sont presque tous d'insignes voleurs et d'ignobles débauchés, passent pourtant auprès des dévots pour de saints personnages en qui Dieu a soufflé son esprit, et qui ont leur place marquée parmi les houris de Mahomet. La superstition orientale leur accorde de nombreux priviléges : c'est ainsi qu'on vante les philtres mystérieux au moyen desquels ils guérissent, dit-on, les morsures des serpents et des scorpions. Ils passent pour avoir des recettes pour tous les maux. Les femmes les consultent sur leur stérilité, les hommes sur leur impuissance. Généralement redoutés à cause de leurs maléfices et des mauvais sorts qu'on leur attribue la puissance de jeter, ils sont traités partout avec les plus grands égards ; ils viennent même librement et de leur pleine autorité s'installer dans la demeure qu'il leur plaît de choisir, sans qu'on ose les en chasser. Il faut alors aller au-devant de leurs besoins, et satisfaire tous leurs caprices. Au cri de *Ya-Ali!* qui est leur invocation habituelle, répété jusqu'à mille fois dans un jour, ils se font donner tout ce qu'ils veulent. J'en ai connu un qu'on appelait *derviche-Châh*, parce qu'il s'était imposé au roi. Il ne quittait jamais la demeure royale, il suivait le Châh en tout lieu; il avait sa tente et jusqu'à sa mule ou son cheval, pour accompagner le roi partout. C'était le plus grand vaurien possible : ivrogne, mécréant, joueur, débauché, il réunissait tous les vices imaginables. Il n'en était pas moins un saint, et quelque jour on lui élèvera peut-être un tombeau, qu'on décorera du nom d'*imam*, en témoignage de profonde vénération. Ces derviches ou fakirs font vœu de pauvreté; mais, d'après ce qu'ils ont droit d'exiger, on conçoit que c'est pour eux chose facile puisqu'ils n'ont qu'à demander pour obtenir tout ce qu'ils désirent. Ils sont ainsi plus à l'aise que qui que ce soit, et puis leur vœu ne les enchaîne pas irrévocablement. Quand le métier devient mauvais ou qu'ils trouvent l'occasion d'en prendre un meilleur, ils jettent leur bonnet, leur bâton de fakir, et savent également bien jouer le rôle de *mirza*, ou de *khan*, pour peu que la fortune les favorise. Il s'en trouve cependant quelques-uns qui, véritablement religieux et fanatiques, vivent dans la plus abstraite dévotion, dans un cercle d'idées mystiques, qui les sépare du monde : ceux-là passent des jours entiers dans le jeûne et la prière, plongés dans une extase stupide qui fait l'admiration des Musulmans.

Le derviche qui venait me surprendre au milieu de mes pierres n'était sans doute pas un de ces austères personnages, car il daignait parler et demander l'aumône à un chrétien, et il s'exprimait avec une urbanité que n'aurait pas permise un fanatisme exalté. Puisqu'il ne me dédaignait pas, moi chrétien, je ne voulus pas être en reste d'égards avec lui. Je lui accordai donc ce qu'il me demanda. Aussi, dans l'élan de sa reconnaissance, le derviche baisa-t-il le pan de mon habit, et il fallut, bon gré mal gré, que j'acceptasse de son miel.

A quelques pas du dernier palais que j'ai décrit, on aperçoit, à la surface du sol, des assises de colonnes. Au-dessous du plan de ces assises sont les débris d'un mur sur lequel se retrouve le groupe du lion et du taureau, avec des gardes armés de lances. A la suite du mur est un fragment de bas-relief représentant huit figures couvertes de peaux de lion et portant des dents d'éléphant. En examinant ces sculptures incomplètes et sans liaison entre elles, on est porté à penser que l'édifice élevé à cette place était d'une époque postérieure à celle des ornements qu'on y a rattachés, et que ces débris, rapportés, ont été empruntés à quelque monument plus ancien. — Mais dans quel embarras cette observation ne jette-t-elle pas l'archéologue! La ruine dernière et complète du palais de Persépolis datant de l'invasion des Grecs, y aurait-il donc eu une dévastation précédente? et quelle en serait la cause? L'histoire n'en a conservé aucune trace. Les princes qui recueillirent l'héritage de Cyrus paraissent être restés, jusqu'à la conquête d'Alexandre, les glorieux possesseurs du trône de Perse. Faudrait-il en induire que les généraux du conquérant macédonien, à qui l'héritage de Darius tomba en partage, jaloux de s'asseoir aux lieux où fut le trône du monarque qu'ils avaient vaincu, voulurent s'y élever un palais en rassemblant les débris encore fumants de ceux de Persépolis? Sous ces arrangements désordonnés et incohérents, ne doit-on voir que la ruine du grossier assemblage de quelques matériaux hétérogènes qui servirent à figurer temporairement la demeure d'un commandant militaire transformé en satrape?

Quoi qu'il en soit, l'observation faite ici s'étend à d'autres parties de ce palais, et l'on est forcé de la renouveler à l'égard du monument le plus voisin. On y reconnaît, sous les blocs restés debout, l'emploi, comme fondations ou comme bases, de fragments taillés et sculptés qui ont certainement fait partie d'autres constructions antérieures. Bien que ces faits soient indubitables et authentiquement acquis à l'observateur attentif, il lui est impossible en même temps de ne pas rester convaincu que ce dernier palais, à l'érection duquel ces fragments auraient concouru, est bien de l'époque de Persépolis Il est incontestable, en effet, que ces divers édifices, s'ils n'ont pas tous été créés pendant le même règne, et pour ainsi dire d'un seul jet, sont pourtant du même âge; qu'ils sont dus au même art et inspirés par des idées qui n'avaient subi aucune modification. Il est impossible de méconnaître, non-seulement l'analogie, mais la similitude, l'identité qui existe entre eux, tant dans l'ensemble que dans les détails.

Quant au monument dont je parle ici, c'est un des plus importants de Takht-i-Djemchid, et aussi l'un de ceux qui présentent le plus d'éléments propres à faire connaître le plan et les détails de l'ensemble architectural ainsi désigné. Il avait un développement de soixante-douze mètres sur soixante-cinq. En avant était une vaste plate-forme sur laquelle ouvrait l'entrée principale du palais : on y arrivait, du côté de l'est et du côté de l'ouest, par deux perrons analogues dans leur disposition et leur ornementation, à ceux que j'ai décrits; c'étaient toujours des gardes flanquant des inscriptions à côté desquelles était répété le combat allégorique du lion et du taureau ; puis, sur les marches des escaliers, encore de petits personnages chargés de présents.

A gauche du perron de l'est, se trouve un massif de pierre,

isolé, long de quatre mètres, sur une épaisseur de un mètre trente centimètres. En cherchant à préciser la destination de ce monument, nous eûmes le bonheur de découvrir, du côté opposé du perron, un corps de taureau en ronde-bosse ayant un mètre quatre-vingt-dix centimètres de long, du front à la naissance de la queue. Il faut, selon toute probabilité, en conclure que le massif de gauche était un socle ou piédestal sur lequel posait un taureau semblable à celui qui, à droite, est tombé et resté voisin de la place qu'il occupait. Ce morceau de sculpture est d'ailleurs le seul de ce genre, la seule ronde-bosse que nous ayons rencontrée sur toute la superficie occupée par les ruines de Takht-i-Djemchid, ce qui en rendait la découverte plus précieuse.

Le plan et la distribution de ce palais sont les mêmes que j'ai indiqués en décrivant le premier, et, comme celui-ci, ils indiquent que l'édifice était habité. On y entrait par un portique à colonnes, précédant une salle d'apparat également à colonnes. Autour de la salle d'apparat étaient distribués les divers appartements. Au pied de la façade postérieure régnait une terrasse étroite à laquelle on montait par deux escaliers placés aux extrémités, et presque entièrement taillés dans le roc sur lequel reposait l'édifice. Cette terrasse terminait le plateau qui, en cet endroit, était escarpé à une hauteur de près de neuf mètres au-dessus de la dernière plate-forme sur laquelle nous avions établi notre bivouac.

Les bas-reliefs qui décorent l'intérieur de cet édifice ne diffèrent guère de ceux qui ornent les autres palais. On y retrouve, sous le portique, les doriphores avec leurs longues lances; à la principale porte, le roi, suivi de ses pages, avec le parasol et le chasse-mouches ; sur un jambage demeuré à la place d'une embrasure ruinée, dans une pièce reculée, des personnages marchant l'un derrière l'autre et portant des objets qui paraissent destinés à la toilette : le premier tient un flacon et une serviette, le second un seau à anse et une espèce de cassolette. Tous deux sont imberbes, et leur visage paraît juvénile. Leur costume est le même que celui des pages qui accompagnent le roi ; ils représentent très-probablement des serviteurs intimes, et, par la place qu'ils occupent, ils indiquent les appartements les plus secrets de cette habitation. On doit remarquer que pour l'ornementation de ce palais, on ne s'est pas contenté de sculpter les embrasures des portes, comme aux autres, mais qu'on a pris soin encore de placer de petits bas-reliefs jusque dans les embrasures des fenêtres.

Non loin de là, sur un terrain placé au-dessous de ce monument, on rencontre une autre ruine qui paraît avoir appartenu à une salle unique. Elle était enterrée jusqu'à moitié de la hauteur des blocs ou jambages de ces portes. Les fouilles que nous y avons pratiquées ont fait connaître qu'elle contenait des colonnes, et que ces portes étaient, suivant le système généralement adopté pour ces palais, ornées de bas-reliefs. Ceux-ci étaient encore une répétition de ceux que j'ai désignés ou décrits. Le plan et les détails une fois adoptés pour tous ces édifices, il est évident qu'on ne s'en est point écarté, et que les mêmes idées religieuses ont présidé à la construction de tous ces monuments.

Presqu'au centre du plateau sur lequel s'élèvent ces ruines, est un groupe de cinq blocs sculptés qui paraissent avoir été les piédroits de portes appartenant à un édifice dont il ne reste plus assez d'éléments pour que l'on puisse en reconstruire le plan. Ces blocs sont ornés de grands bas-reliefs dont les sujets sont déjà connus en partie. Deux d'entre eux représentent le roi; il tient une longue canne de la main droite, et, de la main gauche, un petit bouquet et une fleur de lotus. Sa démarche est grave, son costume fort simple: une longue tunique, légèrement relevée sur le côté, forme de longs plis verticaux; pendante derrière et devant, elle se drape sur les jambes en plis courbes; elle est serrée à la taille par une ceinture dont un bout pend sur le devant; elle couvre les bras de larges manches qui arrivent au poignet, et font des plis nombreux sur les hanches. Ce personnage est coiffé d'une espèce de tiare peu élevée, plus large du haut que du bas; ses cheveux longs forment sur la nuque de grosses touffes bouclées avec le plus grand soin. Il en est de même de sa barbe, qui est fort longue, toute frisée sur les joues; au-dessous du menton, cette barbe est alternativement lissée et frisée jusqu'au milieu de la poitrine où elle se termine par deux rangs de boucles. On ne peut dire comment ce personnage était chaussé, car on ne distingue, sous la robe, rien qui rappelle une chaussure quelconque, et cependant les pieds ne sont pas représentés nus. Il se pourrait, comme on le voit sur plusieurs bas-reliefs de l'antiquité, que ces chaussures eussent été simplement indiquées par le pinceau, ou bien encore que, suivant l'usage consacré de nos jours à la cour des Perses, le roi eût les jambes et les pieds enfermés dans de grands bas de drap. Cette dernière opinion est celle qui me semble préférable, attendu que les autres figures de ce bas-relief, comme toutes celles que nous avons déjà décrites et qu'il nous reste à décrire, à l'exception de celle du roi, portent des chaussures parfaitement et visiblement indiquées par le ciseau.

Au-dessus de la tête de ce personnage, un grand parasol est tenu par un serviteur qui marche derrière. A côté de celui-ci, un second serviteur agite un chasse-mouches au-dessus du parasol, et tient, dans sa main gauche, quelque chose qui pend en faisant de longs plis, comme un mouchoir; c'est peut-être le bandeau royal. Les pages qui accompagnent le personnage principal sont, à très-peu de chose près, vêtus comme lui. Leur robe est tout à fait semblable; ce qui doit faire penser que, dans ces temps reculés, le vêtement étant très-simple et ne consistant qu'en une grande pièce d'étoffe drapée autour du corps, la forme en était la même à peu près pour tous; il ne devait y avoir de différence que dans la qualité, le prix des étoffes, et aussi dans quelques détails de toilette. Ainsi les deux pages sont chaussés de petits cothurnes attachés sur le coude-pied, leurs cheveux sont longs et bouclés; mais leur barbe, frisée comme leur chevelure, est courte et taillée près du menton. Il y a sans doute, dans cette façon de barbe, l'intention d'établir une distinction entre ces personnages; on peut y voir une marque hiérarchique qui désigne les gens de service auxquels la longue barbe était interdite. — Les Orientaux ont toujours attaché une très-grande importance à cet ornement viril, et les bas-reliefs de Persépolis ne sont pas les seuls où la personne du roi soit reconnaissable à la longueur de la barbe. Une observation analogue ressort de l'examen des sculptures assyriennes trouvées près de Mossoul, sur lesquelles le roi se distingue, par une barbe très-longue, des officiers qui l'entourent. — Les deux pages dont je parlais, ont la tête couverte d'une espèce de calotte basse et plate. Leurs oreilles sont accompagnées de larges anneaux. C'est encore là un objet digne d'attention, qui doit avoir une signification propre à la position inférieure de ces personnages, car on ne voit de pendants d'oreilles ni au roi ni à aucun des individus qui paraissent être des gens de quelque importance.

Au-dessus de ce groupe du roi suivi de ses pages, est le *Mihr* symbolique, ce signe de la triade mystique du culte des anciens Perses. Il se décompose en trois parties bien distinctes qui représentent les deux natures de l'homme et de l'oiseau, unies à un cercle duquel pendent des espèces de petits rubans terminés en boucles. La nature humaine est représentée par un corps d'homme exactement semblable à celui du roi, comme type de figure et de costume. Ce doit être la figure d'*Ormuzd* ou de *Mithra*, dont le culte s'est étendu jusqu'en Grèce et à Rome, et n'en avait point encore disparu au IVe siècle de notre ère. Sa main droite est levée et ouverte ; de la gauche il tient un petit anneau ; le corps est passé dans le cercle qui unit les diverses parties de cette image, et auquel sont fixées de grandes ailes déployées, avec une queue en éventail comme celles de l'aigle quand il vole. Soit retracé de la même manière, soit modifié, nous retrouverons souvent cet emblème religieux.

Quant aux sculptures qui ornent les autres blocs de cette ruine, elles sont dans un état qui ne permet guère de les apprécier.

CHAPITRE XXXIX.

Trésors. — Attaque nocturne. — Suite de la description des monuments. — Guèbres. — Visite d'un Chah-Zâdèh. — Mariage d'Iliâts.

Pour les fouilles que nous avions à exécuter, nous employions des hommes du village le plus voisin, situé dans la plaine, et qui s'appelle Kanara. Ils y mettaient assez de bonne volonté, mais leurs outils étaient peu propres à ce genre de travail. — Dans un pays où le soleil féconde facilement une terre qui n'est jamais épuisée, l'homme se donne peu de mal pour la préparer. Il n'a que faire d'outils puissants et lourds pour la remuer. — Aussi nos travailleurs, munis de petites pioches courtes et légères, faisaient-ils peu de besogne. Ils étaient, comme tous les Persans, trop intelligents pour ne pas prendre intérêt à nos découvertes et pour ne pas nous aider dans l'extraction des belles sculptures dont ils n'avaient jamais connu que les parties demeurées au-dessus du sol ; mais, tout en comprenant et partageant, jusqu'à un certain point, notre curiosité, ils ne pouvaient croire que l'amour de l'art fût notre seul mobile, et tous ils étaient convaicus que nous cherchions des trésors. — Il y a en Perse, et généralement dans tout l'Orient, un préjugé bien établi : c'est que tous les monuments de l'antiquité, et principalement ceux qui sont revêtus d'inscriptions, indiquent des trésors cachés. Comme les Persans ont vu des Européens copier ces inscriptions, en chercher le sens, et souvent faire des fouilles sur l'emplacement des ruines, ils en ont conclu qu'ils ne venaient de si loin visiter ces débris que pour y chercher des richesses enfouies. Il arriva un jour jusqu'à moi un singulier bruit que nos ouvriers avaient accrédité dans le pays. On disait que nous trouvions tous les jours de l'or, de l'argent et des bijoux ; on allait même jusqu'à prétendre que nous avions découvert un vase contenant seize *battemans*, ou vingt-quatre kilogrammes d'or monnayé, et que nous en avions envoyé une partie au Châh, comme cadeau et redevance pour tout ce que nous espérions trouver encore. J'avais beau leur représenter l'absurdité de leurs propos, et leur démontrer que, de notre part, ces trouvailles n'étaient pas possibles, puisque c'étaient eux seuls qui faisaient les fouilles ; ils ne voulaient pas en démordre. Les plus incrédules prétendaient, pour expliquer le fait, que nous faisions amener les excavations jusqu'à la profondeur à laquelle nous savions que gisait le trésor, et que la nuit nous venions l'y prendre. Il n'y avait rien à répliquer à des gens chez qui un préjugé semblable était tellement enraciné, qu'ils trouvaient toujours un moyen de tourner les objections ; mais c'était un jeu à nous faire assassiner, et peut-être n'est-ce pas à une autre cause qu'il faut attribuer deux attaques nocturnes qui furent tentées contre notre petit camp.

J'ai dit que nous avions deux soldats d'un régiment en

garnison à Chiraz, et que le gouverneur de cette ville nous avait fort obligeamment accordés pour nous garder la nuit. Ces deux hommes, qui étaient véritablement de très-braves gens, faisaient leur service pendant que nous et nos domestiques nous dormions. Ils veillaient, chacun à leur tour, auprès d'un feu placé à côté de notre tente, et autour duquel ils avaient disposé une espèce de barricade avec des caisses et des morceaux de bois pour éviter une surprise. Ils cachaient aussi par ce moyen la clarté du feu qui, dans l'obscurité, aurait pu servir de point de mire. Tout cela était assez bien entendu, et prouvait qu'ils n'étaient pas dans une sécurité complète. Quand ils procédaient le soir à leur installation nocturne, ils complétaient leurs moyens de défense par un stratagème ridicule, mais dans l'efficacité duquel ils avaient confiance : ils mettaient des bonnets et des manteaux sur des piquets, tout autour du feu, pour faire croire à la présence de plusieurs *caraouls* ou factionnaires. — Ce moyen ressemble à celui qu'on emploie chez nous pour faire peur aux moineaux. — Nos soldats lui attribuaient la même vertu vis-à-vis des voleurs.

Malgré ces précautions, deux fois, pendant notre séjour au milieu de ces ruines, notre sommeil fut troublé par des alertes. Des maraudeurs avaient paru dans l'ombre et riposté au coup de fusil tiré par notre sentinelle. En un instant tout le monde était sur pied ; mais où aller ? de quel côté poursuivre les voleurs ? La montagne leur offrait un refuge, où l'on ne pouvait les atteindre dans l'ombre. Nous ne vîmes rien. Presque nus, glacés, il fallut rentrer sous nos tentes sans avoir rien aperçu. Les maraudeurs avaient compté sur le sommeil de tous nos gens ; ils espéraient se glisser jusqu'à nos bagages et nous dérober ce qu'ils trouveraient à portée de leur main ; ils n'étaient pas décidés à nous livrer un combat. Il est permis de croire que ces bandits étaient alléchés par nos prétendus trésors. — Plût à Dieu que nous eussions réellement découvert les richesses fabuleuses que recélaient, au dire des Persans, les ruines du palais de Djemchid ! Nos finances s'épuisaient, et, bien loin de les renouveler, nos fouilles y avaient fait une large brèche ; aussi aurions-nous été en droit de dire que c'étaient nos ouvriers, et non pas nous, qui ramassaient dans les décombres de Persépolis, sinon de l'or, du moins de l'argent.

Heureusement, ces petits événements n'étaient pas de nature à nous causer de sérieuses inquiétudes ; nous n'en poursuivions pas nos travaux avec moins d'ardeur. Sur le plateau que nous avions déjà exploré en grande partie il ne nous restait plus qu'un seul palais à examiner. Il est d'une étendue plus considérable que les derniers décrits, et il a, par le nombre et la beauté de ses sculptures, une importance supérieure. Sa superficie se mesure par quatre-vingt-onze mètres du nord au sud, et par soixante-seize mètres de l'est à l'ouest.

A en juger par ce qu'on retrouve des divers éléments qui composaient ce palais, il résumait, ou plutôt réunissait dans son ensemble, toutes les beautés que nous avons successivement remarquées dans chacun des autres monuments de Persépolis ; aussi peut-on dire que celui-ci était l'un des plus grandioses et des plus beaux parmi ceux qui restent de cette magnifique résidence des rois de Perse. Nous l'avons trouvé mutilé, et les terres entraînées des sommets de la montagne au pied de laquelle il se trouve, l'ont envahi et se sont amoncelées à plus d'un mètre de hauteur. Néanmoins ses bas-reliefs se sont assez bien conservés dans leurs parties supérieures, et nous les avons complétés au moyen de fouilles faites à la base.

Ce monument se composait de deux parties distinctes, une grande salle carrée, en avant; du côté du nord, un large portique. Pour donner plus de grandeur à ce portique, on avait placé, de chaque côté, un taureau colossal. Ces deux taureaux avançaient de près des deux tiers de leur longueur, c'est-à-dire de près de quatre mètres, sur le premier rang des colonnes qui supportaient le fronton. Cette saillie avait l'avantage de détacher et de laisser apercevoir presque tout entières ces grandes sculptures qui ajoutaient ainsi à la l'effet de la façade qu'ornaient en outre seize grandes colonnes à chapiteaux formés par de doubles corps de taureaux.

De ce portique on pénétrait à l'intérieur par deux portes à large baie. On y avait également accès par trois autres faces, sur chacune desquelles étaient deux autres portes. Il y en avait ainsi huit en tout. Ce sont leurs jambages qui, avec les blocs évidés en forme de niches et placés dans le même alignement, indiquent seuls la place et la disposition de l'édifice; ce sont encore ces jambages qui attestent aujourd'hui la richesse et indiquent le caractère de l'ornementation de ce monument. Tous, sans exception, sont couverts de bas-reliefs où l'on retrouve le lion, le griffon, le taureau, et cet autre monstre sans nom, vaincus par un personnage allégorique que nous avons déjà vu, comme un dieu lare, au seuil de tous ces palais. Le roi est représenté là dans toute sa majesté. Pour rendre son effigie plus imposante, on a environné son trône d'un plus grand nombre de gardes et de tributaires. Aucun des autres édifices de Persépolis ne peut rivaliser avec celui-ci pour la beauté de ses tableaux sculptés. Ne serait-ce pas dans cette belle salle, en face de ces pompeuses images d'un roi de Perse, de Xercès peut-être, qu'Alexandre se laissa entraîner par le délire de l'ivresse jusqu'à incendier et détruire tout ce que l'art de ces temps antiques avait créé de magnificence pour la demeure du vainqueur de la Grèce?

Le vaste espace compris entre les quatre murs de cette salle et l'absence de toute trace indicatrice de divisions faites par des murs de refend, nous ont conduits à penser qu'il avait dû y avoir des colonnes. En effet, à deux mètres de profondeur, nous en trouvâmes les bases, et nous acquîmes la certitude qu'il y avait eu cent colonnes sur dix de front dans les deux sens. Elles étaient cannelées et se terminaient par des corps d'animaux.

Les quatre portes qui s'ouvrent sur les faces est et ouest sont consacrées à la représentation de ce personnage à figure humaine, doué d'une puissance surnaturelle, qui combat un taureau, un lion, un griffon et un autre animal participant de ces deux derniers. Deux de ces sujets ont été décrits précédemment; celui où figure le griffon n'a été qu'entrevu. Dans ce duel symbolique, le monstre a une tête d'aigle avec une espèce de crête qui couvre le cou et s'étend jusque sur le sommet de la tête où elle forme comme un long bouquet de plumes par lequel son adversaire le saisit. Ce cou emplumé se relie, sur les épaules, à de grandes ailes qui couvrent le corps. Cet animal fantastique réunit en lui les deux natures du quadrupède et de l'oiseau. La première est indéterminée et participe de deux espèces différentes : ainsi la tête de ce monstre est surmontée d'oreilles semblables à celles du cheval; puis, ses ailes d'oiseau laissent paraître d'énormes pattes armées de puissantes griffes, dont l'une repousse vigoureusement son ennemi, et l'autre serre fortement son bras. Cette partie du corps, où se reconnaît la nature du lion, se prolonge vers les pattes de derrière. Là, le genre ornitique reparaît dans les serres d'aigle, attachées aux cuisses du lion, et dans la queue d'oiseau qui remplace celle du quadrupède. Cette sculpture est, comme on voit, très-étrange. Rien de bizarre comme cet assemblage de parties du corps empruntées à plusieurs animaux. Aussi faut-il voir dans ces images, toutes de convention, quelque chose de symbolique, de mystique, qui explique la tranquillité de ces scènes où tous les efforts du vaincu semblent impuissants à émouvoir le vainqueur.

Nous avons déjà rencontré, sans le décrire, le bas-relief qui représente le même duel, dans lequel figure un lion qui se défend sous l'étreinte irrésistible et le poignard de l'homme-dieu. Non-seulement le type naturel du lion a été fidèlement retracé, mais encore le sculpteur a déployé dans l'exécution de cette figure un talent véritable. Compris simplement et avec grandeur dans son ensemble, ce lion est rendu avec une vérité, une entente de la nature vraiment admirable. Son attitude est d'ailleurs la même que celle de tous ces animaux, et le lion vaincu est aussi calme que son antagoniste.

Les portes principales sont celles qui ouvrent sur le portique, et les bas-reliefs qui en ornent les embrasures surpassent les autres en étendue et en richesse de composition; les deux portes de la quatrième face, vis-à-vis des précédentes, ont des bas-reliefs analogues, par le sujet, à ceux des portes principales. On pourrait à toutes quatre leur donner le nom de portes royales ; en effet, les unes et les autres de ces sculptures représentent le roi sur son trône, mais avec des variantes qui distinguent la face du sud de la face du nord ; ainsi, sur les premières, le souverain a ses sujets de toutes races à ses pieds, tandis que les secondes le représentent environné de ses familiers et de ses gardes. Cette dernière idée a fourni, sans contredit, l'un des plus curieux et des plus beaux morceaux de la sculpture antique ; ce bas-relief est divisé horizontalement en six champs séparés les uns des autres par des bandes de rosaces qui, dans les deux sens de la hauteur et de la largeur, forment des cadres contenant les diverses parties de ce grand tableau. Dans les cinq cadres inférieurs, sont rangés des gardes armés de lances, de carquois ou de boucliers, semblables à ceux que nous avons déjà vus répétés si souvent : il y en a dix à chaque rang. Au-dessus de ces cinquante gardes, qui semblent veiller à la sûreté du roi dans son palais, est un tableau qui le représente sur son trône, placé sous un dais, dans le costume que nous lui connaissons, et tenant sa canne avec sa fleur ; le trône ou *takht* (mot persan qui désigne le siége royal, d'où dérive le nom moderne donné à ces monuments), le trône, dis-je, consiste dans un siége dont la forme est celle d'une chaise avec un dossier, un peu élevée, car les pieds du roi ne pourraient toucher à terre et posent sur un tabouret. Ce trône est un des objets les plus intéressants que l'on retrouve sur les bas-reliefs de Takht-i-Djemchid ; et, tout en tenant compte de ce qu'avait d'exceptionnel le trône du *Roi des rois*, on n'en a pas moins, par la grâce de ses formes, la preuve d'un goût et d'un art déjà très-développés à cette époque reculée de la civilisation humaine. Ce siége a de plus une analogie frappante avec ceux des bas-reliefs de Ninive (10) : ce rapprochement a une importance archéologique, et l'on pourrait en induire que les Perses ont été, en quelques-uns de leurs usages, les imitateurs des Assyriens ; peut-être même ne s'éloignerait-on pas de la vérité en pensant que les Mèdes ou Perses, ayant mis Ninive à sac, en ont emporté le trône pour leurs propres souverains.

Derrière le monarque, dont la taille dépasse de beaucoup celle des autres personnages, un serviteur agite un chasse-mouches au-dessus de la tête royale ; après lui vient un officier dont le costume indique un archer ; il semble porter les armes du roi : dans sa main droite il tient une petite hache ou masse d'armes, et, sur son épaule gauche, il supporte un arc au moyen d'une tige fourchue à laquelle on ne peut attribuer d'autre usage que celui de servir de point d'appui au bras, afin d'assurer le tir. Devant le souverain se présente un personnage également en tunique courte et avec une canne ; il lève la main droite et paraît adresser la parole au roi. En dehors, et de chaque côté du dais sous lequel est le trône, sont deux autres figures : l'une représente un garde, l'autre un serviteur qui porte un vase. Le dais royal est figuré par deux montants qui soutiennent un baldaquin à coins retombant aux angles et terminé par une frange en filet, avec une bordure de glands ; au-dessus de cette frange sont trois petites bandes de rosaces. Dans les intervalles qui les séparent sont deux petits champs superposés au milieu desquels plane le *mihr*, sous la forme simplifiée de l'anneau attaché seulement à des ailes et à une queue d'oiseau. De chaque côté du *mihr* sont cinq animaux symboliques ;

dans le champ supérieur, l'animal représenté ainsi dix fois est un taureau; au-dessus, c'est un lion.

Sur les quatre bas-reliefs qui complètent l'ornementation des portes de ce palais, il en est deux dont le sujet est identique. Ainsi la partie supérieure est consacrée à la représentation du roi assis sous un dais; quant à la partie inférieure, elle représente des individus soutenant le trône et figurant les divers peuples ou tribus entre lesquels l'empire de Perse était alors fractionné. Cette idée est rendue au moyen de trois rangs de figures superposées, parmi lesquelles se distinguent, soit par leur costume, soit par le caractère de leur visage, des Assyriens, des Mèdes, des Scythes ou des Nègres. En observant avec soin les types variés de ces personnages, autant du moins que la mutilation de la sculpture le permet, on reste convaincu que le sculpteur a voulu représenter non-seulement les nations ou tribus, parties intégrantes de l'empire de Perse, mais encore celles qui, vaincues par les conquérants de la dynastie achéménide, sont devenues accidentellement leurs tributaires.

Dans la partie septentrionale du plateau qui sert d'assiette commune à tous ces monuments, on voit encore un grand nombre de fragments dégrossis, préparés pour la taille du ciseau, ou même simplement coupés dans les blocs inhérents au sol même. Ils sont sans intérêt, mais ils prouvent que la dernière main n'avait pas été mise à ces immenses travaux, quand le pillage et l'incendie sont venus en interrompre le cours.

J'ai décrit les divers édifices qui composent l'admirable ensemble connu en Perse sous le nom de *Takht-i-Djemchid*. J'ai dit que, dans cette demeure des rois de Perse, les appartements secrets se reconnaissaient encore à côté des salles d'apparat où ces princes étalaient la pompe de leur royauté fastueuse. Les fondateurs de cet immense palais n'avaient pas pensé seulement au séjour qu'ils auraient à y faire durant leur vie; ils avaient encore songé à s'y préparer une sépulture digne de leur grandeur et en harmonie avec les lieux qu'ils avaient habités. Cette idée d'élever des monuments funéraires somptueux et durables est commune à presque tous les peuples; mais en aucun pays, elle n'a été réalisée dans des conditions semblabes à celles des tombes royales de Persépolis. Généralement les sépultures sont éloignées ou du moins placées en dehors de l'enceinte des lieux qu'habitaient les vivants. C'est ainsi que les pyramides ou les cavernes sépulcrales de l'Égypte furent élevées au milieu des plaines sablonneuses d'Alexandrie, ou creusées dans les montagnes solitaires de la chaîne libyque. Les hypogées des princes achéménides, au contraire, faisaient en quelque sorte partie de leurs demeures, et mêlaient la sévère ordonnance de leur ornementation funèbre à la richesse et à l'éclat de ces palais où la puissance des souverains de Perse avait déployé tant d'art et de luxe.

Deux tombes semblables avaient été disposées sur la pente de la montagne qui forme l'enceinte du palais à l'est. Elles étaient creusées dans la roche vive, aucune pièce rapportée ne figurait dans leur façade ornée de lignes architecturales et de bas-reliefs : c'était le rocher même qui avait été taillé et avait fourni, sans déplacement aucun, tous les matériaux nécessaires à l'édification et à l'ornementation de ces monuments.

Selon l'usage antique, et d'après la coutume particulière aux Perses, il est probable que si ces sépulcres n'étaient pas précisément inaccessibles, ils n'étaient cependant pas mis d'une manière ostensible en communication avec les palais. Aucun escalier n'y conduisait, et quoiqu'on aperçût çà et là les traces d'un sentier qui avait été pratiqué dans le roc, il fallait, pour atteindre ces tombes, escalader les rochers au moyen de leurs aspérités et de leurs angles naturels. On arrivait ainsi à une plate-forme, en partie formée par le rocher taillé, en partie disposée artificiellement sur cinq murs en retraite formant soubassement, et construits avec des blocs équarris et posés les uns sur les autres sans ciment. A l'extrémité de cette terrasse était le tombeau auquel elle servait pour ainsi dire de socle.

Le rocher, je l'ai dit, avait été habilement taillé et ménagé. Il présentait l'aspect d'une construction architecturale qui participait du genre adopté généralement pour les palais de Persépolis. La façade offre à la base un portique simulé par quatre colonnes engagées ; leurs chapiteaux sont formés de deux corps adossés de taureaux dont les fronts cornus supportent une corniche à denticules. Au-dessus règne une frise dans laquelle sont sculptés dix-huit lions, rangés par neuf de chaque côté, en ordre inverse et séparés par une espèce de fleur de lotus qui est au centre. Au-dessus de cet entablement, la façade se rétrécit, et, dans un cadre compris entre deux parties saillantes du rocher, se trouve un grand bas-relief dont le sujet paraît essentiellement religieux. A la partie supérieure est le *mihr*, qui semble présider à un acte du culte du feu, accompli par un personnage dans lequel j'ai cru reconnaître le roi. Ce personnage est debout, monté sur trois degrés. Il tient un arc de la main gauche, et il étend la droite, en signe de serment ou d'adoration, vers un autel sur lequel est représentée la flamme sacrée. Cette scène semble avoir pour motif la consécration de la foi ignicole par le souverain dont la dépouille mortelle a été déposée dans ce caveau.

Cette première partie du bas-relief est placée sur une espèce de table ornée d'une rangée d'oves, et terminée, aux deux bouts, par le double corps de ce monstre bizarre dont j'ai eu déjà occasion de parler, et qui réunit la nature du lion à celle de l'aigle. Quatorze figures, sur deux rangs, de physionomies et de costumes différents, semblent supporter cette espèce d'estrade. D'autres figures sont placées de chaque côté; parmi elles, il y en a dont le geste et l'attitude semblent indiquer qu'elles pleurent. Telle est la disposition intérieure de ce caveau funéraire où se retrouve, on le voit, le système d'ornementation commun à tous les palais de *Takht-i-Djemchid*.

Mes recherches dans les hypogées de Persépolis furent troublées par un incident qui mérite d'être raconté. J'aperçus, gravissant le sentier qui y conduisait, deux individus dont le costume me parut de loin différent de celui des Persans : c'étaient deux vieillards de petite taille, mais robustes et à l'œil vif. Au lieu du bonnet de peau d'agneau pointu, ils avaient la tête couverte d'un large turban à bouts pendants sur l'épaule. Leur barbe, au lieu d'être soigneusement teinte d'un beau noir, selon l'usage des Persans, était telle que les années l'avaient rendue, tout à fait blanche Ils échangèrent entre eux quelques mots dans une langue que je n'avais pas encore entendue dans ces contrées; puis ils m'adressèrent la parole en persan. Aux questions que je leur fis, ils répondirent qu'ils étaient des marchands de Yezd, où ils se rendaient après avoir accompli un long voyage qu'ils venaient de faire dans le nord de la Perse; ils ajoutèrent que, comme presque tous les habitants de Yezd, ils étaient de religion guèbre; qu'ignicoles, comme Djemchid, le grand roi qui avait élevé les palais de Persépolis, ils n'avaient pas voulu passer auprès de ces ruines sans venir y faire une pieuse visite.— A peine avaient-ils achevé, qu'ils se mirent à ramasser du menu bois et des herbes sèches, en formèrent une espèce de petit bûcher sur le bord de l'escarpement du rocher où nous nous trouvions, et l'allumèrent en murmurant des prières dans la même langue que je les avais entendus parler à leur arrivée; ce devait être du *zend*, la langue de *Zoroastre* et du *Zendavesta*, celle dont les caractères étaient gravés sur les murs de Persépolis.

Pendant que ces deux Guèbres priaient devant leur feu, je levai les yeux sur le bas-relief supérieur de la façade du caveau funéraire devant lequel nous étions. La scène qu'il représentait était exactement semblable. Ce culte avait donc encore, après plus de deux mille ans, des adeptes dont la foi s'était conservée malgré les persécutions des sectateurs de Mahomet et d'Ali. Longtemps après le départ des deux Guèbres, le petit bûcher brûlait encore, et sa fumée légère montait, en colonne bleuâtre, vers le ciel. Je me sentis sous l'influence d'une impression religieuse, en me retrouvant seul à côté de ces cendres invoquées qui avaient reçu l'hommage de deux vieillards prosternés devant elles; la fumée du sacrifice s'élevait lentement au-dessus des rochers sauvages qui dominaient la plaine silencieuse, couverte de ruines au milieu desquelles étaient encore les débris des antiques autels du feu.

L'intérieur du tombeau était d'une simplicité qui contrastait avec le dehors, et, semblable à celui des tombes de Nakch-i-Roustâm. On y pénétrait par une porte placée entre les deux colonnes du centre de la façade : cette porte ne s'ouvrait pas dans toute sa hauteur; seulement, il y avait, à sa partie inférieure, un passage qui était probablement muré après l'introduction du dépôt sacré confié à ce caveau sépulcral. La chambre souterraine du tombeau se divise en deux compartiments qui, bien que distincts par leurs voûtes d'inégale hauteur et qui s'entrecoupent, n'en constituent pas moins cependant, à vrai dire, un caveau unique; au centre est un sarcophage taillé et creusé dans le roc, ainsi que toutes les autres parties de ce monument.

En suivant la pente de la montagne, dans la direction du sud, on rencontre un autre sentier et même quelques marches encore apparentes sur le rocher; ces degrés mènent à une seconde tombe, qui se trouve un peu plus éloignée du palais que l'autre, et qui est située un peu plus haut sur le flanc de la montagne; extérieurement, elle est semblable à la première, et en dedans il y a six sépulcres.

Au pied du mur qui soutient la grande terrasse de *Takht-i-Djemchid*, du côté du sud, on voit un grand nombre de débris ayant appartenu à des fûts ou à des bases et à des chapiteaux de colonnes. On y découvre un canal construit pour les eaux et un puits ou réservoir desséché. Dans un ravin qui tourne au nord-est du côté du plateau du palais, on trouve, isolée et sans liaison aucune avec d'autres constructions, une porte semblable à celles que j'ai décrites. Les jambages portent deux bas-reliefs mutilés et méconnaissables. Autour de ces ruines, et dans toutes les directions, la montagne conserve les traces des travaux immenses et pénibles qu'il a fallu y exécuter pour en extraire les matériaux qui ont été employés à la construction de tous ces monuments. Par les fûts de colonnes ou les chapiteaux que l'on y trouve ébauchés, on a la preuve que ces diverses pièces d'architecture étaient menées à un degré très-avancé d'exécution dans les carrières d'où on les extrayait avant de les transporter sur l'emplacement désigné.

Un jour, étonné de voir la route couverte de cavaliers, je fus prévenu par des goulâms, qui avaient le verbe haut et les manières hardies, que le gouverneur de la province de Fars allait venir visiter les ruines. C'était un Châh-Zadêh, un frère du roi, Ferrhâd-Mirza, qui avait été récemment nommé à la résidence de Chiraz. Il voulait, en passant, visiter les lieux habités autrefois par les princes ses prédécesseurs de vingt siècles.

J'avais vu le Châh-Zadêh à Téhérân, j'avais même été chargé par l'ambassadeur de lui remettre quelques présents; j'allai au-devant de lui, et nous eûmes bientôt renouvelé connaissance. Je lui fis les honneurs de ces ruines, en lui donnant l'explication de chaque chose. Le prince me parut aussi lettré que peut l'être un Persan. Il n'ignorait aucune des particularités fabuleuses du règne de Djemchid, tel qu'il est raconté par les historiens ou plutôt par les conteurs persans. Il donnait à la plupart des bas-reliefs une explication qu'en sa qualité de bon musulman, il entremêlait de réprobations à l'adresse de la religion guèbre dont il disait qu'on retrouvait là *les traces diaboliques*.

Ferrhâd-Mirza s'intéressa à nos travaux, parcourut avec attention nos portefeuilles, et nous exprima son contentement très-approbatif en répétant : *Khoûb*, *khaïli-khoûb*, c'est beau, c'est bien, très-beau! Nous lui offrîmes quelques rafraîchissements, et il remonta à cheval en nous invitant gracieusement à aller le voir à Chiraz. Il redescendit le grand escalier, et pendant longtemps nous pûmes suivre des yeux sa nombreuse escorte chevauchant sans ordre dans la plaine.

Dans la même journée nous eûmes une autre distraction; c'était un mariage chez les nomades qui campaient près de nous. Ils avaient planté leurs tentes dans un retour de la montagne et sur la limite des ruines antiques. Cette solennité de famille répandait alors la joie sur ces tentes noires, et les Iliâts se livraient à la gaieté la plus expansive. En notre qualité de chrétiens, le partage de leurs plaisirs nous était interdit, mais le son cadencé et monotone de leurs tambourins arrivait jusqu'à nous. Nous les entendions depuis deux jours, sans que la nuit même y vînt apporter la moindre interruption. Cette musique incessante était l'accompagnement obligé des préliminaires de la cérémonie dont l'heure était arrivée. Nous vîmes passer la mariée que l'on conduisait, en pompe, au village prochain pour prendre le bain. Le cortége passant au milieu des ruines, produisait un effet tout à fait original, au travers des colonnes et des sculptures de toute espèce. Le marié marchait en tête; il frappait toujours de la même façon sur son tambourin, et semblait vouloir exprimer sa satisfaction par l'énergie et la vivacité de ses mouvements. Derrière lui, son père, soufflant dans une flûte faite d'un bout de roseau, en tirait des sons discordants à faire fuir. Après eux, la fiancée complétement voilée, montée sur un âne pompeusement couvert d'oripeaux en guenilles, marchait entre sa mère et celle de son futur. Autour d'elles sautaient et tournaient, en agitant leurs voiles, plusieurs femmes qui devaient assister à la toilette de noce.

Ces Iliâts étaient ceux qui nous approvisionnaient en beurre, poules, œufs, pain, etc, etc; nous étions avec eux dans les meilleurs termes, et nous n'avions qu'à nous en louer. Je tenais à leur être agréable; aussi, profitant de l'occasion, j'avais, le matin même, envoyé un cadeau à la nouvelle épouse; j'avais ajouté à la corbeille du mari, un voile de crêpe rouge semé de paillettes d'or. Ressoulbek, qui fit la commission, me dit qu'il n'était sorte de folies que la mariée n'eût faites, en recevant mon pichkèch; et, quoiqu'il fût offert par un *guiaour*, elle s'en était enveloppée de suite la tête, en manifestant toute sa joie par la fureur et la précipitation de sa danse.

Quelques mots sur la construction des monuments de Persépolis compléteront l'examen détaillé des élégantes et riches sculptures qui en couvrent les murs. Le même système a été suivi pour l'édification de tous ces palais. De grandes assises, d'une pierre très-dure, parfaitement appareillées, en forment les parties principales, telles que portes, fenêtres ou niches. Les massifs intermédiaires, assis sur une base solide et restée en place, étaient sans doute construits avec des matériaux plus petits, plus facilement destructibles, en pisé ou en briques. C'est du moins ce qu'on peut induire de la disparition totale de ces massifs. C'est à la solidité des blocs dont se composent les ouvertures que l'on doit de retrouver les innombrables bas-reliefs qui font aujourd'hui l'admiration des voyageurs. L'heureux mélange de la sculpture et de l'architecture est un des traits caractéristiques de ces monuments. Ainsi, on les a mariés si habilement que l'on ne saurait les disjoindre, et que pour séparer l'une de l'autre, il faudrait les mutiler toutes deux. On serait presque en droit de dire qu'à Persépolis, l'architecture ne sert que de support, de cadre, en quelque sorte, à la sculpture qui, à son tour, s'est plu à orner et embellir sa rivale. On y voit partout la main du sculpteur. Les murs épais des portiques ou les rampes des escaliers, comme les jambages des portes, lui ont fourni de grandes assises de pierre d'un beau poli, sur lesquelles il a pu exécuter les colosses des portiques ou ces élégantes figures qui peupleront encore, pendant des siècles, ces solitudes où l'antiquaire ira évoquer les grandes ombres des Perses de Xercès, et rendre hommage aux combattants que la fortune trahit à Arbelles.

Deux idées semblent avoir présidé à l'exécution de tous ces reliefs : celle de la force, de la puissance, qui étonnent et commandent le respect, représentée par les colosses qui gardent les entrées de ces palais ; puis, celle de l'élégance, de la pompe et de la majesté royale, qu'on retrouve dans tous ces tableaux où figurent le roi, ses officiers ou ses sujets de toutes castes, de toutes nations. Ces deux idées ont été également bien rendues : la première, par les proportions gigantesques et les formes vigoureuses des taureaux sculptés presque en ronde-bosse ; la seconde, par la suavité et la délicatesse d'exécution de tous les personnages qui, dans des proportions plus petites, décorent les intérieurs de tous ces palais ou les perrons par lesquels on y arrive.

Quelle que soit l'échelle sur laquelle ces sculptures ont été exécutées, on ne saurait dire qu'elles dénotent un art perfectionné et une science plastique avancée. Le ciseau, en effet, ne s'y montre pas savant : il a, au contraire, toute la naïveté d'une main jeune et peu expérimentée; mais, en revanche, il possède les qualités de cette inexpérience, et, à part les proportions qui ne sont pas toujours d'une exactitude rigoureuse, il a dans l'observation et la copie de la nature, une grande simplicité d'ensemble unie à une certaine recherche de détails qui impriment aux créations du sculpteur un cachet de vérité et d'originalité plein de charmes.

L'un des plus graves défauts que l'on soit en droit de relever dans ces sculptures, c'est le manque de mouvement, la raideur ; mais il ne faut pas perdre de vue que tous ces tableaux ont pour objet de représenter des mystères de la religion, ou des scènes dans lesquelles la majesté royale doit ressortir sur les accessoires qui l'entourent. Or, la placidité, la froideur même, conviennent également aux symboles mystiques du culte ou aux solennités de la puissance royale; de plus, il ne faut pas oublier que ces bas-reliefs sont la représentation des coutumes, des mœurs d'une nation asiatique dont le caractère dominant est précisément un grand calme et une sévérité tout extérieure. De tout temps, et dans toutes les classes, les peuples d'Orient ont affecté une dignité froide et compassée dans leur maintien, qui explique ce qui nous paraît choquant dans le manque d'animation et de vie qu'un Européen croirait pouvoir reprocher à ces sculptures. A part ces critiques, que je ne repousse pas entièrement, il faut rendre aux sculpteurs qui ont exécuté ces monuments cette justice, qu'ils y ont apporté une précision de dessin et de ciseau qui permet de faire entrer ces bas-reliefs en comparaison, pour la pureté des contours, avec les camées antiques les plus délicats.

Mes réserves étant faites sur les imperfections réelles de

l'art persan, on peut dire que les monuments de *Takht-i-Djemchid* sont, parmi ceux du vieux monde, les plus étonnants et les plus admirables que le voyageur puisse rencontrer, car, il faut bien le reconnaître et l'admettre, rien dans ces palais des princes achéménides, n'est sauvage ou barbare; tout, au contraire, y décèle une ère de civilisation où les arts avaient déjà fait un grand pas. Pour étonner les yeux, ce n'est point à des moyens grossiers que les sculpteurs persans ont eu recours; ils n'ont pas, comme ceux de l'Inde ou de l'Égypte, inventé des formes bizarres et effrayantes; ils n'ont pas tiré adroitement parti d'accidents naturels pour aider leur ciseau impuissant à créer. Non! à Persépolis, tout est art, tout est élégance; et si l'habileté des temps modernes n'y a pas produit de chefs-d'œuvre incontestables, du moins les compositions des artistes perses se distinguent toujours par le goût, l'originalité et la richesse.

Nous touchions au terme de nos travaux, quand le temps, qui s'était presque invariablement maintenu beau et chaud, changea brusquement. Les sommets des montagnes lointaines s'étaient couverts de neige, et le froid commençait à se faire sentir, même dans la plaine : c'était le 7 décembre, il y avait deux mois que nous étions arrivés sur le plateau de Takht-i-Djemchid, et que nous y vivions sous la tente.

Nous ne voulions pas quitter Persépolis sans y laisser un souvenir de notre passage. Puisque tant de voyageurs obscurs avaient inscrit leurs noms sur ces monuments antiques, il nous était sans doute permis, à nous, explorateurs sérieux, envoyés par le gouvernement de France, investis de la confiance et du mandat de l'Institut de ce pays, de montrer aussi aux visiteurs à venir une épigraphe qui consacrât notre venue, notre séjour et l'importance de nos travaux à Takht-i-Djemchid. Je choisis pour cela l'un des piliers les plus élevés et les plus solides, et, à l'aide d'une échelle, j'y inscrivis, aussi haut que possible, en grands caractères, nos noms, nos qualités, la nature et l'origine de notre mandat, l'étendue de nos découvertes, de nos travaux, et la durée de notre séjour.

CHAPITRE XL.

Départ de Persépolis. — Zergoùn. — Arrivée à Chiraz. — Bâgh-Nô. — Ferrhâd-Mirza. — Monuments de Chiraz. — Tombeaux de Saadi et d'Hafiz. — Tour des Mamacenis. — Takht-Màder-i-Suleïmân. — Bas-reliefs. — El-Beguy. — Incendie d'une mosquée. — Départ de Chiraz.

Le 8 décembre, vers le milieu du jour, après avoir salué une dernière fois les vénérables ruines de Persépolis, nous quittâmes ces lieux où nous venions de passer six semaines dans les travaux les plus assidus. En descendant de la plate-forme du palais, nous nous dirigeâmes à l'ouest, pour gagner la route qui mène à Chiraz. Elle n'était pas éloignée. Quand nous l'eûmes rencontrée, notre direction obliqua au sud, et nous achevâmes de traverser la grande plaine de Merdâcht. Elle devenait de plus en plus marécageuse; du milieu des joncs qui la couvraient sortirent des troupes d'oiseaux aquatiques et quelques sangliers qui, au bruit de nos pas, abandonnèrent leur bauge. Nous avions à notre droite le *Poulbar* ou *Sivend-roûd* qui allait porter ses eaux à la rivière qu'on appelait autrefois le *Petit Araxe*, mais qui n'est plus connue aujourd'hui que sous le nom de *Bend-Amir*, à cause d'un *bend* ou *barrage* exécuté pour élever ses eaux afin de les répandre dans les terres. Nous traversâmes ce cours d'eau sur un pont de trois arches, nommé *Poul-Khân*, à quelques pas en aval du confluent des deux rivières, et à la pointe d'une petite chaîne de montagne qui s'élevait à l'ouest.

Le *Bend-Amir* a passé longtemps pour un fleuve, et il était, je ne sais comment, réputé se jeter dans le golfe Persique. Il n'en est rien. Sorti des montagnes du Lôristân, son parcours a des limites peu étendues; il coule dans la direction du sud-ouest, et, à quelques *farsaks* de *Poul-Khân*, il se trouve arrêté par des montagnes au pied desquelles il forme un grand lac d'où il ne paraît pas sortir. Ces eaux, en devenant stagnantes, se saturent de sel, et, comme toutes celles de Perse qui sont dans les mêmes conditions, elles cessent l'être potables.

Après avoir franchi le pont, nous entrâmes dans une seconde plaine moins étendue que celle que nous quittions; elle était entourée d'un cercle de montagnes, et formait comme un bassin où, à en juger par les profonds et larges marais que nous y traversâmes, les pluies et les neiges fondues se précipitent sans trouver d'issue. Sur notre gauche surtout, le sol décliné jusqu'à la base des rochers était caché par de grands étangs et par de hautes herbes, qui servaient de refuge à des troupes innombrables d'oies sauvages, de canards ou d'échassiers de toute espèce.

A une époque où le gouvernement persan avait quelque sollicitude pour les voies de communication, il avait été, au travers de ces marécages, établi une chaussée en pierre qui permettait, en toute saison, de franchir facilement ce passage. Mais dans quel état la trouvâmes-nous! Effondrée, submergée, de longues ruptures forment des intervalles entre ses parties solides; et celles-ci, semées de trous profonds, présentent aux pieds des chevaux des difficultés qui ne sont point sans danger. Telle est cette route. Et cependant il est évident, à voir l'état du sol dans cette saison, après les longs mois sans pluie, après les chaleurs de l'été, qu'au printemps et en hiver elle doit être impraticable. Nous avions, en certains endroits, les plus grandes peines à nous en tirer. Qu'est-ce, à l'époque des pluies et de la fonte des neiges? C'était un exemple de plus de l'insouciance coupable du gouvernement de la Perse, qui ne fait rien, ne répare rien, et ne se préoccupe que de lever des impôts sur des populations misérables, sans s'occuper des moyens de les leur rendre moins lourds en aidant aux transactions commerciales, aux affaires de tout genre, par la facilité des moyens de transport. On ignore complétement en Perse ces lois élémentaires de l'économie politique, qui consistent à entretenir la production et le rendement de l'industrie nationale. On puise incessamment dans la fortune publique comme dans une source intarissable, sans s'inquiéter si elle ne viendra pas à se dessécher; l'incurie est telle, que l'abaissement de son niveau n'est même pas un avertissement.

Il y avait quatre à cinq heures que nous avions quitté Persépolis quand nous aperçûmes les maisons de *Zergoûn*. C'est un bourg par le nombre apparent de ses maisons et l'étendue qu'elles occupent. Mais il est tellement dépeuplé et misérable, les habitations sont tombées dans un état de ruine tel que c'est tout au plus un pauvre hameau. Par les alentours, par les anciens travaux qui formaient son enceinte, par des tombeaux et quelques ouvrages hydrauliques que l'on y voit encore, on doit croire que son importance a été tout autre, et que ce village est bien déchu. Dans une situation favorable, à la base de montagnes qui l'abritent des vents du nord, Zergoûn voyait s'étendre au midi une plaine fertile. Cette localité porte encore les traces d'une aisance perdue. L'établissement de plusieurs familles juives y avait créé une industrie active dont le vin était une des branches les plus renommées et les plus lucratives. On n'y retrouve plus que vingt maisons de cette religion et dans l'état de misère le plus déplorable ; il ne s'y fait plus de vin, et l'on n'y voit même plus de vignes.

En entrant dans Zergoûn nous eussions cru entrer dans un village désert, abandonné. Deux ou trois individus seulement, à figure hâve et décharnée, couverts de haillons et marchant d'un pas languissant, nous étaient apparus comme des spectres glissant lentement au milieu des décombres terreux des maisons en ruines. On nous logea dans une grande masure sans portes ni fenêtres. Partout, dans la cour, dans l'escalier, dans les chambres, nous trébuchions sur des fragments de briques et de plâtras. On nous dit que c'était la maison des étrangers ou *Meï-mân-Khânèh*. Elle résumait tristement les ressources hospitalières de l'endroit. En harmonie parfaite avec la misère qui l'entourait, c'est tout au plus si elle pouvait offrir seulement un abri suffisant pour la saison. Nous nous y arrangeâmes le mieux que nous pûmes pour y passer la nuit, mais ce ne fut qu'à grand' peine que nous parvînmes à nous y garantir du vent, auquel rien ne faisait obstacle. Un mauvais gîte a pour le voyageur l'avantage de le rendre matinal.

Rien de confortable ne pouvant nous retenir entre les murs délabrés de celui que nous avions trouvé à Zergoûn, nous en partîmes de grand matin, afin d'être de bonne heure à *Chiraz* dont nous n'étions éloignés que de cinq heures.

Nous traversâmes un pays montagneux et dépourvu d'intérêt. A peu près à mi-chemin, nous fîmes une courte halte en un lieu dont le nom est *Kalâat-Pouchân*, ce qui signifie *lieu où se revêt le kalâat* ou *habit d'honneur*. Ce vêtement consiste ordinairement en une pelisse fourrée ou un manteau que le roi envoie comme cadeau à un gouverneur. Il est d'usage que celui-ci sorte de la ville où il fait sa résidence pour aller au-devant du personnage chargé de lui remettre le présent royal. Le *Kalâat-Pouchân* dont il est ici question est celui où, dans une circonstance semblable, s'arrête le beglier-bey de Chiraz. Toutes les grandes villes ont ainsi leur *Kalâat-Pouchân*. On choisit ce lieu de rendez-vous, autant que le pays le comporte, dans un endroit où il y a une habitation convenable, de la verdure et de l'eau. Celui qui précède Chiraz n'a rien de séduisant. Il s'y trouve une assez mauvaise maison, quelques arbres rabougris et une petite fontaine. Le pays environnant est d'un aspect monotone et sauvage. Certes, il faut tout l'appât d'un présent du Châh pour y attirer le gouverneur de la province. Nous y vîmes un poste de quelques hommes armés qui sont là pour surveiller la route et percevoir les droits de douane sur les caravanes de marchands.

Un peu plus loin, nous entrâmes dans une sorte de vallée haute, où nous commencions à trouver le froid et la neige. Nous n'y vîmes point de village; ce qui nous étonna, car nous pensions que les environs de Chiraz étaient très-peuplés.

Nous y rencontrâmes et suivîmes, le long de ses berges sinueuses, un ruisseau qui s'appelle *Roknâbad;* il descend vers la ville en faisant plusieurs détours, et en se creusant, par des cascades nombreuses, un lit de plus en plus profond, jusqu'à ce qu'il s'écoule paisiblement dans la plaine de Chiraz.

Nous descendions insensiblement et depuis assez longtemps, lorsque, devant nous, la montagne, à droite et à gauche, brusquement coupée à pic, s'ouvrit pour donner passage à la route. On appelle ce défilé *Teng-i-Ali-Akbar*, ou *défilé d'Ali-le-Grand.* Par l'étroite échancrure qu'il présentait, nous aperçûmes une vaste plaine verdoyante, éclairée par un beau soleil; et, au détour d'une roche, les minarets, les coupoles, tous les édifices de Chiraz nous apparurent sur un plan rapproché. A notre gauche était un profond ravin, au fond duquel on entendait le Roknâbad se heurter à tous les rocs. Au-dessus, un ouvrage de maçonnerie reliait les deux versants de cette gorge. Je le pris pour un aqueduc, mais on m'expliqua que c'était un mur solidement construit, et fortement appuyé aux deux versants du ravin qu'il traverse, afin de barrer les eaux qui, à la fonte des neiges, descendent de tous côtés en si grande affluence et avec une telle impétuosité, que leur irruption dans la plaine serait un danger. Cette digue a donc pour objet de les contenir et de leur donner le temps de s'écouler en suivant le lit du Roknâbad qu'elles parcourent jusqu'au grand lac qui leur sert de réservoir, au sud-est de Chiraz.

Nous continuions à descendre rapidement. Quand nous fûmes au bas de la chaîne que nous venions de traverser, une large et belle route plane s'ouvrit devant nous. Elle était bordée de jardins, de maisons ou d'imâm-zadèhs. Au bout de cette espèce d'avenue se voyait une des portes de la ville. Nous n'en étions plus qu'à quelques pas lorsque nous fûmes arrêtés par des *tüffekdjis* de garde, qui voulurent nous faire payer un droit de passage et de douane pour nos bagages. Nous leur demandâmes s'ils se moquaient de nous, et depuis quand les *Frenguis*, les *balioz*, payaient un droit quelconque de circulation dans les États du Châh, surtout quand ils étaient munis de firmans revêtus de son sceau. Ils balbutièrent quelques mots et voulurent néanmoins insister. C'était une ruse pour se faire donner un *pichkèch*. Mais ils s'y étaient mal pris; ils avaient voulu exercer un droit, nous leur refusâmes un cadeau.

Nous entrâmes à Chiraz par une porte ouvrant sur la vaste galerie d'un bazar bien construit, très-large, l'un des plus beaux, je pourrais même dire le plus beau que nous eussions encore vu en Perse. Il avait été construit par les ordres de *Kerim-Khân*, prince *zend* qui s'était emparé de l'autorité au commencement du XVIIIe siècle, et l'exerça longtemps, non pas sous le titre de Châh, mais avec celui plus modeste de *Vékil* ou régent. Nous traversâmes quelques autres rues marchandes, beaucoup moins spacieuses, qui contribuèrent à nous donner de Chiraz une moins bonne opinion que celle que nous avions conçue d'abord. Après mille détours, nous arrivâmes dans le quartier chrétien. Nous avions plusieurs lettres de recommandation, entre autres une pour un des plus riches habitants de Chiraz. Mais il passait pour être un agent très-actif des Anglais dans le *Fars*. Nous étions alors à la fin de l'année 1840. Les événements de Syrie et les dissentiments qui, à propos de la question d'Orient, s'étaient élevés entre la France et l'Angleterre, nous étaient connus. — Nous ne jugeâmes pas à propos d'être les hôtes d'un homme qui, sous une forme quelconque, portait la livrée anglaise. Il y avait, selon nous, une délicatesse de susceptibilité nationale à ne rien demander à quiconque soutenait par un fil le drapeau de la Grande-Bretagne. Nous ne voulûmes donc faire aucun usage de cette lettre, bien que nous dussions y perdre, car on nous avait vanté l'hospitalité à la fois grande, confortable et *politique* qu'exerçait le personnage en question. C'était le gouvernement de la Compagnie des Indes qui pourvoyait à son existence, et il agissait ici, comme partout, de manière à ce que ses agents ne trouvassent aucun avantage à vendre leurs services à d'autres.

Nous résolûmes donc de chercher un gîte plus modeste dans quelque demeure arménienne. — Le général Séminot, que nous avions vu à Ispahan, était à Chiraz. Nous allâmes chez lui et nous le priâmes de nous indiquer dans son voisinage, une maison où l'on voulût bien nous recevoir. Ce ne fut pas long. Tout près de là, il y en avait une où avait été hébergée et où était morte, quelques mois avant, madame de la Marinière, cette pauvre dame française que nous avions trouvée à Téhérân. Venue ici pour s'y faire payer plusieurs *barats* ou *bons du trésor* qu'elle avait reçus pour la pension que lui faisait Mehemet-Châh, elle y avait succombé à la fièvre, qui, chaque année, enlève bon nombre d'habitants à Chiraz. Nous ne pensâmes pas que la succession au logement qu'avait occupé cette dame pût nous être fatale, et nous nous y installâmes sans hésiter. Notre hôte était un jeune Arménien du nom de *Carapet*. Il s'occupait de commerce, principalement de celui du vin qui est fort bon à Chiraz et justement estimé. Nous ne pouvions mieux tomber pour nous dédommager de la privation que nous éprouvions depuis longtemps, n'ayant bu que de l'eau depuis plusieurs mois.

Nous devions séjourner quelques jours à Chiraz; nous avions à y faire quelques recherches archéologiques et à y organiser notre caravane pour exécuter la partie la plus difficile de notre voyage, celle qui consistait à explorer la province de Fars. Le Châh-Zadèh qui était venu visiter les ruines de Persépolis était beglier-bey. Ferrhâd-Mirza, à qui ses vingt ans permettaient d'aspirer à un gouvernement, attendait impatiemment à la cour de Mehemet-Châh, son frère, l'occasion d'en obtenir un, lorsque la fièvre qui décime annuellement la population entraîna au tombeau le gouverneur du Fars. Il fut nommé à sa place, et, depuis un mois à peu près, ce prince était en possession de l'autorité. Le Châh-Zadèh a quelques notions du français et de la géographie européenne, instruction bien rare en Orient, et qu'il doit à cette même madame de la Marinière dont j'ai parlé plusieurs fois. Tenant beaucoup de son frère par sa bonté et son extrême affabilité, Ferrhâd-Mirza lui ressemble encore par l'intérêt bienveillant qu'il témoigne aux Européens.

Lorsque nous arrivâmes à Chiraz, nous crûmes trouver le prince établi dans le palais de l'Ark, résidence habituelle des *begliers-beys*. Mais il n'avait point encore franchi les portes de la ville. Arrêté sur le seuil par un usage impérieux, il attendait avec une résignation vraiment orientale que son astrologue lui eût désigné l'heure favorable pour son entrée.

Il s'était installé provisoirement dans une maison de plaisance, à une demi-heure de la porte qui lui était interdite. C'était là que Ferrhâd-Mirza attendait l'intersection des deux courbes célestes, et l'apparition au zénith de la constellation, qui devaient annoncer le moment où il pourrait sans crainte se présenter à ses nouveaux subordonnés. C'est une classe bien curieuse que celle de ces hommes se posant en devineurs du bon et du mauvais sort, interprètes effrontés du langage des astres, qui, semblables au médecin de Sancho-Pansa, se placent derrière leur maître et lui disent avec une emphase doctorale : « Tu ne feras pas « ceci à présent; tu n'iras pas là à cette heure; parce que « le moment n'est pas propice. » Fripons domestiques qui s'entendent le plus souvent avec les ennemis de celui qui les paie, pour le tromper et entraver ses volontés. Ils tiennent leur empire des préjugés absurdes et de la superstition ridicule de ceux qui les consultent, et abusent de leur bonne foi en enveloppant leur impertinente ignorance de l'obscurité du plus impudent jargon. Dans chaque grande maison, il y a un astrologue comme il y a un médecin, un poëte et un bouffon; les deux premiers, aussi ignorants que les deux autres, sont flatteurs, vivant tous quatre aux dépens de la crédulité et de la vanité de leur maître; guis parasites qui feraient mourir l'arbre où ils ont pris racine plutôt que de s'en détacher.

Dès que Ferrhâd-Mirza eut connaissance de notre arrivée à Chiraz, il me manda à *Bägh-Nô*, c'était le nom de la villa qu'il habitait. Il m'y reçut d'une façon toute bienveillante en me disant les choses les plus aimables sur la complaisance avec laquelle je lui avais montré toutes les antiquités de

Takht-i-Djemchid. Il fit de vives instances pour que j'allasse souvent le voir. Il voulait, disait-il, profiter de mon séjour à Chiraz pour avoir plusieurs dessins dont il avait grande envie. Je pensai que le jeune prince oisif comptait sur moi pour charmer les loisirs de son inaction et les ennuis de la captivité dans laquelle les astres le retenaient.

Bagh-nô est un joli petit palais situé au milieu d'un grand jardin planté de cyprès, d'orangers ou de citronniers, myrtes, grenadiers et autres arbres d'un climat chaud. Leur vert feuillage persistant, éclairé par un doux soleil, en faisait encore, à cette époque avancée de l'année, un séjour fort agréable. Les appartements sont peu somptueux, mais ils sont très-élégants. La salle de réception ou *divan-i-khanèh* s'ouvre sur un magnifique paysage dont la ville, la plaine ou les coteaux forment les divers plans, et dont le fond est dominé par les belles montagnes du sud. Devant les fenêtres est un grand bassin octogone dont les bords, en marbre blanc, contiennent une eau limpide, frais et tranquille miroir où se répète la riche végétation du *Bâgh*.

Le jour suivant, selon le désir manifesté par Ferrhâd-Mirza, je me rendis de nouveau à Bâgh-nô, pour faire son portrait, ainsi qu'une vue qu'il souhaitait de ce palais. J'y étais allé de bonne heure, et mon travail devant m'y retenir une partie de la journée, le prince m'invita à partager son déjeuner que les *pichkctmèts* venaient de servir sur un élégant tapis, à terre, car ici l'on ignore ce que c'est qu'une table. Je fus donc obligé de m'accroupir sur mes talons. Ce repas, fort galant d'ailleurs, se composait de petits plats finement préparés avec de la viande et des aromates, de pilau blanc comme la neige, de confitures de plusieurs sortes ; le tout entouré de fruits superbes et appétissants. Le prince mangeait avec les doigts de sa main droite, et, obligé de faire comme lui, je laisse à juger de tout mon embarras. J'étais d'une gaucherie qui dut lui paraître bien ridicule; il pensa sans doute que j'étais un homme bien mal élevé. Je me hasardai à la fin à demander s'il ne serait pas possible d'avoir quelque ustensile plus commode que les doigts d'un Européen, et l'on m'apporta une cuiller en bois, délicieusement ouvragée à jour, enrichie de turquoises et d'autres pierres. Mais cet instrument, d'une forme toute particulière, et très-creux, n'était pas encore ce que j'eusse désiré si je me fusse trouvé en appétit. Heureusement le prince mangea vite, et charmé de voir finir la peine que je me donnais pour faire honneur à son déjeuner, je pensai que dans ce tête-à-tête, tout honorable du reste, j'avais fort exactement joué le rôle du renard invité par la cigogne.....

Dans les diverses visites que je fis au Châh-Zadèh, il fut d'une amabilité qui ne se démentit jamais. Il se livrait volontiers à des causeries intimes, et semblait toujours vouloir s'instruire en ce qui concernait l'Europe. Il me questionnait beaucoup sur notre système gouvernemental. J'avais la plus grande peine à lui faire comprendre ce qu'était un gouvernement constitutionnel et représentatif. Quand je lui parlais des Chambres, de leur pouvoir, de leur sanction dont aucune loi ne saurait se passer, il s'étonnait grandement et ne pouvait m'entendre sans stupéfaction. En effet, comment un homme, qui, d'un signe, peut faire tomber mille têtes, comprendrait-il les limites dans lesquelles est renfermée l'autorité d'un monarque constitutionnel ?

Chiraz, qui est la capitale du Fars, a toujours passé pour l'une des plus importantes et des plus florissantes de la Perse; elle est également l'une des plus industrieuses et, parmi ses divers produits, les armes qu'on y fabrique jouissent d'une certaine réputation. Sous le règne de l'usurpateur Kérim-Khân, elle devint la capitale du royaume, et à d'autres époques qui ne sont pas éloignées, elle fut le foyer de graves conspirations formées contre l'autorité du souverain légitime. Naguères encore, Hussein-Ali-Mirza et Hassan-Ali-Mirza, tous deux princes du sang royal, rassemblèrent dans cette ville l'armée qui, marchant sur Ispahan, mais battue à Komichâh, devait disputer au roi actuel, Mehemet-Châh, le trône de l'Irân. Chiraz est le centre de l'importante province du Fars, qui est habitée par les tribus nomades et guerrières, primitives familles de la Perse. Les Zends, c'est ainsi qu'on appelle ces tribus, ont toujours impatiemment supporté le joug royal qui gêne leur indépendance, et qui leur fut tour à tour imposé par des princes arabes, tartares ou turcs. Ce fut là pour Chiraz une des causes qui en firent plusieurs fois le centre de la révolte, ou le but vers lequel se sont dirigés les efforts des insurgés qui ont cherché à s'en emparer comme d'une position importante. Dans ce moment, plus paisible et laborieuse, elle n'avait pas oublié le rang qu'elle avait occupé sous Kérim-Khân, mais elle se résignait à obéir aux Begliers-beys de Mehemet-Châh.

Les habitants de Chiraz passent pour les plus aimables des Persans, pour ceux qui ont le plus d'instruction et parlent le plus purement le *farsi* ou la langue persane; j'ajouterai qu'ils sont aussi les plus vaniteux. Leur ville a des droits incontestables à occuper un rang distingué parmi celles d'Irân, car elle a produit les deux plus célèbres poëtes de l'Asie, *Hafiz* et *Saadi;* son vin est un des meilleurs du monde; son climat est superbe, et l'intelligence proverbiale des *Chirazis* est réelle; mais tout cela ne saurait justifier leur prétention de primer toutes les autres populations. Chiraz n'a pas su échapper à la ruine qui l'a envahie, son industrie se meurt, et ses murailles, en partie renversées par Aga-Mohamet-Khân, ne sont point relevées. Les Chirazis sentent bien que leur ville est déchue; aussi, dans leur orgueil, disent-ils pour se consoler, avec l'emphase qui caractérise leur langage : « Quand Chiraz était Chiraz, le Kaire n'était que son faubourg.... »

La population actuelle de cette ville est d'environ dix mille âmes qui se répartissent dans douze *mahallèhs* ou quartiers, auxquels correspondent six portes. A peu près au milieu de la ville est l'*Ark* ou le palais fortifié par une muraille crénelée et bâti par Kérim-Khân, il y a un siècle. Cette enceinte est très-grande, elle renferme plusieurs corps de logis, dont les uns servent de résidence au gouverneur et dont les autres sont occupés par ses serviteurs et ses troupes. Au milieu est un vaste jardin avec des bassins, où s'ouvre le Divân-i-Khanèh; c'est là que le Beglier-bey donne ses audiences. On y voit, sur le marbre, les portraits des héros fameux de la Perse. Les images sculptées ou peintes d'*Afraziab*, de *Roustâm*, d'*Isfundâr* et d'autres guerriers renommés que s'était plu à représenter le chef de bandits devenu roi, sembleraient devoir exciter l'ardeur belliqueuse de ses successeurs. Mais à côté de ces grandes figures, de ces *Pehlavân* armés de pied en cap, s'ouvrent les portes secrètes du harem où les héritiers du vaillant *Vékil* oublient la gloire, dans les longues heures qu'ils perdent entre le plaisir et l'oisiveté.

A l'exception de la portion du bazar qui a été construite par Kerim-Khân et qui conserve son nom, Chiraz n'offre en ce genre rien que de fort misérable. Les mosquées n'ont rien non plus de remarquable ; elles sont bien loin de pouvoir soutenir la comparaison avec celles d'Ispahan. La plus célèbre d'entre elles est celle qu'on appelle *Châh-Tcherak*, dont la traduction est *lanterne royale*, ou encore *roi des lumières*, car je n'ai pu mieux préciser la signification du nom persan donné à ce lieu saint. Il passe d'ailleurs pour un des sanctuaires les plus anciens de la Perse, mais l'incertitude la plus vague règne quant à son origine. Cet édifice sert de refuge à des *seïds*, ou descendants du Prophète, qui n'ont point de moyens d'existence et viennent vivre là d'aumônes ou sur les revenus de la mosquée. Ceux-ci, qui ne laissent pas d'être considérables, sont tirés du territoire d'un village près de Firouzabad, qu'on appelle *Meïmân* ou *hôte*, sans doute à cause de la destination de ses produits.

L'un des titres dont Chiraz puisse s'enorgueillir avec le plus de raison, c'est sans contredit d'avoir donné le jour à Hafiz et à Saadi. La traduction de quelques-unes de leurs poésies n'a pas laissé leur gloire étrangère à notre pays. Je ne pouvais moins faire que de rendre sur la tombe de ces deux hommes célèbres l'hommage dû à leur mérite. La sépulture de Saadi est éloignée d'une heure de la ville. Elle est située à la base des montagnes, au nord ; et, pour y arriver, le chemin est aussi triste que difficile et aride. Là, près d'un petit village qui porte le nom du philosophe, on trouve une espèce de villa solitaire que le silence entoure et dont la porte est close. On frappe, un gardien vient vous ouvrir, et, vous faisant traverser un jardin où les ronces ont remplacé les fleurs, il vous montre, en disant : *Cheik Saadi*.... une arcade ouverte sous laquelle se voit un tombeau de marbre, qui n'a d'autre ornement que quelques-unes des strophes les plus célèbres du poëte. Rien ne le protége que la vénération de ses admirateurs qui, sans doute pour lui rendre hommage, ont couvert les murs de vers écrits par eux avec un *kalam* ou la pointe d'un poignard. Si la gloire de l'auteur du *Gulistan* est durable, il n'en est pas de même du marbre de sa tombe : exposé à toutes les intempéries, comme à toutes les profanations, ce monument funéraire, déjà dégradé, ne sera bientôt plus qu'une ruine. Il paraît néanmoins que c'est seulement depuis peu que la vénération pour son tombeau a décliné, au point d'en faire craindre la destruction ; car des voyageurs racontent avoir dû faire soulever, pour le voir, un étui de bois noir doré qui le recouvrait entièrement. Près du monument consacré à Saadi, est une source d'eau limpide, à laquelle les habitants de Chiraz attribuent une grande vertu hygiénique. Ils prétendent que, quand quelqu'un en a bu une fois, il n'est plus jamais malade ; ce qui n'empêche pas le renouvellement d'une épidémie qui emporte, chaque année, un nombre considérable de personnes dans le district de Chiraz. Cette eau miraculeuse est contenue dans une espèce de puits dans lequel on descend par un escalier de plusieurs marches. Au fond est une voûte bâtie en briques, reposant sur un mur octogonal qui enferme la source. Il s'y trouve des poissons que le vulgaire dit être consacrés au cheik. A ce titre on a pour eux le plus grand respect.

L'émule de l'austère Saadi, Hafiz l'épicurien, repose dans un jardin planté de magnifiques cyprès, de grands pins et d'orangers. Sa pierre tumulaire est une longue dalle d'albâtre oriental, gracieusement ornée d'arabesques et de caractères élégants qui retracent quelques-uns de ses vers sous lesquels reparaît le poëte aimable dont les odes charment encore les Persans. Le lieu où se trouve la sépulture d'Hafiz n'a rien de l'aspect triste d'un champ funèbre, ou de la sévère solitude où sont déposées les cendres de Saadi. Le jardin qui, par son nom *Hafizioù,* rappelle celui de l'écrivain qui y est inhumé, était, dit-on, le lieu qu'il aimait le plus à fréquenter. On m'a assuré que sa tombe a été placée au pied d'un cyprès planté de ses propres mains, et que l'on ne crut pouvoir rien faire de plus agréable aux mânes de ce poëte aimé que de leur donner pour séjour celui que, de son vivant, il avait affectionné. Au milieu du jardin, où dorment aussi d'autres morts moins célèbres dont les marbres funéraires garnissent le sol, s'élève un kiosque ou *divânèh* qu'habite un Mollah commis à la garde du recueil des poésies d'Hafiz, dont toutes les pages sont écrites de sa main. L'*Hafizioù* est le rendez-vous des promeneurs qui viennent réciter les odes de leur poëte favori et fumer le *kalioûn* à l'ombre des citronniers en fleurs. Le lieu qui a reçu la dépouille mortelle de Saadi ne voit point un concours pareil de lettrés venir lui rendre hommage. Il semble que le caractère de ces deux hommes remarquables plane au-dessus de leurs tombes. Saadi, philosophe austère, avait un petit cercle de disciples dévoués, que sa morale n'effrayait pas et qui se plaisaient dans ses entretiens sérieux. Hafiz, véritable Chirazien, adonné au plaisir, s'enivrant des jouissances de ce monde, en espérant celles promises dans l'autre aux vrais croyants, les célébrait dans des vers séduisants. Cet écrivain, sensualiste et mystique, était plus fait pour plaire aux Persans et devait attirer autour de lui une foule de jeunes adeptes qui reculaient devant la philosophie sévère mais quelquefois cynique de son rival. De même, aujourd'hui, de rares promeneurs passent la petite porte du tombeau de Saadi, tandis qu'un plus grand nombre, n'allant pas jusque-là, s'arrêtent pour perdre quelques heures en causeries frivoles au pied du cyprès d'Hafiz.

C'est à Kerim-Khân le Zend que ces deux grands poëtes doivent d'avoir des sépultures dignes d'eux. Non-seulement il voulut que leurs tombes fussent ciselées avec art et ornées de quelques-unes de leurs strophes gravées sur l'albâtre des sarcophages, mais il fit encore élever les édifices dans l'enceinte desquels sont renfermés leurs monuments funéraires. De plus, il affecta à chacun d'eux une certaine étendue de terres dont les revenus étaient destinés à entretenir l'un et l'autre, ainsi que les Mollahs préposés à la garde de ces lieux vénérés et des œuvres manuscrites d'Hafiz et de Saadi. Quand on songe que ce fut un chef hardi de bandits qui rendit cet hommage à deux poëtes illustres de la Perse, n'a-t-on pas quelque raison de s'étonner? Mais ce bandit fut un grand homme : il usurpa, dans un temps de discordes, l'autorité royale au profit de son pays qu'il sut gouverner sagement, sans vouloir prendre le titre de Châh; usurpateur respectant assez la couronne pour ne pas la porter, et se contentant, pour sa gloire, du nom de *vékil* ou *régent*. Sa mémoire est encore vénérée dans toute la Perse.

Parmi les autres curiosités qui sont aux environs de Chiraz, on peut justement compter la tour dite des *Mamacenis* ou du *Meuthamed*. Le Meuthamed, Manoutcher-Khân, que nous avons laissé gouverneur à Ispahan, avait été chargé, il y a quelques années, de diriger une expédition militaire dans les montagnes, entre Chiraz et Chouchter, refuge habituel des Mamacenis dont les meurtres et les brigandages avaient à la fin réveillé la justice et la sévérité du gouvernement. Étant parvenu à faire prisonniers un certain nombre de ces voleurs, Manoutcher-Khân, pour imprimer la terreur à leurs compagnons et leur ôter l'envie de reprendre le cours de leurs crimes, eut la barbare idée de faire construire, dans la plaine de Chiraz et près d'une des portes, une tour, dans les murs de laquelle étaient réservées autant de niches qu'il avait de captifs. Il les y fit placer et maçonner vivants. On avait pratiqué, à la hauteur de chaque tête, une espèce de lucarne, afin qu'on pût voir sur les visages de ces malheureux les horribles souffrances que la douleur et la faim leur faisaient endurer. J'y trouvai encore quelques débris de crânes et quelques lambeaux de vêtements. Le voyageur, peu fait à ces sortes de spectacles, frémit, en faisant le tour de ce monument, de la justice exemplaire du Meuhtamed. Le *ferrach* qui me faisait voir la *tour des Mamacenis* me dit que deux de leurs chefs avaient péri d'une façon non moins barbare, mais plus expéditive : l'un avait été attaché à la gueule d'un canon; l'autre avait été fendu en deux, et chaque portion de son cadavre resta accrochée au-dessus de la porte de la ville pour servir d'exemple. Il est impossible de rien imaginer de plus atroce, de plus révoltant que ces châtiments par lesquels on ne se contente pas de punir la scélératesse des coupables et d'en purger la société, et dans lesquels les vengeurs de celle-ci, les juges, semblent satisfaire la soif de sang dont ils sont eux-mêmes dévorés. En Orient, où la loi est libre, soumise au caprice des interprétations, où le châtiment est arbitraire, rien ne limite l'action de l'une ni de l'autre. La justice, abandonnée à la volonté ou à l'humeur plus ou moins sanguinaire de celui qui en tient le glaive, n'est contenue dans aucunes bornes. Tout en apportant, dans ces contrées barbares, les idées d'humanité que la civilisation nous a données à nous autres Européens, il faut cependant nous garder d'être trop sévères pour les dépositaires de l'autorité. Certes, on ne saurait approuver la sauvagerie qui préside à certaines exécutions, mais il y a des circonstances dans lesquelles l'application de châtiments terribles est presque une nécessité, et par conséquent justifiable. Il faut avoir vu ce qu'est la nature barbare de ces populations asiatiques, il faut avoir vécu au milieu de ces tribus sauvages et indomptées, pour comprendre qu'il est quelquefois nécessaire de les terrifier par des châtiments dont l'horreur et la crainte peuvent seuls les contenir. La terreur est salutaire, et ce n'est véritablement pas un crime d'y recourir pour éviter aux populations paisibles et honnêtes le danger de tomber dans les mains de bandits qui ne reculent devant aucune cruauté pour assouvir leurs instincts criminels. En Orient, on applique habituellement la peine du talion; et quand on connaît la perfidie ou la cruauté des Persans, on s'étonne moins des vengeances horribles dont plusieurs souverains ou chefs ont ensanglanté les pages de leur histoire; on finit même, en face des crimes abominables dont on devient témoin, par s'habituer à l'idée des châtiments atrocement raffinés auxquels la justice est quelquefois obligée de recourir, non-seulement pour venger la société, mais pour essayer de mettre un frein aux passions sanguinaires des scélérats qui abondent en Perse.

Nous savions qu'il existait dans les environs de Chiraz quelques antiquités. Nous ignorions ce qu'elles étaient, et elles n'avaient pour nous que cet intérêt qui s'attache à ce qui est inconnu. Nous nous mîmes en campagne pour les découvrir. En suivant, au sortir de *Chiraz*, un chemin qui se dirige au sud-est, on arrive, après avoir parcouru à peu près six kilomètres, au pied d'une colline qui s'avance dans la plaine sans quitter la chaîne de montagnes dont elle fait partie. Les débris d'architecture qui la surmontent sont de petites dimensions et n'annoncent rien d'important. Au sommet, de cette colline, sur un petit plateau couvert de quelques pierres et de fragments de briques, sont seules debout trois portes. Elles attestent réellement l'emplacement d'un édifice, mais, à vrai dire, on a peine à en retrouver les éléments dans les rares débris qui sont répandus autour d'elles. Ce lieu, ou cet édifice, est appelé par les *Chirazis* : *Takht-Mader Suleïmân*, ou *Matchit-i-Mader-Suleïmân*, *trône* ou *mosquée de la mère de Suleïmân*. Quelle que soit la véritable destination que ce moument ait reçue dans des temps reculés et inconnus, ses restes offrent par eux-mêmes peu d'intérêt et viennent à l'appui de ce que j'ai déjà eu occasion de dire : que les Persans, à différentes époques, ont emprunté à d'anciens édifices des matériaux tout préparés pour en élever de nouveaux. En effet, au moyen des fondations d'un mur écroulé, on suit la trace du plan d'une salle carrée. Parmi les moellons qui ont fait partie de cette construction, sont des morceaux de pierres noires sculptées exactement semblables à celles qui ont servi à l'édification générale de Persépolis. Le sol est jonché çà et là d'autres fragments plus complets de la même matière, parmi lesquels se reconnaissent, à n'en pouvoir douter, des portions de sculptures enlevées aux mêmes palais. Ce sont des corniches à canaux concaves et des gradins d'escaliers, provenant évidemment de l'une des rampes de la grande colonnade de *Takht-i-Djemchid* où précisément ils manquent. En portant de même un examen scrupuleux sur les trois portes restées debout, on voit qu'elles posent sur des débris de même nature, que les profils de leurs plates-bandes ou linteaux ne se superposent pas exactement, n'étant pas de même dimension, et qu'elles ont pour seuil des fragments de corniches. Leurs piédroits sont tout à fait semblables à ceux de certaines portes de Persépolis. C'est la même pierre, le même travail, et les sculptures n'en diffèrent aucunement. Elles représentent ces mêmes jeunes serviteurs imberbes que j'ai décrits et qui portent des cassolettes et des vases. La seule différence, c'est qu'ici il n'y a qu'une figure au lieu de deux sur chaque piédroit, et que les proportions en sont moins grandes. Mais elles pourraient avoir appartenu à une autre salle dont les sculptures auraient été exécutées sur une échelle plus petite. Selon moi, cette ruine représente un monument qui, à une époque postérieure à celle où furent élevés les palais de Takht-i-Djemchid, aurait été construit avec des débris arrachés à ces belles antiquités. Leur proximité rendait d'ailleurs l'opération facile. Il est de plus remarquable que la qualité des matériaux employés à *Takht-Mader-i-Suleïmân* ne se rencontre pas dans l'endroit où cette ruine se trouve. L'opinion que j'exprime ici, à l'égard de ce monument, a été spontanée chez moi en voyant ces débris, et l'étude à laquelle je me suis livré n'a fait que la corroborer. J'ai été très-heureux, en lisant plus tard la relation de *Morier*, de me trouver en parfait accord avec ce voyageur.

En suivant les sinuosités de la montagne, et traversant un ruisseau dont la source est à environ deux kilomètres de *Takht-Mader-i-Suleïmân*, on aperçoit, au-dessus des joncs qui encombrent l'eau, un rocher sur lequel sont quatre figures réparties dans trois cadres, ou pour mieux dire, sur trois parements de la roche polie exprès. Sur l'un est une figure qui a toutes les apparences du sexe féminin. Elle est vêtue d'une longue robe, un voile pend sur son épaule, et sa tête nue est ornée d'un ruban qui flotte en arrière. Elle étend les mains comme pour saisir un objet que lui présente un personnage qui doit être un homme, à en juger par son costume. Quant à l'objet que celui-ci tient entre ses doigts, il est impossible de le définir. Il ressemble à un cœur qui serait surmonté de petites flammes ou ailes. Le second cadre contient un personnage vêtu et coiffé tout à fait de la même manière que le roi *Châpour* à *Nakch-i-Roustâm ;* il tient son bras droit levé, et fait signe de l'index ; sa main gauche est appuyée sur la poignée de son épée. Le dernier cadre, quoiqu'il soit sur une face différente du rocher et fasse un angle avec celui qui précède, peut être considéré, à cause du sujet qu'il contient, comme son complément. Il représente un individu à peu de chose près semblable à l'homme du premier tableau ; il tient une couronne, ou un large anneau de la main droite.

Toutes ces sculptures portent le cachet sassanide; elles sont d'ailleurs très-grossières. Peut-être ont-elles la même origine que le monument qui porte le nom de *Takht-Mader-i-Suleïmân*. Elles sont du reste isolées, et rien, autour d'elles, n'indique qu'elles se soient jamais rattachées à aucun édifice.

Nous étions au 14 décembre, nous aurions voulu partir; mais un de nos chevaux était tombé malade, il fallut forcément ajourner notre départ. Cet accident nous contraria fort; quoiqu'il ne fût pas la seule cause de la prolongation de notre séjour à Chiraz. Nous avions eu les plus grandes peines à nous procurer un muletier; quand nous crûmes l'avoir arrêté, et pouvoir compter sur lui, il vint nous dire qu'il ne pouvait partir. La vérité était qu'il ne se souciait pas de se mettre à notre service. Il y avait à cela plusieurs motifs: d'abord, le nombre des animaux appartenant à un *tchervâdar* ne pouvait se trouver que très-difficilement exactement celui dont nous avions besoin. Ensuite les muletiers, habitués à voyager en caravane de Chiraz à Ispahan, ne pouvaient se décider à laisser leur routine pour du nouveau. Mais la plus forte de toutes les raisons, celle qui les éloignait le plus de nous, tenait à l'inquiétude que leur inspirait un voyage fait dans des contrées peu connues d'eux, peu hospitalières, et où ils redoutaient toutes les misères, peut-être même les périls qu'ils entrevoyaient. Cependant, en faisant des conditions avantageuses et en payant au jour, soit en marche, soit en séjour, nous finîmes par nous entendre avec un muletier qui consentit à nous suivre partout. Nous ne nous dissimulions pas que les considérations qui avaient fait hésiter les *tchervadars* de Chiraz à se jeter dans les aventures de notre voyage à travers le Fars méritaient bien qu'on y réfléchît, mais rien que l'impossible ne devait nous faire reculer. Afin de rendre, autant que faire se pût, cette excursion, sinon facile, du moins exempte de périls, nous pensâmes à nous munir de lettres de recommandation, d'ordres, de firmans de toute espèce. Parmi les titres de ce genre que nous pouvions emporter, l'un des plus efficaces auprès des grandes tribus nomades que nous devions rencontrer partout, était un écrit émanant de leur chef. Il résidait à Chiraz même; il s'appelait Kerim-Bek et avait le titre de *El-beguy, le chef*. C'était un des plus puissants seigneurs de la Perse. En tout temps, surtout depuis l'avénement des Kadjârs, les rois de Perse ont redouté le pouvoir et la force militaire des chefs des Iliâts du Fars. Fidèle à cette défiance, Mehemet-Châh, comme ses prédécesseurs, a constamment auprès de lui dans sa capitale, le Khân qui commande à toutes ces tribus. Si les *Zends* professent une très-grande obéissance pour ce personnage, ils vivent dans une indépendance complète vis-à-vis du Châh. Au moyen de sa politique ombrageuse, le roi de Perse croit contenir les *Karatchaders* du sud, en retenant pour ainsi dire prisonnier au pied de son trône leur grand chef. L'El-beguy est le frère et le lieutenant de celui-ci. Placé entre les tribus et le Châh, il lui répond de leur fidélité, en les administrant. C'est du reste un personnage extrêmement vénéré et craint par les Iliâts, et dont un ordre est considéré comme sacré par tous les petits chefs, aussi bien que par le dernier nomade. Obtenir de l'El-beguy une lettre de recommandation était donc enviable à tous égards, et devait être un excellent passe-port au milieu des tentes noires sous lesquelles nous devions plus d'une fois chercher un abri. Je lui fis une visite. Il me reçut d'une manière excessivement affable, et me donna sa parole de me recommander à tous les

Ket-khodâhs qui reconnaissaient son autorité, de manière à ce que je n'eusse qu'à me louer de leur hospitalité. L'El-beguy me remit, en effet, une lettre que je devais montrer à tous les chefs de village ou de tribus faisant partie de la grande famille Zend. Ceux qui me la traduisirent me dirent qu'il était impossible de réclamer d'une façon plus honorable et en même temps plus impérieuse, les bons offices des autorités auxquelles nous devions nous adresser pendant le cours de notre voyage. Entre autres choses que disait l'El-beguy, je me rappelle celle-ci : « .... Si un seul cheveu tombe de la tête « du *balioz frengui*, le Ket-khodâh dans le district duquel on « aurait manqué à celui qui marche sous la protection du « grand chef, le paiera de sa vie.... » Kerim-Bek, en me parlant de ses tribus, me dit une chose assez singulière, mais à laquelle il me parut difficile d'ajouter foi : « Nous descen- « dons tous, disait-il, nous autres Iliâts du Fars, de Cham, « fils de Noé. » Et il ajoutait : « Nous ne sommes point de « ce pays, nous venons de la terre de Roum. » Or, Cham est, selon les traditions bibliques, le père des peuples de Judée et d'Afrique; d'un autre côté, *Roum* signifie Romain, ou sujet de l'empire romain; — que faut-il conclure de là? — que ces Iliâts descendraient des familles juives transplantées dans ces pays? — cela n'est pas admissible, car ils sont musulmans, et les Juifs, sans exception, ont conservé leur religion. Il paraîtrait plus probable, en admettant que Kerimbek dît vrai, que les tribus nomades du Fars sont des Grecs transplantés, peut-être les restes de l'armée d'Alexandre. Mais alors, comment expliquer que leur origine remonte à Cham, et que deviennent les traditions historiques qui font sortir Cyrus et les Achéménides de ces familles, antiques propriétaires du sol persan ? — Je me trouvais dans un grand embarras au milieu de ces doutes, et j'avoue que, pour m'en tirer, je me rejetais sur le peu de confiance que méritent les traditions des Persans ; je tiens donc les Iliâts Zends pour des aborigènes pur sang.

De son côté, le Châh-Zadèh, qui avait été si aimable, ne pouvait rester en arrière de l'El-beguy, et il me donna un firman très-pressant pour le Serdâr de Kazèroûn. Avec de semblables suppléments au sceau impérial qui nous avait protégés jusque-là, nous devions bien augurer de notre excursion dans le sud, et nous réussîmes à inspirer la même confiance à tous les gens de notre suite.

Notre départ était fixé au 18 décembre. Quel ne fut pas notre étonnement, dans la matinée de ce jour, de voir la ville en grand émoi, et la foule encombrer la rue où nous logions! Des bruits que je ne comprenais pas couraient de bouche en bouche. Tout ce que je pus apprendre, c'est que, dans la nuit précédente, le feu avait consumé presque entièrement une petite mosquée. Je ne voyais là qu'un de ces accidents qui ne doivent pas surprendre, et surtout qui ne devraient pas émouvoir toute une population, au point de la répandre sur la voie publique, avec l'air consterné qu'avaient toutes les figures. Mais à cela ne devait pas se borner notre stupéfaction de cette rumeur publique. Le général Séminot, venant nous dire adieu au moment où nous mettions le pied à l'étrier, nous annonça qu'il fallait partir au plus vite, qu'il allait nous accompagner jusqu'à la porte de la ville en nous faisant prendre un chemin détourné, pour éviter la populace qui s'agglomérait de plus en plus et au milieu de laquelle des paroles malveillantes avaient été entendues. Enfin le général m'apprit qu'un bruit absurde circulait dans la ville, et qu'on accusait les *frenguis* (c'était nous) d'avoir mis le feu à la mosquée. Quelque ridicule que fût cette sotte invention, il n'y avait pas à plaisanter avec des esprits superstitieux et fanatiques comme ceux des Musulmans en général, et des Chirazis en particulier. Nous ne nous fîmes pas dire deux fois de lever le pied, et nous partîmes guidés par cet excellent M. Séminot qui nous avait peut-être tirés d'un grand péril. Nous arrivâmes promptement dans la campagne, et gagnâmes rapidement la route de *Bender-Bouchir*.

Plus je pensais à l'absurde accusation que quelques énergumènes avaient cherché à propager contre nous, moins j'en comprenais l'origine et le but. — Le but, me disais-je, pouvait bien être de nous égorger pour mériter le ciel de Mahomet. — Mais l'origine? — et comment pourrait-on expliquer que nous eussions mis le feu à une mosquée? — Voilà où je me perdais. — Deux mois plus tard, de retour à Chiraz, je voulus connaître les détails de cet événement. D'une enquête ordonnée par le Beglier-bey, il était résulté ceci : que la mosquée brûlée avait pour gardien un homme qui avait abusé de son poste de confiance pour vendre, pièce à pièce, tout le mobilier du lieu, lampes, tapis, etc.,... tout avait été, par lui et pour lui, transformé en *toumans*. Ne sachant plus comment cacher son crime, il n'avait rien trouvé de mieux que de mettre le feu à l'édifice, afin de dérober sous la cendre jusqu'au soupçon de ses vols. Peut-être bien était-ce ce gardien qui avait voulu faire retomber sur les *frenguis*, sur les *guiaours*, la responsabilité d'un fait dont on pouvait un jour découvrir la véritable origine.

CHAPITRE XLI.

Khânèh-Ziniân. — Mont Pyrâzân. — Orage. — Cotal Doukhtar. — Rahdars. — Kazèroûn. — Visite au Serdâr. — Mamacenis. — Campement à Châpour. — Description des sculptures.

Le jour où nous quittâmes Chiraz, nous ne fîmes qu'une courte étape d'une heure et demie, et nous nous arrêtâmes dans une maison, espèce d'auberge accoutumée des tchervâdars.

Ce ne fut que le lendemain que commença véritablement notre voyage dans le sud. Presque au sortir du mauvais gîte où nous avions couché nous entrâmes dans les montagnes. Nous y marchâmes plusieurs heures, suivant un chemin âpre et triste. Au bout de cette route monotone s'ouvrit devant nous une vallée étroite mais très-longue, dans laquelle une forte rivière s'écoulait, tortueuse et divisée. Sur ses bords croissait une végétation abondante. De grandes portions d'un sol sablonneux, çà et là couvert de broussailles, semblaient indiquer des lits accidentels sur lesquels se répandaient les eaux accrues par les pluies ou les neiges. Le paysage était varié et pittoresque.

Devant nous s'élevait, sur un tertre, une construction carrée, flanquée de tours en ruines. Nos muletiers nous dirent que c'était le caravansérail appelé *Khânèh-Ziniân*. A côté se voyaient les restes d'un village dans un tel état de ruine, que ses habitants l'avaient abandonné. Cette population, moitié nomade, moitié sédentaire, vivait sous la tente dans la belle saison, et choisissait le lieu de son campement selon ses besoins. Quand l'hiver approchait, elle se réfugiait tout entière avec ses troupeaux dans l'enceinte même du caravansérail, quoiqu'il ne valût guère mieux que le village. Elle l'occupait alors; aussi y trouvâmes-nous difficilement une place et y fûmes-nous fort mal. Nous n'eûmes aucun regret de quitter cet affreux gîte où, toute la nuit, bêtes et gens avaient fait un vacarme horrible. Nous en partîmes de grand matin, autant pour en être plus tôt dehors qu'à cause de la marche pénible que nous savions avoir à faire ce jour-là.

Pendant les premières heures, nous rencontrâmes peu de difficultés; le chemin était bon quoiqu'un peu montueux. Mais devant nous se dressait une chaîne élevée que les muletiers nous montraient comme un des passages difficiles de notre route. Nous marchions depuis environ quatre heures quand nous débouchâmes dans une petite plaine ou vallée circulaire comprise entre les bases de plusieurs montagnes. Elle porte le nom de *Desterdjiân*. Elle est presque complétement couverte de marécages qui servent de ceinture toujours verte à un petit lac brillant comme un miroir. Le chemin que nous suivions paraissait être le seul praticable dans cette localité; encore était-il fréquemment coupé par de petits ruisseaux qui détrempaient le sol profondément. Nous passâmes sous un bouquet d'arbres qui ombrageaient une habitation en ruines. A notre droite, nous laissâmes un village abandonné; les habitants en étaient tous partis depuis peu. Cette dépopulation est due, comme j'ai eu déjà l'occasion de le faire remarquer, aux exactions, aux abus du gouvernement. Les pauvres raïas se retirent, autant qu'ils le peuvent, loin de l'action trop facile du bras qui les frappe incessamment et les dépouille de tout.

Nous eûmes bientôt traversé la vallée, ou, pour mieux dire, les marécages de *Desterdjiân* de l'autre côté desquels nous commençâmes à gravir la montagne *Pyra-Zân*, dont le nom se traduit par la *vieille femme*. Sa pente est extrêmement raide, et nos montures fatiguaient beaucoup. De plus, le chemin rocailleux était couvert de pierres roulantes sur lesquelles nos chevaux trébuchaient à chaque pas. A part les difficultés du chemin, les différents plans de la montagne se présentaient sous un aspect assez riant. Moins aride que celles que nous avions précédemment traversées, celle-ci était couverte de végétation; ses pentes, reverdies aux premières fraîcheurs de l'automne, présentaient de tous côtés une herbe nouvelle parsemée de fleurs, et des arbustes dans lesquels un second printemps ravivait la sève; de grands et beaux arbres, de vieux chênes ornaient, en l'accidentant, le paysage grandiose de cette région élevée.

Le temps, qui s'était maintenu beau jusque-là, s'assombrit pendant que nous gravissions le versant septentrional du *Pyra-Zân*. Arrivés au sommet, nous fûmes complétement enveloppés par des nuages noirs et lourds dont les uns étaient suspendus au-dessus de nos têtes, dont les autres, au-dessous de nous, semblaient posés sur les roches inférieures. Du milieu de ces nues serrées et compactes éclata, comme une explosion, un affreux orage; les éclairs, en se succédant, traçaient d'immenses cercles de feu; le tonnerre grondait sans interruption autour de nous; de tous côtés, en haut comme en bas, la foudre brillait incessamment, et les échos s'en renvoyaient les bruyants éclats d'un roc à l'autre, jusqu'au fond des ravins les plus éloignés. Jamais je n'avais assisté à un aussi imposant désordre de l'atmosphère. Placés au milieu des nuages, n'entrevoyant que le petit espace de terre sur lequel nous marchions, nous étions au centre de l'orage. Nos chevaux paraissaient peu rassurés et faisaient des soubresauts à chaque fois que le ciel s'embrasait. Cependant les roulements du tonnerre devinrent moins fréquents et plus sourds; mais à ce fracas de l'électricité céleste succéda un déluge de grêle qui nous empêchait de rien distinguer. Les grêlons étaient fort gros; il fallait s'en garantir, tant leur atteinte était douloureuse. Le froid devint tout à coup extrêmement intense.

Nous avions dépassé le sommet du Pyra-Zân; peu à peu nous sortîmes des nuages qui restèrent derrière nous, arrêtés sur les rochers que nous venions de quitter. L'orage avait été trop violent pour avoir une longue durée. Il ne tarda pas à s'apaiser, et nous pûmes voir devant nous se prolonger, bien loin, les pentes de cette montagne dont le versant méridional était de beaucoup plus étendu que celui du nord. Le chemin était encore plus difficile à suivre pour descendre qu'il ne l'avait été en montant. On peut dire que dans un pays civilisé il aurait été considéré comme impraticable ; en Perse, il n'était que plus mauvais que d'autres; mais il l'était à un point qui le rendait dangereux. La nature avait d'ailleurs fait tout ce qu'elle avait pu pour donner au voyageur une compensation aux difficultés de la route qu'il avait à suivre. Le coup d'œil était imposant, grandiose, infini. Les plans de montagnes se succédaient à perte de vue. Je comptai jusqu'à cinq chaînes successives qui allaient en s'abaissant progressivement vers la mer. Dans un horizon que la brume rendait incertain, et qu'on devinait plutôt qu'on ne l'apercevait, on sentait le rivage du golfe Persique. Toute cette région méridionale du Fars resplendissait de lumière sous un soleil radieux qui contrastait avec la sombre sévérité du mélange confus de roches et de nuages que nous quittions. Je ne crois pas qu'il soit possible, dans aucun pays du monde, de voir une perspective plus belle et qui fasse mieux concevoir l'infini des mondes au milieu desquels se meut notre terre.

Après avoir descendu longtemps, nous fîmes halte à moitié de ce versant du Pyra-Zân, dans un petit caravansérail où nous trouvâmes, arrêtée avant nous, une caravane qui n'avait pas jugé à propos de franchir le sommet de la montagne ce jour-là. Elle venait de Kazèroûn et se rendait à Chiraz. Les muletiers nous dirent qu'en effet, lorsque l'on s'était tiré du mauvais pas de *Cotal-Doukhtar* qui se trouvait au delà, il était impossible de penser à continuer sa route pour redescendre vers Desterjiân. Qu'était donc ce pas de *Cotal-Doukhtar?* Il nous était réservé de l'apprendre le lendemain, et ce que les tchervâdars en disaient n'était pas rassurant. Ils n'avaient rien exagéré, nous en eûmes la preuve peu de temps après avoir quitté le caravansérail. Une gigantesque montagne de roc, dominant un gouffre sans fond, forme au-dessus une pente très-peu appréciable. Sur le flanc de cette montagne une trace étroite, en zigzag, descend rapidement d'un rocher à l'autre. La pierre est usée, polie et glissante. Les chevaux ne peuvent y assurer leur pied et menacent, à chaque pas, de tomber dans l'abîme. Autrefois ce sentier fut un peu moins impraticable : on avait pris soin de tailler des marches dans le rocher, de combler les interstices avec des pierres, et d'élever un parapet. Ce parapet a disparu ; c'est à peine si l'on en retrouve quelques fragments. Les rochers usés par les fers des bêtes de somme et des chevaux ne présentent plus à leur pied timide aucun endroit où le sabot puisse mordre et tenir sûrement. Pour monter, les muletiers soutiennent et poussent leurs bêtes; pour descendre, ils les retiennent par la queue. Souvent, ils sont obligés de les décharger, et de porter eux-mêmes leurs fardeaux par portions et en détail jusqu'à un passage meilleur. Nous fûmes plusieurs fois témoins de cette manœuvre, et ce n'est qu'à ces précautions que nous dûmes de ne rien perdre, car il est peu de caravanes qui se tirent de ce dangereux *cotal* sans y laisser quelque ballot, ou même quelque mule. Nous-mêmes, il nous fallut mettre pied à terre et soutenir nos chevaux par la bride. Les Persans, qui ont des légendes pour tout, en ont une qui se rapporte à ce chemin de chèvre. Ils racontent qu'une jeune princesse habitait le sommet de la montagne de *Pyrâzân*; son amant qui venait chaque jour la voir, arrivait toujours si épuisé de fatigues, si haletant, qu'elle fit tracer sur la pente des rochers une espèce de rampe pour faciliter ses visites. Mais les deux amants ne sont plus et leur échelle s'est dégradée. Ce petit conte explique le nom conservé à ce passage qu'on appelle *Cotal-Doukhtar*, ou rampe *de la jeune fille.*

Nos muletiers nous dirent qu'on a dans ces montagnes un autre danger à redouter : la rencontre des lions et des tigres qui les fréquentent. Ils m'assurèrent le fait que d'autres me confirmèrent. Cependant je ne pus trouver personne qui eût vu aucun de ces animaux.

Au bas de la montagne nous rencontrâmes un poste de *Rahdars* dont le chef s'avança vers nous en nous demandant le paiement du droit qu'ont coutume d'acquitter les caravanes. Sur mon refus, il saisit la bride de mon cheval, et ses hommes firent mine de nous arrêter. Je lui fis lâcher prise en lui appliquant un coup de cravache, et en lui faisant, dans les termes les plus énergiques, reproche de sa grossièreté et de son impertinence. Les tuffekdjis, qui avaient la mine de bandits plutôt que celle d'honnêtes agents du fisc, se fâchèrent, et nous allions en venir aux mains lorsque Ressoulbek, qui se trouvait en arrière au début de cette altercation, arriva à toute bride. Il se jeta au milieu des Râhdars en les injuriant et leur demandant comment ils osaient arrêter des frenguis qui voyageaient sous la protection du Châh. Là-desus il leur exhiba son firman, tout en les traitant de *Pezevink*, d'*Haramzadèh*, etc..... Ces épithètes, le firman, et le coup de cravache digne de la main du premier personnage de Perse, firent effet, et les douaniers se confondirent en excuses.

Nous aperçûmes bientôt la plaine de Kazèroûn. Après avoir passé sur une espèce de viaduc qui permet de franchir les dangereux marécages que forment en cet endroit les eaux d'un petit lac, nous ne tardâmes pas à voir les nombreux palmiers des jardins de la ville. Deux heures après, nous arrivions à Kazèroûn. Cette ville est d'un aspect tout différent de celles que, jusqu'à ce jour, nous avions vues dans les diverses provinces de Perse. Elle a une physionomie toute méridionale et exceptionnelle qu'elle doit à des plantations considérables de dattiers. C'étaient les premiers que nous voyions. Ils nous annonçaient que, descendus des hauteurs du Pyrazân, nous nous trouvions, en plein *guermsir* ou *pays de la chaleur*. Kazèroûn, dont la population peu nombreuse compte quelques familles arméniennes et juives, est une ville ouverte. Elle a un centre qui est une agglomération de maisons réunies sur le point où résident les autorités. De tous côtés elle est entourée d'un grand nombre d'autres habitations et jardins superbes où, sous les palmiers élancés, croissent en abondance les orangers, les citronniers ou les grenadiers.

Nous fûmes logés, par l'ordre du gouverneur, dans un de ces jardins où se trouvait une maison jadis belle, mais alors délabrée. Néanmoins nous nous y trouvâmes agréablement, car le soleil, encore chaud, nous permettait de ne point redouter le mauvais état des portes et des fenêtres.

Après les ruines de Persépolis, ou, pour mieux dire, à cause de leur analogie, après les sculptures de Nakch-i-Roustâm, les monuments les plus intéressants du même genre que nous pouvions étudier en Perse étaient, sans contredit, ceux de *Chapour*. En effet, parmi les ruines de l'antiquité persane, quel que soit leur âge, celles de la ville qui porte le nom du roi Châpour doivent être classées parmi les plus importantes. Plusieurs causes réunies leur donnent un grand intérêt : restées longtemps inconnues, elles ne furent découvertes que récemment; entrevues par des voyageurs anglais, elles n'ont été par eux que sommairement décrites et très-imparfaitement retracées; et le nom du monarque qu'elles rappellent, l'étendue du pays qu'elles couvrent, le nombre des sculptures conservées jusqu'à nos jours, au milieu d'elles; enfin les sujets représentés sur les bas-reliefs, aussi bien que l'art avec lequel ils l'ont été, tout cela fait, comme je le disais, de ces ruines, un des points les plus curieux à connaître et à étudier, non-seulement en Perse, mais en Asie. Nous savions que ces ruines se trouvaient dans une contrée qui offrait peu de sécurité, qu'elles étaient trop loin de Kazèroûn pour que nous pussions loger dans cette ville et nous rendre chaque jour sur le lieu de notre travail. Nous devions donc aller y camper. Afin de ne pas être un objet de tentation pour les voleurs, et de pouvoir y être tranquilles, nous dûmes nous adresser au gouverneur et lui demander les moyens de nous préserver de tout ce qui pourrait troubler ou inquiéter nos travaux. C'était le cas de faire usage de la lettre que m'avait donnée Ferrhâd-Mirza pour le Beglier-bey de Kazèroûn, qui, en sa qualité de serdâr, commandait toutes les forces armées de la province de Fars. Nous allâmes la lui porter. Mehemet-Hassan-Khân nous fit un accueil très-gracieux et nous dit « que nous pouvions « compter sur son appui, qu'il donnerait des ordres grâce « auxquels nous n'aurions rien à redouter. Cependant, ajouta- « t-il, comme l'endroit où vous allez est un de ceux que fré- « quentent les maraudeurs des montagnes du Loristân, je « vous engage à être prudents et à ne pas vous éloigner de

« votre suite. » Le serdâr choisit deux de ses goulâms, leur fit quelques recommandations que nous ne comprîmes pas, mais qu'il nous assura être de nature à devoir nous prémunir contre toute agression. Il remit, en outre, à ces gens un ordre de *sursat*, parce que, disait-il, il entendait que nous fussions défrayés de tout, tant que nous resterions sur son territoire. Mais, fidèles à notre abstention à ce sujet, nous nous réservions, tout en remerciant le serdâr, de ne point lever cet impôt sur des populations languissant dans la plus grande pauvreté. Nous lui témoignâmes notre gratitude pour son obligeance, et nous nous hâtâmes de regagner notre bâgh, afin de nous mettre immédiatement en route pour Châpour.

Il était midi quand nous partîmes. Les goulâms du serdâr dirigèrent d'abord la marche au nord, vers un village qui était à une petite heure de la ville. Nous y fîmes une halte pendant laquelle nos guides allèrent trouver le ket-khodâh. Cet endroit exhalait de toutes parts une misère profonde; de ses cahutes sortaient quelques habitants dont la physionomie justifiait bien tout ce que nous avions entendu dire de ceux de cette contrée. On ne voyait debout qu'un très-petit nombre de maisons; les autres habitations étaient des cabanes en terre, ou même seulement en roseaux, recouvertes de branches de palmiers. Dans toute cette contrée, pour se soustraire plus facilement, soit aux incursions des pillards de la montagne, soit aux exactions des gens du roi, les habitants, sans être tout à fait nomades, se fabriquent des demeures légères, sans durée, qu'ils élèvent à peu de frais, et auxquelles aucun sentiment de propriété ou de permanence ne les attache. Nous vîmes bientôt le ket-khodâh de ce hameau donner quelques ordres après lesquels cinq ou six hommes armés de leurs fusils et munis de tout l'attirail de guerre habituel vinrent se ranger près de nous d'assez mauvaise grâce. Les goulâms nous dirent que c'étaient des tuffekdjis qui devaient nous accompagner et veiller sur nous pendant tout le temps que nous jugerions nécessaire de rester à Châpour. Ils ajoutèrent qu'ils devaient en réunir un plus grand nombre, mais qu'ils n'avaient pas voulu prendre, dans ce village seul, tous ceux ordonnés par le serdâr, parce qu'il valait mieux, pour compléter cette garde, faire contribuer chacun des villages de la plaine. Cette précaution devait avoir pour effet de nous tenir en parfaite sécurité, attendu que les tuffekdjis dont on avait les noms, répondaient de nous sur leurs têtes et sur celles de tous les habitants des hameaux auxquels ils appartenaient. Ils devaient faire, jour et nuit, le service de caraouls ou de factionnaires, et servir en même temps d'otages.

Tous ces tuffekdjis appartenaient à la grande famille des *Mamacenis*, hommes indomptables, d'une nature belliqueuse, mais, par-dessus tout, pillards. Ces Mamacenis vivent dans des montagnes presque inaccessibles, à l'ouest de Kazèroûn, et leur principal établissement est un lieu fortifié qui porte le nom de *Kkâlèh-Sefid,* ou la *forteresse blanche*. Ils sont au nombre de quelques mille, et se prétendent issus de *Roustâm-Pehlavân*, ce héros qui résume dans sa personne toutes les vertus guerrières. Une branche de cette tribu porte même si loin la prétention de cette origine, qu'elle se fait appeler *Roustâmi*. Il est de fait que les Mamacenis passent pour de rudes adversaires. Ils ne sont habituellement que de dangereux et hardis bandits; comme tels ils ont plus d'une fois tenu en échec les troupes royales envoyées contre eux; mais, bien conduits, ils seraient certainement de vaillants et redoutables soldats. Leur costume, la manière dont ils sont armés et accoutrés, contribuent beaucoup à leur donner la tournure de brigands. Grâce à leur pauvreté, ils ont des vêtements usés, des lambeaux de chemise ou de caleçon. Leurs jambes sont nues, leur poitrine est à découvert. A leur ceinture est tout un arsenal : sabre, poignard, pistolets, cartouchière, rien n'y manque. Ils portent un manteau d'un feutre fauve très-épais, ou bien bien une espèce de veste semblable, et leur long fusil à mèche, suspendu par la bretelle, se balance à leur épaule. Leur chevelure, longue, extrêmement touffue, noire et frisée, est surmontée d'un bonnet pointu de feutre grisâtre. J'en remarquai plusieurs dont les visages, d'une accentuation sauvage, étaient sillonnés de profondes balafres. Tout cela ne leur donnait pas bon air, et il était difficile, en les voyant, de se défendre d'un sentiment de défiance, sentiment que ce qu'on nous en avait raconté n'était pas de nature à le détruire. Je fus très-étonné de trouver, parmi ceux qui nous escortaient des hommes dont la barbe était blonde. Je pensai que cela devait être l'indice d'une origine étrangère à la Perse, peut-être même européenne. L'isolement dans lequel ils vivent semble venir à l'appui de cette supposition.

Lorsqu'ils eurent réuni une douzaine de caraouls, les goulâms du Serdâr nous firent changer de direction. Nous nous portâmes à droite et gagnâmes le pied des monts qui bornaient à l'est la plaine de Kazèroûn. La contrée que nous traversions était riante. La nature, livrée à elle-même, y révélait sa puissance végétale par de belles prairies ombragées de saules, des bouquets de chênes-verts, des figuiers, et surtout des touffes de longues cannes dont les racines plongeaient dans les eaux courantes qui coupaient de tous côtés le pied de la montagne.

C'est sous les feuilles allongées de roseaux de cette espèce que nous aperçûmes les premières traces de construction qui se rattachent à l'ancienne ville sassanide. La route, en cet endroit, passe au bord d'une belle source, abondante autant que limpide. Les eaux de cette fontaine, qui paraissent avoir été appréciées déjà du temps de Châpour, étaient contenues dans un large bassin. Nous y retrouvâmes, encore en bon état dans la plus grande partie de son développement, un mur construit en pierres de taille. Il était surmonté d'une belle corniche dont le profil portait, dans son ensemble, le caractère grec, et dont les détails rappelaient les ornements des portes de Persépolis. La source paraissait jaillir du fond même de ce bassin; après y avoir étendu sa nappe circulaire, elle s'écoulait dans la plaine entre les deux bords d'un canal.

A un kilomètre de cette fontaine, marchant dans la même direction, on arrive au pied d'une colline isolée sur laquelle apparaissent quelques traces de constructions en ruines. Elle domine un sol jonché, sur une très-grande étendue, de décombres attestant la position de la cité disparue. Entre cette colline et les montagnes dont on a suivi la base jusque là, un passage étroit s'ouvre au nord-est: en s'y engageant, on ne tarde pas à se trouver en face des monuments qui font l'intérêt de cette localité. En effet, la valeur archéologique du lieu qui a conservé le nom du roi Châpour ne réside que dans la collection des sculptures qui ont été exécutées et se trouvent conservées sur les rochers qui bordent la rivière.

Après avoir fait quelques pas au delà du défilé, on pénètre dans une gorge resserrée entre des masses gigantesques de rochers à pic que semble avoir rompus, pour se faire jour, la rivière impétueuse dont on entend les eaux se heurter avec fracas. Souvent intercepté par des blocs énormes détachés du flanc de la montagne, un sentier en contourne la base. Il circule péniblement entre les immenses rochers qui le dominent à droite et le lit torrentueux de la rivière à gauche. Quand on a suivi ce sentier l'espace de trois à quatre cents mètres environ, la gorge s'élargit progressivement, pour se rétrécir ensuite dans la même progression. Elle forme ainsi comme un large bassin dont les proportions sont de deux kilomètres dans un sens, et à peu près un kilomètre dans l'autre. Le Châpour y coule paisiblement; les eaux semblent s'y reposer des efforts qu'elles ont dû faire pour y pénétrer par la brèche qu'elles se sont ouverte à l'est, et reprendre des forces pour se frayer une issue par celle qui leur reste à franchir avant de se répandre dans la plaine de Kâzèroûn. Les rochers qui ferment cette petite vallée ont des formes bizarres et des teintes sombres qui donnent à cette espèce de cirque naturel un aspect sauvage et sinistre. Ce lieu est inhabité, quoique la végétation y soit pleine de séve. Çà et là quelques ruines de masures prouvent qu'il n'est pas toujours demeuré désert. Nous retrouvâmes, au milieu de ces vestiges d'habitations, une vieille tour bâtie en briques crues, qui pouvait encore nous donner un abri pendant le séjour que nous devions faire dans cette solitude. Nous nous y installâmes, entourés de nos Mamacenis.

Les bas-reliefs que nous étions venus chercher au milieu

de ce chaos où rien ne trahissait le triomphe de l'art sur une nature vierge, sont au nombre de six. Ils sont tous placés à la base des rochers droits qui forment comme les gigantesques chambranles de la porte ouvrant, au couchant, sur l'immense amphithéâtre que je viens de décrire. De l'endroit où nous étions établis, presque au centre de la vallée, nous en avions deux à gauche, et quatre à droite. Les deux premiers se voient aisément, ils sont au bord même du chemin que l'on suit en venant de *Kâzèroûn*.

Le premier qu'on rencontre de ce côté est très-mutilé, soit que le roc ait présenté, dans cet endroit, une veine plus tendre et plus friable, soit que, plus exposé aux atteintes des passants, il ait été plus facilement endommagé par la main des hommes. La partie supérieure en a entièrement disparu, et, au milieu de toutes les fissures et aspérités de la pierre, il est absolument impossible d'en rien distinguer. La partie inférieure seule, qui était enterrée, a conservé intactes les jambes de deux chevaux tournés face à face, et montés par deux cavaliers dont on ne distingue que les pieds. Devant le cavalier de droite est un personnage agenouillé et dans la position de suppliant, tandis que, sous les sabots de son cheval, un autre personnage est étendu et terrassé. D'après les vêtements romains que ceux-ci portent, et bien qu'il ne reste rien des têtes de ceux qui sont à cheval, on peut être certain que le sujet de ce premier cadre rappelle la victoire de Châpour sur Valérien. Les deux cavaliers paraissent avoir le même costume; les lambeaux qui s'en voient encore le prouvent. Ce qui reste de cette sculpture fait regretter les portions effacées. Les jambes des chevaux et la tête du Romain qui implore le roi sont traitées avec sentiment.

Le second bas-relief de ce côté, se trouve à quelques pas du précédent. Il est, comme lui, placé au pied de la montagne, et dans une partie en retraite. Mais, à l'abri des rochers qui le surplombent, il a été protégé contre les dégradations que produisent les eaux en coulant le long des flancs de la montagne, principale cause de la ruine des sculptures ainsi disposées. Ce bas-relief est un des plus importants de cette localité. La donnée en est encore le triomphe de Châpour; la composition en est très-étendue, et son ordonnance ne laisse pas d'offrir un aspect imposant. A peu près au centre du tableau est le roi, monté sur un cheval richement harnaché. Son costume est, à quelques détails près, le même sur toutes les sculptures qui le représentent; il consiste en une tunique courte serrée à la taille par une ceinture nouée en rosette, flottant sur un large pantalon qui est attaché et serré au-dessus du pied par un ruban dont les bouts flottent. Il porte sur ses épaules, retenu par devant au moyen de deux boutons ou agrafes, un petit manteau court que le sculpteur a supposé enflé par le vent, afin, sans doute, d'y trouver le motif des plis symétriques qu'il a combinés avec art et dont il a meublé le fond de son bas-relief. Châpour, est paré d'un collier de grosses perles. Ses cheveux longs s'échappent en grosses touffes de dessous une couronne très-évasée du haut, terminée par trois pointes dentelées, et surmontée d'un globe qui y paraît fixé au moyen de petits rubans flottants en arrière. Un double bandeau large formant, comme le manteau, des plis symétriquement disposés, s'agite derrière cette coiffure à laquelle il paraît tenir. Le héros porte sa barbe touffue mais courte, légèrement frisée, accompagnée d'énormes moustaches relevées en pointes, et terminée par une longue mouche qui paraît arrangée avec beaucoup de soin et descend sur la poitrine. Sa tête se présente de profil, tandis que le haut du corps est tourné presque de face. Le nez prononcé, très-aquilin, le front droit, le sourcil proéminent, donnent au visage un air de grandeur et de majesté. Pris dans son ensemble, le buste de Châpour est certainement un morceau qui fait honneur au sculpteur qui l'a exécuté. Suspendu au côté droit de sa monture est un carquois plein de flèches, seules armes apparentes que porte le roi. Comme dans le tableau précédent, il foule aux pieds de son cheval un personnage étendu qui semble à son costume être un Romain. De la main droite, il tient serré par le poignet un autre personnage vêtu à la romaine, d'une tunique s'arrêtant aux genoux et fixée sur les reins par un ceinturon. A ses épaules sont suspendus un baudrier et un ample manteau agrafé sur celle de droite. Il a la tête découverte et ceinte d'une couronne de laurier ; ses jambes sont prises dans des fers. En face du roi, sont trois autres figures : l'une, à genoux, étend les bras en signe de supplication ou d'hommage. Il est évident qu'elle représente un Romain, mais il est difficile de comprendre le rôle qu'il remplit. Il porte aussi le manteau et la couronne ; il est libre et armé. Est-ce un chef de l'armée romaine qui vient implorer la clémence du vainqueur, ou n'est-ce pas plutôt ce citoyen d'Antioche que Châpour revêtit de la pourpre, et qu'il aurait fait placer dans ce tableau comme l'antithèse de l'humiliation qu'il fait subir à Valérien ? En se souvenant de la fin malheureuse et cruelle que le monarque sassanide infligea à son adversaire, il n'est guère possible d'admettre que le personnage agenouillé rappelle un acte de supplication et de clémence, puisque Châpour n'a pas voulu honorer ainsi sa victoire. Il est donc très-probable au contraire que ce prince, qui a trouvé une si grande gloire dans la captivité d'un César, a mis au moins autant de vanité à se faire représenter investissant une de ses créatures de la souveraineté de l'empire, et recevant l'hommage du nouvel empereur son vassal. Derrière celui-ci sont deux personnages qui paraissent être Persans et assister à cette cérémonie en qualité d'officiers ou courtisans du roi de Perse. L'un a une longue barbe; il est coiffé d'une espèce de mitre arrondie du haut; il a les bras croisés sur la poitrine, et une longue épée pend à sa ceinture. Le second est imberbe; il a aussi une coiffure haute, mais elle est terminée par une corne tronquée qui revient en avant. Il étend les deux bras en joignant les mains en signe d'hommage. Une ceinture retient sur ses hanches une tunique courte, et soutient un glaive qui pend jusqu'à terre. Sur cette scène plane un petit génie ailé qui vole vers le roi et lui tend des deux mains un bandeau déployé qui flotte et s'ondule dans l'air. Cette portion du bas-relief a été exécutée sur une espèce de socle dépassant la partie inférieure du cadre et formant comme un piédestal au groupe royal. Deux autres tableaux, placés à droite et à gauche, forment comme les accessoires à la scène principale. Celui de gauche est divisé par une bande horizontale en deux compartiments superposés, dans chacun desquels figurent cinq cavaliers tournés dans le même sens que le roi, et tous de profil. Le sculpteur les a tracés les uns sur les autres, de manière cependant à dégager les poitrails des chevaux et les bustes des cavaliers. Pour indiquer que l'on ne voit pas toute la suite du roi, ou toute son armée, et qu'elle est interrompue par le cadre dans lequel il a fallu se circonscrire, le sculpteur a eu l'idée de figurer un sixième cheval dont le cavalier ne s'aperçoit pas. Dans le compartiment du bas, les deux premiers cavaliers sont coiffés de mitres comme celle qui couvre la tête du personnage qui est en face du roi, les bras croisés. Le troisième porte un bonnet qui, recourbé en avant, figure une tête d'oiseau de proie. Le quatrième semble avoir une coiffure faite d'ailes d'oiseau, et le cinquième en a une surmontée en avant d'une espèce de petite tête de quadrupède, lion ou tigre. Leurs costumes sont, du reste, identiques; les deux premiers seuls ont des pendants d'oreilles. Entre les cinq cavaliers du haut, il n'y a pas de différence. Les vêtements aussi bien que les coiffures sont les mêmes pour tous. Celles-ci consistent en bonnets hauts et arrondis. Ils ne portent que la moustache, sans barbe ni cheveux. Tous ces personnages, du haut comme du bas, ont le bras droit levé ainsi que l'index, et semblent, par ce signe, indiquer le respect que commande le roi qui est devant eux. On doit penser que ces hommes à cheval rappellent cette cavalerie si redoutée des Romains, qui, d'abord sous le nom de Parthes, et plus tard sous celui de Perses, leur fit éprouver tant d'échecs.

La partie droite de ce bas-relief est divisée en cinq autres compartiments ou petits tableaux partiels, séparés par des bandes saillantes horizontales et verticales. Il y en a trois en bas et deux au-dessus. On se demande quel est le but de ces séparations. Peut-être a-t-on voulu ainsi exprimer que les figures comprises dans chaque compartiment représentent des tribus ou des peuples différents; ou, peut-être encore, comme les nuances qui existent entre elles sont peu sensibles, ces séparations indiquent-elles seulement les soldats qui, dans l'armée persane, avaient des emplois différents. De ces diverses figures, celles qui ont le moins de rapport avec les autres se trouvent dans le premier cadre du haut, à gauche. Les deux premières, dont l'une a un bonnet pointu, et l'autre une calotte ronde, portent chacune une espèce de hache à deux tranchants. La troisième, qui a une coiffure recourbée en arrière, tient également une hache à deux tranchants, mais différente des autres en ce que son manche est aussi grand que l'homme qui la porte.

Dans le cadre qui suit sont trois figures dont la première porte un objet qu'il ne nous a pas été possible de reconnaître. Les deux autres ont chacune leur main droite appuyée sur l'épaule du personnage qui est devant elles; toutes trois ont de longs glaives.

Le premier des cadres du bas, à gauche, représente trois hommes d'armes ayant de larges épées à leur ceinture. Deux d'entre eux sont appuyés sur des lances.

Dans le second cadre sont trois figures sans armes. La première tient une couronne, la troisième lève une espèce de massue courte; et entre elles se trouve un individu qui ne paraît rien porter.

Les trois personnages du dernier cadre sont aussi sans épée; mais ils tiennent en mains des objets de combat. L'un semble être un étendard, l'autre un glaive, et le dernier un bouclier.

A l'exception des figures du premier cadre en haut, à gauche, qui sont nu-jambes, toutes les autres portent des tuniques courtes serrées sur les reins et retombant sur des pantalons larges et flottants qui descendent presque jusqu'à la cheville. Leurs pieds semblent être enfermés dans des chaussures longues comme des bottes. Il est à remarquer, mais sans que son explication accompagne cette observation, que tous ces individus se tiennent sur la pointe des pieds. Évidemment, il y a là quelque chose de systématique et qui leur est personnel, puisque dans les autres parties du bas-relief, notamment dans le tableau du milieu, tous les personnages debout sont parfaitement d'aplomb sur leurs pieds.

Les deux bas-reliefs que je viens de décrire sont les seuls qui se voient de ce côté de la rivière. Il y en a un plus grand nombre sur les rochers de la rive droite, mais ils ne sont pas aussi facilement abordables. Non-seulement aucune route, aucun sentier frayé ne conduit jusqu'à eux, mais encore, pour en approcher, il faut se hisser avec les plus grandes difficultés sur des rocs couverts de broussailles épineuses et de ronces impénétrables, ou se traîner péniblement sur les genoux à l'intérieur de petits canaux creusés pour la conduite des eaux.

CHAPITRE XLII.

Continuation de séjour à Châpour. — Suite de la description des sculptures.
Caverne. — Statue.

Dans les excursions que nous faisions, tantôt sur une rive du *Roûd-Châpour*, tantôt sur l'autre, nous étions obligés de nous faire escorter par un certain nombre de nos *tuffekdjis*. C'était une des recommandations que nous avait faites le *Serdâr* de Kazèroûn, et que ne manquaient pas de réitérer, chaque jour, les goulams auxquels il nous avait confiés. Mais ces *tuffekdjis* eux-mêmes nous inspiraient une confiance très-médiocre, et nous n'osions marcher avec eux qu'armés de manière à leur ôter toute envie d'abuser du rôle qui leur était imposé. Il nous fallait, entourés de ces hommes, travailler pour ainsi dire le pistolet au poing. A part cela, leur société avait cet avantage, que, connaissant les moindres recoins de la montagne, ils pouvaient nous indiquer tout ce qu'elle recélait de curieux.

Sur la rive droite du *Roûd-Châpour*, je ne tardai pas à découvrir un premier bas-relief qui occupe une position un peu élevée et défendue par quelques grosses pierres qui en obstruent les abords. Je les escaladai sans beaucoup de peine et me trouvai sur une petite plate-forme au-dessous du tableau. Voici la description de cette sculpture : une bande en saillie la divise, sur sa hauteur, en deux parties égales ; à peu près au milieu de cette bande est une saillie plus grande et plus haute, au-dessous de laquelle se rattache une bande verticale qui sépare en deux compartiments la partie inférieure de ce bas-relief.

La bande horizontale, qui est plus saillante et plus haute que le reste, sert comme de socle ou piédestal à un personnage assis au centre et vers lequel, de droite et de gauche, du bas comme du haut, semblent converger tous les regards, tous les hommages. Ce personnage, qui a toute l'apparence de la souveraineté, est assis gravement, la main gauche posée sur le pommeau d'une large épée passée entre ses jambes ; de sa main droite, élevée à hauteur de sa tête, il s'appuie majestueusement sur la hampe d'une espèce d'étendard. Sur ses épaules est suspendu un collier de grosses perles ; de sa coiffure s'échappent de grosses touffes de cheveux.

La partie gauche de ce bas-relief semble réservée exclusivement aux officiers ou gardes du roi, autant qu'on en peut juger par les costumes. On y compte dix figures, dont six entières ou en pied, ayant des costumes et des coiffures semblables à celles que nous avons déjà eu occasion de décrire. Elles ont la main gauche sur la garde de leur épée, et la main droite à hauteur de l'épaule, l'index levé. Les quatre autres, qui sont au-dessus de celles-ci, ne présentent que le haut du corps, et sont dans les mêmes conditions de costume et de pose.

Dans le compartiment immédiatement au-dessous, un écuyer tient par la bride un cheval qu'à son harnachement il est facile de reconnaître pour celui du prince. Derrière, les bras croisés, et appuyés sur de longues épées, sont onze gardes qui se présentent de face, la tête seule tournée vers le centre du tableau, ou plutôt vers le principal personnage de ce bas-relief.

A droite, dans les cadres superposés, les scènes sont plus animées. Il y a même, dans certaines figures, un mouvement qui n'est pas ordinaire à ces sculptures. Celui du haut reproduit d'abord trois personnages qui semblent être Persans. Le premier s'avance vers le roi, et a l'air de lui adresser la parole, en étendant vers lui la main droite. Le second tient une longue oriflamme déployée, et le troisième se présente les bras croisés sur la poitrine. Derrière eux un soldat ou officier persan soutient, en le faisant approcher du trône, un prisonnier qui paraît blessé et ne pouvoir marcher. A leur suite viennent d'autres captifs dont l'un a le haut du corps nu et les mains attachées derrière le dos. Un soldat persan présente une épée courte, et un autre prisonnier lié par les poignets, coiffé d'un bonnet pointu, s'avance lentement, et termine cette partie du tableau.

Au-dessous les groupes sont plus animés encore, et se pressent davantage : un premier personnage, soldat ou bourreau, présente de ses deux mains, au souverain vers lequel il les élève, deux têtes dont l'une a les cheveux courts, et l'autre au contraire une chevelure très-longue. A côté, marche un enfant dans l'attitude de la supplication, un orphelin sans doute qui implore celui dont la victoire l'a privé de son père. Une troisième tête portée sur une main apparaît derrière les deux premières, avec une coiffure haute et terminée par une pointe recourbée en avant; puis vient un individu coiffé de même, les bras liés par une corde; il est conduit par un officier persan. La droite de ce quatrième petit cadre est consacrée aux présents ou aux dépouilles que l'on apporte au roi. Un premier individu présente un gobelet; un autre, une épée nue; un troisième, une grande amphore; un cinquième, qui ferme cette procession, porte un objet difficile à déterminer, ressemblant à une grande urne contournée, aussi bien qu'à une dent d'ivoire. J'ai déjà eu occasion, en parlant d'un bas-relief de Persépolis, de faire mention de défenses d'éléphant, qui sont apportées comme des dons estimés. Parmi ces derniers personnages figure un enfant monté sur un éléphant qu'il semble conduire comme une des conquêtes faites sur les vaincus.

L'aspect de ce bas-relief, autant par la variété des sujets traités, que par la manière dont ils le sont, a quelque chose de barbare et de sauvage. Cependant il y règne une intention de naturel et de laisser-aller qui n'est pas communément remarqué sur les sculptures de ce temps-là. Cette observation peut s'appliquer, par exemple, à ce prisonnier qui est prêt à rendre le dernier soupir, et que soutient un officier persan, ou encore à ce captif indigné de la façon dont le pousse le soldat qui le conduit, et qui se retourne comme pour lui reprocher sa brutalité. Du reste, cette sculpture est grossièrement exécutée, et, de tous les bas-reliefs de Châpour, c'est celui qui présente le moins de mérite comme travail de ciseau. Il est difficile de comprendre d'ailleurs quel est le sujet représenté sur cette pierre, et s'il se rapporte au roi Châpour comme les autres. Le personnage assis, qui paraît être un monarque, n'a guère d'analogie de costume ou de physionomie avec ce prince. Les captifs qu'on amène n'ont pas non plus les caractères auxquels on pourrait reconnaître des Romains. Il se peut donc, ou que ce soit un épisode du règne belliqueux de Châpour, le souvenir d'une de ses victoires sur un autre peuple; ou même que le fait représenté se rapporte à un autre prince sassanide.

Près de ce bas-relief, en suivant le pied de la montagne dans la direction du sud, on rencontre un petit aqueduc dont le canal étroit est, en partie, creusé dans le roc, en partie fait en maçonnerie enduite d'un ciment extrêmement dur. Il n'existe pas, pour aller dans ce sens et voir les sculptures qui sont de ce côté, d'autre sentier que le lit même de cet aqueduc. Il faut donc marcher péniblement à l'intérieur du canal, et comme, en plusieurs endroits, les roches saillantes ont été perforées et sont traversées de part en part, on est réduit à se traîner sur les genoux et à ramper pour continuer cette course difficile. On arrive ainsi, avec mille peines, d'abord à un bas-relief dont la partie inférieure a entièrement disparu, rongée qu'elle est, depuis des siècles, par les eaux de l'aqueduc. Cette observation prouve que la construction de celui-ci est postérieure au temps de Châpour, et qu'il a dû être établi à une époque plus rapprochée de la nôtre, pour faire mouvoir la meule d'un moulin dont on aperçoit les ruines près de là. Ce qu'on retrouve de cette sculpture fait vivement regretter que les modernes habitants du pays n'aient pas eu un respect plus religieux pour ces monuments qui, d'après ce que l'on voit de ceux qui ne sont pas dans les mêmes conditions, se seraient tous conservés dans un état parfait. La partie de ce bas-relief que le niveau des eaux n'a pas atteinte se réduit, à peu de chose près, aux têtes des figures qui animaient une scène dont les traces indiquent une main habile.

A gauche, un personnage à cheval, au profil fier et majestueux, fixe un regard superbe sur des ambassadeurs ou des captifs qui lui amènent des chameaux et des chevaux. Ces hommes, dont on ne voit que les têtes, sont coiffés comme les Arabes qui habitent entre le Tigre et l'Euphrate. Ils portent une espèce de mouchoir qui fait plusieurs plis sur la tête et pend sur les épaules. Ceux du premier plan mènent des chevaux en main ; au second plan, deux chameaux sont conduits par des individus à peu près semblables. Cette scène a une analogie frappante avec celle qui, de nos jours, se reproduit souvent en Algérie. On pourrait croire qu'elle représente un de ces épisodes qui nous sont devenus familiers et par lesquels se terminent d'ordinaire les expéditions militaires de nos généraux en Afrique. En effet, on sait que lorsque des tribus rebelles sont vaincues et que la fuite leur est impossible, elles se présentent ou envoient leurs principaux guerriers pour demander l'*amân* et offrir les chevaux et les chameaux qui constatent leur soumission. Retrouvé à Châpour, consigné sur l'un des rocs illustrés au IIIe siècle, cet usage serait donc de toute antiquité. Il nous a paru d'ailleurs impossible de ne pas reconnaître dans les trois têtes les mieux conservées qui sont en bas et à droite du tableau, des figures d'Arabes. Le personnage de gauche, qui est à cheval, tient d'une main un arc et trois flèches. Il a beaucoup de rapport avec celui de Châpour que j'ai déjà décrit. La portion restante de son vêtement est exactement la même; il n'y a aucune différence non plus dans la barbe ni dans la chevelure, et sur le haut de la tête est encore cette espèce de globe qui surmonte la coiffure de Châpour. Mais, dans ce bas-relief-ci, le roi, car c'en doit être un, porte une espèce de casque figurant des ailes d'oiseau. J'ai déjà remarqué cette coiffure sur plusieurs bas-reliefs, notamment à *Tak-i-Bostân*, où elle surmonte la tête du personnage principal du groupe supérieur, au fond de la grande grotte, et encore sur les sculptures de *Nakch-i-Roustâm*. Il se peut que ce soit une coiffure symbolique et commune à tous les princes de race sassanide; et alors, en admettant que Châpour soit encore ici le prince représenté, la pensée que les figures de droite sont des Arabes venant faire acte de soumission, s'explique par la prise de *Nisibis* ou *Nisibin*, en Mésopotamie, par laquelle Châpour préluda à la mémorable victoire qu'il remporta sur l'empereur Valérien.

Le bas-relief suivant est également entamé par les eaux canalisées, mais comme leur niveau ne dépassait pas le milieu de la jambe des chevaux, il en résulte qu'à partir de là les deux cavaliers représentés sont dans un état de conservation aussi satisfaisant qu'on peut l'espérer de monuments d'un âge si reculé, et qui sont exposés à toutes les atteintes du temps. La scène représentée sur ce tableau consiste dans un serment ou une transmission de couronne. En effet, de ces deux cavaliers tournés l'un vis-à-vis de l'autre, celui de gauche tend une couronne à laquelle sont attachées et flottent des bandelettes semblables à celles qui ceignent leur tête et que celui de droite saisit. Les nuances qui peuvent distinguer leur costume sont trop légères pour que, dans l'ensemble, on ne reconnaisse pas, au premier coup d'œil, que ces deux personnages ont la même nationalité. Leurs vêtements sont d'ailleurs semblables à ceux que porte Châpour dans tous les bas-reliefs que j'ai décrits. La sculpture sassanide en général, et celle de Châpour en particulier, n'est point sans art. Cependant, les finesses de détail et de caractère que des sculpteurs plus consommés auraient su donner à leurs figures échappent ici à l'observation. La physionomie est, à peu de chose près, la même pour toutes. Néanmoins, le cavalier de gauche a l'extérieur d'un homme plus avancé en âge que celui de droite. Ses cheveux ont une autre frisure, moins jeune; sa barbe est plus allongée et apprêtée avec moins de soin. Il la porte simplement peignée et pendante sur la poitrine. Le cavalier qui est en face de lui, au contraire, a les cheveux tressés coquettement ou roulés en longues boucles; sa barbe, plus courte, se termine par une mouche qui, liée au menton ou passée dans un anneau, trahit une prétention de jeune homme. Il a un riche collier de perles. Tandis que la couronne de l'autre a quelque chose de massif et de pesant dans sa forme, celle de celui-ci, composée d'un cercle étroit garni de longues pointes, est, par contraste, légère et élégante. La seule différence importante qui existe entre ces deux personnages, c'est que l'un porte sur sa couronne le globe royal, tandis que l'autre ne l'a pas. On pourrait induire de là que le personnage de droite seul est souverain, et si l'on rapproche l'anneau ou la couronne ornée de bandelettes, que l'un présente à l'autre, du *ferouher*, anneau symbolique semblable, on peut croire que la scène représentée sur ce bas-relief est la prestation du serment à la religion de *Zoroastre*, en présence d'un mage qui reçoit la foi d'un prince sassanide, peut-être de Châpour lui-même.

En face de cette supposition, qui n'est ici consignée que pour chercher à expliquer ce bas-relief, il ne paraîtra sans doute pas hors de propos de mentionner une coutume des *Guèbres* ou *Parsis* modernes. Dans leurs transactions commerciales, quand ils veulent prendre un engagement mutuel, ces ignicoles ont pour usage de dénouer leur ceinture ou leur turban, ou de prendre une corde; ils en forment un anneau, et chacun des deux personnages qui ont à se donner parole prend un côté de cet anneau. Le serment ainsi prêté est à leurs yeux trop sacré pour qu'ils puissent y manquer. Le rapprochement entre cette coutume guèbre et la scène ici représentée est assez intime pour que la première puisse expliquer la seconde.

Dans le coin, à droite, au-dessus du manteau du cavalier, est une inscription en caractères pehlvis. C'est la seule que l'on trouve à Châpour.

Encouragés par nos guides, qui nous promettaient encore un bas-relief plus loin, nous poursuivîmes notre course sur la pente de la montagne, toujours au moyen de l'étroit passage destiné aux eaux. Nous arrivâmes en effet au pied d'un superbe monument de ce genre. Heureusement, il est situé sur un retour de rochers, et dans une concavité que ne suit pas l'aqueduc. Cette circonstance est sans doute une des causes auxquelles il faut attribuer l'état de conservation presque parfaite dans lequel il se trouve. Abstraction faite des sculptures de Persépolis, ce bas-relief est sans contredit le plus remarquable de tous ceux que nous ayons été assez heureux pour retrouver en Perse. Cette supériorité, il ne la doit pas seulement au sujet qu'il représente, au nombre des figures qu'il contient, à la variété des scènes, il la doit encore à l'exécution de toutes ses parties et à l'habileté du ciseau qui distingue cet important ouvrage.

En face de ce beau monument de l'ère sassanide, on est saisi par l'aspect à la fois élégant et grandiose de la sculpture qui est d'un relief plus prononcé qu'aucune des autres que nous ayons vues en Perse. Dans toutes les poses, il y a plus de naturel, plus de vérité plastique. C'est bien toujours au fond le même art, c'est bien certainement encore le goût persan, ce même arrangement systématique des figures et des vêtements; mais, tout en conservant le cachet national, original, le sculpteur a su habilement donner à toutes les parties de son œuvre une vigueur, une noblesse et un air de nature qui la place incontestablement au premier rang parmi les sculptures sassanides.

Je ne crains pas de dire ici quelles furent toutes mes impressions en vue de ces monuments extraordinaires, et si je laisse échapper celles qui furent les plus intimes, au risque de commettre une erreur, j'espère que l'on voudra bien comprendre que le voyageur qui a vu les originaux, qui a été saisi par leur aspect, doit en avoir reçu des impressions neuves, peut-être justes, que cette vue peut seule procurer. Il ne faudra pas s'étonner que son sentiment diffère de celui que peut faire naître la traduction de ces sculptures sur le papier. Quand on raisonne, *de visu*, on a un peu le droit de hasarder une opinion nouvelle, suggérée par ce je ne sais quoi qui fait pénétrer bien des mystères qui ne se dévoilent pas à l'aspect froid, et en quelque sorte muet, des planches d'un ouvrage, si vraies et si bien exécutées qu'elles soient. Je serais heureux de pouvoir ainsi faire passer dans l'esprit de ceux qui verront les copies de ces bas-reliefs et qui liront ces pages, quelque chose des impressions saisissantes que j'ai reçues de ces étonnants monuments des Sassanides.

L'une de celles que m'a communiquées le bas-relief dont je parle, et qui peut se justifier par le fait même des conquêtes du roi Châpour, c'est qu'il a dû être exécuté par un sculpteur grec, peut-être par un des nombreux prisonniers faits sur l'armée romaine. Bien certainement, les diverses parties de ce monument sont, dans leur ensemble, dans leur masse, traduites avec ce goût et cette forme générale qui caractérisent les sculptures persanes de cette époque; mais chacun des objets figurés est compris, dans ses détails, d'une façon qui sort tout à fait de la manière habituelle et généralement reconnue sur les bas-reliefs du même temps et de la même localité. Ainsi, tous les autres sont plus ou moins bien exécutés, il est vrai; néanmoins, ceux qui le sont le mieux sont traités avec une simplicité de détails qui trahit l'ignorance et l'inhabileté. Celui-ci, au contraire, pris dans son ensemble, présente une sculpture de même valeur. Mais, examiné et étudié avec soin, il offre la preuve irrécusable d'une hardiesse et d'un talent de ciseau qui se traduisent par des formes musculaires vraies, par des poses naturelles, par des ajustements gracieux, par des ornements ou des plis d'étoffes tracés avec autant d'élégance qu'il y a d'énergie dans la main qui les a refouillés. Les têtes ont plus de caractère, plus de diversité de physionomies et de poses; les animaux y sont bien distincts et bien vrais de forme. Tout cela est saisissant et ressort avec évidence de cette sculpture qui a toute la couleur d'un tableau. Voici la descriptions de cette grande scène dont le développement ne mesure pas moins d'une dizaine de mètres: par exception à l'usage admis pour l'exécution de toutes les sculptures qui se rencontrent sur les rochers de Perse, et par un caprice ou une originalité d'artiste, ce bas-relief est exécuté sur une partie cintrée de la montagne, à l'intérieur d'un hémicycle de rochers, de manière qu'il forme comme un petit amphithéâtre dans lequel, les acteurs, d'un côté, et les spectateurs, de l'autre, sont les personnages figurés dans ce tableau circulaire. Le système de divisions ou compartiments que j'ai déjà signalé est encore plus distinct ici. Les diverses parties, ou les scènes différentes qui en font la composition, sont séparées d'une façon plus marquée et plus symétrique. Avec une affectation plus sensible que sur les bas-reliefs précédents, la place occupée par le personnage principal, qui est Châpour, le rend plus remarquable, plus saisissable, et contribue mieux à l'isoler dans toute la majesté de son rang et de sa gloire.

Je viens de dire que c'était encore Châpour; c'est aussi une répétition de sa victoire sur Valérien, de son triomphe de son armée victorieuse, et des Romains captifs qui l'implorent, ou lui offrent des présents, ou lui apportent leurs dépouilles. Dans cette nouvelle édition du même sujet, il y a du moins des variantes remarquables dans la manière dont il est rendu. Le groupe du roi et des deux Romains, dont l'un est sous les pieds du cheval, n'est point changé. Ainsi que je l'ai dit, il est isolé. Il pose sur une partie nue de rocher, ménagée entre deux rangs de figures; et, au-dessus, un ntervalle semblable, entre d'autres rangs de personnages, sert à faire ressortir la figure du roi tenant son ennemi sous ses pieds.

Les autres parties du tableau se divisent en huit compartiments dont quatre à droite et quatre à gauche, superposés et séparés par des bandes saillantes horizontales. Dans les cadres de gauche, on reconnaît facilement l'armée royale représentée par un nombre considérable de cavaliers alignés sur quatre rangs et tous à peu près semblables de poses et de costumes.

Le sculpteur avait réservé ses idées, ses caprices et tout son art pour les cadres de droite. La scène principale est celle qui se passe devant le roi : à ses pieds est un personnage agenouillé qui étend les bras vers lui, dans une attitude de supplication ou d'hommage; d'après son costume, ce doit être un Romain. Un autre à peu près semblable est debout et offre à Châpour une couronne qui semble être en laurier, peut-être celle de l'empereur. Un officier persan, sur l'arrière-plan, assiste à la cérémonie. Au-dessus de lui un petit génie ailé vole vers le roi en lui présentant un bandeau qui flotte dans l'air. Derrière ces personnages, un premier individu apporte une petite couronne ou un anneau; un second conduit un cheval de bataille tout caparaçonné qu'on doit croire celui de Valérien. Après, vient un homme portant sur la tête un vase très-large, et, derrière lui, marche lentement un éléphant sur la tête duquel est monté son cornac. Cet animal est rendu avec une vérité de formes étonnante; c'est une des parties saillantes de cet ouvrage. Au-dessus de ces diverses figures, il s'en trouve six autres qui tiennent des deux mains et déploient des manteaux romains, ou peut-être les toges des patriciens morts sur le champ de bataille.

Au-dessous, le tableau qui paraît faire suite à celui qui vient d'être décrit, représente deux individus vêtus de longs manteaux romains : le premier présente sur sa main un objet croisé qu'il n'est pas possible de définir; le second porte une urne ou vase à deux anses dont le contenu ne se voit pas. Celui qui vient après eux tient l'étendard de Rome; à sa hampe surmontée d'une partie carrée, mais restée ébauchée, il est facile de reconnaître qu'elle devait porter l'aigle romaine. Le char de l'empereur vient à la suite, traîné par deux chevaux; et, derrière, au-dessus d'une partie brisée, on aperçoit la tête et les bras de deux figures qui portent sur leurs épaules des outres ou des sacs par lesquels on a voulu figurer sans doute le trésor impérial.

Dans les deux cadres supérieurs sont retracées des scènes du même genre. Dans celui qui se trouve au-dessus du groupe royal sont rangés huit personnages: le premier porte dans chaque main un grand anneau; le second tient sur sa tête un très-grand plat ciselé, ainsi que le quatrième et dernier. Ces plats, de forme peu variée, sont ouvragés, présentent des côtes, et doivent simuler des objets d'un métal précieux, de l'orfévrerie. Les figures qui occupent le troisième et le cinquième rangs portent sur leurs épaules, au moyen d'un levier, un objet qui paraît très-lourd et qui est retenu par des courroies. D'après sa forme, il n'est guère possible de le prendre pour autre chose que pour un sac d'argent. La figure suivante porte également un sac sur son épaule; et celle qui est l'avant-dernière conduit en lesse deux lions mâle et femelle. La tournure de ces animaux est pleine de naturel, et le sculpteur a rendu avec bonheur la face du lion encadrée dans une longue crinière.

Le dernier cadre, celui du haut, est plus simple. Toutes les figures, qui sont au nombre de huit, portent des anneaux ou des vases, à l'exception de la quatrième qui tient une épée courte à la romaine. Dans ce compartiment, il est à remarquer que plusieurs individus qui sont vêtus de tuniques rabattues sur des pantalons larges, ont une main couverte par le bout de la manche. C'est une observation à constater parce qu'elle se renouvelle souvent, et que, ainsi que nous l'avons vu, sur un bas-relief de *Nakch-i-Roustâm*, cela semble être un trait caractéristique des mœurs ou des costumes de ces temps.

Après avoir ainsi exploré les deux rives du Châpour et avoir étudié les bas-reliefs qui se trouvent sur l'une et sur l'autre, il nous restait, pour compléter l'étude de toutes les sculptures que pouvaient recéler ces lieux, à voir un dernier monument d'autant plus curieux qu'il est le seul du même genre que l'on ait retrouvé jusqu'à ce jour en Perse. C'était une statue colossale que nos guides nous dirent être à l'entrée d'une caverne. Ces gens nous affirmaient qu'elle existait, qu'ils pouvaient nous la montrer ; mais ils ajoutaient, tout montagnards qu'ils étaient, que ce n'était qu'avec les plus grandes peines qu'on parvenait à escalader les rochers pour atteindre la caverne située au sommet de la montagne. Cependant leurs affirmations, le désir de faire une découverte, et aussi le souvenir de voyageurs qui nous avaient précédés et n'avaient pu réussir à trouver ce monument, tout cela me stimulant me fit tenter l'aventure. Je partis donc avec deux tuffekdjis armés, et moi-même je me mis en mesure de me défendre, car je n'avais qu'une confiance très-limitée et dans nos Mamacenis et dans les autres montagnards que je pourrais rencontrer. Mes guides ne m'avaient pas exagéré les difficultés du chemin à parcourir. Il fallut nous lancer au milieu d'un chaos auquel la main de l'homme n'avait point touché. A travers les ronces, les broussailles, les rocs amoncelés, je dus me faire hisser de l'un à l'autre, et vaincre des difficultés de toutes sortes. Enfin, après mille peines, abîmé de fatigue, j'étais parvenu à l'entrée d'une grotte naturelle, d'une ouverture extrêmement large, et dans les profondeurs de laquelle l'œil ne pouvait percer les ténèbres. A quelques pas de l'entrée de cette caverne, une figure colossale gisait sur le sol. Le torse, encore appuyé sur son piédestal, était renversé, et la tête fracassée posait à terre, en partie cachée dans la poussière. Les pieds seuls sont restés fixés au socle. Les dimensions de cette statue sont gigantesques : la tête est longue d'un mètre; la largeur, d'une épaule à l'autre, dépasse deux mètres; la longueur, du sommet de la tête à la ceinture, est de près de quatre mètres; les pieds ont un mètre. Quant aux jambes, elles ne se retrouvent pas. Ces diverses proportions font supposer que le colosse entier pouvait avoir sept à huit mètres. D'après l'examen des vêtements, de la chevelure et de la barbe, il est à présumer que cette statue représentait le roi Châpour.

J'ai dit que les pieds étaient encore adhérents au socle. Celui-ci n'était autre chose qu'un énorme roc qui fait partie de la montagne, et les pieds eux-mêmes étaient parties intégrantes de cette masse de pierre. En examinant la voûte de la caverne, directement au-dessus de ce piédestal naturel, j'aperçus des arrachements qui ont conservé une forme et des empreintes de ciseau. En rapprochant, de l'œil, le dessus de la tête gisante à terre, du dessous de la pierre suspendue au-dessus des pieds, j'acquis la certitude que le colosse tenait à la masse des rochers de la grotte, du haut aussi bien que du bas. Il est donc certain que là il existait une espèce de support de la caverne, comme une énorme colonne posée par la nature, ou par les hommes antérieurement, pour soutenir son arc immense, et que Châpour eut l'idée d'en tirer parti pour faire découper dans sa masse la colossale ronde-bosse qui devait, aux siècles futurs, présenter son orgueilleuse figure.

Comment a-t-elle été détruite? Faut-il en attribuer la chute à l'infiltration des eaux qui, peu à peu, auraient rongé la partie supérieure en contact avec la voûte, et, perdant son équilibre, cette statue s'est-elle affaissée sur elle-même? Ou bien faut-il, ce qui paraît assez probable, admettre plutôt que la main des hommes a détruit ce que la main d'autres hommes avait si ingénieusement créé? En voyant les traces de mutilation que porte le visage, cette opinion est bien justifiée. Ces barbares profanations de sculptures, en Orient, ne se rencontrent que trop souvent; nous avons déjà eu bien des fois occasion de signaler tout ce qu'elles ont fait perdre aux monuments de l'antiquité persane.

CHAPITRE XLIII.

Ruines de la ville de Châpour. — Khumaridje. — Kanara-Takhta. — Dallaki. — Bourazdjoûn. — Insurrection. — Arrivée à Bender-Bouchir.

Le 25 décembre, après avoir, sans accident, terminé nos travaux à Châpour, nous congédiâmes nos caraouls, à l'exception de deux que nous gardâmes pour nous guider jusqu'à la route qui devait nous conduire à Bender-Bouchir.

Lorsque nous eûmes débouché de l'étroite vallée où nous avions campé, nous nous retrouvâmes sur un sol jonché de débris et accidenté par des éminences portant tous les indices de constructions presque entièrement disparues. Nous les avions entrevues avant d'entrer dans la gorge du Roûd-Châpour, et nous n'en avions pas auguré beaucoup pour augmenter la collection de nos matériaux archéologiques. Nous ne nous étions pas trompés. Nous embrassions de l'œil toute l'étendue du terrain sur lequel surgissent çà et là les points les plus apparents parmi les débris qui le couvrent. Autant que nous en pûmes juger par l'aspect des lieux, la ville de Châpour devait avoir approximativement deux mille mètres en longueur, sur treize à quatorze cents de largeur. A peu près au centre de tous ces monceaux de décombres, qui sont de nature à ce que des fouilles ne paraissent devoir y amener aucune découverte importante, on voit une ruine qui offre plus d'intérêt que toutes celles sur lesquelles le pied heurte à chaque pas. De loin, on n'aperçoit qu'un mur au haut duquel sont trois grandes assises dont les parties anguleuses, peu dessinées, accusent néanmoins des formes d'animaux. Toute la base de cette construction est enfouie dans la terre. Quatre murailles, dont les revêtements sont faits d'assises d'un calcaire blanc posées à sec, sont tout ce qui reste de l'édifice qui était à cette place. On ne peut se faire une idée de la hauteur que pouvait avoir le monument, parce que toute la partie inférieure, au dedans comme au dehors, se trouve enterrée jusqu'à la plate-bande des portes. Sur le dernier rang d'assises posaient des corps d'animaux que nous avions distingués de loin. Ils étaient très-endommagés; néanmoins, en les observant avec attention, nous n'avons pas été peu surpris de reconnaître qu'ils n'étaient autre chose que de grossières imitations des taureaux agenouillés qui forment à Persépolis les chapiteaux des colonnes. Ils n'avaient ni la finesse de détails, ni la perfection d'exécution de ceux-ci; mais leur ensemble avait un caractère tout à fait analogue. Ils paraissaient avoir rempli, à Châpour, le même office qu'à Takht-i-Djemchid, celui de supporter une architrave ou un plancher. Ils étaient faits de deux assises : l'une sur laquelle était sculptée la tête, l'autre formant le poitrail. Ce mur porte un jambage et une portion de cintre d'une fenêtre. On ne découvre, autour de cette ruine, rien qui s'y rattache; elle paraît isolée et n'avoir pas eu d'autre construction comme annexe.

Au nord-est de ce point, à trois ou quatre cents mètres, on voit deux tronçons de colonnes, restés debout au milieu d'autres fragments du même genre. Ces débris sont en calcaire blanc semblable à celui des assises du monument précédent.

Ce sont là les seuls restes dignes de remarque parmi les décombres. On voit que l'intérêt qu'offre cette localité ne saurait être justifié par ces rares et insignifiants éléments d'architecture sassanide, qui n'ont pour eux ni la grandeur, ni l'art, ni même l'originalité; car, ainsi que je l'ai dit, les seuls objets qui y soient dignes de remarque ne sont, en réalité, dans ce qu'ils présentent comme caractère ou comme détails, que des réminiscences de Persépolis, ou même des plagiats complets faits à cette noble cité des rois achéménides.

Quand nous eûmes laissé derrière nous la dernière pierre qui rappelait la ville sassanide, nous suivîmes la direction du sud-ouest, et nous nous rapprochâmes de la rivière. Cette partie de la plaine de Kazèroûn est couverte d'une espèce d'arbrisseaux épineux que les habitants coupent pour brûler, et qu'à cause de cela l'on ne voit généralement que très-bas. Cependant il sont susceptibles d'un fort accroissement, ainsi que le prouvent quelques pieds épars que le hasard a fait respecter; ceux-ci portent de petits fruits ronds que l'on mange. Arrivés au bord du Roûd-Châpour, il nous fallut cheminer assez longtemps dans son lit, marchant tantôt dans l'eau, tantôt sur des îlots sablonneux couverts de broussailles. Quand nous eûmes atteint la rive opposée, nous nous engageâmes dans un ravin rocailleux que nos bêtes de somme eurent beaucoup de peine à suivre. Nous nous trouvions sur la route fréquentée de Bender-Bouchir. Après que les deux Mamacenis que nous avions gardés nous eurent mis dans notre chemin, ils s'en retournèrent en nous souhaitant un bon voyage. Jusqu'au dernier moment nous n'eûmes qu'à nous louer de ces gens. Ils avaient fait bonne garde, nous ne fûmes nullement inquiétés, et ils s'étaient prêtés avec beaucoup de complaisance à tout ce que nous leur avions demandé. Aussi voulûmes-nous qu'ils fussent également contents de nous, et nous payâmes généreusement les services qu'ils nous avaient rendus. Cependant je dois dire que ce ne sont pas gens auxquels il faille se fier. Leur air farouche indiquait assez que, sans l'intervention du serdâr de Kazèroûn, nous eussions probablement payé cher notre témérité de camper dans la gorge sauvage où nous étions en plein pays des Mamacenis, et à leur merci.

Après six heures de marche, montant et descendant alternativement, nous arrivâmes à *Khumaridje.* Au-dessus des habitations du village, se balançaient, sous un ciel pur, les verts panaches des dattiers. Khumaridje est situé dans une petite plaine circulaire, et sur une éminence qui permet de l'apercevoir de loin. Nous eûmes de la peine à y trouver un logement. Les portes se fermaient brusquement à notre approche; ou, quand nous pouvions pénétrer dans une cour, nous n'y trouvions personne, la maison semblait déserte. Enfin, et presque de force, nous nous installâmes dans une habitation assez passable. Elle était importante pour le lieu; elle avait une tournure de fortification qui indiquait sans doute la nécessité, pour les habitants, de se mettre à l'abri des coups de main imprévus auxquels les expose la proximité du Loristân. Nous pénétrâmes dans la cour de ce logis en passant sous une voûte que surmontait une haute tour carrée percée de meurtrières, et terminée par des créneaux. Tout semblait prévu pour une défense et pour le cas où l'on aurait à soutenir un siége. Au fond de cette cour, on nous donna une grande chambre où la porte seule donnait passage à l'air et à la lumière, afin de mieux garantir de la chaleur extérieure qui devient excessive dans ce pays. Au-devant de cet appartement élevé de quelques marches au-dessus du sol, était une plate-forme construite, comme la maison, en briques crues, et entourée d'un petit mur. C'est là que, le soir, après le coucher du soleil, on prend le frais, ou que, pendant l'été, on passe la nuit. Des hangars faits avec des troncs et des branches de palmiers étaient disposés pour recevoir les chevaux ou autres animaux.

Nous commençâmes, à Khumaridje, à voir les dattes composer l'aliment principal des habitants. Cette nourriture est très-usitée dans la Perse méridionale où les fruits du dattier sont excellents. Ils y deviennent très-gros et parviennent à une maturité qui les rend extrêmement doux et agréables. Leur couleur brune, et le sucre cristallisé qui les couvre, leur donnent un air de fruits confits. Il est impossible de manger rien de plus savoureux et de plus délicat que les dattes de Perse. Les Persans les cueillent quand elles sont arrivées au degré de maturité qui les rend molles. Ils les entassent; leurs parties sirupeuses suintant de chacune d'elles, elles se prennent et adhèrent fortement les unes aux autres. Ainsi conservées, elles ressemblent à des gâteaux, et on les coupe en tranches. Les dattes sont très-nourrissantes. Les *raïas* du *Guermsir* font un repas avec quelques-uns de ces fruits et un peu de pain.

En partant de Khumaridje nous dûmes franchir une nouvelle montagne qui nous rappela l'horrible sentier du *Cotal-Doukhtâr*. Nous marchions sur des roches que les caravanes seules avaient frayées, et que la main des hommes ne paraissait nullement avoir cherché à rendre plus praticables. La nature avait laissé souvent des intervalles entre des rochers. Pour les relier, on avait construit de petits murs sur lesquels des chaussées avaient été établies au moyen de pierres sèches. Nous cheminions un à un, à pied, lentement, entre deux masses gigantesques de pyramides en granit, dont les sommets se perdaient dans le ciel. Entre ces masses qui semblaient avoir été oubliées de Dieu dans le chaos, était creusé un abîme dont le fond ne se pouvait voir. Le sentier, obligé de s'accrocher là où il trouvait une pierre en saillie, passait alternativement d'un pic à l'autre, par-dessus le ravin qu'il traversait, tantôt sur un petit pont, tantôt sur une roche jetée entre deux. Cette route, si on peut l'appeler ainsi, est effrayante, quand on songe qu'un faux pas entraînerait infailliblement au fond du gouffre qu'on ne cesse d'avoir sous les pieds. Ce danger n'était que trop bien prouvé par les cadavres déchirés de mulets qui y avaient été précipités. Nous nous applaudîmes beaucoup, quand nous nous comptâmes, au bas de cette montagne, de voir qu'hommes et bêtes étaient au complet. Nos tchervâdars avaient eu plus de peine que nous à descendre de ces hauteurs, avec leurs mules. D'en bas, ce *cotal* produit un effet aussi singulier que pittoresque. Le petit sentier, tracé alternativement sur l'une et sur l'autre de ces aiguilles granitiques, se présente presque dans tout son développement. Il descend en zig-zag, et ses détours fréquents lui font souvent franchir l'abîme sur lequel il suspend à chaque pas le voyageur. Cette route est si peu apparente et se confond tellement avec les masses de ces rocs accumulés sur lesquels elle se replie comme un long serpent, que l'on ne peut, à moins d'y voir quelqu'un, se douter qu'elle existe et qu'il soit permis à l'homme de s'y aventurer.

Nous rencontrâmes, dans ce défilé, quelques montagnards qui marchaient d'un pas vif et assuré. Ils ne paraissaient pas s'apercevoir des difficultés de l'escalade. Ils portaient un bâton au bout duquel était une hachette. C'était la première fois que je remarquais l'usage de cette arme. Je pensai qu'elle devait avoir pour but de les aider à couper du bois dans les rares endroits de la montagne où poussaient quelques broussailles.

L'étape de ce jour fut fatigante mais peu longue. Nous n'avions marché que cinq heures quand nous arrivâmes en vue d'une belle plaine couverte de palmiers au travers desquels se distinguaient les maisons de deux villages. Nous nous arrêtâmes à celui qui porte le nom de *Kanara-Takhta*, près duquel était un caravansérail où nous entrâmes. Cet endroit était remarquable par la singularité d'aspect que présentaient les habitations. Elles étaient très-variées. A côté de maisons en briques crues et en terrasses, comme toutes celles de la Perse, on en voyait qui, avec des murs semblables, portaient des toits en pentes, ressemblant beaucoup aux chaumières de nos villages. Ces toits, en effet, étaient construits avec des rameaux de palmiers dont les longues feuilles minces et desséchées figuraient de loin du chaume. Il y en avait d'autres qui, temporaires, n'avaient aucune de leurs parties solides. C'étaient plutôt des espèces de tentes dont les côtés et le dessus étaient entièrement faits de branches de dattier. Cette différence entre les habitations de cet endroit tient à ce que la partie de la population qui vit sous ces cahuttes est nomade. Au printemps, elle s'éloigne de *Kanara-Takhta*, et n'y revient qu'à l'approche de l'hiver.

Ni ces cabanes de feuillages, ni les maisons qui étaient en mauvais état ne nous tentèrent. Nous préférâmes nous établir dans le caravansérail, quelque mal entretenu qu'il fût. Nous y avions été précédés par une caravane venant de Bouchir. C'était celle d'un marchand d'esclaves, qui était allé chercher des noirs dans ce port. Nous étions arrivés de bonne heure à *Kanara-Takhta;* la journée nous parut d'autant plus longue dans ce caravansérail que nous y étions fort mal. C'était un des plus mal tenus que nous eussions encore vus.

Le lendemain matin, nous allions partir, lorsqu'un incident nous fit comprendre les préjugés fanatiques des habitants de la contrée. Je réglais, avec le pourvoyeur du caravansérail, le compte de la dépense que nous y avions faite : entre autres choses qu'il nous avait fournies, figuraient quelques dattes qu'il avait apportées lui-même dans une espèce de grande jatte de cuivre du pays. Nous avions pris quelques-unes de ces dattes, et ne les trouvant pas de bonne qualité, nous les avions laissées. En payant notre écot, je voulus déduire ces dattes, mais le pourvoyeur me fit observer qu'il ne pouvait les reprendre *parce que nous y avions touché.* Très-étonné et, je le dirai, peu habitué à cette impertinence musulmane, je croyais ne pas le comprendre, et je lui demandai l'explication de son refus. Il me répéta imperturbablement : « *qu'un musulman ne pouvait pas manger d'une chose qu'un* « *chrétien avait souillée par son contact impur...* » C'était clair et par trop insolent pour que je n'en témoignasse pas toute mon indignation. Ce colloque avait rassemblé autour de nous tous les gens de la caravane qui était dans le caravansérail. Le pourvoyeur était fort sale. Il avait notamment les mains fort crasseuses. Je tirai mon gant, et, montrant ma main à tout le monde, je dis : « Tu prétends que j'ai souillé tes dattes « en y touchant ; dis-moi lequel de nous deux a la main la « plus propre. » Quelques-uns des assistants sourirent, mais d'autres froncèrent le sourcil. « Puisque tu ne veux pas « reprendre ces dattes, ajoutai-je, sous prétexte que j'y ai « touché, je vais te les payer ; mais comme mon argent passerait aussi par mes mains en sortant de ma poche, je sup- « pose que tu dois vouloir qu'il soit purifié avant de le « prendre, va donc le ramasser là..... » et, en disant cela, je jetai ce que nous devions au pourvoyeur dans une de ces flaques noires et puantes qu'entretiennent, dans les caravansérails, l'urine et les excréments des animaux qui y bivouaquent. Pour le coup, tous les visages prirent une expression de courroux. La leçon paraissait un peu verte à tous ces musulmans ; mais je m'inquiétai peu de ce qu'ils en pensaient. Nous partîmes, laissant le fanatique marchand de dattes, tout décontenancé de l'aventure, chercher son argent là où il était.

Nous avions vu successivement le sol s'abaisser devant nous, et nous avions, les jours précédents, beaucoup plus longtemps descendu que nous n'avions eu à monter. Nous supposions donc que nous devions être beaucoup au-dessous de la plaine de Chiraz. Nous n'en avions cependant pas fini avec les montagnes; et, en partant de *Kanara-Takhta*, nous nous y trouvâmes engagés de nouveau. Mais le chemin y était moins aride, et le terrain moins exclusivement rocheux. Après en être sortis, nous arrivâmes sur le bord d'une forte rivière qu'il fallut traverser. Ses eaux vives paraissaient profondes. Nous y fîmes entrer nos chevaux avec précaution, et, en tâtonnant, nous finîmes par découvrir un gué où ils n'avaient de l'eau que jusqu'au milieu du ventre. C'était bien assez pour que nos bagages fussent mouillés; aussi, fallut-il prendre les plus grandes précautions pour faire traverser nos mules.

De l'autre côté de ce fleuve, une gorge étroite nous montrait le chemin. Nos tchervâdars nous prévinrent que c'était un passage mal famé, et qu'il fallait être sur nos gardes. Nous devions cheminer, un à un, entre deux hautes murailles de rocs entremêlés de broussailles, qui pouvaient être d'excellents lieux d'embuscade pour des voleurs. Nous marchâmes avec quelques précautions, regardant derrière chaque pierre, derrière chaque buisson, interrogeant du regard tous les creux du terrain, mais sans voir l'apparence d'un danger. Nous passâmes heureusement, et, quelque propice que fût l'endroit pour une surprise, nous en fûmes pour nos frais de prudence.

Quelques pas plus loin, nous arrivions au sommet de la dernière chaîne que nous eussions à franchir. C'était aussi la moins élevée et la moins difficile. Nous vîmes, de ce point, s'ouvrir devant nous le large et profond horizon de la plaine sablonneuse de Bender-Bouchir. Pour la première fois, depuis notre départ de Trébizonde, nous apparaissait un pays que ne bornaient ni montagnes ni rochers. Dans la vapeur tremblottante qui s'élevait à perte de vue on devinait la mer Persique Jusqu'à son flot, que nous croyions entendre, aucun mouvement de terrain ne coupait la ligne droite d'un sol qu'accidentaient seulement quelques formes de villages, quelques masses verdoyantes de dattiers. C'était donc un pays d'un aspect tout nouveau que nous allions traverser, vers lequel la pente douce des derniers monts nous conduisait rapidement. Nous descendions d'un pas léger, attirés par l'espérance de la nouveauté, et nous fûmes vite rendus au village de Dallaki, situé sur le bord d'un courant d'eau saumâtre.

Nous apprîmes là que toutes les populations de la plaine étaient en grande rumeur et se battaient entre elles. J'eus beaucoup de peine à distinguer la véritable cause de ces troubles. Tout ce que je pus comprendre, c'est qu'il y existait un conflit armé et soutenu par des coups de fusil, entre un Khân rebelle et celui qui commandait ce district au nom du Châh. Les villages s'étaient partagés : les uns tenant pour le roi de Perse, les autres prêtant appui aux révoltés. Mais au fond de tout cela, et sous le voile de ces discussions entre nationaux, il me sembla qu'il se cachait quelque complot politique ourdi par des agents étrangers au pays. Je m'étais déjà aperçu que, dans cette partie de la Perse, il y avait une sourde fermentation. Les événements de Syrie, annoncés dans ces régions éloignées, y avaient été racontés, grossis, dénaturés, comme le sont inévitablement tous les faits colportés au loin de bouche en bouche. Par combien de conducteurs de cette espèce, les nouvelles du théâtre de la guerre soutenue par Ibraïm-Pacha n'étaient-elles pas passées avant d'arriver jusqu'ici? Mais une chose qui m'étonna beaucoup, ce fut de voir les gens de la plus mince apparence parler de cet accident politique, et s'en préocuper. Cela tenait à plusieurs causes : d'abord à la sympathie que les Persans avaient pour le pacha d'Égypte; ils savaient que Mehemet-Ali était hostile aux Turcs; il ne leur en fallait pas davantage pour qu'ils prissent parti pour lui contre leurs éternels ennemis. Ils faisaient des vœux pour que le pacha fût victorieux, et son inutile résistance, dans le mont Liban, était commentée de mille manières. Une autre cause de l'intérêt que les Persans portaient à ce qui se passait de l'autre côté du désert, c'était l'antipathie qu'ils ressentaient pour les Anglais qu'ils savaient engagés dans cette lutte. L'Angleterre, surtout sur les côtes du golfe Persique, a toujours agi de façon à s'attirer la haine des populations. Savoir qu'elle prenait parti pour le sultan contre le pacha, qu'elle soutenait les Turcs contre les Égyptiens, c'était, aux yeux des Persans, un nouveau grief ajouté à tant d'autres qu'ils n'avaient point oubliés. Tous les bruits qui couraient sur les événements de Syrie venaient de Bagdad ou de Bombay par Bender-Bouchir. Aussi les caravanes, parties de ce port, étaient-elles interrogées avec anxiété dans tous les villages qu'elles traversaient.

Au caravansérail de Dallaki, où nous étions, un Persan nous affirma qu'un courrier était venu du Kaire pour solliciter le Châh, de la part de Mehemet-Ali, de faire alliance avec lui et d'attaquer la Turquie. Rien ne pouvait plaire davantage aux Persans. Leur patriotisme s'enflammait, à l'idée de guerroyer contre les Turcs, leur fanatisme s'exaltait au cri de : *Guerre aux Sunnites!*

Toutes ces nouvelles, ou, pour mieux dire, tous ces bruits, nous jetaient dans une grande anxiété, car, tout en faisant la part des exagérations, nous en savions assez pour comprendre la gravité que pouvait avoir cette guerre. Si nous en connaissions la réalité, nous en ignorions les détails et les conséquences. Il y avait déjà bien longtemps que nous étions privés de lettres et de journaux de France, nos nouvelles les plus fraîches remontaient à plus de six mois; depuis, que s'était-il passé? Nous avions hâte d'atteindre Bouchir où nous espérions, non pas trouver des lettres, mais au moins des gazettes venues de Bombay.

Nous quittâmes Dallaki de grand matin, afin d'avancer. A une petite distance de ce village, nous avons rencontré plusieurs ruisseaux d'eaux chaudes sulfureuses. On nous dit que leur source était éloignée, et cependant elles conservaient, malgré leur parcours, une température encore élevée. Elles coulaient au travers d'un sol pierreux et complétement dénué de végétation. Près de là étaient aussi des sources de naphte. Plus loin, nous vîmes la terre couverte d'une espèce de cactus, à petites feuilles, et produisant une jolie fleur à côté de figues que les habitants nous dirent être fort mauvaises.

Nous pensions nous arrêter au village de *Bourazdjoûn*, qui est distant de *Dallaki* de cinq heures, et faire le lendemain une forte journée pour arriver à Bouchir. Mais en approchant de Bourazdjoûn, nous aperçûmes toute la population en armes. Elle paraissait se préparer à livrer bataille à un ennemi attendu. D'aussi loin qu'elles nous virent, les vedettes nous signalèrent. Un petit groupe d'hommes armés s'avança vers nous avec toutes les précautions usitées en guerre. Ce ne fut pas sans quelque peine que nous parvînmes à nous faire reconnaître pour des frenguis voyageant et demandant l'hospitalité. Quand on eut acquis la conviction que nous n'étions ni des ennemis, ni des émissaires envoyés par eux, on nous conduisit au Hakim, qui nous reçut avec la préoccupation d'un homme qu'un danger menace, et qui a bien à penser à autre chose, vraiment, qu'à exercer l'hospitalité envers des chrétiens. Cependant il nous fit donner un logement, mais inacceptable. Tout était en rumeur autour de nous. Nous n'entrevoyions pas la possibilité d'être là commodément. Nous pouvions nous trouver au milieu d'une bagarre, et, vainqueur ou vaincu, ce village ne nous inspirait pas de confiance. Le soleil était encore bien haut, nous résolûmes d'aller chercher fortune plus loin.

Je cheminais tout en cherchant à deviner la cause de l'insurrection au milieu de laquelle nous passions, et j'y réfléchissais tristement, en rapprochant ce que je voyais de tout ce que je savais : dissentiment profond entre la cour de Téhérân et le ministre anglais ; exclusion de la légation britannique du territoire persan ; vœux contraires à la politique anglaise, manifestés ouvertement par les Persans, à l'occasion de la guerre de Syrie ; entrée, malgré l'opposition des autorités persanes, d'un agent anglais dans le Loristân et chez les Bactyaris ; double coïncidence de cet événement avec la révolte du Khân de Bebahân, ville lori, et les troubles du district de Bouchir ; et, pour complément, apparition de forces anglaises à *Karak* et sur tout le littoral persique.

Nous distinguâmes bientôt le village d'*Hamadi* où nous devions demander un gîte. Bien que nous y retrouvassions un peu de la fermentation que nous avions laissée derrière nous, cependant la population, qui est arabe, en paraissait beaucoup plus calme. Toute cette contrée, en remontant vers Bassorah, est peuplée, en grande partie, de tribus arabes qui s'y mêlent aux Persans. Ils y conservent leurs coutumes, leurs mœurs nomades; ils parlent le *farsi* aussi bien que leur propre langue, et sont en partie sunnites, en partie chiites. Ils possèdent des villages, sans être pour cela tout à fait sédentaires. Quand vient la saison chaude, ils abandonnent les sables brûlés du *Guermsir* et se retirent vers les montagnes. Leurs habitations se ressentent de leurs habitudes. Construites sans peine, elles se détruisent facilement. Quelques branches de palmiers, et des feuilles tressées, ou simplement placées les unes sur les autres, forment leurs cabanes.

Notre séjour à Hamadi ne fut point assez long pour que nous pussions apprécier avec certitude le caractère de cette population étrangère au sol de la Perse. Néanmoins les impressions que je reçus de ces Arabes furent telles que je pus distinguer en eux une nature très-différente de celle des Persans. Ils me parurent être beaucoup plus indépendants, plus fiers, et aussi plus grands, dans leur hospitalité, que leurs voisins; et à la manière dont ils s'exprimaient sur les troubles qui agitaient le pays autour d'eux, on sentait qu'ils ne faisaient cause commune avec personne, et restaient neutres entre les deux partis. La faible agitation qu'on remarquait parmi eux n'avait d'autre cause que l'inquiétude où ils étaient pour leurs troupeaux et leurs autres biens; elle ne trahissait aucune préférence, ni aucune opinion politique. Ce rivage persique demeura longtemps sous le nom de *Bachistân*, d'*Arabistân*, dans un état d'indépendance complète vis-à-vis du Châh. Aujourd'hui encore, le gouverneur de Bender-Bouchir est Arabe, et la majeure partie des villages, de même nation, obéissent exclusivement à leurs *Cheïks*. Ceux-ci se considérant plutôt comme vassaux et feudataires du roi de Perse, que comme ses sujets. Cette population arabe a d'ailleurs considérablement diminué.

Nous quittâmes Hamadi au jour. Sept farsaks nous séparaient encore de Bouchir, et nous désirions y entrer de bonne heure. Nous marchions sur une plaine de sable basse, couverte de sel, et marécageuse. A notre droite surtout, à l'ouest, d'immenses marécages s'étendaient jusqu'à la mer ; ils produisaient, par leur évaporation, un mirage singulier au-dessus duquel nous croyions voir une foule de mâts et de navires. Le sol, quoique plus solide sur notre gauche, était aussi souvent submergé. Nous marchions avec précaution sur un étroit chemin où, bien que le sable fût plus ferme et plus sec, on n'en sentait pas moins, par intervalles, que les eaux s'infiltraient à une certaine profondeur. Aussi arrivait-il parfois que nos montures s'y enfonçaient jusqu'à mi-jambes. Toute cette région basse et envahie par les eaux de la mer pénétrant à travers les sables, était couverte de bandes innombrables d'oiseaux aquatiques et de perdrix du désert qu'on appelle *fohouï*. Celles-ci se réunissent quelquefois par milliers; elles s'élèvent très-haut, et, quand on les voit venir de loin, on dirait un nuage. Cette espèce est très-jolie ; son plumage est moucheté; elle se rapproche beaucoup, par les formes, de la perdrix ordinaire, mais elle présente cette singularité, que les pattes n'ont que trois doigts ; c'est du reste un excellent gibier.

Longtemps avant d'atteindre Bouchir, le mirage nous faisait croire à la proximité de la ville. Cet effet d'optique grandissait démesurément tous les objets, en les rapprochant d'une façon surprenante : de petites barques qui étaient dans le port prenaient les dimensions de vaisseaux de haut bord, et les pauvres murailles en briques de la ville semblaient être à notre portée. Mais ces images menteuses fuyaient toujours devant nous, et il fallut quelques heures passées à leur poursuite avant qu'elles s'évanouissent et que la réalité vînt rendre à chaque chose ses proportions vraies. Il y avait sept heures que nous marchions, depuis Hamadi, quand Bender-Bouchir se dessina assez nettement à nos yeux pour que nous vissions combien cette ville était misérable.

CHAPITRE XLIV.

Aga Youssef. — Vaisseau de Nadir-Châh. — Commerce de Bouchir. — État de cette ville. — Ile de Karak. — Influence anglaise. — Ruines de Richehr.

Arrivés au pied des murs de Bender-Bouchir, nous en trouvâmes les portes fermées; il nous fallut parlementer pour entrer dans la place. L'émotion de la plaine s'étendait jusque là, et les habitants de cette ville ne paraissaient pas plus rassurés, derrière leurs murailles, que ne nous avaient semblé l'être les raïas des villages devant lesquels nous avions passé. Après quelques pourparlers et des indécisions que le firman royal finit par vaincre, nous fûmes introduits. Nous franchîmes, entre deux canons que leurs affûts brisés mettaient hors de service, la seule porte qui s'ouvre du côté de terre. Elle était alors gardée par un poste nombreux de tuffekdjis, et ouvrait sur une petite place où s'élevaient quelques cabanes en palmier. De là, nous entrâmes dans des rues étroites et tellement désertes, qu'on aurait pu les croire abandonnées par leurs habitants. Ceux-ci étaient sous les armes, et ils avaient barricadé leurs maisons, ainsi que leurs boutiques, comme s'ils avaient eu à redouter un assaut.

Nous demandâmes à être conduits chez le gouverneur *Cheik-Nasr* à qui nous étions recommandés. Il était parti pour Chiraz, et nous dûmes nous adresser à son vekil Cheik-Abdoullah qui nous indiqua pour logement une maison très-considérable, jadis fort belle, mais alors tellement ruinée que nous ne pouvions y trouver un abri convenable. Il nous était impossible de nous établir dans ce local délabré où il ne restait ni portes ni fenêtres. Nous étions en discussion avec le ferrach-bachi du vekil, quand nous vîmes venir un individu qui avait un extérieur moitié frengui, moitié persan. Il nous salua fort poliment, et, se présentant comme agent européen, il nous offrit, avec une grâce parfaite, un logement dans une maison à lui. La cordialité de son offre obligeante ne nous permit pas d'hésiter à l'accepter, et nous le suivîmes très-volontiers. Chemin faisant, il nous apprit, en peu de mots, qui il était. Il s'appelait *Aga-Youssef-Malcolm*, ce dernier nom évidemment emprunté et porté comme cocarde. Il était Arménien par son père, Français par sa mère et Anglais par intérêt. La Compagnie des Indes l'entretenait à Bouchir comme agent non officiel, mais cependant reconnu comme tel par le gouverneur, et ayant qualité pour veiller aux affaires des Anglais dans ce port. Le caractère semi-politique dont il était revêtu lui donnait droit à toutes les franchises usurpées par les *balioz* de cette nation. En conséquence, aux fonctions d'agent consulaire il réunissait des occupations commerciales très-étendues. C'était un des riches négociants de ce littoral; ses relations s'étendaient à Bassorah, à Bombay et jusqu'à Mascat. Il parlait le persan, l'anglais, l'arabe, et naturellement l'arménien. Son costume était tout aussi bigarré : il était persan par son bonnet ou coula de peau d'agneau noir, anglais par une veste de percale blanche, comme on en porte aux Indes, arabe par les babouches dans lesquelles il passait le bout de ses pieds; quant à sa nationalité paternelle, elle se révélait par plusieurs menus détails de sa toilette étrange. Avec un pareil accoutrement, soutenu par une langue polyglotte, Aga-Youssef-Malcolm pouvait se présenter devant des nationaux de quatre pays différents, et se réclamer, vis-à-vis chacun d'eux, d'une des pièces constitutives de son individu multiforme. Nous seuls Français, nous ne trouvions en lui rien qui rappelât notre pays, si ce n'est la politesse et l'obligeance extrême de cet excellent homme.

Aga-Youssef, je l'appellerai ainsi par abréviation, nous avait conduits dans une petite maison qui lui appartenait. Il nous y installa, y fit apporter tout ce qui pouvait nous être utile, et nous dit de nous considérer comme chez nous. Il exerçait l'hospitalité avec une générosité et une aisance qui nous surprenaient beaucoup. Nous nous applaudissions beaucoup de l'avoir rencontré et de ne pas être restés au milieu des décombres du palais que nous avait offert pour demeure Cheik-Abdoullah.

A la fin de la journée, Aga-Youssef, pour nous faire honneur, avait rassemblé en ville et dans les factoreries du port tout ce qu'il avait pu d'Arméniens de sa société et il nous les amena. Chacun d'eux nous adressa toutes sortes de compliments sur notre arrivée à Bouchir, sans omettre de faire à son tour ses offres de services. La conversation ne tarda pas à s'engager sur la politique, sur la guerre de Syrie. Au travers des réticences que ces Arméniens, et surtout notre hôte, gardaient relativement au rôle de l'Angleterre dans ces graves conjonctures, nous devinâmes facilement qu'ils inclinaient tous grandement de ce côté : c'était évidemment une société dévouée aux Anglais, et sans doute une de ces avant-gardes, comme ils savent en placer sur tous les points du globe où le gros de leur armée n'est point encore arrivé.

Notre position vis-à-vis de ces dévouements était délicate. Nous nous observions et nous tenions constamment sur la réserve. Nous devions respecter les sentiments secrets de notre hôte; ne devait-il pas, d'ailleurs, gagner l'argent qu'on lui donnait comme subvention? Et il faut dire que je n'aurais su lui faire un crime de s'être chargé du rôle qu'il remplissait au milieu des comparses qui l'entouraient, car les Arméniens ne sont plus, à vrai dire, une nation. Semblables aux Juifs, ayant, pour ainsi dire, subi les mêmes vicissitudes, les mêmes malheurs, les Arméniens, dispersés sur la surface du continent asiatique, errent de côté et d'autre, ne demandant au lieu qu'ils habitent que les moyens de vivre de leur industrie. Honnis par les Musulmans, vexés par le gouvernement persan, ils ne se sont attachés ni au sol, ni à la nation au milieu de laquelle ils vivent en parias sans s'y être jamais incorporés.

Nous ne comptions passer que deux jours en cet endroit; nous les employâmes à visiter Bouchir en détail. Son vrai nom est *Bender-abou-Cheher*, littéralement *port et ville du Grand'Père*. Ce sont les Arabes qui l'ont ainsi appelée, comme ce sont eux qui l'ont fondée. Toutes les villes qui, placées sur cette côte, permettent aux navires d'y aborder, sont d'origine arabe. Les Persans ont toujours eu horreur de la mer et de la navigation. Retirés dans les terres, et n'approchant qu'avec répugnance des sables baignés par les vagues, ils ont abandonné, d'abord aux Arabes, plus tard à des Européens, le soin de tirer parti des rares endroits que leur côte pouvait offrir, comme ports, à la navigation et au commerce maritime. Ainsi, dans tout le cours de la longue histoire de Perse, l'on ne voit jamais cette nation, je ne dirai pas figurer comme puissance navale, mais seulement déployer quelques voiles sur les mers qui baignent ses rivages au nord et au sud. Cependant, il y a un peu plus d'un siècle, un souverain de ce pays, un soldat parvenu, chez qui l'on n'aurait pas dû, d'après son caractère et ses exploits, soupçonner d'autres instincts que ceux de la guerre, conçut tout à coup l'idée de créer une marine pour défendre les frontières maritimes de ses États. Mais c'était là un de ces caprices fugitifs, une de ces fantaisies comme s'en sont passé quelquefois les despotes orientaux. Pourtant Nadir-Châh, car c'était cet usurpateur, mit une grande persévérance dans la réalisation de ce projet. Servi par les éléments indispensables à la création qu'il avait rêvée, on ne peut dire ce qui en serait résulté; peut-être la Perse fût-elle devenue une puissance navale et ses destinées eussent-elles été différentes. Mais le sol de ce pays se refusait à cette innovation ; il est privé de bois propre à la construction des navires, et, à l'exception des forêts encore vierges du Mazenderâm, il était alors, comme aujourd'hui, impossible d'y trouver un seul arbre qui pût faire un soliveau.

Nadir-Châh n'était pas homme à reculer devant une difficulté matérielle. Ses victoires, ses triomphes de tout genre, ne connaissaient plus d'impossibilités. Il voulut donc avoir une marine, bon gré mal gré, et il ordonna à un ingénieur anglais qui se trouvait auprès de lui, de construire de suite un vaisseau de grandes dimensions. Le roi donna, pour cela, l'ordre de couper, dans les forêts qui bordent la mer Caspienne, tous les bois nécessaires. Faute de chariots, ils furent portés à dos d'homme, au moyen de relais établis sur le parcours de plus de deux cents lieues qu'ils avaient à faire pour arriver à leur destination. Après ces premiers efforts, faits pour satisfaire aux désirs du monarque, après les premiers travaux qui avaient amené le premier navire persan à un commencement de construction, soit que Nadir-Châh fût enfin rebuté par les difficultés de l'entreprise, soit que sa mort tragique y eût mis fin, toujours est-il que le vaisseau ne fut jamais terminé et resta, pendant de longues années, sur sa cale où sa carcasse pourrie faisait encore naguère l'admiration des Persans.

Bouchir est d'ailleurs un très-mauvais port, et se trouve privé de rade. La plage est fort basse, les sables qui la forment s'avancent très-loin dans la mer, et retiennent les navires éloignés de la côte. Il en résulte qu'ils doivent rester au large, sans abri, et qu'au moindre coup de vent, ils sont obligés de lever l'ancre. Il n'y a que les barques arabes, appelées *bagalo* ou *battil*, qui puissent arriver près du quai. C'est, au reste, par ces bâtiments légers et d'un faible tonnage, que se fait presque exclusivement le commerce de Bouchir avec Bassorah, Bombay, ou Mascat. Ces barques sont pontées; elles ont, à l'arrière, une chambre pour le patron, et ne portent qu'une voile très-grande attachée à une vergue démesurément longue. Elles naviguent lourdement, mais assez sûrement, en raison de l'excessive prudence des marins du golfe. Ils ne s'éloignent jamais de terre; et quand il pressentent un temps un peu gros, ou ils ne partent pas, ou ils l'évitent en se réfugiant dans quelque crique. Ces bâtiments varient de capacité, depuis cent jusqu'à trente tonneaux. Un certain nombre portent le pavillon anglais. Parmi ceux qui font le cabotage de cette petite mer, huit à dix appartiennent à des négociants de cette ville. C'est avec cette faible marine qu'ils trafiquent dans le golfe et presque dans la mer des Indes. Ils se chargent également de porter des passagers, notamment à Bassorah où se réunissent annuellement un assez grand nombre de pèlerins persans et indiens qui de là se rendent à la Mecque. Tous ces *hadjis* qui vont et viennent ne laissent pas de donner quelque mouvement à Bouchir.

Il y a, sur cette côte, d'autres petits ports, mais le seul qui mérite ce nom est celui de Render-Rick, au nord du précédent. Les eaux du golfe subissent un flux et un reflux très-peu sensibles, car la marée ne s'étend pas sur la plage, qui est presque aussi horizontale que la mer, à plus de quinze ou vingt mètres.

Cinq ou six bâtiments anglais viennent annuellement dans ces parages. Des navires de guerre de la même nation s'y montrent également de temps en temps. Quant à l'apparition du pavillon français elle y est extrêmement rare. Cependant, il est venu plusieurs fois à Bouchir un capitaine qui faisait le voyage de Bourbon à Bombay, au golfe Persique, à Mascat et retour; mais, comme il avait beaucoup de peine à faire son fret, il paraît qu'il a renoncé à cette navigation, car on me dit ne l'avoir pas revu depuis longtemps.

Il faut dire qu'à Bouchir les transactions commerciales sont très-restreintes. Les Anglais y importent beaucoup d'articles de leurs manufactures, et ils ont, par leur voisinage et leur nombreuse marine, le monopole du commerce dans ce port; il en résulte qu'il n'y a pas de rivalité possible. Quant au commerce d'exportation, il consiste principalement en denrées qui sont à l'usage des Orientaux, telles que du tabac pour Kalioun, appelé Tombeki, que Chiraz produit en abondance, des tapis, des étoffes de soie ou de laine de Kerman et de Yezd, des cotonnades fabriquées à Ispahan, à Kachân. Si l'on ajoute à cela quelques centaines de chevaux envoyés aux Indes, des armes de toute espèce, une assez forte quantité de vin de Chiraz également porté à Bombay, avec de la soie et quelques drogues, on a un aperçu des principaux éléments du négoce qui prête un peu de vie au port de Bender Bouchir. Tout cela n'est d'ailleurs pas de nature à être un aliment suffisant pour y attirer la marine européenne. Avec les idées négrophiles qui ont cours en Europe, elle ne saurait y être amenée davantage par la traite des esclaves noirs, qui est une des principales branches de commerce de cette côte. C'est par cette voie que les harems s'approvisionnent d'eunuques et de servantes. Les premiers sont les plus chers : ils coûtent de quarante à cinquante toumans, c'est-à-dire cinq à six cents francs; les filles varient de prix entre quarante et vingt toumans. Cette marchandise, si je puis m'exprimer ainsi, est taxée comme toutes les autres; chaque tête rapporte à la douane de cinq à six francs. Ce sont, en général, les navires de Mascat qui font ce trafic, et il est digne de remarque qu'il a lieu en face des Indes anglaises, pour ainsi dire en vue du pavillon britannique, l'effroi des négriers de la côte occidentale d'Afrique. C'est une contradiction, mais c'est un fait, que personne ne pense à inquiéter, dans ces parages, les navires qui font la traite.

Autrefois la pêche des perles était une des branches importantes du négoce dans ces parages, en même temps qu'un moyen d'existence lucratif pour les populations riveraines; mais les anciens bancs d'huîtres sont devenus stériles, et il faut en chercher de nouveaux moins riches, et situés à des profondeurs qui offrent de grandes difficultés aux plongeurs; il en résulte que la pêche s'est beaucoup ralentie.

Le climat de Bouchir, comme celui du pays de *Guermsir* en général, passe pour très-insalubre, surtout l'été; dans cette saison il souffle fréquemment sur cette côte, ainsi que dans les vastes plaines de l'Euphrate et du Tigre, un air que l'on dit mortel. Ces courants atmosphériques ont une très-grande violence, ils sont brûlants, et portent en effet souvent avec eux la mort. Il est fréquemment arrivé que des individus ne pouvant, dans ces solitudes, se mettre à l'abri de ce vent, en ont été asphyxiés. Cet effet mortel paraît dû à des miasmes méphytiques que les courants d'air, venant dans certaines directions, entraînent en passant sur des lieux infectés de matières délétères. On croit pouvoir attribuer cette propriété malfaisante à des sources de bitume qui se trouvent, en effet, dans les déserts de l'Arabie et de la Mésopotamie. On conçoit que des puits où cette matière se trouve en fusion, presqu'en ébullition, sous les rayons ardents du soleil de cette latitude, s'émanent des vapeurs qui puissent causer l'asphyxie.

La ville elle-même a très peu d'importance, elle présente le même aspect que toutes celles de la Perse. Elle est placée sur une petite éminence qui s'élève sur une pointe de la côte, et forme comme une espèce de presqu'île. Son plan est celui d'un triangle dont deux faces se présentent à la mer qui les baigne, et dont la troisième, du côté de terre, est fermée par une muraille autrefois fortifiée. La monotonie des lignes qui dessinent ordinairement la silhouette des villes de Perse, est rompue ici par les palmiers dont les panaches flottent au-dessus des terrasses. Elle présente encore quelque chose de particulier : c'est un nombre considérable de ventouses qui s'élèvent au-dessus des maisons et servent à leur donner de l'air intérieurement; on les appelle *bâdjir*. Elles ressemblent à des cheminées, mais sont plus hautes et plus larges. Elles sont munies, à leur partie supérieure, d'une grande ouverture par laquelle s'établit la circulation de l'air. Ces appareils ventilateurs se voient dans d'autres villes de Perse, mais c'est surtout dans celles du sud qu'ils sont communs à cause de la chaleur.

L'intérieur de Bouchir présentait, alors que nous y étions, un aspect désolé. Nous y vîmes des quartiers entiers abandonnés, des maisons fermées ou en ruines. Cette cité avait été récemment dévastée par le choléra et la peste. Les trois quarts de la population avaient succombé à ces épidémies successives, et le peu de mouvement qui se voyait dans les bazars, comme dans le port, était dû aux voyageurs ou aux caravanes du commerce.

Le quai est la partie la plus animée de la ville; c'est là que se trouvent ce que j'appellerai les factoreries, c'est-à-dire de grandes maisons où sont les magasins et les comptoirs des principaux négociants qui sont à la fois expéditeurs, importeurs et commissionnaires. Dans ces entrepôts, on trouve des marchandises de toute espèce et de tous pays : à côté des soieries, des cotonnades, des vins, des drogues, des noix de galle, de l'eau de rose, des pierreries et même de l'or monnoyé, qui viennent de tous les points de la Perse; on voit des indiennes, de l'ivoire, des épices, du thé, des verreries, du café, des porcelaines, des draps, des glaces, du sucre, des cordages et des esclaves envoyés de Bombay, de Malabar, de Mascat ou de Bassorah. Devant les factoreries, fument, assis nonchalamment au soleil, les marins arabes, qui regardent leurs bagalos se balancer sur la mer. Une population de portefaix, la plupart arabes aussi, s'agite, va, vient, en heurtant les passants, et porte les ballots qu'on embarque ou ceux qui viennent d'être tirés de la cale des navires. C'est là seulement qu'est la vie de Bouchir, et c'est à ce quartier que tend, de jour en jour, à se réduire l'importance de la ville.

Les bazars n'y sont rien : petits, sales, obscurs, dépourvus de marchandises, on ne voit, dans leurs chétives boutiques, que quelques brocanteurs juifs ou quelques pauvres ouvriers arméniens. Il y régnait cependant, durant notre séjour, une animation inaccoutumée. Je remarquai que les étalages étaient transformés en arsenaux où figuraient des sabres, des pistolets, des fusils et tout l'attirail de guerre des Persans. La cause de cet appareil militaire était la crainte, dans laquelle se trouvait le gouverneur, d'une surprise de la part de l'ennemi qu'il s'attendait à voir paraître d'un moment à l'autre. Le Cheik avait donné des ordres pour que tous les habitants s'armassent. Ils devaient être prêts à la première alerte, et tous, indistinctement, étaient tenus de courir aux portes et aux murailles.

Il y avait bien un peu d'exagération dans ces appréhensions qui tenaient ainsi en émoi toute la population. Néanmoins, il était réel que Bouchir était le point de mire d'une insurrection fomentée dans le Loristân. Nous sûmes en effet que, quelques jours avant notre arrivée, le khan de la petite ville de *Bebahân*, sur la route de Chouchter, depuis longtemps rebelle à l'autorité royale, avait tenté de faire enlever Bouchir par un de ses affidés, qui, avec quelques hommes hardis, s'était chargé de ce coup de main. Mais ils avaient été arrêtés par une résistance sur laquelle ils ne comptaient pas. Repoussés, ils s'étaient retirés dans un village voisin, et y attendaient, paraissait-il, du renfort ou une occasion plus favorable. C'était avec ce parti de révoltés que les habitants de quelques-uns des villages restés fidèles au Châh, que nous avions vus dans la plaine, avaient escarmouché. Tout cela était fort singulier : cette insurrection contre l'autorité royale, sans motif de sa part, cette attaque audacieuse contre une ville soumise et où commandait un cheik investi de la confiance du gouvernement, étaient des événements dont la cause occulte ne devait pas être cherchée seulement dans la nature rebelle des habitants du Loristân, ou dans la faiblesse et la mauvaise administration du gouvernement de Mehemet-Châh. Il y avait, comme je l'ai dit, plusieurs coïncidences d'où l'on était en droit de tirer des inductions fâcheuses, et les soupçons devaient s'étendre à un voisinage très-dangereux pour cette contrée. A une très-petite distance de Bouchir est l'île de Karak, qui appartient de droit à la Perse, mais dont les Anglais se sont emparés. Ils y ont habituellement une petite garnison. En 1840, elle était de mille hommes, dont six cents Cipayes et quatre cents Anglais; de plus, ils y avaient débarqué de l'artillerie, et l'on disait que plusieurs bâtiments de guerre y étaient mouillés ou croisaient entre l'île et les côtes de Perse. Il y avait alors, de l'aveu des agents anglais à Bouchir, un mouvement inaccoutumé à Karak. Devant Bouchir même était mouillée une goëlette anglaise; chaque jour, un officier et des marins venaient à terre, ils correspondaient avec leurs affidés, et avaient tout l'air de gens, ou qui viennent donner des instructions, ou qui viennent savoir où en sont les choses. Un autre fait, qui coïncidait avec ceux-ci et auquel j'ai fait allusion précédemment, était l'entrée dans le Loristân, trois mois auparavant, d'un agent anglais, pour ainsi dire malgré le gouverneur d'Ispahan. En rapprochant tous ces faits de l'émotion qui agitait les esprits à cette époque, tant en Perse qu'aux Indes, et qui était due à la guerre de Syrie, en tenant compte des sympathies avouées par les Persans pour Mehemet-Ali contre qui s'étaient déclarés les Anglais, on devait tout naturellement penser que ceux-ci étaient pour quelque chose dans ce qui se passait et se préparait sourdement à cette extrémité de la Perse, où les populations sont un peu abandonnées à elles-mêmes. L'avenir devait me prouver que je ne me trompais pas, comme on le verra.

Sur les bords du golfe Persique, comme en beaucoup d'autres parages des mers asiatiques, les Hollandais et les Danois avaient fondé des établissements. L'île de Karak avait appartenu, les uns disent à la Hollande, les autres disent au Danemark. On prétend même que cette dernière puissance y abandonna quelques colons que représente, aujourd'hui encore, une population qui a tous les caractères physiques d'une origine européenne et septentrionale; ces insulaires sont, en effet, blonds de cheveux et de barbe. Les notions que l'on a sur les révolutions qui se sont accomplies dans ces parages lointains sont très-incertaines. Cependant voici ce que des documents d'une authenticité avérée rapportent au sujet de cette île : lorsque les Hollandais ou les Danois l'eurent abandonnée, il y eut un intervalle de temps pendant lequel aucune puissance européenne n'en revendiqua la possession. A une époque où la marine française exerçait une sorte de suprématie sur ces mers éloignées, Karak fut signalée comme un point qui avait son importance ; il était vacant, l'occasion paraissait opportune pour y fonder un établissement français. La Perse s'en souciait peu, quoique l'autorité du Châh y eût été réinstallée. La France eût pu s'en emparer sans que les Persans y missent obstacle ; mais, fidèle à ses traditions de loyauté, elle préféra devoir à un acte diplomatique ce qu'elle eût pu prendre sans coup férir ; et, sous le gouvernement de Kerim-Khân, il fut conclu avec ce prince un traité par lequel il cédait l'île à la France. Ce fut vers cette époque que survinrent les grands événements qui troublèrent la quiétude dans laquelle vivaient encore les fastueux princes de l'Indoustan. Une guerre terrible s'était allumée dans l'Inde, et les échos du rivage de Madras avaient porté jusqu'au fond des Jongs le bruit du canon qui venait de vaincre l'amiral anglais Hughes. Le bailli de Suffren, tout entier à ses plans de campagne et aux nouvelles victoires qu'il préparait à ses escadres, n'avait pas le loisir de songer à Karak, c'était du continent indien qu'il s'agissait alors, et non pas d'une misérable plage de sable perdue dans les eaux du golfe Persique. Karak, d'abord oubliée, eut ensuite le sort des autres possessions françaises dans ces mers, elle fut perdue. Cependant, en 1808, le général Gardanne dut, d'après ses instructions, faire revivre les droits de la France sur cette île. La légitimité de cette réclamation fut, dit-on, reconnue par

Fet-Ali-Châh. Mais la nouvelle cession de ce point resta purement nominale, et jamais il n'y eut de prise de possession. Il est de plus fort probable que la démarche de l'envoyé français fut un des griefs de sir John Malcolm, et que ce diplomate anglais mit pour première condition aux bons offices de l'Angleterre que l'île de Karak serait remise aux mains de cette puissance : elle n'en est point sortie depuis.

D'autres points, dans ces parages, et Bouchir même, passent pour avoir appartenu aux Hollandais; mais on ne retrouve guère de traces de leur occupation, ce qui ferait croire qu'elle n'a eu ni durée ni importance comme force militaire. Cependant il existe, au fond du port de Bouchir, un fortin dont on leur attribue la construction, et qui a, en effet, une apparence européenne. Complétement démantelé et hors de service aujourd'hui, il semble prouver que les Persans n'ont jamais eu l'idée d'en tirer parti pour leur propre défense.

Si les Anglais ont hérité, du moins en partie, des possessions hollandaises, ce qui ne leur vient pas par héritage et leur est tout personnel, c'est leur despotisme et l'influence qu'ils exercent par la force, quand ils le peuvent, d'une manière occulte le plus souvent, dans tous les pays que baignent les eaux du golfe ou de l'océan indien. Ils ne souffrent aucune concurrence dans ces contrées; tout pavillon leur porte ombrage. Cependant le commerce de ces pays n'a pas une importance assez grande pour que les navires anglais se l'approprient et soient attirés dans cette impasse maritime. Mais, afin que le pavillon britannique n'en domine pas moins sur toutes ces côtes, ils ont persuadé aux armateurs ou aux négociants de l'arborer. C'est ainsi que l'on voit des modestes *bagalos*, de pauvres *battils*, montés par des équipages arabes, faire flotter à leurs mâts les couleurs anglaises. Les propriétaires de ces bâtiments ou des marchandises ainsi abritées se prêtent d'autant plus volontiers à arborer ces couleurs, qu'elles sont pour eux une meilleure garantie contre des actes de piraterie ou l'exercice vexatoire de droits de douane ou autres dont ils auraient souvent à gémir avec leur pavillon national. On conçoit quelle doit être l'influence de ce protectorat qui, avec tous les dehors d'une courtoisie désintéressée, habitue les populations de ces rivages à voir presque uniquement et à respecter, à l'exclusion de tout autre, le pavillon anglais. Tant il est vrai qu'en politique, surtout chez ces peuples éloignés et naïfs, il ne faut dédaigner aucun moyen.

Il va sans dire que les Anglais ne tolèrent aucune force maritime à côté d'eux; ils agissent, en un mot, comme si rivages, îles ou mers, tout leur appartenait. Comment les cheiks arabes qui n'ont que de faibles bagalos, ou les autorités persanes qui ne disposent pas d'un seul bateau, pourraient-ils s'opposer à cette tyrannie? Seule et maîtresse dans cette partie du monde, l'Angleterre domine aisément tous ses petits voisins. On connaît, en Europe, l'esprit jaloux qui dirige les actes de la politique britannique, surtout en Asie, mais on ne sait pas les menus faits, les détails par lesquels elle satisfait son orgueil sur les petits, et abuse de sa force sur les faibles. Voici qui en donnera une idée : il y avait, en vue de Bouchir, un trois-mâts à l'ancre; je demandai ce que c'était. Il me fut raconté par des Arméniens tout dévoués à l'Angleterre et qui en tiraient vanité comme s'ils eussent été de pur sang anglais, il me fut raconté que ce bâtiment appartenait à l'iman de Mascat. Cet iman est une sorte de petit sultan auquel on donne aussi le titre de *Seïd-Seïd*, c'est-à-dire *descendant par excellence de Mahomet.* Ses possessions, qui sont sur la côte occidentale d'Afrique, à l'embouchure du golfe Persique, constituent un petit État maritime qui a une certaine importance. Ce prince eut la fantaisie, par pure gloriole, d'avoir une frégate armée de quelques canons; c'était un de ces caprices, un de ces enfantillages familiers aux petits souverains d'Orient, qui croient ainsi donner du relief à leur chétive puissance et se grandir même aux yeux des Européens. Il paraît que les Anglais virent la chose d'une façon plus sérieuse qu'on n'aurait pu croire, et y attachèrent une importance que peut-être l'iman n'y attachait pas lui-même. Ils lui défendirent de se donner ces airs belliqueux; et, au lieu de rire de sa frégate aussi inoffensive que prétentieuse, ils lui intimèrent d'avoir, sans délai, à débarquer son artillerie et ses munitions. Le pauvre Seïd-Seïd, qui est d'ailleurs le très-humble serviteur du gouverneur général des Indes, ne se l'est pas fait dire deux fois; sa frégate n'est plus aujourd'hui qu'un humble trois-mâts marchand.

Un second fait qui prouve à quel point l'influence anglaise est grande dans ce pays, et combien elle est exclusive, s'est aussi passé à Mascat. Je n'en garantis pas l'exactitude, mais il m'a été raconté par les mêmes Arméniens, qui m'ont paru assez bien connaître la politique anglaise dans ces pays, politique dont ils sont les instruments. Ce fait est d'ailleurs analogue à d'autres actes de cette politique connue de tout le monde, et dont quelques-uns s'étaient accomplis sous nos yeux. Un bâtiment de guerre français s'était présenté devant

Mascat; il portait un agent qui avait mission d'obtenir de l'iman la reconnaissance de son caractère consulaire et l'autorisation de résider dans ses États; mais il fut impossible de vaincre les résistances du Seïd qui est tout dévoué aux intérêts britanniques. Sa cupidité, qu'il voit de temps en temps satisfaite par des guinées anglaises, et la peur qu'il a d'être dépouillé de sa petite couronne, le rattachent étroitement à sa puissante tutrice. Il craignait trop de perdre les unes et de compromettre l'autre, en permettant à un pavillon étranger de se déployer sur ses terres, pour ne pas éconduire l'agent français qui dut se retirer. Ainsi on voit l'Angleterre, d'une part, dominer, intimider ou mener à la baguette peuples et gouvernants, dans ces contrées lointaines, et en éloigner quiconque pourrait rivaliser avec elle ou seulement la démasquer aux yeux de ses esclaves. D'autre part, on la voit, par ses intrigues, par son or, se faire des créatures, s'acheter des agents dévoués, au cœur des populations, pour les soulever contre leur souverain légitime, national, et les amener à elle; double jeu qui lui a réussi dans l'Inde, et qu'elle continue partout où elle le peut avec la même audace, sinon avec le même bonheur.

Pour ce qui est de la Perse, on conçoit très-bien que les deux provinces de Fars et d'Arabistân soient un objet de convoitise pour l'Angleterre. Ces provinces sont riches, leur sol est fertile, bien arrosé, et les productions en sont semblables à celles des Indes; l'indigo et le coton, ou la canne à sucre, y viennent facilement. De plus ce vaste territoire est habité par des populations qui, sous différents noms, et grâce à une divergence d'opinions religieuses, supportent impatiemment le joug des rois de Perse et sont même assez ordinairement en état de rébellion. L'insurrection est l'état normal de l'*Arabistân* ou *Khouzistân*, dont les parties montagneuses sont peuplées par les tribus indomptables des *Lours*, des *Bactyaris* et des *Mamacenis*. Dans le Fars sont les nombreuses tribus militaires des *Karatchâders*, qui sont à peu près indépendantes et ne reconnaissent d'autre autorité que celle de leurs Khâns. Le Châh les cajole plutôt qu'il ne les contient, il sait qu'il ne peut se fier à elles, et il est obligé de retenir toujours leur chef à sa cour, pour ainsi dire prisonnier ou tout au moins comme otage. Cette population nomade peut donc échapper au roi de Perse, et passer d'un camp dans l'autre. Cependant, à cette époque, elle demeurait dévouée au Châh, et cette grande famille zend, d'où sont sortis les fondateurs de la monarchie persane, paraissait devoir rester fidèle au drapeau national. Mais cette fidélité tient à un fil, et l'histoire de Perse a plus d'une fois prouvé combien il est facile de le rompre.

Dans l'Arabistân, il y a une autre population mixte sur laquelle il est plus facile aux Anglais d'agir, en raison de son origine, de sa nationalité et de sa religion. Ce sont les Arabes établis, comme je l'ai dit, dans tout le pays situé entre la mer et le pied des montagnes. Ces Arabes tiennent peu au Châh de Perse; ils sont sunnites pour la plupart, par conséquent ennemis jurés des Persans, qui sont chyas. Tous ces éléments, sans homogénéité entre eux et sans adhérence même avec la nation persane, hostiles à son gouvernement, sont autant de causes d'espérance et de tentation pour les Anglais. Une fois ce pays conquis, ils commanderont en maîtres de Bombay à Bagdad, plus tard peut-être de Hong-Kong à Beyrouth; les tentatives qu'ils ont faites sur les deux rives du Tigre et jusque dans les eaux de l'Euphrate prouvent bien qu'ils y songent.

Au reste, si les Arméniens se réjouissaient au fond du cœur des mouvements insurrectionnels qui inquiétaient la population de Bouchir, celle-ci paraissait attendre avec anxiété des renforts. On disait que l'El-Beguy, le chef des tribus zends, allait venir avec deux mille de ses tuffekdjis et quatre pièces de canon, et que le Meuhtamet, gouverneur d'Ispahan, devait pénétrer en même temps dans les montagnes des Bactyaris, pour, de là, descendre vers Chouchter et Bebahân. Les Persans témoignaient l'espoir que ce double mouvement mettrait fin à une rébellion dont ils redoutaient les funestes conséquences, si le gouvernement ne se pressait pas.

Notre hôte s'offrit pour nous conduire aux ruines de *Richehr*, qui se trouvent à environ deux farsaks au sud-est de Bender Bouchir. Nous acceptâmes très-volontiers, car s'il y avait là quelque chose d'intéressant à connaître, nous ne pouvions avoir un meilleur cicerone qu'Aga-Youssef. Nous cheminâmes constamment sur un sable fin et mouvant dont les ondulations fréquentes m'ont paru être l'ouvrage des coups de vent. Çà et là, sur ce sol ingrat, se voyaient, clair-semées, quelques cahuttes et des bouquets de dattiers. Après deux heures de marche, nous arrivâmes sur le point de la côte dont le nom est *Richehr* ou *Khalèh Richehr*. Cette localité est vulgairement appelée par les voyageurs européens *fort des Hollandais*, ce qui entraînerait l'idée d'un établissement militaire et probablement commercial formé par les Hollandais sur ce point du rivage persique; mais je dois dire que je n'ai vu là rien qui désignât des constructions européennes quelconques. On y voit de grands mouvements de terrain, couverts de débris, sans que ceux-ci portent aucun cachet qui autorise à fixer l'origine ou l'époque des constructions dont ils montrent la place.

L'étendue de terrain occupée par ces vestiges est d'ailleurs assez grande pour qu'on y reconnaisse l'emplacement d'une ville, et les monticules les plus importants sont disposés de façon à devoir représenter les murailles. Ces traces d'enceinte offrent un plan rectangulaire; et, en dehors du périmètre donné par les parties élevées, on voit une dépression dans le sol, assez continue, assez remarquable encore pour qu'elle ne puisse signaler autre chose qu'un fossé de défense. Ces murs et ces fossés n'ont dû exister que sur trois côtés, le quatrième était ouvert, mais protégé par la mer. Là était le port; et, à la disposition de celui-ci, aux faibles abris formés par deux promontoires de roc, peu élevés, qui protégeaient les navires, au nord et au sud, on peut juger que ceux qui venaient y jeter l'ancre étaient de petites dimensions. Cette dernière considération me fait hésiter à croire que les Hollandais aient eu là un port, car leurs bâtiments n'eussent pu s'y maintenir. Il me paraît plus présumable que ces ruines sont d'une époque très-ancienne et antérieure à la création de *Bender-Abouchehr* dont le nom est tout à fait arabe.

On nous avait signalé les sables des environs de Bouchir comme recélant de grandes urnes en terre cuite, qui, avec les ossements humains qu'elles renfermaient, pouvaient présenter un intérêt archéologique. Nous en fîmes chercher, et la pioche ne tarda pas, dans ce sol facile, à amener en effet des débris de poteries. En les examinant, en les rapprochant, nous crûmes bien reconnaître en eux des fragments d'urnes funéraires, mais rien d'intéressant, rien même qui constatât l'authenticité de leur origine ou de leur usage, ne s'y montrait.

Nous étions au 1er janvier, et nous comptions partir ce jour-là ; mais les instances de Aga-Youssef et des autres Arméniens pour nous faire commencer l'année 1841 avec eux furent telles que nous dûmes céder. C'était un jour de gala pour les chrétiens de Bouchir, et notre hôte tenait à nous avoir parmi ses convives. Malgré l'impatience où nous étions de nous remettre en route, nous aurions cru lui manquer d'égards et mal répondre à son obligeante hospitalité si nous n'avions pas retardé notre départ jusqu'au lendemain. Il y eut, en effet, pour fêter l'année qui commençait, grand dîner chez Aga-Youssef; nous y vîmes réunis tous les représentants les plus importants du commerce arménien de Bouchir ; ils étaient une dizaine. Nous prîmes congé de ces messieurs, très-reconnaissants de l'accueil que nous avions reçu de la plupart d'entre eux ; ils exprimèrent par politesse le vœu de nous revoir à Bouchir ; mais, quelque affable qu'eût été leur hospitalité, nous n'avions aucune envie de revenir dans cette ville agonisante.

CHAPITRE XLV.

Départ de Bender-Bouchir. — Tchacutah. — Abadèh. — Ahram. — Bivouac. Kalamâ. — Bouchgûn. — Ferrach-Bend. — Arrivée à Firouzabad.

Le 2 janvier, par un soleil radieux et presque aussi chaud que celui de France en été, nous sortîmes de Bender-Bouchir. Notre mission nous appelait dans l'est, où nous devions visiter des lieux qu'une célébrité un peu vague faisait remonter jusqu'à l'époque achéménide. Firouzabad était le point le plus rapproché, le plus éloigné était Darâbgherd, et nous devions, entre deux, rencontrer Fessa. La route ordinaire pour se rendre dans ces localités, celle qu'ont suivie les voyageurs qui nous ont précédés, a son point de départ à Chiraz. Ces trois villes, en raison du peu de commerce qu'elles font, n'ont point de communication directe avec la côte du golfe Persique. Aucun chemin, propre aux caravanes, n'a été frayé dans les défilés presque impénétrables des hautes montagnes qui dominent la plaine de Bouchir et s'étendent jusqu'à Bender-Abassi, à plus de cent farsaks. Cependant nous ne pouvions nous résigner à revenir sur nos pas et à retourner à Chiraz, pour y chercher la route suivie qui mène vers Darâbgherd et Firouzabad. Nous résolûmes donc de marcher directement vers cette dernière ville, et de tenter le passage de la grande chaîne que nos muletiers ne pouvaient regarder sans appréhension. Nous eûmes quelque peine à les décider à nous suivre sur cette voie trop peu fréquentée pour ne pas être pénible. Après avoir fait violence à leurs hésitations, nous nous dirigeâmes droit à l'est, pour aller chercher le passage qu'on nous avait vaguement indiqué du côté de *Kalama*.

Nous passâmes d'abord au milieu d'une réunion de cabanes faites de paille et de feuilles de palmiers, qu'on appelle le village de *Mir-Abdallah*. De là, nous pensions aller coucher au bourg de *Abadèh* qui est au pied des montagnes, et d'où nous pouvions facilement nous rendre à l'ouverture du défilé que nous cherchions pour franchir la barrière imposante que les montagnes élevaient devant nous. Mais nous avions eu l'imprudence de nous aventurer dans ce pays sans guide. Nos tchervâdars ne connaissaient pas la route plus que nous-mêmes; car jamais les caravanes ne passent de ce côté. Cette partie de la plaine n'est fréquentée que par les Arabes ou les *Karatchâders*, qui y viennent chercher, de temps à autre, des pâturages ou un climat plus doux. Nous nous égarâmes, la nuit vint et nous ne savions ni où nous étions, ni où nous devions aller. Essayer de trouver quelqu'un pour nous le dire, c'était peine perdue. Dans ces solitudes incultes, où rien ne révèle la présence des hommes, il était inutile d'en chercher. Que faire? Nos muletiers se désolaient; leurs mules étaient harassées; ils n'avaient emporté aucune provision pour elles. Nos gens commençaient à s'inquiéter; il y avait plusieurs heures déjà que nous marchions dans l'obscurité. Dans des occasions semblables, le mieux est de prendre un parti et de s'y tenir. Je pensai donc qu'il ne fallait plus nous préoccuper de chercher le lieu désigné pour notre halte, puisque nous ignorions dans quelle direction il était. Nous avions aperçu, avant que les ombres fussent aussi épaisses, un village qui était sur notre gauche. J'estimai qu'en retournant obliquement sur nos pas nous pouvions l'atteindre. J'échelonnai notre monde de façon à ce que, placés à petite distance les uns des autres, nous pussions ne pas nous perdre et correspondre de la voix. Je pris la tête avec Ressoul-Bek, et, marchant à l'aventure au milieu des hautes herbes et des broussailles épineuses qui arrêtaient fréquemment nos chevaux, nous ouvrions les yeux de notre mieux, afin de reconnaître au loin quelque lumière, ou quelque trace sur le sable, qui nous conduisît vers un lieu habité. De temps en temps nous appelions, et le cri de ralliement, poussé d'un cavalier à l'autre, arrivait jusqu'au dernier muletier qui fermait la marche. Nous cheminions ainsi depuis longtemps, et dans une inquiétude très-justifiée, quand nous aperçûmes enfin la silhouette vague d'un village dont les teintes noires se dessinaient sur le fond clair du ciel étoilé. Nous étions sauvés. Nous approchions d'un pas plus rapide, et nos chevaux eux-mêmes, sentant des habitations, pressèrent leur allure. Nous n'étions plus qu'à quelques pas du village, quand nous y entendîmes pousser le cri d'alarme qui nous était bien connu; c'étaient toujours ces mêmes précautions et ces mêmes craintes que nous avions trouvées, les jours précédents, parmi toutes les populations de la plaine.

Ressoul-Bek, qui marchait en avant, se présenta devant la porte du village; elle était fermée. On l'entre-bâilla pour le reconnaître, mais on ne voulut point lui ouvrir, encore moins le recevoir : il parlementait quand je me présentai. Je racontai notre mésaventure, je dis que je venais de la ville, et que je demandais seulement à coucher pour moi et tous ceux qui m'accompagnaient. Mon costume frengui rassura un peu les *tuffekdjis* qui gardaient la porte; cependant ils n'osèrent prendre sur eux de nous introduire dans leur village; l'un de ces gardes se détacha pour aller prendre les ordres du ket-khodâh.

Pendant ces pourparlers, tout notre monde était arrivé, et la caravane entière était massée devant cette porte qu'on n'ouvrait pas, et que nous commencions à craindre qu'on maintînt fermée. Il était dix heures du soir; il y avait quatorze heures que nous étions partis de Bouchir. Cependant l'ordre arriva de nous accueillir, et le ket-khodâh nous fit conduire dans un logement très-bon où il ne tarda pas à nous envoyer tout ce qui était nécessaire pour notre souper. Les gens de l'endroit nous apprirent que nous étions à *Tchacutah*, gros bourg qui se trouve sur la route de Bouchir à Chiraz. Ainsi nous avions dévié considérablement de celle que nous devions suivre. Mais peu importait; les tribulations de cette malheureuse journée et la fatigue de chacun, des hommes comme des animaux, nous empêchaient de nous plaindre : nous nous estimions trop heureux d'être sous un toit pour regretter l'obliquité de notre marche. Nous sûmes également que nous étions à l'intérieur de l'ark du village, c'est-à-dire dans la portion close où réside le cheïk qui y commande; les maisons des habitants étaient toutes au dehors. J'avais bien remarqué, en effet, quelques habitations avant d'arriver à la porte qui nous arrêta, mais l'obscurité de la nuit ne m'avait pas permis de juger l'état des lieux.

Les gens de l'endroit nous dirent qu'ils étaient alliés de ceux de Bourazdjoûn, où nous avions passé en allant à Bouchir, et qu'ils s'étaient déclarés contre le Khân de Tenguistân, allié de celui de Bebahân.

Le lendemain matin, en partant, nous avons voulu, selon notre habitude, payer notre dépense et notre gîte. Mais on repoussa fièrement notre argent, en disant : que le lieu où nous avions été reçus n'était pas un caravansérail. C'était la première fois que je voyais un tel désintéressement. La population de Tchacutah est arabe, et, selon ses mœurs traditionnelles, elle exerce gratuitement l'hospitalité. Bien que cela fût un trait de caractère national, je n'en fus pas moins très-étonné de voir les mœurs hospitalières de l'Arabie conservées à côté de la cupidité souvent honteuse des Persans. Nous chargeâmes Ressoul-Bek d'aller, de notre part, saluer le Cheïk et lui faire nos remerciements.

Nous nous dirigeâmes sur *Abadèh* dont nous n'étions pas éloignés de plus d'une heure et demie ; nous en étions donc très-rapprochés la veille, lorsque la crainte de nous égarer davantage nous fit rétrograder en changeant de direction. Nous y arrivâmes de très-bonne heure. Nous pensions y séjourner, car ce point nous était désigné comme voisin d'antiquités jusqu'alors non définies et dont nous avions à constater l'existence et le caractère. Nous n'étions plus qu'à cinq cents pas de ce village quand une sentinelle, que nous n'avions pas aperçue, nous tira un coup de fusil, sans même se donner le temps de crier : qui vive ! Dans sa précipitation, cet homme avait heureusement mal visé; la balle passa sans atteindre personne de nous. Au bruit de ce coup de feu, toute la population fut sur pied, et accourut sur la route où nous continuions à marcher tranquillement. Nous pensions qu'en avançant on nous reconnaîtrait pour des Européens, et que, vus de plus près, notre attitude pacifique abaisserait les fusils qui pourraient encore être braqués sur nous. Un villageois se détacha hardiment pour venir nous reconnaître. Je soupçonnai qu'il savait déjà parfaitement à quoi s'en tenir et qu'il avait, sans rien dire, voulu faire le brave. Quand il eut suffisamment fait ses preuves de courage en nous demandant qui nous étions et en nous menaçant de son long fusil à mèche, il retourna vers les siens. Nous avançâmes alors, et le chef de la troupe excusa le caraoul qui nous avait si mal accueillis. Il nous dit que, venant du côté de Tchacutah, nous avions été pris pour des gens de ce bourg avec qui ils sont en hostilité, attendu qu'Abadèh s'est rangé dans le parti de Tenguistân. Ainsi nous tombions d'un camp dans l'autre.

Abadèh est situé au pied des montagnes qui bornent la plaine de Bouchir. Sur les crêtes les plus rapprochées nous crûmes apercevoir quelque chose comme des restes de constructions. Cependant, ayant à ce sujet interrogé les habitants, ils nous assurèrent qu'il n'y avait dans leur voisinage aucun monument qui présentât un intérêt quelconque, soit par des inscriptions, soit par des sculptures, et que ce que nous voyions sur la montagne c'était les vestiges d'un mur, d'un *Khalèh*, dont on ne distinguait plus que la base. Ils ajoutèrent que le sommet sur lequel ils se trouvaient était complétement inaccessible. En conséquence, nous ne crûmes pas devoir nous arrêter à Abadèh, surtout dans les circonstances où nous voyions le pays.

Nous continuâmes donc notre route en longeant la base des montagnes et marchant droit à l'ouest. A quatre heures de Abadèh, nous arrivâmes à *Ahram* qui est un gros bourg situé à l'entrée de la gorge dans laquelle nous devions nous engager. Nous y fûmes bien reçus, et cette fois sans préliminaires belliqueux, sans doute à cause de l'éloignement du centre des hostilités qui était plus au sud. Néanmoins les habitants d'Ahram étaient armés jusqu'aux dents, et nous fûmes très-étonnés de voir à leurs ceintures des armes anglaises. Quelques-uns les montraient même avec affectation, paraissant très-fiers de posséder des pistolets ou des fusils *frenguis*. Leur satisfaction prouvait bien que la possession de ces armes était de date récente. Ainsi, dans la plaine de Bouchir, il y avait deux camps, et dans celui où était déployé le drapeau de la révolte envers le Châh, les rebelles étaient armés de pistolets et de fusils de fabrique anglaise. Comment ne pas en tirer cette conséquence : que les agents de l'Angleterre n'étaient pas étrangers aux troubles qui mettaient en effervescence toutes ces populations ?

Celle d'Ahram faisait cause commune avec le khân de Tenguistân, chef de l'insurrection de ce côté. Je cherchai à faire causer quelques habitants qui se donnaient des airs de matamores tout à fait risibles. Je tâchai d'en tirer l'explication de cette prise d'armes ; mais, au milieu de tous leurs dires, je ne pus comprendre quel était le motif sérieux de cette petite guerre civile. Dois-je dire que cela me confirma davantage dans mon opinion que ces gens s'étaient insurgés sans savoir pourquoi et s'étaient laissé armer, par une main étrangère, pour d'autres intérêts que les leurs?

Le lendemain, en sortant de *Ahram*, nous traversâmes une rivière qui sortait des montagnes et coulait au sud-est. Ses eaux étaient larges et rapides, mais peu profondes. Nous la passâmes à gué, et tout aussitôt nous nous trouvâmes entre les murailles resserrées et droites des rochers qui formaient le défilé où se voyaient les traces indécises d'un sentier. C'était là le chemin que nous devions suivre; mais que dis-je, chemin? il n'y en avait aucun, nous marchions dans le lit qu'un torrent s'était creusé, nous escaladions la montagne de roche en roche, nous disputions le passage aux eaux qui nous mouillaient les jambes ou nous éclaboussaient de leurs fréquentes cascades. Nos chevaux perdaient pied sur des pierres luisantes et polies, ils glissaient sur la vase verdâtre qu'avaient apportée les courants. Ces pauvres animaux étaient sans confiance et reculaient devant des obstacles sans cesse renaissants. A chaque instant, mettant pied à terre, nous étions obligés de gravir avec effort quelque obstacle formé par l'assemblage des rocs et des broussailles; il nous fallait alors enlever, pour ainsi dire, nos chevaux indécis, craintifs, étonnés que nous les fissions passer dans de semblables endroits. Cependant les chevaux de Perse ne sont pas difficiles; ils s'accommodent très-bien des mauvais chemins et des sentiers tracés sur la croupe des rochers qui donnent le moins de prise à leurs fers. Mais c'est qu'en vérité le défilé dans lequel nous avancions, en faisant tant de détours et avec tant de peine, ne pouvait point passer pour un chemin.

Nos muletiers, pauvres gens déjà très-contrariés quand ils apprirent à Bouchir que nous ne devions pas suivre la route battue de Chiraz, que ne pensaient-ils pas alors de celle où nous étions? Que d'imprécations contre ces rocs, le torrent capricieux et ce pays où Dieu semblait avoir jeté les débris du chaos! Ils s'en prenaient à tout de leurs peines, à leurs mules, aux bagages, mais surtout à nous, pas toujours assez bas pour que nous ne les entendissions pas. Dans cette journée de peines et de tribulations sans nombre, renaissantes à chaque pas, les tchervadars, armés d'un long bâton, retroussés jusqu'à la ceinture, sondaient le torrent, cherchaient un gué, évitaient un gouffre caché sous le niveau trompeur des eaux; et, malgré ces précautions, que de fois n'ont-ils pas dû décharger un mulet tombé au beau milieu de l'eau et incapable de se relever? D'autres fois, il fallait mettre toutes les charges à terre et les porter à dos d'hommes pour permettre aux mules de sauter d'un bond sur une roche élevée ou glissante. A quelques pas de celle-ci, une autre exigeait les mêmes peines en appelant les mêmes malédictions. Que de fatigues, de meurtrissures, de temps perdu!

Nous marchions depuis dix heures dans cette gorge presque impénétrable, et la nuit venait. Nous ne savions rien, ni de la route à suivre, ni de la distance où nous étions d'un lieu habité. A un détour de la montagne, nous croyons, à quelques arbres et à une espèce d'enclos, reconnaître un endroit cultivé; nous en augurons que quelqu'un s'y trouve. Nous avançons pleins d'espoir et rassurés du moins pour la nuit. En effet, sur notre gauche s'élève une maisonnette, et nous entendons le bruit d'une chute d'eau : c'était un moulin; nous marchons avec confiance, quand tout à coup une balle siffle à nos oreilles et la lumière d'un coup de feu se fait voir à une fenêtre de la cabane dont nous ne sommes plus qu'à quelques pas. Au même moment, quatre hommes nous crient de ne pas avancer, sans quoi ils feront de nouveau feu sur nous. Nous essayons de parlementer, de leur faire comprendre qui nous sommes; peines perdues : les ténèbres avaient augmenté, ils ne nous distinguaient pas assez pour nous reconnaître et ils ne voulurent rien entendre. Nous eûmes beau leur dire que nous étions des voyageurs frenguis, que nous leur demandions l'hospitalité pour la nuit, de l'orge pour nos bêtes et du pain pour nous, en payant le tout, nous ne pûmes rien obtenir. A leur voix émue, ils semblaient très-peu rassurés et avaient certainement grand'peur de nous voir faire un mouvement agressif. Je pense même que nous eussions pu nous rendre facilement maîtres du moulin, seulement par intimidation. Mais nous ne voulions pas risquer une prise de possession qui aurait pu nous attirer de graves désagréments. Nous ne savions en aucune manière où nous étions, quelle était la population de cette contrée montagneuse. Le moulin pris d'assaut, nous pouvions nous trouver pendant la nuit assaillis par une bande de montagnards prévenus et amenés par un des meuniers fugitifs. Toutes ces réflexions nous traversèrent l'esprit en un instant, et après avoir avec Ressoul-Bek tenu un véritable *conseil de guerre*, nous opinâmes pour ne pas tenter une entreprise dont les suites offraient de bien autres dangers que celui d'entrer dans le moulin de vive force.

Pendant que nous nous consultions, les meuniers étaient montés sur la terrasse de leur cabane; ils nous dirent que nous n'étions pas éloignés d'un village, qu'ils nous engageaient à continuer notre chemin, et qu'en une heure nous y serions rendus. Mais ils se refusèrent à nous y conduire, quelque récompense que nous leur promissions. Ce n'était pas assez du pays, de ses difficultés, il fallait encore que nous eussions une assez mauvaise chance pour nous y aventurer au milieu d'une guerre intestine qui nous faisait considérer, de quelque côté que nous allassions, comme des ennemis qu'on devait recevoir à coups de fusil. Il fallait prendre notre parti. Mais, pour le moment, nous n'avions guère d'autre perspective que celle de coucher dehors, sans manger. Nous passâmes, sans ajouter grande foi aux dires des meuniers qui sans doute avaient voulu se débarrasser de nous. La gorge se bifurquait, un passage était à notre droite, un autre à gauche. Dans quelle irrésolution nous étions! et il faisait nuit, et il n'y avait aucun moyen de reconnaître une route fréquentée pouvant conduire à un village. Dans cette perplexité, je laissai, à l'angle formé par la jonction des deux défilés, la caravane sous la garde de mon compagnon, et, prenant seulement avec moi le goulâm et un domestique, je m'engageai dans le défilé de droite. Si nous arrivions à un lieu habité, nous devions envoyer quelqu'un chercher la caravane. Bien me prit d'avoir agi ainsi, car à peine avions-nous fait quelques pas que nous acquîmes la certitude que, surtout avec les ténèbres qui nous entouraient, jamais les muletiers et leurs bêtes n'auraient pu se tirer des mauvais pas dans lesquels nous étions déjà tombés plusieurs fois. Nous avions de la peine à reconnaître un sentier, et ce n'était qu'en nous penchant sur nos étriers et en regardant de très-près que nous pouvions distinguer une trace qui y ressemblât. Nous marchâmes ainsi plus d'une demi-heure sans rien voir qui annonçât ou qui trahît une habitation. Plus nous avancions, plus les difficultés étaient grandes, et nous acquîmes la certitude que les pâtres et les chèvres seuls frayaient l'espèce de sentier qui se dessinait faiblement d'un roc à l'autre.

Nous retournâmes vers la caravane. Harassés, désespérés, il ne nous restait plus qu'à attendre le jour, à l'endroit même où nous étions pour nous reconnaître, au milieu de ce dédale. Nous choisîmes l'emplacement le moins incommode pour camper; nous nous arrangeâmes de manière à ne pas y être surpris, et, après avoir groupé les bagages et les chevaux au centre, nous nous étendîmes tous en cercle autour, afin de mieux nous garder. Nous mourions de faim, nous n'avions point prévu ce mauvais cas, nous n'avions aucune autre provision qu'un peu de raisin sec. Nous nous le partageâmes, et ce fut avec quelques grains de *kichmich* que chacun de nous soupa. Nous avions disposé nos armes et les avions rangées auprès de nous pour être prêts à la moindre alerte. Établis au milieu d'une grande quantité de pierres détachées des rocs environnants, nous en avions profité pour nous en faire de petits remparts; enfin, pour plus de sûreté, chacun de nous devait à son tour faire le guet. Nous ne pouvions dormir; l'inquiétude et la faim nous tenaient éveillés. Les tchervadârs avaient peur pour leurs mules, nos domestiques pour leur peau, nous pour nos bagages, c'est-à-dire pour la collection de nos travaux. Ajoutez à cela que nous étions transis de froid; car, bien que nous fussions dans le sud de la Perse, la nuit du 4 janvier ne pouvait pas ne pas être froide, et, dans la montagne, le brouillard était pénétrant. Nous eussions pu faire du feu; il ne manquait pas de broussailles autour de nous; mais le feu nous eût trahis, il eût désigné notre camp, c'eût été une imprudence : c'était bien assez des hennissements des chevaux. Que cette nuit fut longue, et que le jour, perçant avec peine le brouillard, tarda à paraître! Enfin nous y vîmes assez pour nous remettre en route; nous ne fîmes pas de difficulté de nous arracher aux douceurs de notre lit et nous fûmes bientôt en selle; mais alors recommençait notre incertitude; dans quelle direction fallait-il donc aller?

L'essai malheureux que nous avions fait la veille au soir, sur notre droite, ne nous laissait d'autre chance que celle de suivre le défilé de gauche; nous y entrâmes donc. Le brouillard épaississait à mesure que nous avancions, et nous ne voyions pas à plus de trois pas devant nous. C'était toujours le même chemin, c'est-à-dire le lit du torrent, des roches glissantes et de hautes herbes au travers desquelles il fallait passer pour aller d'un bord à l'autre. Nous cheminions patiemment, dans l'ignorance de ce qui pouvait être devant nous, quand nous nous trouvâmes tout à coup en face de deux hommes que l'épaisseur de la brume nous avait empêchés de voir. Enchantés de cette rencontre, par l'espoir d'en tirer un renseignement, nous leur demandâmes où conduisait le sentier qu'ils suivaient comme nous. Ils nous dirent que nous ne tarderions pas à sortir du défilé et qu'au delà, à une très-petite distance, nous trouverions le village de *Kalama*. Cette découverte nous rendit courage; nous hâtâmes le pas, avec la certitude que nous serions bientôt arrivés à un gîte meilleur que celui que nous quittions.

En effet, nous aperçûmes, peu d'instants après, l'ouverture de la gorge, qui laissait voir un pays ouvert. Nous traversâmes un cours d'eau qui venait se jeter dans le lit du *Roud-Khanèh* que nous avions remonté, et nous ne tardâmes pas à apercevoir les maisons et les cabanes de dattiers qui nous avaient été désignés sous le nom de *Kalama*. C'était un village de *Karatchâders* soumis à l'El-Beguy. La lettre que nous tenions de lui nous fit accueillir avec une certaine considération par le chef de l'endroit. Il nous donna une grande cahutte, construite en branches de palmiers, qu'on balaya avec soin, et ordonna qu'on pourvût à tous nos besoins.

Nous étions trop fatigués pour penser à aller plus loin ce jour-là. Il était nécessaire de donner du repos aux chevaux et aux mules. Nous restâmes donc à Kalama, quoique que nous y fussions arrivés de très-bonne heure, et nous passâmes une partie du jour à dormir, pour compenser la mauvaise nuit de notre bivouac. Nous étions dans une petite plaine resserrée entre des montagnes, où les rayons du soleil se concentraient. Ils eurent bientôt réchauffé nos membres engourdis par le froid de la nuit et le brouillard.

Le lendemain, notre marche fut moins pénible. Le pays que nous traversâmes était accidenté, mais le chemin y était bien frayé. Nous cheminâmes longtemps entre des collines boisées qui variaient les points de vue sans nous présenter de difficultés. Au reste, après le défilé d'Ahram, quel chemin nous eût paru difficile? Après cinq heures d'une route légèrement accidentée et sinueuse, nous entrâmes dans une vaste plaine. Devant nous s'apercevaient les maisons d'un bourg qui nous parut important; c'était *Bouchgûn* où nous nous arrêtâmes. Le khân, qui exerçait son autorité sur le pays que nous venions de traverser, y résidait, mais il était absent. Ressoul-Bek, s'étant présenté chez lui n'y trouva que sa femme qui, en apprenant que des Européens recommandés à son mari par le grand chef des *Ka-*

ratchâders réclamaient l'hospitalité, donna avec empressement des ordres pour qu'elle fût aussi convenable que le permettait la localité. Afin de remplir complétement ses devoirs vis-à-vis de notre protecteur, plutôt encore que vis-à-vis de nous, cette dame voulut que nous fussions pourvus de tout, et nous fûmes obligés de payer en cachette les gens qui nous apportaient les provisions de sa part, dans la crainte de l'offenser.

De Bouchgûn nous gagnâmes *Ferrach-Bend* qui en est éloigné de onze heures. Au bout des quatre premières nous rencontrâmes une rivière où il y avait peu d'eau, mais dont le lit large, étendu sur des terres sablonneuses, nous fit penser que ses eaux grossissent considérablement dans la saison des pluies. Nous fûmes obligés, à cause de ses berges élevées, de la traverser quatre fois. Elle coulait du nord au sud, dans une vallée spacieuse que nous mîmes trois heures et demie à traverser. Aucun village ne s'y voyait, et le pays, aussi loin que la vue pouvait s'étendre, paraissait désert. L'aspect en était d'ailleurs désolé et sauvage. Depuis notre départ d'*Ahram*, nous voyions bien que nous étions dans une contrée peu fréquentée, car nous marchions des journées entières sans rencontrer personne. Les villages, fort éloignés les uns des autres, ne paraissaient même pas avoir de relations entre eux.

Après avoir franchi un court passage, dans une étroite chaîne qui bornait à l'est la plaine que nous venions de parcourir, nous descendîmes dans la vallée de *Ferrach-Bend*. Ce bourg se voyait en face, au pied d'une autre chaîne qui n'était éloignée que de deux heures. La vallée était marécageuse; et, surtout en approchant de Ferrach-bend, nous marchions sur un sol mou et humide, couvert de joncs du milieu desquels sortaient, au bruit de nos pas, des volées de canards et de nombreuses bécassines. Ce territoire, dans ses parties non submergées, nous parut être très-cultivé, et la qualité du sol nous en sembla excellente. Il faisait presque nuit quand nous atteignîmes les maisons du bourg. Le Khân nous reçut d'une façon très-affable, et nous logea dans une partie libre de sa maison. Ferrach-Bend était une petite ville, ou du moins l'avait été; beaucoup de maisons en ruines attestaient en même temps l'importance qu'elle avait eue et sa déchéance actuelle. Je ne parle ici que des temps modernes, car, pour ce qui est de l'antiquité, certains vestiges indiquaient que, sinon cette bourgade, du moins la localité où elle se trouvait, avait avait tenu un rang important. En effet, nous pûmes voir le lendemain, sur notre route, des restes de murs, et trois coupoles de construction sassanide, ainsi que les traces d'une forteresse sur un rocher qui commandait la vallée. Le khân de Ferrach-Bend nous avait donné un de ses serviteurs pour nous servir de guide. Nous lui demandâmes ce que c'était que ces ruines : il nous dit qu'il y avait eu là jadis une ville que les traditions du pays attribuaient à *Bahram-Gour*, de la dynastie des Sassanides, et que son nom était *Khâver-Zamin*.

Trois heures et demie après avoir quitté le bourg de Ferrach-Bend, nous eûmes à gravir un sentier raide et tortueux dans une montagne élevée. Elle était couverte d'une végétation assez touffue; mais, courte et languissante, elle donnait une pauvre idée du sol dans lequel elle cherchait son alimentation. Au milieu de ces bois, dont personne ne troublait la sauvage tranquillité, pullulaient des perdrix de plusieurs espèces. Nous en voyions, de temps à autre, des familles entières courir sans s'effaroucher devant nos chevaux. Elles ne daignaient pas s'envoler ; mais d'une course rapide, elles escaladaient les rochers jusqu'à ce qu'elles fussent hors de vue. Il nous fallut cinq heures pour traverser cette montagne. Quand nous fûmes au bas du versant opposé à Ferrach-Bend, nous vîmes devant nous un vallon qui paraissait complétement désert, et de l'autre côté duquel s'élevait une seconde montagne qu'il nous fallait évidemment traverser. Nous entrevoyions la probabilité d'une nuit passée encore en plein air, car il n'était guère possible que nous allassions plus loin, tant nous étions fatigués de la rude journée que nous venions de faire. Nous avions marché neuf heures, presque toujours en montant. Nous cherchions des yeux un toit ou une fumée trahissant une habitation, et nous ne distinguions absolument rien. Cependant notre guide nous dit qu'il devait se trouver non loin de notre route, quelques tentes noires, et il prit les devants pour les découvrir. Nous le suivîmes de loin. Il s'arrêta, paraissant parler à quelqu'un, mais nous ne distinguions rien. En approchant, nous aperçûmes, derrière un mouvement du sol, entre deux petites éminences, trois ou quatre tentes ; c'était le misérable gîte où nous devions passer la nuit. Nous y trouvâmes du pain de farine d'orge, et de l'eau puisée dans un trou, au milieu de quelques pierres sur lesquelles cette source coulait à peine.

L'hospitalité des pauvres nomades qui nous reçurent cette nuit-là ne pouvait nous offrir des douceurs assez grandes pour que nous eussions de la peine à quitter leurs tentes. Aussi faisait-il à peine jour quand nous nous remîmes en route.

Nous savions que nous n'étions plus qu'à six heures de Firouzabad, et nous nous sentions encouragés à gagner cette petite ville où nous devions faire séjour. Nous gravîmes assez lestement la montagne au pied de laquelle nous nous étions arrêtés, et de bonne heure nous débouchions dans un bassin rétréci où s'apercevaient plusieurs villages qui faisaient partie du district de Firouzabad dont nous distinguions au loin l'emplacement.

CHAPITRE XLVI.

Firouzabad. — Inhospitalité des habitants de Keuchk. — Kevit. — Ruines. Atech-Gâh. — Palais sassanide. — Bas-reliefs.

Quand le guide qui nous avait accompagnés depuis Ferrach-Bend nous eut montré Firouzabad, ne jugeant plus son concours utile, il prit congé de nous et s'en retourna. Nous continuâmes à descendre et, traversant la vallée, en nous dirigeant au nord, nous passâmes une rivière assez large que dominaient quelques ruines. Nous hésitions entre tous les villages que nous apercevions pour savoir lequel était Firouzabad. Un raïa, pour nous tirer d'embarras, nous indiqua un bourg plus grand que les autres, qui porte le nom de *Keuchk*. C'était une espèce de petite ville contenant quinze cents habitants environ, avec des portes, un bazar et quelques maisons d'apparence. Nous demandâmes à être conduits auprès du Khân; mais il était en voyage, et nous ne trouvâmes chez lui que des ferrachs dont l'insolence amena avec nos gens une dispute qui faillit dégénérer en une rixe sérieuse. Le ket-khodâh était également absent. Voyant qu'il n'y avait dans cet endroit aucune autorité auprès de laquelle nous pussions nous réclamer de la protection de l'El-Beguy, et les habitants manifestant des dispositions peu hospitalières à notre égard, nous résolûmes d'aller chercher un gîte dans un des villages voisins. Nous eûmes d'autant moins de peine à prendre ce parti, que Keuchk nous parut trop éloigné des ruines que nous avions aperçues, pour nous permettre d'y aller facilement travailler.

Nous sortîmes donc de ce bourg inhospitalier, en faisant craindre à ses habitants la colère de l'El-Beguy, à qui nous disions devoir porter plainte. Quand ils entendirent ce nom redouté, et la menace dont nous l'accompagnions, plusieurs de ceux qui s'étaient rassemblés autour de nous voulurent nous empêcher de partir et nous conduire chez eux. Ils se repentaient et se confondaient en excuses, disant qu'il y avait eu méprise de leur part, et qu'ils ignoraient avoir affaire à des *balioz*. Mais nous ne pouvions accepter alors ce qui nous avait été brutalement refusé. Notre fierté nous empêchait de recevoir de ces gens ce qu'ils ne donnaient évidemment que par crainte du nom que nous avions invoqué ; puisque nos titres de voyageurs et d'étrangers frenguis avaient été un obstacle à ce que les portes s'ouvrissent, nous devions nous éloigner. Nous sortîmes donc de Keuchk malgré quelques hommes qui cherchèrent à nous retenir, et nous gagnâmes celui des villages voisins qui nous parut le plus commodément situé pour nos travaux. Nous choisîmes *Kévil*. Nous y fûmes parfaitement accueillis par le ket-khodâh, qui nous logea dans une maison très-commode et très-propre qui lui appartenait.

Le soir le ket-khodâh de Keuchk et le kalantar vinrent nous faire une visite et des excuses de la manière dont leurs subordonnés nous avaient reçus ; ils insistèrent vivement pour que nous retournassions dans leur bourg, en nous offrant non-seulement le meilleur logis, mais encore le châtiment de ceux de qui nous avions eu à nous plaindre. Notre menace avait été efficace, mais nous devions persister dans nos refus; et, tout en sachant gré à ces deux personnages de leur démarche, nous repoussâmes leurs offres. Il nous parut qu'ils s'en retournaient un peu inquiets du mécontentement que nous avions témoigné et de la rancune dont nous leur avions laissé voir que nous étions animés contre les habitants de Keuchk. Là ne devaient pas se borner les tentatives des autorités de cette petite ville pour nous faire oublier nos griefs. La fierté que nous mettions à ne vouloir point revenir sur notre détermination, et la protection de l'El-Beguy sous laquelle nous nous étions présentés et que nous maintenions avec assurance, inspiraient sur les suites de cette affaire une inquiétude telle qu'il n'y eut pas de démarches devant lesquelles on reculât pour effacer les traces du double outrage fait à nos personnes et à la recommandation du grand chef. Le lendemain matin, le Khân lui-même, *Kérim-Bek*, ayant le titre de *Naied* de l'*El-Beguy*, se présenta chez nous accompagné de plusieurs notables habitants. Il employa toutes les formes du langage persan pour nous témoigner le regret de la façon dont ses gens nous avaient traités. Il alla jusqu'à la supplication pour que nous ne portassions aucune plainte à l'El-Beguy, et nous pria encore instamment de revenir à Keuchk. Lorsque le Khân eut usé toutes les ressources de son esprit à nous faire des excuses, et qu'il nous eut suffisamment témoigné ses regrets pour que nous pussions être satisfaits, nous fûmes généreux, nous le rassurâmes sur les suites de cette affaire, nous dissipâmes ses craintes relativement au châtiment qu'il redoutait de la part de son seigneur, mais nous n'acceptâmes pas ses offres. Nous lui exposâmes qu'étant installés, étant près des ruines que nous voulions étudier, et devant probablement repartir le lendemain, il était inutile que nous allassions à Keuchk. Nous nous séparâmes dans les meilleurs termes, et Kérim-Bek se retira moins inquiet qu'il n'était en venant à Kévit.

Le nom de la localité où nous étions se compose des deux mots *Firouz* et *abad*, et signifie *résidence* de *Firouz :* il porte avec lui le souvenir d'une origine sassanide, mais il ne faut pas en tirer une induction certaine pour déterminer l'époque de sa fondation, ou l'âge des monuments dont on y retrouve les vestiges. A vrai dire, c'est le canton dans lequel ces ruines sont situées qui porte le nom de *Firouz-abad*, car il n'existe pas de ville dans sa circonscription. On n'y voit que des villages parmi lesquels, comme je l'ai dit, en était un plus grand que les autres, distingué par le nom de *Keuchk* ou *bourg*. Ce canton est renfermé dans un cercle de hautes montagnes qui laissent entre elles un espace d'environ huit kilomètres du nord au sud, et quatorze kilomètres de l'est à l'ouest. La vallée ainsi formée est traversée par un fleuve dont les eaux, grossies par plusieurs affluents, vont se perdre dans le golfe Persique, sous le nom de *Silâ-Redjiân*.

Tout y indique le choix de la position d'une ville. En effet, au bord de la rivière, et sur sa rive orientale, à un kilomètre au nord-ouest de Keuchk, le sol, accidenté, jonché de débris de maçonneries, conserve la trace d'une enceinte carrée très-étendue qui se révèle par une succession de petites buttes de terre, dont les formes et la continuité indiquent les restes d'une muraille défendue par un fossé.

Ce terrain est relevé, çà et là, par de petites éminences sous lesquelles se distinguent des angles de pierres et d'autres matériaux de construction. Tout cet ensemble de ruines forme un monticule qui domine la plaine environnante. Deux points seulement y présentent un intérêt archéologique : le premier, qui est au centre, offre à l'œil une masse de pierres que le temps n'a pas entièrement couvertes de terre. Il s'en est détaché un grand nombre d'assises qui, enlevées de la partie supérieure, se sont éparpillées de tous côtés. Cette ruine porte le caractère d'un art architectural qui n'appartiendrait pas à l'époque sassanide; dans son aspect général, aussi bien que dans ses détails, sa construction a une grande analogie avec celle des monuments achéménides, principalement avec les murs de Persépolis. Elle se trahit, sous la terre qui l'envahit et sous ses propres débris, par des angles droits fortement établis en pierre de taille. Son élévation au-dessus du sol actuel, est encore de près de six mètres. Le plateau sur lequel était assis ce monument se retrouve aisément. On en suit la trace au moyen des assises qui ont résisté aux efforts du temps. Par les angles qu'il est facile de reconnaître on voit que ce soubassement était rectangulaire. Au centre, s'élevait carrément le massif qui le domine et dont les quatre faces présentent encore plusieurs rangs d'assises. Au milieu et en avant de chacune de ces faces, des arrachements très-évidents et en partie conservés accusent des saillies qui correspondent, selon toutes probabilités, à quatre perrons donnant accès par les quatre côtés.

Quel que soit le scrupule qu'on apporte dans l'étude des monuments de l'antiquité, on est souvent réduit à faire des conjectures pour les expliquer; mais celles-ci doivent toujours être inspirées par des remarques locales et s'appuyer sur des observations matérielles fournies par les ruines elles-mêmes. Grâce à des indices cherchés avec soin, et à quelques débris voisins de la partie de ce monument, restés en place, je crois pouvoir dire que celle-ci n'était que la base d'un édifice qui s'élevait beaucoup plus haut. M'aidant des vestiges épars dans son voisinage, notamment d'un fût de colonne en marbre noir, à trente-huit cannelures, je me suis arrêté à cette idée : qu'il devait exister là un monument funéraire, ou peut-être un petit temple du feu, qui aura été renversé avec tous les autres autels de la religion guèbre.

J'ai déjà eu occasion de dire qu'il fallait se défendre d'ajouter une foi aveugle au dire des habitants et aux traditions qui se sont perpétuées parmi eux ; néanmoins, dans ce cas-ci, le nom d'*atech-gâh* ou *autel du feu* donné à cette ruine se trouve d'accord avec les conjectures que fait naître la vue des lieux. En effet, il est facile de voir que les dimensions n'en sont pas en rapport avec les dispositions d'un palais d'habitation ; elles ne peuvent se rapporter qu'à un monument religieux ou funéraire. Or, on sait, et nous l'avons vu, que les princes de la dynastie achéménide choisissaient pour leur sépulture des excavations dans les rochers ; d'après cela, la ruine qui nous occupe ne paraissant pas être celle d'un tombeau, il faut la considérer comme rappelant un temple ou un *autel du feu*, c'est-à-dire un *atech-gâh*. Cependant, si l'on fait un rapprochement entre ce monument et celui de *Mader-i-Suleimân*, on trouve entre eux une grande similitude de dispositions. Si ce dernier est, suivant la tradition la plus accréditée, reconnu pour être le tombeau de *Cyrus*, on sera fondé à admettre que celui de *Firouzabad*, dont il est question, peut bien être le soubassement du tombeau de quelque monarque de l'antiquité. Quoi qu'il en soit de l'une ou de l'autre de ces deux hypothèses, il ne me paraît pas possible de ne pas choisir exclusivement entre elles.

La ruine dont je viens de parler n'est pas la seule qui, sur le monticule où elle se trouve, s'offre dans un état de conservation digne d'intérêt, et en même temps trop peu satisfaisant pour qu'on puisse bien comprendre ce qu'a été l'édifice qu'elle rappelle. A quelques pas, s'en trouve une autre qui, bien que plus considérable par ses proportions, et d'une élévation très-grande encore aujourd'hui, se présente dans des conditions moins intelligibles, quant à sa structure et à sa destination passée. C'est une masse énorme de maçonnerie quadrangulaire, à base large, et de forme obélisquale. Rien ne se détache sur ces quatre faces, comme arrachements d'une construction qui lui aurait été adjointe, rien non plus n'indique des ouvertures d'aucun genre donnant passage à l'intérieur. Cette ruine colossale a toutes les apparences d'un isolement primitif et elle ne présente plus aujourd'hui que l'aspect d'une construction massive en petites pierres, revêtue de moellons plus forts. Au milieu des fissures, des trous et autres accidents produits çà et là par la vétusté, on distingue des traces dont la direction continue, partant du bas et s'élevant progressivement, suivant la même obliquité, en contournant les quatre faces, paraissent indiquer celles d'un plan incliné ou d'un escalier qui aurait autrefois conduit au sommet de l'édifice. Ces indications sont, en général, confuses et se perdent au milieu de toutes les dégradations de la maçonnerie. Il y a cependant un point, vers le milieu de la ruine, qui sur une des faces a conservé les arrachements de voussures en encorbellement. Ces vestiges donnent de la force à l'idée qu'il y avait anciennement une rampe par laquelle on atteignait le sommet de ce monument. La base carrée de cette construction avait neuf mètres de côté, sa hauteur était de trente-trois mètres environ. Les mouvements de terrain que l'on remarque à son pied font supposer que cette espèce d'obélisque posait sur un soubassement; mais il est impossible d'en rien déterminer avec certitude.

Les habitants donnent encore à cette ruine le nom d'*atech-gâh*. Ce que j'ai dit à propos du monument précédent peut, avec plus de raison encore, s'appliquer à celui-ci : car il est tout à fait impossible d'admettre que cette énorme masse de pierres accumulées les unes sur les autres ait jamais pu être autre chose qu'un monument religieux ou funéraire. Sa forme et son élévation n'ont d'ailleurs rien qui doive surprendre, si l'on s'arrête à l'idée que c'est un *Pyrée*. Car une des pratiques de la religion enseignée par Zoroastre aux Perses, pratique en usage encore de nos jours parmi les *Guèbres* ou *Parsis*, est d'isoler le feu sacré et de choisir un lieu élevé pour l'y placer. Il convient d'ajouter que le pays de Firouz-Abad passe parmi les Persans, pour être celui où les Guèbres avaient leur principal atech-gâh. — Peut-être est-ce celui-là même. — Ils complètent cette tradition par celle-ci qui a bien le cachet de la foi aveugle des Musulmans : que le feu sacré conservé religieusement par les Parsis, s'éteignit de lui-même, le jour de la naissance de Mahomet.....

Quant aux détails de construction de cette ruine, ils n'ont aucune analogie, ni de forme, ni de structure architecturale, avec ceux de la précédente; d'où je conclus que l'édifice qu'elle représente était d'une autre époque, et très-probablement de celle des Sassanides. On pourrait alors toucher à la vérité en attribuant sa fondation au prince *Firouz* qui a légué son nom à la localité.

L'histoire de Perse, si incertaine qu'elle soit, peut cependant faire admettre certains faits, quand ils sont étayés par des traditions encore vivantes. Le nom de *Firouzabad*, conservé de nos jours à cette contrée, en est une qui sert à confirmer ce que les historiens nationaux racontent de la fondation de plusieurs villes, dans cette partie de la Perse, par le roi *Firouz*. Nous avons déjà vu par *Châpour*, et nous verrons bientôt par *Darâbgherd* et *Sarbistân*, ce qui reste, en général, des monuments d'origine sassanide. Il ne faut donc pas s'étonner si *Firouzabad* n'a pas conservé des traces qui aient une plus grande valeur archéologique. Au reste, le monument qui précède n'est pas le seul qui date de cette époque. S'il est vrai que *Firouz* ait, en l'élevant, remis en honneur le culte du feu dans la contrée, il ne paraîtra sans doute pas dénué de raison de croire que ce pays étant devenu une de ses résidences, il ait également fait bâtir, pour son usage, le palais dont les dômes se voient encore à cinq kilomètres du premier point de notre exploration. Ce monument est d'ailleurs le plus complet et le plus intéressant dans son ensemble, que nos investigations nous aient fait découvrir dans ce canton.

En marchant au nord du monticule sur lequel sont les ruines décrites, passant à gué la rivière, non loin du village de *Kevit*, et traversant, près d'un hameau qui porte le nom de *Guilak*, un ruisseau encaissé et profond, on arrive en remontant son cours, après une heure de marche, à l'entrée d'une gorge spacieuse dominée par de hautes montagnes, de laquelle sort impétueusement le *Silâ-Redjiân*. Les montagnes à droite font partie de la grande chaîne qui ferme la plaine à l'est, celles de gauche sont beaucoup moins élevées; les unes et les autres ont un aspect sauvage, une âpreté, qui prêtent à ce lieu une physionomie plus sévère qu'attrayante. C'est là, cependant, qu'un prince sassanide avait voulu se faire construire un palais, comme nous allons voir.

Dans l'étroit espace compris entre le fleuve et les collines du nord, une source très-abondante et limpide sort de terre. Les eaux étaient retenues dans un bassin dont les bords en gradins se retrouvent en partie sous la terre et les hautes herbes qui l'ont envahie. A quelques pas de cette source, s'élèvent les restes d'un édifice rectangulaire surmonté de dômes. A sa construction, à sa disposition, à divers détails, il est impossible de ne pas reconnaître qu'il a été élevé dans un but d'habitation; et c'est ici que l'on serait forcé de rejeter les fausses dénominations données par les Persans à la plupart des monuments de l'antiquité. Confondant les habitudes domestiques des anciens Perses avec leurs coutumes religieuses, partout, dans tous les souvenirs de ces temps maudits par eux, ils voient le culte du feu; et ne sachant faire aucune différence entre cette ruine et les premières que j'ai décrites, ils lui donnent encore le nom d'*atech-gâh*, fort improprement.

L'ensemble de cet édifice a une superficie rectangulaire, comprise dans un périmètre qui a plus de cent mètres en longueur et plus de cinquante-cinq en largeur. Sa façade est tournée au nord, et de façon que son axe est dans le prolongement du diamètre du bassin circulaire qui contient la source. On voit que les conditions de fraîcheur, si appréciées dans cette contrée brûlante, avaient été recherchées avec soin. Sur cette façade s'ouvre un portique, couvert autrefois par une voûte qui s'est écroulée en grande partie. De chaque côté de ce portique sont deux larges arcades en plein cintre, dont le diamètre touche presque au sol. Les unes et les autres donnaient accès dans des salles absolument semblables entre elles, symétriquement disposées et voûtées. Les murs en étaient, dans tout leur pourtour, garnis de pilastres. Au fond du portique, une porte donnait entrée dans une première salle carrée couverte par une coupole, sur les trois autres faces de laquelle étaient encore trois portes; chacune d'elles était flanquée de deux niches. La porte du fond conduisait à un vestibule qui ouvrait sur une cour, et les deux autres conduisaient dans deux salles semblables à la première. Elles avaient chacune deux autres issues, l'une sur les deux salles du fond du grand portique, l'autre sur des appartements qui se trouvaient à droite et à gauche du petit vestibule donnant sur la cour. Ces salles à coupoles devaient être destinées aux cérémonies d'apparat, si l'on en juge par leur élégance et leurs dimensions. Elles étaient toutes trois carrées et de même grandeur. Les portes et les niches étaient terminées, dans leur partie supérieure, par des arcs à plein cintre. Elles avaient toutes des impostes et une archivolte formées de moulures délicates; elles étaient encadrées de chambranles avec profils et corniche. Cette dernière, qui était concave, avait une ornementation évidemment imitée de celle des portes de Persépolis. Au-dessus d'une petite corniche en briques et pierre, et sur les quatre côtés, étaient percées quatre fenêtres. Les angles étaient surmontés de petites voûtes en encorbellement, qui s'élevaient au niveau de la partie supérieure de ces fenêtres et portaient une coupole percée à son sommet d'une large ouverture. Ces détails sont communs aux trois salles à coupoles, qui se retrouvent dans un état de conservation tel qu'on peut parfaitement se faire une idée de ce qu'était ce palais.

Derrière les trois salles à coupoles, étaient de petites pièces, dont les dimensions ou la décoration n'offrent pas d'intérêt. Elles avaient une issue sur le vestibule qui donnait sur la cour. Cette cour était intérieure, c'est-à-dire renfermée dans des constructions élevées sur ses quatre faces. La plus parfaite symétrie régnait dans les bâtiments qui l'entouraient. Ils consistaient, à gauche comme à droite, en deux salles oblongues et voûtées. Sur le côté tourné au nord et en face du vestibule qui vient à la suite de la salle à coupole du milieu de l'édifice, s'ouvrait encore un vestibule par lequel on entrait dans deux autres chambres voûtées comme toutes les autres.

Nous avons retrouvé cet édifice dans un état de conservation surprenant, quand on songe qu'il a quatorze siècles d'existence. Nous avons pu relever, avec une certitude complète, tous les détails que je viens de donner relativement à son plan, à sa disposition, et à l'ensemble de sa construction. Ceux relatifs à son ornementation ne nous ont point été moins faciles à comprendre et à retracer. Ainsi, les intérieurs nous ont paru avoir été exécutés avec le plus grand soin, et même avec luxe. Il est vrai que toute cette ornementation consiste en placage de moulures exécutées en plâtre. Mais il faut penser que ce palais de Firouzabad, comme tous les monuments sassanides, était construit avec des matériaux de petites dimensions. On n'y a point fait entrer de pierre de taille, ce qui n'a permis, pour en compléter la décoration, que l'emploi de matériaux légers, faciles à adapter aux murailles, assez grossières d'ailleurs, qui en composaient la carcasse. Il fallait, néanmoins, que ces ornements présentassent des conditions de solidité assez grandes pour que nous les ayons retrouvés presque partout.

Indépendamment de cette ornementation intérieure, on en avait adapté une extérieure qui n'était dépourvue ni de grandeur ni de grâce. Le système de cet embellissement des murs, pour la façade et les autres faces externes, consistait en une succession non interrompue d'arcades très-élevées, comprises entre des espèces de contreforts circulaires très-élancés, posés sur un socle, le tout couronné par une corniche.

Les voussures de toutes les portes et des niches sont, ainsi que je l'ai mentionné, à plein cintre, et il est digne de remarque que cette nature de courbe leur est exclusivement appliquée, car celle des voûtes et des coupoles est ovoïde.

Continuant à remonter la gorge du même côté, l'espace de deux kilomètres environ, et se frayant péniblement un chemin à travers les pierres et les broussailles, on atteint un rocher très-élevé au-dessus du lit de la rivière. On arrive à sa base par une espèce d'escalier taillé dans le roc, et qu'on peut gravir à cheval. Les lignes mutilées et presque effacées d'un grand bas-relief s'y distinguent encore, mais très-imparfaitement, sur une surface qui a dix-huit mètres de long et quatre mètres de haut. Il présente un combat auquel prennent part six cavaliers qui paraissent se battre trois contre trois. Autant qu'on en peut juger par la différence des costumes, l'idée du sculpteur a été de rendre vainqueurs ceux du même parti ; et, d'après ce que nous savons de la physionomie persane au temps des Sassanides, les vainqueurs paraissent être de cette époque. Tous ces cavaliers sont couverts d'armures des pieds à la tête ; ils combattent à la lance et portent des carquois au côté droit de leurs montures. Les bandelettes qui accompagnent la coiffure de trois d'entre eux semblent indiquer qu'ils sont rois ou princes. Ces trois personnages sont barbus. Celui du milieu paraît être dans une position désespérée ; son cheval est renversé, et il reçoit un coup de lance dans le côté. Le dernier, à droite, qui semble désarçonné, est aussi dans une situation qui doit promettre la victoire à son adversaire ; mais il est tellement dégradé qu'on ne peut en suivre tous les détails, et qu'on ne les distingue qu'imparfaitement. A gauche de ce tableau, les deux premiers combattants sont imberbes, et n'ont point de bandelettes. Ils représentent ou des eunuques ou des jeunes pages accompagnant leurs seigneurs. L'un des deux, qui est en premier plan, fortement en selle, enlève l'autre à bras-le-corps et semble vouloir l'étouffer dans son étreinte. Cette sculpture est excessivement dégradée, et d'un travail tout à fait barbare.

A un kilomètre plus loin, sur la même rive, et près d'un pont en ruines qui traverse le fleuve, est un second bas-relief. La manière dont il est traité ne lui donne pas plus d'intérêt que n'en présente le premier. Il est sculpté sans art, et offre l'aspect d'une grossière ébauche. Le motif principal de la scène qu'il représente est déjà connu. Il s'y trouve six personnages : les deux premiers à gauche se font face, et tiennent chacun, de leur main droite, un anneau d'où partent des bandelettes. Ils semblent se prêter mutuellement un serment. Leur costume, qui consiste en une tunique courte, serrée sur les hanches par une longue ceinture flottante, est à peu de chose près le même. Leur coiffure seule diffère; pour celui de gauche, c'est une large tiare évasée terminée par cinq pointes; ses cheveux sont longs et tressés; il tient, de sa main gauche, une espèce de glaive à cannelures, dentelé ou flamboyant. Son vis-à-vis porte bien aussi une longue barbe, mais il ne paraît pas avoir de cheveux, et sa tête est couverte d'une calotte surmontée d'un globe ou ballon d'où pendent des bandelettes. Derrière lui est un jeune garçon beaucoup plus petit, coiffé d'un bonnet tout à fait semblable au bonnet phrygien; il élève, de son bras droit, un chasse-mouches sur la tête du personnage qui le précède. Derrière ce jeune homme sont trois figures à peu près identiques, portant la barbe longue, la tête couverte de mitres hautes et arrondies; elles font signe de l'index de la main droite élevée à hauteur de l'épaule. Leur main gauche semble appuyée sur la poignée d'un glaive pendant à leur ceinture. Toutes ces figures portent de longs et larges pantalons qui ne laissent voir aucun pied.

Au-dessous des bandelettes qui pendent de l'anneau tenu par les deux principaux personnages, sont gravés des caractères qui m'ont paru pehlvis, et qui sont tracés sur des lignes verticales, au lieu de l'être horizontalement; cette particularité ne m'a frappé que dans cet endroit.

Le pont qui est presque en face est tout à fait ruiné. Ses piles seules restées debout, au milieu de matériaux qui encombrent le lit du fleuve, montrent qu'il avait deux arches. Les massifs de maçonnerie étaient revêtus de pierres de taille en assises régulières. Il est probable, d'après le caractère de sa construction, que ce pont est du même temps que le palais.

A quelques pas de là, et à une très-grande élévation au-dessus du chemin frayé, s'aperçoivent, mais sans être bien distinctes, des ruines qui se confondent avec les rocs de la montagne. Ce sont, nous a-t-on dit, les restes d'une antique forteresse qui avait probablement pour destination la défense du défilé. Le nom que portent aujourd'hui ces ruines est celui de *Khâlèh-Doukhtâr, château de la jeune fille*. Les habitants y rattachent le souvenir d'une légende, mais elle ne présente aucun caractère historique; le merveilleux en fait tous les frais, et ne mérite pas d'être rappelé. Ce nom de *Khalèh-Doukhtar*, est, d'ailleurs, extrêmement commun, et on le retrouve attribué à plusieurs ruines du même genre, dans diverses contrées de la Perse. Ce château est inabordable, et sans autre intérêt que celui de son origine qui, d'après sa physionomie et le dire des gens du pays, remonterait à des temps fort reculés.

Tandis que nous suivions tranquillement le sentier qui serpente dans cette gorge, pour revenir à Kevit, notre guide s'arrêta court, comme un chien de chasse qui tombe en arrêt. Nous ne voyions rien. Cependant à un coup de fusil qu'il tira nous pensâmes qu'il devait avoir aperçu quelque animal. Il ne tarda pas, en effet, à reparaître en nous présentant triomphalement une loutre; cet homme, avec son mauvais fusil à mèche, lui avait mis une balle dans l'œil.

CHAPITRE XLVII.

Départ de Firouzabad. — Ouragan de neige. — Meïmâm. — Loups. — Fessa. Tel-Zoaki. — Darâbgherd. — Forteresse antique. — Bas-relief.

Après une halte de quatre jours à Kevit, nous quittâmes le territoire de Firouzabad pour gagner celui de Fessa. Le 13 janvier, malgré la pluie du matin, qui nous présageait une mauvaise journée et de la neige dans la montagne, nous partîmes. Nous remontâmes le Silâ-Redjiân et entrâmes dans la gorge que nous connaissions déjà, celle où nous avions visité les deux bas-reliefs. Le chemin que nous suivions était celui qui menait directement à Chiraz. Nous devions, à une petite distance, le quitter à son embranchement avec celui de Fessa. C'était, dans cette saison et surtout avec le temps que nous avions, la meilleure route à prendre. Une autre, plus courte, s'élevait au-dessus de Keuchk, au nord-est de la plaine de Firouzabad, dans la montagne qu'elle traversait en droite ligne. Outre que ce chemin était très-pénible pour des mules chargées, nous pensâmes qu'il devait être impraticable le jour de notre départ, en voyant les nuages chargés de neige qui couvraient le sommet de la montagne. Nous n'hésitâmes donc pas à prendre celui que nous suivions, quoique plus long, dans l'espoir d'y trouver un temps plus supportable.

Nous passâmes de nouveau devant le bas-relief du serment, et devant les ruines du pont qui en est voisin. A défaut de celui-ci, nous dûmes chercher un gué dans la rivière. Elle était assez large, très-rapide, et ses eaux se frayaient un passage au milieu des roches épaisses sur lesquelles elles se brisaient de toutes parts. Son lit, peu profond à cette époque, devait offrir de grandes difficultés lorsque le soleil du printemps faisait fondre les neiges dont sont couvertes toutes les montagnes de cette contrée élevée. Ce pont antique, ruiné aujourd'hui, était d'une utilité incontestable; cependant on ne le relevait pas. Dans toute la Perse, du nord au sud, de l'est à l'ouest, c'est la même dévastation; les ruines tombent les unes sur les autres. Il semble que les habitants actuels n'aient pas les mêmes besoins que leurs ancêtres : à voir les décombres de leurs ponts, de leurs caravansérails, on croirait que chaque population, confinée sur son territoire, n'en sort plus et n'a aucune communication avec les pays d'alentour : à voir les villages en ruines, les maisons en poussière, on dirait que les peuples n'ont plus besoin d'abri. La civilisation s'éteint, l'état social disparaît, la nation se meurt; telle est la réalité, telle est la Perse.

Après avoir dépassé le pont du Sila-Redjiân, nous nous trouvâmes au pied des rochers sur le sommet desquels nous avions aperçu l'espèce de petit fort qui domine le défilé et pouvait défendre le passage. Nous en étions beaucoup plus rapprochés, mais nous n'y reconnûmes rien de plus intéressant que ce que nous avions vu de loin.

Après avoir suivi pendant quatre heures les détours de cette gorge, après avoir passé et repassé cinq à six fois la rivière, nous débouchâmes près d'une enceinte crénelée qui n'est pas désignée autrement que par le nom général et commun à tous les lieux fortifiés, de *Khâlèh*. Là, deux vallées s'ouvrent : l'une à gauche, d'où vient le *Sila-Redjiân* et où se trouve la route qui mène à Chiraz ; l'autre à droite, dans la direction de l'est, conduisant à Fessa ; une montagne les sépare et forme les deux vallées où elles s'engagent. Nous nous avançâmes sur celle de droite ; le chemin y était très-accidenté, et le pays couvert d'arbrisseaux touffus mêlés à quelques arbres. Depuis notre départ de Firouzabad, nous ne cessions de monter. Jusque-là, la pluie seule nous avait contrariés ; elle devint peu à peu plus froide, plus solide, et ne fut bientôt plus qu'une neige épaisse qui nous empêchait de voir devant nous. Le vent souffla avec force, et, durant les dernières heures de notre marche, nous cheminâmes au milieu d'une véritable tourmente. C'était quelque chose d'inconcevable que la différence entre la température que nous éprouvions alors et celle que nous avions laissée derrière nous dans la plaine de Bouchir. Nous nous étions constamment élevés depuis notre départ d'Ahram, c'était là l'explication de ce changement si sensible. Notre guide nous encourageait, en nous assurant que nous n'étions pas éloignés de l'endroit où nous devions nous arrêter ; mais la route nous semblait bien longue. Enfin, après dix heures d'une marche pénible, exténués de froid, de faim et de fatigue, nous arrivâmes à *Meïmân*. Le chef de ce lieu était un Mollah. Accueillis par lui avec beaucoup d'empressement et de politesse, nous n'eûmes qu'à nous louer de son hospitalité.

Meïmân, que l'on considère comme une petite ville, est libre d'impôts envers le Châh. Tous ses revenus, qui montent, nous dit le ket-khodâh, à deux mille toumâns, ou vingt-quatre mille francs, sont affectés à l'entretien de cet Imâm-Zadèh qui est en grande vénération à Chiraz, et dont j'ai eu occasion de parler en le désignant sous le nom de *Châh-Tcherak*.

Sans la neige qui couvrait tout le pays, nous eussions certainement emporté un agréable souvenir de cet endroit, qui est très-peuplé, entouré de nombreux jardins, de terres parfaitement cultivées, et dont les maisons bien entretenues révèlent le bien-être des habitants. — La prospérité dont me parut jouir Meïmân n'est-elle pas la critique de l'administration royale? Pourquoi cette petite ville, qui est indépendante quant à ses revenus, qui est administrée par un simple Mollah, dans un but religieux, a-t-elle un air d'aisance que l'on rencontre si rarement en Perse? Les corporations ou les simples particuliers régissant par eux-mêmes leurs terres, utilisant à leur profit seul leur propre industrie, font donc preuve d'un esprit d'administration plus libéral et plus éclairé que celui qui dirige les actes du gouvernement persan! Cette vérité me semble ressortir de l'état prospère qui me frappa à Meïmân.

Le grand froid, auquel personne de notre petite troupe ne s'attendait, et contre lequel aucun de nous n'avait pris de précaution, nous avait éprouvés tous plus ou moins. Aussi, le lendemain, le temps étant toujours le même, nous jugeâmes prudent de ne pas partir.

Le 15, nous partîmes. Le pays était entièrement couvert de neige. Nous nous enfonçâmes davantage dans la vallée à l'entrée de laquelle était Meïmân, et qui allait toujours en se rétrécissant. Nous ne vîmes rien d'intéressant pendant notre marche, qui fut très-monotone et dura huit heures. Nous couchâmes dans un petit village à moitié ruiné, bâti au-dessus d'un ravin dans lequel un ruisseau rapide sautait d'une cascade à une autre. On nous donna pour logement une grande maison délabrée, sans portes ni fenêtres, et fort peu commode par le froid qui se maintenait. Il nous fallut boucher toutes les ouvertures au moyen de tapis, aussi bien que nous pûmes. Il devait d'ailleurs être très-insolite d'éprouver un froid aussi vif, dans un pays où croissent les orangers et les citronniers. Leurs fruits, qu'on nous apporta, nous prouvèrent, par leur maturité et leur excellent goût, que la neige qui blanchissait alors le vert feuillage de ces arbres était une anomalie. Nous vîmes aussi à *Badenjân*, c'est ainsi que se nomme ce village, des limons d'une grosseur extraordinaire. Notre étonnement d'éprouver en ce lieu un froid aussi vif s'augmenta encore à la vue des récoltes considérables de coton qui y étaient entassées. Cependant les diverses productions de cette localité nous rassurèrent un peu sur le temps que nous pourrions avoir les jours suivants; car, en attestant la douceur normale du climat de cette contrée, elles prouvaient bien que, si le froid était excessif, il était tout à fait exceptionnel et ne pouvait durer. Nous espérions donc ne plus rencontrer de neige.

Nous fûmes encore obligés de nous arrêter un jour à Badenjân, par suite de l'état de souffrance où j'étais et qui se maintenait depuis mon départ de Firouzabad. J'avais dû recourir à une saignée, à Meïman, et ma santé éprouvait un trouble qu'entretenait l'âpreté de la saison.

Le jour suivant, nous nous remîmes en route pour faire

une courte journée de quatre heures seulement. Le chemin que nous devions suivre s'avançait dans une vallée resserrée entre des montagnes couvertes de forêts, et nous marchâmes dans un sentier qui serpentait au milieu de bois peu élevés, mais fourrés, où nous entendîmes plusieurs fois hurler des loups. Quelques pâtres et bûcherons que nous rencontrâmes en paraissaient émus. Les uns veillaient avec anxiété sur leurs chèvres; les autres s'inquiétaient pour quelques petits ânes qu'ils avaient amenés afin de charger du bois. L'expérience leur avait sans doute appris à redouter cette vallée boisée, surtout avec le froid, et nous acquîmes nous-mêmes la preuve que leurs craintes étaient bien justifiées. Nous venions d'entendre des cris et des hurlements très-rapprochés de nous, quand nous vîmes traverser le sentier dans lequel nous marchions par un malheureux âne qui se sauvait en boitant et perdait beaucoup de sang. En approchant, nous reconnûmes que ce pauvre animal avait une horrible blessure à une cuisse. Un énorme lambeau tout saignant et déchiré pendait sur ses jarrets, et portait les traces d'une affreuse morsure. C'était un loup, à n'en pas douter, qui s'était jeté sur cette proie, et venait de la saisir, au moment où notre approche avait dû lui faire lâcher prise et prendre la fuite. Nous entrâmes dans le fourré, mais nous ne vîmes rien.

Peu de temps après, nous arrivions au village de *Khoukhân*, situé sur le bord d'une rivière, au pied des montagnes. La neige disparaissait enfin. Le lendemain, ne me sentant pas mieux, nous abrégeâmes encore le chemin, et nous nous arrêtâmes à *Badavân*, après avoir marché trois heures seulement, dans une vallée étroite et aride. Cet endroit, réduit actuellement aux proportions d'un pauvre village, a dû avoir anciennement une plus grande importance. C'est au moins ce que semblent indiquer des ruines assez étendues, éparses sur son territoire, et les restes d'un *khâlèh* qu'on aperçoit sur une éminence qui domine le pays à l'endroit où s'entrecoupent trois vallées arrosées par plusieurs cours d'eau. Il s'en faut que le paysage y soit riant : dépourvu de végétation et de culture, il a au contraire un aspect de nudité, de désolation, qui inspire la tristesse, malgré la grandeur imposante de ses lignes. Les montagnes s'y dessinent par de belles silhouettes. A leur pied, des rochers, qui s'en sont détachés et se sont arrêtés dans leur chute, forment des plans variés. Ils s'y trouvent accumulés par groupes pittoresques, ou isolés de manière à rompre accidentellement les lignes du terrain. Partout le sol mouvementé, divisé par de larges et profondes coupures, se présente comme au premier âge du monde. Il semble, là, que l'homme n'ait pas encore établi sa domination ; toute la nature y semble vierge et telle qu'elle sortit des mains du créateur, ou telle qu'elle serait restée à la suite de quelque profond ébranlement.

Suivant toujours la direction de l'est, nous traversâmes une grande vallée qui fuyait au sud ; nous franchîmes un court passage, entre de hautes montagnes au delà desquelles s'ouvrait devant nous une plaine circulaire. Cette journée fort longue fut de dix heures. Je souffrais extrêmement ; je n'avais pas encore éprouvé de douleurs aussi vives. Il me semblait que j'étais atteint d'une fièvre cérébrale des plus violentes. Le mouvement du cheval et la fatigue augmentaient naturellement beaucoup le mal que j'endurais. J'eus une crise tellement forte que je perdis l'équilibre, et, tombé à terre, j'y restai étendu sans pouvoir me relever ni bouger. Couché sur le dos, j'étais privé de volonté, d'énergie, presque de sentiment. Absorbé par la souffrance, en proie aux douleurs les plus aiguës, je n'entendais rien de ce qu'on me disait. Mon compagnon de route me donnait inutilement des encouragements. On me disait que le lieu de la halte n'était pas éloigné, qu'il ne fallait plus marcher que quelques instants; rien ne me ranimait. J'étais sans force, et n'avais d'autre volonté que celle de rester et mourir là tranquillement. —Inertie fatale, triste résignation qui s'empare si souvent du voyageur isolé dans un pays perdu! — Cependant cet accès se calma un peu, et je pus, avec l'aide de deux hommes, me remettre en selle. J'atteignis, je ne sais comment, le village où m'avaient précédé M. Coste et la caravane. Le ketkhodâh, brave homme très-officieux, et dont je dois louer l'hospitalière politesse, vint au-devant de moi et me fit toute espèce d'offres de service. C'est à peine si je pus le remercier.

Nous étions à *Fidechgoûn*, dans le district de Fessa; et j'appris avec plaisir que cette ville n'était éloignée que de cinq heures. J'avais la perspective d'y séjourner et d'y trouver par le repos quelque soulagement; c'était mon unique ressource.

Le 20 janvier, changeant de direction et marchant à l'ouest, nous traversâmes la plaine de Fidechgoûn, dans laquelle nous vîmes plusieurs villages. Après avoir marché environ deux heures, nous trouvâmes devant nous un large banc de rochers qu'il fallut gravir. Avant de descendre du côté opposé, nous pûmes, de leur sommet, voir se développer en entier la vallée circulaire de *Fessa* ou *Fassa*. Il ne nous fallut que trois heures pour la traverser dans sa plus grande longueur, et atteindre la ville, qui était à son extrémité occidentale. La vallée nous parut très-peuplée et bien cultivée.

Chemin faisant, nous cherchions à découvrir quelques vestiges de monuments antiques. D'après les données que nous avions sur cette localité, qui passait auprès de quelques géographes pour l'antique Passargade, nous présumions devoir y rencontrer des traces fréquentes de monuments d'un âge reculé. Aucun vestige de ce genre ne se distinguait, et nous doutions qu'il y eût la moindre antiquité dans ce district, quand, à quelques pas de la ville, nous nous trouvâmes sur un sol couvert de débris. Au milieu, s'élevait un monticule que l'on appelle dans le pays *Tel-Zohâki*, *butte de Zohâk* ou *Khâlèh-Zohâki*, *forteresse de Zohâk*. Zohâk est un personnage que les écrivains orientaux, par leurs récits, ont rendu presque fabuleux; cependant il paraît être le même que Nemrod. L'éminence qui porte son nom a conservé une hauteur d'environ vingt-cinq mètres; sa base peut en avoir cent trente à cent quarante de circuit. Ce *tel*, tout en affectant la forme conique, est irrégulièrement coupé, par suite des éboulements naturels que le temps en a détachés. En aucun point de sa surface, il ne laisse apercevoir un angle de pierre qui accuse quelque construction.

A en juger par l'aspect que présente actuellement la *butte de Zohâk*, on pourrait croire que l'édifice dont elle occupe l'emplacement ne fut construit qu'en briques crues, car cet aspect est exactement le même que celui qu'offrirait de la terre simple. Mais il est plus probable, et il faut croire qu'à *Fessa*, comme dans beaucoup d'autres localités, les habitants ont arraché aux ruines qui étaient à leur portée les matériaux solides qui pouvaient leur être bons, pour s'en servir dans leurs constructions. Ainsi il est probable que cet édifice a pu être, en effet, construit, dans sa masse, en briques crues, selon l'usage antique; mais que les parements en avaient été faits, soit en pierres, soit en briques cuites, comme l'indiquent des fragments gisant autour, et que ce sont précisément là les matériaux que les gens du pays se sont appropriés. Les massifs de briques crues, n'étant plus soutenus par ces revêtements solides, se sont écroulés, et, sillonnés par les pluies de siècle en siècle, ils n'offrent plus à l'œil qu'une masse de terre compacte et informe. Cette éminence présente si peu de garanties pour qu'on reconnaisse en elle les restes d'un édifice, que nous aurions été, comme d'autres voyageurs, en droit de la prendre simplement pour un tertre naturel et sans intérêt, si une investigation scrupuleuse ne nous avait conduits à retrouver une enceinte qui est à peu près dans les mêmes conditions, mais qui néanmoins nous a aidés à sortir de l'hésitation dont nous ne pouvions nous défendre. Cette enceinte, qui est quadrilatérale, a quatre cents mètres de l'est à l'ouest, sur plus de trois cent cinquante du nord au sud; peu apparente, elle est constatée cependant par une dépression continue du sol, qui indique un fossé de vingt-cinq mètres environ de largeur. Près de ce fossé, à l'ouest, est un *imâm-zâdèh* ou *tombeau*, en ruine, dont le seuil est formé par un tronçon de colonne en marbre gris veiné. Il est évident que ce fragment n'a pas été originairement préparé pour cette construction moderne; on peut donc penser qu'il provient de quelque monument disparu et sans doute antique. Malgré toutes nos recherches et les renseignements pris auprès des habitants qui nous ont paru devoir nous inspirer le plus de confiance, il ne nous a pas été possible de découvrir, dans cette localité, d'autres vestiges intéressants.

Y a-t-il là des restes d'un intérêt assez réel et d'une

importance matérielle assez grande pour justifier l'opinion de quelques archéologues qui ont cru devoir y placer les ruines de la célèbre ville fondée par Cyrus? Je ne le crois pas. J'ai déjà eu occasion de discuter cette question, en décrivant les antiquités de Mader-i-Suleïmân, et, si ce que j'ai dit de la ressemblance des deux noms *Fassa* et *Passagarde* milite en faveur de l'antiquité et de l'illustration de la ville que le premier de ces noms représente, il faut bien ici, sur le sol de *Fassa*, convenir que les vestiges qui s'y retrouvent n'autorisent aucunement à les prendre pour ceux de la capitale élevée en commémoration de la victoire des Perses. Quant à ce qu'un voyageur anglais, Morier, raconte d'un habitant de Fessa qui lui dit que les ruines qui y existent étaient regardées comme plus surprenantes que celles de Persépolis, évidemment il ne faut voir là que la prétention assez habituelle aux Persans d'attribuer, même au prix d'un mensonge que le moindre examen peut détruire, au lieu dont ils sont originaires un intérêt quel qu'il soit, qui le relève aux yeux des étrangers. Cet habitant de Fessa, voyant que Morier se livrait à des recherches archéologiques, a voulu, en même temps qu'il pensait le satisfaire, rehausser l'importance que son sol natal n'a pas, par le moyen factice d'une gloire posthume. La vérité est que rien, dans la ville ou dans son voisinage, ne rappelle aucun édifice ayant pu avoir de la grandeur et pouvant remonter à des temps reculés. Tout ce qui, dans cette localité, proteste avec quelque apparence de raison en faveur de son antiquité, ce sont des éminences se reliant ensemble, et sous la terre desquelles se trahissent çà et là quelques débris de maçonneries en cailloux, dont la composition ne fait pas honneur à leur origine, quelle qu'elle soit.

Après avoir donné au tertre de Zohâk l'attention qu'il méritait, nous gagnâmes la ville, où nous espérions obtenir des renseignements de nature à ne point laisser échapper à nos recherches les monuments qui pouvaient exister encore dans cette contrée. Nous fûmes parfaitement reçus par le gouverneur de Fessa, qui nous donna dans l'ark un excellent logement et ne voulut point souffrir que nous achetassions la moindre chose. Toutes les provisions nous furent fournies gratuitement, quelque effort que nous ayons fait pour les payer. Nous voulûmes profiter de la bienveillance que nous témoignait le Khân de cette ville pour obtenir de lui des indications relatives aux ruines qui pouvaient être dans le district soumis à son autorité. Nous fîmes des tentatives semblables auprès des habitants originaires du pays et pouvant le connaître le mieux. Mais ce fut en pure perte, et tous s'accordaient à dire qu'il ne se trouvait à Fessa que ce que nous avions vu en y arrivant, c'est-à-dire la masse informe désignée par le nom de *Tel-Zohâki.*

Je m'étais un peu remis. Une journée entière passée dans le repos avait contribué à diminuer l'intensité de mes douleurs. J'espérais me rétablir en ne me fatiguant pas les jours suivants. M. Coste se prêta complaisamment au désir ou plutôt au besoin que j'avais de faire de petites journées. En conséquence, nous partîmes de Fessa assez tard, et nous allâmes, d'une allure tranquille, coucher à *Naubendakiân*, à trois heures seulement de distance. Notre route avait encore changé de direction; cette fois, nous allions vers Darâbgherd et marchions au sud-est. Naubendakiân, où nous avions fait halte, était un village placé au pied de hautes montagnes, à l'entrée d'une longue gorge qui les traversait du nord-ouest au sud-est. Bien nous avait pris de nous y arrêter, car la route que nous avions à suivre au delà était aussi longue que pénible, à cause des difficultés qu'elle présentait. Nous mîmes dix heures à franchir ce passage constamment resserré entre des rochers élevés, âpres, çà et là couverts de broussailles ou d'une croûte de terre d'une aridité extrême. Nous n'avions plus ni froid, ni neige; la chaleur était au contraire très-forte, et quand nous descendîmes, de la passe élevée dans laquelle nous avions cheminé tout le jour, vers la plaine qui s'étendait de l'autre côté, nous y trouvâmes une température extrêmement élevée pour la saison. — Nous étions au 22 janvier. — Notre marche ayant été de dix heures, il faisait presque nuit quand nous nous arrêtâmes à *Madavân*, village de masures en terre et de cabanes en palmiers.

Le jour suivant, partis de bonne heure, nous marchâmes d'abord au nord-est, pour gagner la route de Chiraz à Darâbghérd. C'était, non-seulement le meilleur chemin pour nous y rendre, mais même le seul qu'il fût possible de suivre, à cause des marécages et des rivières qui rendaient le milieu de la plaine impraticable. Nous nous rapprochâmes des montagnes qui bornent la plaine au nord, et nous marchâmes à une très-petite distance de leur base. Nous y rencontrâmes plusieurs cours d'eau et traversâmes des prairies, alors verdoyantes, où paissaient les troupeaux des Iliâts dont les tentes se voyaient de plusieurs côtés. Le sentier que nous suivions nous conduisit souvent au milieu de hautes herbes au-dessus desquelles s'élevaient de grands arbres de diverses espèces, entremêlés de palmiers. Cette végétation, abandonnée à elle-même, donnait une grâce infinie à ses capricieux enlacements. Les dattiers se confondaient avec les chênes verts, des lianes vivaces et sans fin s'enroulaient aux troncs des uns ou pendaient en guirlandes aux branches des autres. Les longues cannes et les joncs des marécages, agités par une douce et tiède brise, mêlaient leur long feuillage aux branches flexibles des saules séculaires penchés sur les eaux qui s'écoulaient au travers des prés émaillés de fleurs. A tout instant, au bruit de nos pas, se levaient effrayées, de dessous les touffes de genêts ou d'arbousiers, des perdrix et des francolins, charmants oiseaux de ces contrées méridionales.—Le francolin ressemble au faisan par son plumage et le goût de sa chair. Il a à peu près les mêmes mœurs, il vit accouplé comme lui; mais il est plus petit, et le mâle n'a point la queue ornée de longues plumes.

Après sept heures de route, nous atteignîmes *Darâbgherd.* Son aspect est plus riant et plus heureux que celui d'aucune autre ville de Perse. Ses maisons sont presque entièrement cachées sous les dattiers et les orangers qui croissent à profusion de tous côtés, autour de la ville et dans son enceinte même. Nous y fûmes logés dans un petit palais jadis très-élégant. Je n'ai pas besoin d'ajouter qu'il tombe en ruines, c'est le sort de tous ceux du pays. Cette élégante demeure était au milieu d'un jardin planté de toutes sortes d'arbres au milieu desquels nous n'avions qu'à choisir : les oranges, les dattes, les limons s'abaissaient vers nous en faisant sous leur poids, comme pour les rendre plus faciles à cueillir, plier les branches qui les portaient. C'était le plus beau et le plus gracieux jardin que nous eussions encore vu. Nous devions cette habitation à la bienveillance du Châh-Zadèh qui commandait la province. C'était un oncle du Châh régnant : il s'appelait Mehemet-Saadèk-Mïrza.

Le moins de temps que nous pussions demeurer à Darâbgherd, c'était deux jours pleins, car nous avions à y faire des explorations auxquelles nous encourageaient le nom que rappelait cette ville et ce qui nous avait été indiqué par les habitants. Dès le lendemain, prenant un guide, nous nous fîmes conduire aux lieux qui nous promettaient des souvenirs antiques. Le nom que conserve cette cité a bien le cachet de l'antiquité, car *Darâb* signifie *Darius*, et *Darâb-djerd* ou *Darâb-gherâ*, car les Persans disent les deux, se traduit par *cité* ou *résidence de Darius*. Cette ville est, de nos jours, le chef-lieu d'un des districts les plus considérables du Fars. Son importance n'est point purement traditionnelle, et ce n'est pas à son nom seul qu'elle la doit. Sa position topographique, ainsi que tous les avantages qui en sont la conséquence, y ont attiré une nombreuse population. Son territoire est remarquable par une fertilité qu'entretiennent les nombreux et abondants ruisseaux qui l'arrosent en tous sens. Ces heureuses dispositions naturelles qui ont dû certainement, là comme dans le reste de la Perse, déchoir beaucoup, ont cependant encore assez de valeur actuellement pour justifier le choix qui avait été fait autrefois par le fondateur de cette ville. Darâbgherd est située au pied de la chaîne des montagnes qui s'étendent de l'est à l'ouest et ferment, de ce côté, son immense plaine. On a choisi, pour assiette de la ville moderne, le milieu d'un arc de cercle dont l'ouverture est tournée au sud, et masquée en partie par deux grandes masses de rochers qui semblent placés là pour la protéger et borner son territoire particulier. Elle n'est pas considérable, et ne rappelle absolument rien de l'antiquité de son origine. C'est au loin, et à une heure ou une heure et demie des portes, qu'il faut en chercher les vestiges. Ils sont évidemment de deux époques, comme on pourra en juger par les détails que je vais donner. Je commencerai à décrire la portion qui paraît la plus ancienne.

A cinq kilomètres au sud de la ville, on aperçoit un rocher isolé qu'entoure une suite d'éminences de terre décrivant une grande circonférence, et coupées, de distance en distance, par de larges brèches. Ce site porte le nom de *Khalèh-Darâb* ou *citadelle de Darius*. Le rocher isolé qui sert de jalon, au milieu de la plaine, pour retrouver l'emplacement de ces ruines peu apparentes, semble, en effet, avoir été le centre d'une vaste fortification circulaire. De larges fossés avaient été creusés tout autour, et la terre en avait été rejetée à l'intérieur de manière à ce que ces remblais formassent des remparts élevés. Les fossés ont dû être remplis d'eau; car, bien qu'ils soient aujourd'hui en partie comblés, on en retrouve encore des portions submergées à une assez grande profondeur. Les murailles circulaires ne conservent aucune trace de constructions. Cependant il faut croire qu'elles ont été, sinon formées entièrement, au moins protégées, soit par des ouvrages en pierres, soit par des placages en briques cuites. Le rocher du centre est le seul point où se retrouvent des fragments de murs dont l'appareil varie; on y découvre des arrachements en briques crues, à côté de débris de maçonnerie. Il est difficile de se rendre compte de ce qu'ont pu être ces restes informes au milieu desquels on ne distingue pas la moindre trace de plan. Néanmoins, à en juger par l'élévation du rocher central, et par celle, en progression décroissante, des éminences qui l'entourent, il est peut-être permis de croire que, conformément anx usages antiques, la citadelle qui formait le centre de cette ville fortifiée était renfermée dans une triple enceinte dont les circonférences étaient concentriques (11). Il est également très-difficile de dire d'une façon précise par combien d'issues on pénétrait dans cette vaste citadelle, car il n'est pas possible d'affirmer que toutes les ouvertures actuelles sont bien d'anciennes portes. Pourtant, comme il est plus probable que les habitants nomades ou sédentaires qui ont envahi le sol intérieur, pour l'ensemencer ou y dresser leurs tentes, ont cherché les issues existantes plutôt que de se frayer péniblement des passages nouveaux au travers des hautes et épaisses murailles, on peut raisonnablement admettre que les trouées que l'on voit actuellement sont en réalité d'anciennes portes. Dans ce cas, il faudrait croire qu'il y en aurait eu huit.

J'ai dit combien, au milieu du vague de ces ruines et de leurs formes indécises, il était scabreux de se faire une opinion sur leur âge ou leur nature. Mais il en est une portion que les siècles ont respectée et qui permet d'avoir une idée plus juste de l'importance de cette localité, comme du caractère des constructions qui y avaient été élevées. C'est un aqueduc suivant le rayon nord-est et qui amenait jusqu'au centre des fortifications les eaux d'une source ou d'un ruisseau, que l'on conservait dans des réservoirs encore reconnaissables. On doit croire que ces citernes avaient été établies en prévoyance d'un siége pendant lequel les assiégeants auraient coupé l'aqueduc et intercepté les eaux. La manière dont cet aqueduc avait été construit mérite d'ailleurs l'attention : le canal suivi par les eaux, soit dans la plaine, soit à l'intérieur de l'enceinte, était construit en maçonnerie solide composée de petits moellons irréguliers. Les parois intérieures de ce canal étaient enduites d'un ciment très-dur et très-épais. La partie la plus remarquable de cette construction antique, et qui peut le mieux donner une idée de l'art qui y a présidé, est la portion de l'aqueduc qui porte les eaux d'un bord du fossé sur l'autre. On avait élevé, dans ce but, sur le fond du fossé, cinq arcades à plein-ceintre dont les voussures sont en briques cuites; le reste de la maçonnerie, en moellons, présente encore, comme le prouve sa conservation, toutes les conditions d'une parfaite solidité.

En présence de ces ruines, les unes dont le caractère et la forme ont disparu, les autres, au contraire, assez bien conservées, deux hypothèses viennent à l'esprit : ou elles ne remontent pas jusqu'à Darius, ou cette citadelle, léguée par ce monarque aux siècles postérieurs, a été occupée et disposée de nouveau par un prince sassanide. En effet, la construction de cet aqueduc est, de tous points, semblable à celle des monuments qui ont précédé l'ère mahométane, et n'a aucune analogie avec ceux de l'époque achéménide. Obligé de choisir entre ces deux hypothèses, et respectant la dénomination de *Darâbgherd* attribuée et conservée jusqu'à nos jours à cette localité, dénomination dont il serait difficile de discuter la légitimité, peut-être vaut-il mieux adopter la seconde.

Un autre monument, situé dans cette localité et portant un nom sassanide, vient encore à l'appui de cette opinion qui attribuerait deux époques bien distinctes aux constructions de *Khalèh-Darâb.* En se dirigeant de ce dernier point au nord-est, ou en suivant, au sortir de Darâbgherd, la direction du sud et tournant à l'est, on contourne l'une des deux masses de rochers que nous avons dit former le demi-cercle au fond duquel est la ville moderne. Après avoir marché environ une heure et demie à partir du premier point, et une heure à peu près à partir du second, on arrive à une belle source d'eau recueillie dans un vaste bassin. Sur le parement vertical de l'un des rocs, poli *ad hoc*, est un grand bas-relief représentant un cavalier gigantesque entouré de personnages dont la physionomie et le costume paraissent être différents. Le nom de *Châpour* est celui que les gens du pays donnent à la figure principale. Le cavalier qui occupe le milieu du tableau est, en effet, habillé de la même manière que celui qu'on désigne ainsi sur les bas-reliefs de la gorge de Châpour, ou sur les rochers de Nakch-i-Roustâm. Il porte de grands cheveux bouclés s'échappant d'une coiffure surmontée d'un globe et accompagnée de bandelettes. Ici, comme sur les sculptures précitées, le cavalier étend le bras gauche et impose sa main sur la tête d'un personnage qui semble prêter un serment, tandis que deux autres, placés devant son cheval, paraissent l'implorer. Derrière ce cavalier sont quatre rangs de personnages superposés; leur costume est semblable à celui dont sont revêtues les figures des bas-reliefs de Châpour. A droite du tableau, et faisant face à ceux-ci, sont encore d'autres personnages très-rapprochés les uns des autres et dont on ne voit que les têtes. Ils ne portent aucune coiffure, non plus que les trois qui sont devant le cavalier, et ils ont un aspect général qui peut les faire prendre pour des Romains. Sous les pieds du cheval est un individu étendu à terre. On doit penser que c'est là encore un de ces nombreux cadres sculptés sur les rochers, qui se retrouvent dans différentes contrées de la Perse, et dans lesquels le roi Châpour s'est plû si souvent à retracer le souvenir de sa victoire sur l'infortuné Valérien. Sur les autres bas-reliefs du même genre, dont j'ai parlé, le monarque sassanide s'est fait mettre en regard de l'empereur romain dans les fers. Ici, à en juger par les lauriers et les bandelettes qui ceignent la tête du personnage étendu à terre, Châpour aurait voulu faire subir une humiliation plus grande à son prisonnier et représenter Valérien foulé aux pieds de son cheval. S'il est permis de donner une signification aux détails de ces sculptures trop souvent énigmatiques, on pourrait expliquer l'extension du bras et l'apposition de la main du roi sassanide sur la tête du personnage debout et libre devant lui, par la remise de la pourpre impériale, qu'il fit à un homme obscur nommé Cyriadis, en présence de l'armée romaine captive que figurent les têtes à droite du tableau. Ce bas-relief a un grand développement, mais son exécution est très-grossière; de tous ceux de la même époque, il est certainement l'un des moins remarquables par le travail.

CHAPITRE XLVIII.

Départ de Darâbgherd. — Sarbistân. — Lac salé. — Retour à Chiraz. Événements de l'ouest. — Courban-baïram. — Loutis.

Le 26 janvier, après avoir séjourné à Darâbgherd le temps nécessaire pour faire des explorations qui nous donnassent la certitude que nous avions vu tout ce que son territoire recelait de vestiges d'antiquité, nous partîmes pour Chiraz. Nous dûmes reprendre la route que nous avions suivie en venant. Nous marchâmes ainsi pendant cinq heures, toujours à l'ouest, en restant au pied des montagnes, jusqu'à un défilé qui traverse celles qui bornent la plaine de ce côté. Le passage n'en fut pas long, et, au bout de deux heures, nous apercevions une nouvelle vallée où nous ne tardâmes pas à déboucher. Une heure après, nous descendions de cheval au village de *Derakiân*.

Le lendemain nous ne parcourûmes que quatre farsaks, et, suivant la base d'une chaîne de montagnes dont les sommets étaient couverts de neige, nous arrivâmes à *Chechtèh*. C'est un bourg considérable, dans une vallée assez bien cultivée, et, comme celle que nous avions quittée la veille, fermée par de hautes montagnes entre lesquelles elle forme un vaste bassin; mais elle n'a ni l'étendue ni la fécondité de la plaine de Darâbgherd.

A l'ouest de Chechtèh, et à une heure et demie de ce bourg, nous traversâmes une colline au bas de laquelle nous rencontrâmes une petite rivière. Son cours, qui descend du nord et se dirige vers le sud, traverse une plaine peu spacieuse au centre de laquelle se voient un grand nombre de pierres taillées et disposées de tous côtés; elles paraissent rappeler l'existence d'un lieu important. Nous sûmes, par des raïas que nous rencontrâmes près de là, que c'étaient les ruines d'une petite ville qui s'appelait *Mathèh*. Pendant cette journée, qui fut de sept heures, nous traversâmes un pays boisé, coupé de collines et de ravins. Les perdrix rouges y abondaient.

Nous couchâmes à *Teng-i-Kiarân*, village situé à l'embranchement de trois routes : celles de Chiraz, de Fessa et de Savonat. Selon l'habitude que nous avions, surtout dans cette partie inexplorée de la province de Fars, nous demandâmes aux habitants de Teng-i-Kiarân s'il y avait dans leurs environs quelque objet digne d'intérêt, quelques souvenirs de l'antiquité. Ils nous désignèrent un atèch-gâh; ce qui voulait dire un monument ancien, puisque les Persans comprennent sous cette désignation générale tout ce qui remonte au delà de l'islamisme. Atech-gâh, ou toute autre chose, nous tenions à voir la ruine en question. Aussi prîmes-nous, en partant de Teng-i-Kiarân, un guide pour nous la montrer. Nous traversâmes la rivière qui est près du village, en marchant au nord, et après une heure environ, nous arrivâmes, en effet, au pied de la montagne, en un lieu tout couvert de décombres et de petites pierres qui nous firent présumer qu'il y avait eu là un édifice sassanide. Mais nous n'y reconnûmes absolument rien qui eût une forme. Des débris de maçonnerie couvraient le sol auprès d'une fontaine considérable et très-limpide. Les sources ayant été à toutes les époques, en Perse, ainsi que le constatent plusieurs monuments, des sites de prédilection pour y bâtir des palais ou en faire des lieux de repos, il est à croire que là était jadis quelque édifice de ce genre. Cette journée fut pénible, elle fut longue, et nous cheminâmes presque tout le jour dans les montagnes. Après une marche de dix heures, nous nous arrêtâmes dans la plaine de *Sarbistân*. Il s'y trouvait deux villages rapprochés l'un de l'autre, qui portaient ce nom. Il leur vient et a été perpétué par les restes d'un édifice voisin particulièrement appelé *atèch-gâh*, le nom de *Sarbistân* appartenant au pays environnant. Ce monument est distant du bourg moderne d'une farsak et demie; le temps l'a épargné, et il élève encore au-dessus du mirage de la plaine salée deux dômes assez bien conservés. Il a été entrevu ou désigné par quelques voyageurs, mais jamais décrit. Il n'est pourtant pas sans importance. On reconnaît facilement encore que non-seulement il avait les proportions, mais encore les dispositions nécessaires à un lieu d'habitation, à un palais, plutôt que celles d'un sanctuaire consacré à un culte religieux, comme le ferait croire le nom qu'il porte vulgairement. Quant à celui de *Sarbistân*, il se traduit par *lieu planté d'arbres verts*, le mot *sarb* ou *serb* désignant l'espèce de la végétation, et la terminaison *istân* ou *estân* signifiant *lieu, emplacement*. Mais de quel genre étaient ces arbres verts? C'est ce que je n'ai pu savoir. Étaient-ce des cyprès ou des cèdres, qui sont les deux variétés que l'on rencontre dans les contrées méridionales? En rapprochant le mot *serb* de *cedr* qui peut être une altération du premier, on est porté à croire que les arbres de cette localité étaient des *cèdres*. Cependant cette contrée n'en produit point actuellement, et les seuls arbres verts que l'on rencontre dans cette partie de la Perse, à Chiraz notamment, sont des cyprès. Il est donc difficile de décider quels étaient ceux qui ont fait attribuer à ce lieu le nom de *Sarbistân*. Néanmoins, je dirai qu'il y a quelques raisons qui rendent plausible l'étymologie que j'ai cherchée dans le mot *serb;* car si le cèdre est un arbre qui tend à se perdre et qui est très-rare, même en Orient, aujourd'hui, on n'en sait pas moins par l'histoire et la tradition qu'il était très-commun autrefois. C'était même celui dont on se servait communément pour les constructions, sans doute à cause de l'avantage qu'il a d'être inattaquable par les vers. On retrouve encore des fragments de charpente faits de cette espèce de bois, et sa représentation sur les bas-reliefs antiques ne permet pas de douter de son existence dans d'autres temps (12). En admettant donc que ce monument ait été un palais, le nom de *Sarbistân* ou *lieu des cyprès*, s'explique naturellement par un bois de cette essence qui aurait entouré la demeure royale.

Quoi qu'il en soit, voici quel était l'édifice dans tous ses détails : entièrement isolé, assis au milieu d'une plaine très-vaste, il se trouve éloigné de toute habitation. Il en est de cette ruine comme de presque toutes celles que l'on rencontre en Orient : elles semblent être des objets de répulsion pour les populations, qui les fuient et ne s'en tiennent qu'à grande distance. La solitude complète et la stérilité du désert qui l'entoure lui donnent cet aspect triste qui imprime à l'imagination des Persans une sorte de terreur superstitieuse. Ils n'abordent qu'avec répugnance ces monuments du passé, que dans leur fanatisme, ils appellent *Cheïtan-Abad*, parce qu'ils les croient hantés par le diable, et les réceptacles dangereux d'une idolâtrie contagieuse.

Le monument de *Sarbistân* se dessine carrément avec sa façade à l'occident. Au milieu de cette façade s'ouvrait un portique voûté, flanqué de deux autres portiques plus petits, également voûtés ; tous trois étaient élevés de cinq marches au-dessus du sol. Cette façade était ornée de colonnes engagées. Trois de ces colonnes étaient de chaque côté des chambranles du portique central ; une seule se trouvait à chacune des extrémités de cette façade, de manière à orner les chambranles extrêmes. Toutes ces colonnes posaient sur un socle commun. Leur structure était extrêmement simple : elles n'avaient ni base ni chapiteaux, et portaient simplement une espèce de corniche en briques ; la plupart ne sont reconnaissables qu'aux traces qu'elles ont laissées.

La distribution intérieure de cette habitation ne manquait pas d'élégance, autant qu'on en peut juger par ce qu'il en reste; mais les proportions étaient très-restreintes. Cette ruine a beaucoup d'analogie avec celle du même genre que nous avons trouvée à Firouzabad; l'une et l'autre, quoique fort endommagées, donnent cependant l'idée de ce qu'étaient les demeures princières au temps des Sassanides. On peut, par le plan et les détails du monument de Sarbistân, comme je l'ai dit à propos de celui de Firouzabad, se convaincre que cet édifice avait été disposé, dans toutes ses parties, de manière à être parfaitement habitable; que ses distributions correspondaient à celles d'un palais, et qu'elles étaient évidemment beaucoup plus variées et multipliées que ne l'aurait exigé un édifice consacré seulement à un culte religieux. Ce n'est donc qu'improprement que les habitants du pays le regardent comme un *autel du feu.*

De Sarbistân nous nous rendîmes à *Kouendjân*, en traversant une plaine grasse et salpêtrée où nous vîmes plusieurs villages. En arrivant au *menzil*, nous aperçûmes, sur notre droite, le lac qui s'étend jusque vers la plaine de Chiraz. Les gens que nous trouvâmes à Kouendjân sont en grande partie nomades; ils quittent ce village dès qu'arrivent les chaleurs; ils y reviennent pour y passer l'hiver. Ils nous dirent que le froid se faisait à peine sentir en ce lieu où ils ne comptent pas quarante jours d'hiver, pendant lesquels la neige séjourne peu dans la montagne à laquelle le village est adossé, mais ne reste jamais dans la plaine plus de deux à trois jours.

De Kouendjân, nous marchâmes pendant quatre heures entre le pied de la montagne, qui s'élève au sud, et le lac. Nous évaluâmes la longueur de cette nappe d'eau à sept farsaks environ, et sa largeur à deux. Son eau est fortement saturée de sel, et ne nourrit qu'une seule espèce de petits poissons. En suivant sa rive méridionale, nous traversâmes plusieurs ruisseaux d'eau douce, provenant de sources qui surgissent de la base même de la montagne. Sur la rive opposée du lac, il y a également une route qui met Chiraz en communication avec le territoire de Sarbistân; mais elle est peu suivie, parce qu'elle est plus longue et plus difficile.

Après sept heures de marche, nous fîmes halte au village de *Barmachoûr*, placé au fond d'un rentrant de la montagne, à une farsak du bord du lac; de cet endroit nous distinguions parfaitement Chiraz.

Nous étions de retour dans cette ville le 1er février, de bonne heure, après avoir passé, sur le pont appelé *Poul-Fessa* ou *pont de Fessa*, une rivière qui se jette dans le lac à son extrémité occidentale. De ce point nous mîmes quatre heures et demie à atteindre la ville, en cheminant dans sa magnifique plaine dont le sol atteste partout une fécondité qui reste sans emploi. Nous allâmes reprendre possession du logement que nous avait donné dans sa maison l'Arménien dont nous n'avions eu qu'à nous louer.

J'appris en arrivant qu'un attaché de l'ambassade russe était passé quelques jours auparavant à Chiraz, se rendant à Chouchter. Je fus un peu étonné de cette démarche, car les diplomates ne font point un mouvement qui ne soit calculé et qui n'ait un motif grave. Quel était donc celui qui avait déterminé l'ambassadeur russe à donner cette mission à l'un de ses secrétaires? Il ne pouvait y en avoir qu'un seul, et la coïncidence de ce voyage avec les troubles qui agitaient le Khouzistân le faisait aisément deviner. Les Anglais agissaient dans le voisinage du golfe Persique; les Russes ne pouvaient pas ne point contrecarrer leurs intrigues et tenter de les faire avorter en usant de cette influence qui pèse d'un poids si lourd dans la balance que tient dans sa main débile le premier vizir du Châh. Le général Seminot, qui se trouvait encore à Chiraz, me dit que l'envoyé russe s'était d'abord rendu à Kazèroûn; que, de là, il avait dû s'avancer vers Bébahân, en pénétrant dans les montagnes des Lours et des Bactyaris par *Khalèh-Sefid*. J'appris, d'un autre côté, que Manouhtcher-Khân avait quitté Ispahan à la tête de 8,000 hommes de troupes. Le Meuthamèt voulait réduire les Bactyaris, depuis longtemps insoumis, et rétablir dans son gouvernement le Beglier-Bey de Chouchter, qui avait été forcé de se sauver. Il devait, par la même occasion, lever quelques impôts, en profitant de la saison qui forçait les tribus des Lours et des Bactyaris à descendre des cimes glacées de leurs montagnes dans la plaine tempérée de Chouchter.

En rapprochant tout ce que j'avais vu dans le midi du voyage de l'envoyé russe et de l'entrée en campagne du Meuhtamèt, sans savoir au juste à quoi m'arrêter, j'entrevoyais cependant quelque but politique auquel la Russie devait s'intéresser. Je savais, d'autre part, que 3 à 4,000 hommes devaient partir de Chiraz avec de l'artillerie pour marcher, disait-on, sur Bebahân. Il fallait que l'insurrection que nous avions rencontrée dans les plaines de Bouchir fût bien sérieuse, eût un point de départ bien inquiétant, pour nécessiter un déploiement de forces si considérable et si inusité en Perse. Je me perdais au milieu des conjectures de toute sorte, sans pouvoir découvrir l'inconnue du problème, lorsqu'un officier d'un des régiments de marche m'apprit, dans le plus grand secret, que l'expédition de Manoutchehr-Khân avait pour but d'aller attaquer Bagdad et de s'emparer de l'oncle du roi, Zelly-Sultân, auquel le gouvernement anglais accorde un subside avec le titre de *Châh*, et qu'il tient en réserve pour son usage, tout prêt à le lâcher sur la Perse, au moindre mécontentement qu'il éprouverait de la part du roi régnant. Cette confidence augmentait mon incertitude en rattachant les projets d'usurpation de Zelly-Sultân aux troubles suscités dans la province la plus rapprochée de Bagdad. Ce Châh-Zadèh était, en effet, un épouvantail pour Mehemet-Châh, et ses prétentions au trône, que semblait légitimer la conduite pleine de déférence des agents anglais à son égard, étaient une cause continuelle d'inquiétudes pour le roi de Perse.

Huit mois auparavant, le Châh avait déjà voulu se porter sur les rives du Tigre; parti d'Ispahan avec une armée de 10 à 12,000 hommes, il avait vu sa route barrée par le ministre de Russie, qui l'avait dissuadé de son entreprise et ramené à Téhérân. N'était-il pas possible que Mehemet-Châh, ne perdant pas de vue l'idée de s'emparer de son oncle, dont le voisinage l'incommodait, avait cette fois confié l'exécution de ses projets à Manoutchehr-Khân, qui entrait en campagne sous le prétexte de réprimer la révolte du Khouzistân? De Chouchter, il était facile de marcher sur Bagdad. Tout cela était obscur, mais tout cela était probable, et les 12,000 hommes appelés à faire l'expédition de Chouchter, aussi bien que l'envoi d'un agent supérieur russe, donnaient, on ne peut en disconvenir, aux projets du gouvernement persan un but plus sérieux que celui d'une simple révolte à étouffer. Nous verrons plus tard ce qu'il y avait de fondé dans l'opinion qui attribuait aux Anglais une participation aux événements qui agitaient le sud du royaume.

A notre premier passage à Chiraz, nous avions voulu faire revivre notre projet de pénétrer, de ce côté, dans la Suziane. Tous les renseignements que nous avions recueillis alors avaient été de nature à nous dissuader d'une excursion qu'on nous représentait presque comme impraticable. L'insurrection qui troublait ce pays le prouvait suffisamment. De tout ce que nous avions su à ce sujet, il résultait la probabilité que nous n'arriverions pas à notre but, que nous ne pourrions explorer le pays intermédiaire, à cause des populations barbares qui l'habitent, et que, si nous ne perdions pas notre bagage, nous en serions tout au moins pour la perte de nos frais de voyage. Nous n'avions point assez d'argent pour le risquer, et nous avions trop d'intérêt à ne point aventurer ce que nous possédions, nos travaux, nos recueils, nos documents de tout genre, pour entreprendre une exploration qui présentait autant de chances défavorables. Nous avions su, d'autre part, que deux Français nos devanciers, ayant tenté de suivre ce même itinéraire, avaient été arrêtés à Bebahân, empêchés d'aller au delà, sans avoir rien vu d'intéressant. Ces voyageurs avaient même eu les plus grandes peines à se tirer des mains des montagnards farouches au milieu desquels ils s'étaient aventurés, et ils avaient dû brusquement se jeter au sud, sur le rivage du golfe Persique, pour y chercher un port où ils pussent s'embarquer. A cette époque donc, les portes de la Suziane semblaient à jamais fermées pour nous. A notre retour à Chiraz, les nouvelles que nous avions de ce pays, le passage récent d'un envoyé russe, la présence de cet agent et de Manoutchehr-Khân au milieu des tribus sauvages du pays, nous parurent des circonstances favorables pour tenter de nouveau de pénétrer au milieu d'elles. Nous l'eussions sans doute essayé, et peut-être eussions-nous réussi; mais il fallait compter avec notre escarcelle, et si elle avait contribué à nous rendre prudents deux mois auparavant, il faut dire qu'alors elle avait considérablement diminué de poids. Huit mois de voyage l'avaient épuisée; aussi quand nous en vînmes à vérifier son contenu, le trouvâmes-nous à peine suffisant pour gagner Ispahan. Comment, avec d'aussi faibles ressources, aurions-nous pu entreprendre le voyage long, pénible, les explorations difficiles que nous aurions voulu pousser du côté de Chouchter? Quelles que fussent les circonstances, quelque favorables qu'elles parussent à cette excursion, tout en laissant douter de son succès, il faut le dire, nous fûmes obligés d'y renoncer, faute d'argent. Nous en éprouvâmes des regrets d'autant plus vifs que c'était la première privation, la première limite que notre pénurie imposât à nos travaux. Jusque-là, sans nous départir de la plus stricte économie, nous avions pu suffire à toutes les exigences de nos recherches. Si nous n'avions point, jusqu'à ce jour, manqué d'argent, les tribulations qui naissent de l'absence des ressources pécuniaires ne devaient pas tarder à se présenter à nous, avec l'inquiétude que multiplient nécessairement l'éloignement et le manque de relations avec l'Europe.

Nous restâmes onze jours à Chiraz. Nous avions tous besoin de repos, car, depuis près de deux mois, nous ne nous étions pas arrêtés; nous avions voyagé constamment à travers des contrées difficiles, et n'avions cheminé que dans des sentiers pénibles tracés au milieu de pays sauvages. Pendant ce second séjour à Chiraz, nous assistâmes à deux cérémonies solennelles : la première fut le *courbân-baïram*, ou *fête du sacrifice;* elle est restée populaire en mémoire du sacrifice d'Abraham. Chaque famille doit, ce jour-là, égorger un mouton qu'elle se partage. Dans les villes, on promène un chameau richement couvert d'étoffes de toutes couleurs, de châles, de broderies, puis on l'égorge aussi. Les officiers, les khâns et les principaux mirzas doivent se rendre à un grand *Selâm* qui a lieu devant le gouverneur. Nous nous rendîmes à celui du prince Ferrhâd-Mirza. La réunion avait lieu dans le jardin du palais, devant le Divân-i-Khânèh. Nous y vîmes successivement arriver un nombre considérable de personnages parmi lesquels il y avait des colonels, des khâns, des mollahs, des officiers de tout grade et des fonctionnaires attachés au gouvernement de la province. Tous se présentèrent, suivant leur rang ou leur importante, en face de la grande fenêtre où devait se montrer le Chàh-Zadèh. Lorsqu'il y parut, il fut salué par une salve de coups de canon. — Pour nous, étrangers, nous ne voulûmes pas nous mêler à la foule des courtisans. Nous ne pouvions nous exposer à nous voir parmi eux disputer la place qui nous convenait. Nous nous tînmes à distance, mais en vue du prince, et nous lui rendîmes honneur comme les Persans. Il parut fort étonné de nous voir là, et me fit dire que je vinsse le voir le lendemain. — On récita deux ou trois pièces de vers; Ferrhàd-Mirza adressa quelques compliments aux poëtes qui les avaient écrites en son honneur; on se prosterna de nouveax, et tout fut dit. Avant que la foule se fût retirée, le Châh-Zadèh nous fit approcher. Il nous dit poliment qu'il était très-heureux que nous eussions tenu notre parole de revenir le voir, et qu'il était très-curieux de connaître ce que nous avions pu trouver dans notre excursion.

Pendant notre absence, il y avait eu quelques troubles à Chiraz; des loutis avaient commis plusieurs crimes. Le Châh-Zadèh voulut les faire arrêter; mais, s'étant réfugiés dans l'imâm-zadèh de Châh-Tcheràk, ils s'y défendirent contre les Serbâs qui furent envoyés pour les saisir, et ils en tuèrent deux. Le prince ne voulut pas exposer d'avantage la vie des soldats, ni ensanglanter ce lieu considéré comme un asile sacré. Il ordonna, en conséquence, qu'on laissât échapper les loutis, qui ne demandèrent pas mieux et quittèrent la ville. Les préjugés religieux n'étaient satisfaits qu'à moitié, puisque l'attaque avait eu lieu malgré la sainteté de l'imâm-zadèh; mais la justice et l'autorité ne l'étaient nullement. — Triste exemple de la faiblesse du pouvoir qui ne sait, en Perse, qu'être débile ou cruel. — Cependant, il fallait une vengeance, une proie à l'autorité; la victime fut le ketkhodâh d'un des quartiers de la ville, qui passait à tort ou à raison pour protéger les mauvais sujets. Il fut pris et eut la tête tranchée. Le kalantar, qui était également réputé leur ami, fut arrêté, mais il sut se faire relâcher, probablement en vidant sa bourse.

Je revis souvent Ferrhâd-Mirza; il avait la bonté de me mettre fort à mon aise, et de causer avec moi sur le pied de l'intimité. J'essayai de mettre sa bienveillance à profit pour Ressoul-Bek, qui avait un barat à se faire payer à Chiraz. J'en parlai au prince, qui voulut bien s'y intéresser; mais par combien de détours n'essaya-t-on pas d'éluder l'acquittement de cette dette, qui était cependant revêtue du sceau royal! On me remettait de jour en jour, et je dois dire que le pauvre Châh-Zadèh en avait l'air tout honteux. Chaque fois il me disait : « Demain... » Les Persans remettent toujours ces sortes de choses au lendemain, absolument comme le barbier dont l'enseigne porte : *Ici on rase pour rien... demain.*

Nous fûmes invités à prendre le thé chez un évêque arménien, kalifah du pape schismatique d'Etch-Miazin. Il venait de Bagdad par Bassorah et Bouchir; il nous raconta mille fables sur ce qui se disait, à Bagdad, des affaires de Syrie. Il était difficile d'y démêler la vérité. Ce khalifah nous dit qu'il s'était arrêté à l'île de Karak, qu'il y avait trouvé deux frégates anglaises, et qu'il y avait vu débarquer dix-huit pièces de canon. Son opinion était, d'après ce qui se passait dans cette île, que les Anglais s'y fortifiaient plus que jamais.

Nous fîmes à Chiraz une provision de plâtre fin, dans l'espoir d'opérer quelques moulages à Persépolis, en y repassant. C'était une manière de compléter nos travaux et de leur donner un moyen de contrôle qui pût inspirer toute confiance dans leur exactitude. Nous ne pouvions espérer emporter beaucoup de moules des sculptures ; le voyage qui nous restait à faire était trop long, et les moyens de transport trop difficiles pour nous permettre de réunir plusieurs sujets qui auraient composé la charge de plusieurs mules. Il nous suffisait d'emporter en France un ou deux types pour l'appréciation du travail et des reliefs de ces curieux monuments, dont nos dessins étaient d'ailleurs la complète et fidèle traduction.

La veille de notre départ de Chiraz, nous assistâmes encore à une cérémonie qui, selon l'usage, précède le Norouz ou la fête du nouvel an. Ce fut le même personnel et le même cérémonial que pour le *Courbân-Baïram.*

Après avoir pris congé de Ferrhâd-Mirza, et avoir dit adieu au général Seminot, qui avait mission d'inspecter les moyens de défense du littoral maritime vers lequel il se préparait à descendre, nous partîmes pour Ispahan.

CHAPITRE XLIX.

Départ de Chiraz. — Bend-Amir. — Kanara. — Retour à Persépolis. — Moulage. — Atech-Gâhs près de Mâder-i-Suleïman. — Retour à Ispahan. — École de M. Boré. — Mahmoud-Khân.

Le 12 février, n'ayant plus rien à faire à Chiraz, et tout notre monde étant suffisamment reposé, nous nous étions remis en route pour Ispahan. Nous allâmes reprendre à Zergoûn possession du *meïman-khânèh* délabré où nous avions déjà eu tant de peine à nous abriter. De ce village nous devions aller à celui de *Kanara*, dans la plaine de Merdâcht, à une demi-farsak des ruines de Persépolis. Nous ne suivîmes pas dans toute son étendue la route que nous avions prise en nous rendant à Chiraz. Nous laissâmes à notre gauche le pont du Bend-Amir, et, tournant à droite, nous nous avançâmes vers le pied des montagnes en évitant, autant que possible, les marécages qui s'étendent de ce côté. Nous marchâmes deux heures environ entre la berge escarpée de la rivière et la base des montagnes, qui en est très-rapprochée.

On nous avait indiqué, dans cette direction, des sculptures placées sur les rochers. Nous eûmes beau chercher, inspecter chaque pierre, nous n'y vîmes absolument rien qui sentît la main des hommes. Les roches y étaient âpres, sauvages, amoncelées sans ordre les unes sur les autres jusqu'au village de *Bend-Amir*. Près de là se trouve comme une espèce de petit cirque naturel auquel les Persans donnent le nom de *Nokhara-Khânèh* ou *lieu des trompettes*. Je n'ai pu en connaître ni la raison, ni l'origine. A la façon dont les rochers y sont disposés, j'ai pensé que peut-être, lorsque ce pays était plus florissant, des musiciens se réunissaient en ce lieu favorable à la répercussion du son de leurs instruments dont les échos portaient au loin les éclatantes fanfares. Quant à présent, il ne s'y passe ni ne s'y trouve rien qui soit digne de remarque.

Quelques pas encore, et nous arrivions au village de *Bend-Amir*. Nous entendîmes de loin le bruit que font les eaux de la rivière en se précipitant par-dessus la digue qui a donné son nom à cet endroit. Pour nous en rapprocher, nous traversâmes quelques champs bordés de beaux arbres. Arrivés sur l'escarpement de la berge, en aval de la chute, nous eûmes devant les yeux un des plus pittoresques et des plus séduisants tableaux que nous aient offerts les paysages de Perse : une immense nappe d'eau tombe, d'une hauteur de douze ou quinze mètres, au fond d'un gouffre où elle rejaillit en bondissant sur elle-même. Une écume blanche, qui roule et tournoie sous cette puissante cascade, s'étend en larges festons et s'allonge entraînée par un courant rapide. Ébloui par l'éclat des eaux, assourdi par leur fracas, on se sent pris de vertige en fixant la mobilité incessante de cette cascade qui ne s'arrête jamais. Au-dessus s'élève un pont qui réunit les deux bords de la rivière, et donne, par treize ouvertures, passage à ses eaux qui, d'un côté, s'élèvent paisiblement jusqu'à elles, pour, de l'autre, se précipiter en mugissant. Ces arches s'appuient sur une forte digue dont les assises s'aperçoivent à travers la limpidité des eaux. Tout cet ouvrage est en fortes pierres, construit avec art, et d'une solidité éprouvée par plusieurs siècles. C'est là ce qu'on appelle le *Bend* ou la *digue*. Ce barrage a été exécuté dans le but d'élever les eaux de la rivière, qui est très-encaissée, au niveau de la plaine, afin de les y conduire par des canaux irrigateurs. La fécondité de la plaine de Merdâcht et son ancienne population avaient déterminé cet ouvrage hydraulique, qui devait répandre l'abondance et la richesse dans le pays. Il témoigne d'ailleurs de la sollicitude des gouvernements antérieurs de la Perse, et fait honte à ceux du présent. Si on la voit aujourd'hui ruinée par ceux qui devraient lui donner la vie, si son administration actuelle, au lieu de fortifier son existence, lui met en quelque sorte le pied sur la gorge et pressure sa pauvreté, on voit, par le *Bend-Amir*, qu'elle a été dans d'autres temps gouvernée par des princes plus intelligents qui ont eu sollicitude du bien-être de la nation, et ont compris qu'il fallait venir en aide aux forces naturelles d'un peuple essentiellement industrieux. L'*Amir* ou gouverneur à qui le pays doit le bienfait de cette digue s'appelait *Azed-ed-Daulèh;* il vivait vers le milieu du IVe siècle de l'hégire. Les raïas de la plaine de Merdâcht bénissent encore sa mémoire en faisant les récoltes qu'ils lui doivent.

Sur les deux bords élevés de la rivière, au-dessus du *Bend*, sont groupées les maisons du village. Elles ont suivi la loi commune et sont presqu'en ruines. Cependant, grâce aux facilites de travail que les paysans trouvent autour de la digue, ils s'y sont maintenus encore en assez grand nombre, et sônt pour la plupart agriculteurs. Les autres sont meuniers, mettant à profit l'élévation de la rivière, sur les deux bords de laquelle ils ont disposé plusieurs moulins.

Après une courte halte en cet endroit, nous regagnâmes Kanara, en traversant la plaine de Merdâcht. Nous pûmes, chemin faisant, apprécier la richesse de ce territoire où la nature avait si bien préparé ce qu'un art intelligent voulut compléter. Partout un sol profond, abandonné à lui-même maintenant, faisait croître de belles prairies; çà et là des rizières parfaitement arrosées promettaient d'abondantes récoltes. A chaque pas et dans tous les sens, les eaux arrêtées par le *Bend* se dispersaient dans des canaux qui les conduisaient au loin dans toutes les directions. L'imprévoyance habituelle aux Persans, l'affaiblissement de la population, et, par suite, l'abandon des terres, sont cause que la plupart de ces irrigations se perdent dans le sol qui, inculte et inondé, s'est transformé en marécages. L'étendue du terrain ainsi inutilisé y est maintenant immense, et celui qui reçoit une culture est en très-minime proportion par rapport aux marais. Les canaux irrigateurs et les marécages nous offrirent bien des obstacles pour gagner Kanara directement. Nous n'avions pas voulu faire un long détour pour prendre la route la meilleure, et nous fûmes forcés d'en faire mille pour éviter les mauvais passages, ou franchir des ruisseaux dont la profondeur s'augmente encore de l'exhaussement produit sur leurs bords par les curages qu'on y pratique de temps à autre, et qui y forment des remblais élevés. Nous arrivâmes assez tard à Kanara où nous attendaient nos gens et notre caravane.

Le lendemain, de grand matin, nous nous rendîmes sur le plateau de Takht-i-Djemchid, avec le plâtre que nous avions apporté de Chiraz, tout ce qu'il fallait pour le préparer, et une provision de beurre, afin d'enduire les sculptures dont nous voulions prendre l'empreinte. Ce ne fut pas sans émotion que nous nous retrouvâmes au milieu de ces ruines où nous avions passé près de deux mois. Nous visitâmes le lieu de notre campement; les traces de notre établissement y étaient aussi fraîches que si elles eussent été de la veille. Personne, depuis nous, ne paraissait être passé par là; les empreintes que nous y avions laissées étaient les seules qui s'y montrassent. Il est probable qu'elles y sont restées bien longtemps encore, et qu'elles ont eu de la peine à disparaître dans cette solitude où des années marquent l'intervalle entre deux visiteurs. Nous nous mîmes à l'œuvre sur deux points différents des ruines, choisissant deux types bien conservés, mais de dimensions qui les rendissent transportables. L'opération ne fut pas sans difficulté. Nous n'avions, comme je l'ai dit, d'autre corps gras à pouvoir employer pour recouvrir la pierre, avant d'y apposer le plâtre, que du beurre. Or, nous étions en hiver; la pierre était très-froide, surtout pour l'un des sujets, que nous avions choisi sur un mur exposé au nord. Il en résultait que le beurre, que nous faisions fondre pour nous en servir, se figeait et durcissait de nouveau, au lieu de s'étendre sur toute la surface et de circuler dans les petits détails de la sculpture. Il formait ainsi des épaisseurs qui nuisaient à l'estampage des parties fines de cet art persépolitain dont la délicatesse du ciseau fait le principal mérite. Nous avions beau frotter avec nos mains pour amollir et étendre ce corps gras, il se solidifiait aussitôt qu'il était à l'air. Nous essayâmes de faire du feu devant la pierre, dans l'espoir de l'échauffer assez pour que le beurre y restât liquide, mais ce fut en vain. Cependant il fallait bien, en accélérant le plus possible cette préparation difficile, couler notre plâtre. Mais ici, nouvelle difficulté : ces bas-reliefs étaient sur des murs verticaux; notre mortier, coulé entre la pierre et des planches qui en étaient approchées, se perdait en partie; de plus, son adhérence avec la sculpture n'était pas assez forte pour que l'empreinte eût toute la pureté désirable. Nous fûmes obligés de nous y reprendre à plusieurs fois; et, en définitive, nous devons l'avouer, nous n'obtînmes, avec les moyens grossiers dont nous pouvions disposer, que des creux incorrects et incomplets. Il devaient néanmoins remplir le but que nous nous proposions, celui de faire comprendre le relief de ces antiques sculptures.

Mais ce n'était pas tout encore que d'avoir fabriqué ces creux; il fallait les emporter, et les emballer de façon à ce qu'ils ne fussent pas brisés sur le dos des mules qui devaient les transporter si loin. Nouvel embarras. Nous avions fait les mouleurs, nous devînmes emballeurs. Un menuisier du village nous fit deux caisses de petit volume; nous coupâmes nos moules en plusieurs fragments, et nous les renfermâmes dans ces caisses, en les bourrant de coton d'abord, et de paille hachée ensuite. Malheureusement nos plâtres n'avaient pu sécher; il aurait fallu nous arrêter plusieurs jours à Kanara pour les laisser durcir, et nous n'avions ni le loisir de rester ainsi en route, ni la bourse assez bien garnie pour dépenser mal à propos notre argent. Nous fîmes donc pour le mieux, et comptâmes sur la bonne chance que devaient nous mériter nos peines.

Ressoul-Bek était resté à Chiraz dans l'espoir d'obtenir le paiement de son *barat* remis de jour en jour, et pour lequel on lui avait assuré l'argent à une échéance qui coïncidait malencontreusement avec notre départ. Il nous rejoignit à Kanara. Dès qu'il eut mis pied à terre, je devinai, à sa mine piteuse, qu'il n'avait pas réussi à se faire payer. En effet, il me raconta que, malgré toutes les promesses faites, tous les engagements pris et la parole que m'avait donnée le Châh-Zadèh, le trésorier de la province l'avait encore ajourné. Il était allé de nouveau supplier le prince, qui lui avait demandé son *barat* en lui promettant de le faire payer à son cousin, qui était à Chiraz. Le pauvre Ressoul-Bek était tout décontenancé, et je pus voir qu'il rougissait vis-à-vis de nous du manque de foi des autorités de son pays. Il avait honte de l'inexactitude ou de la pénurie du trésor public, et ne pouvant pallier l'une, ni cacher l'autre, il disait avec amertume : « Si je n'avais ni femme, ni enfants, *Sâheb*, je vous « demanderais de m'emmener avec vous en France. » Les conséquences générales de cet état de choses sont déplorables; c'est avec une administration semblable que tout décline, se ruine et meurt en Perse. Le patriotisme s'éteint, et si une étincelle de fanatisme religieux luit encore sous la cendre qui couvre ce malheureux pays, elle ne suffit plus à réchauffer le cœur des Persans. Quelques khâns dilapidateurs restent autour du trône tant qu'ils y voient un peu d'or à ramasser; mais, dans le peuple, il y en a qui, regardant le roi et son vizir avec mépris, hésitent et se tournent vers les étrangers. Ce sont ces regards inquiets et malheureux qu'épient les Russes dans les provinces du nord, et auxquels, dans celles du sud, correspondent déjà si activement les Anglais.

Après avoir assuré le mieux que nous pûmes la conservation de nos moules et les avoir recommandés aux tchervâdars, *sur leur tête* (13), nous reprîmes notre course vers Ispahan. Nous allâmes, de Kanara, coucher à Sivend, et, de ce village, camper encore au pied du monument funéraire de *Mader-i-Suleïmân*.

Nous voulûmes, de ce point, gagner le caravanșérail de *Khônakergoûn*, sans passer par Morghâb. Notre route se dessinait sur la gauche, et nous traversâmes de suite la rivière. Nous marchions depuis peu de temps, quand nous aperçûmes, au pied d'une petite montagne, deux blocs blancs qui nous semblèrent être des socles ou des piédestaux, restes de quelque monument disparu. Ils avaient échappé à nos recherches lors de notre premier séjour dans cette localité. Nous en étant approchés, nous reconnûmes que c'était, à n'en pas douter, deux *atech-gâh* ou *autels du feu*, et qu'ils étaient certainement du même temps que les édifices dont les ruines étaient éparses dans la plaine voisine. Ils avaient l'apparence de deux énormes cubes de calcaire blanc posés sur une base et terminés par une plate-forme. C'était sans doute là que se plaçait le feu ou ce qui devait le recevoir. On y montait par huit marches taillées dans un bloc de même matière. L'un de ces autels est encore muni de son escalier; celui de l'autre ne s'y trouve plus; il a été transporté au bas du monument funéraire de Mader-i-Suleïmân pour aider à y monter. Nous l'y avions remarqué sans comprendre comment il y avait été placé, ni d'où il provenait, car il ne semblait pas avoir d'homogénéité avec cette construction. Ces deux *atech-gâh*, placés à côté l'un de l'autre et en quelque sorte jumeaux, comme ceux de Nakch-i-Roustâm, sont le second exemple que nous en avons rencontré. Cette observation me paraît conduire à cette pensée : que les adorations ou les sacrifices des Perses ignicoles avaient lieu simultanément et également en l'honneur de deux divinités. Ne faudrait-il pas en conclure que les Guèbres, considérant que le genre humain est placé entre le bien et le mal, trouvaient utile d'adresser des prières au génie de l'un, représenté par *Ormuzd*, comme au génie de l'autre, figuré par *Ahriman?* On retrouve encore chez certaines populations de ces contrées l'adoration exclusive de ce dernier symbole, sous le nom de *Cheïtan* qui est le *diable*. Elles disent, pour se justifier, que l'on peut se dispenser de prières à l'égard de Dieu, qui est bienveillant; mais qu'il faut, par elles, se garantir des mauvaises influences du démon, qui ne veut que du mal à l'homme (14).

En arrivant le soir à Khonakergoûn, nous trouvâmes le caravansérail rempli de mules et de chameaux. Une très-nombreuse caravane s'y était arrêtée avant nous. La cour était tellement encombrée de ces animaux couchés ou accroupis en désordre, ainsi que des ballots dont on les avait déchargés, que nous ne savions où passer. Il fallut le caractère officiel de Ressoul-Bek, comme Goulam-i-Châh, et son air d'autorité, pour qu'on nous fît de la place. Nous eûmes aussi beaucoup de peine à obtenir des chameliers qu'ils nous cédassent un des réduits destinés aux voyageurs et où ils avaient installé leurs ânes et leurs provisions particulières. On ne s'entendait pas dans le caravansérail. Il était tout différent de ce que nous l'avions trouvé quand nous y étions passés au commencement d'octobre. Alors il était désert. Nous le revoyions peuplé comme une vraie ménagerie : chameaux, mulets, chevaux, ânes, tchervâdârs, tous y étaient pêle-mêle, criaient, beuglaient, hennissaient sur tous les tons et incessamment. C'était un vacarme affreux. A ces cris discordants se mêlait un bruit de sonnettes qui n'arrêtait pas et s'ajoutait d'une façon fort désagréable à celui des étrilles des muletiers qui pansaient leurs bêtes privilégiées. Ces étrilles sont munies de deux petits grelots, afin de produire un bruit qui plaît beaucoup aux animaux sur le dos desquels on les promène, mais qui est extrêmement monotone pour des oreilles d'homme. Si la fin de cette journée fut insupportable, la nuit fût bien pire. Il nous fut impossible de dormir. Devant notre porte, c'est-à-dire devant l'ouverture du sale réduit où nous couchions, car il n'y avait point de porte, nous avions cinq ou six chameaux qui portaient chacun à leur cou une clochette dont le battant était incessamment en branle.

Enfin le jour parut; nous nous hâtâmes de quitter ce caravansérail. Le temps était devenu fort mauvais; il tomba de la neige et nous eûmes grand froid. Nous nous arrêtâmes à *Khonakhorrah.* De là, nous allâmes à Surmek, avec une pluie battante. Chemin faisant nous rencontrâmes plusieurs caravanes qui se rendaient à Chiraz. Je fus très-étonné d'être salué du haut d'une charge énorme que portait un mulet. Je regardai longtemps avant de reconnaître celui qui m'adressait cette politesse; cependant, à un mouvement qu'il fit pour se dégager de l'immense pelisse en peau de mouton sous laquelle il s'abritait, je reconnus un peintre que j'avais employé à Ispahan à me faire plusieurs copies de tableaux anciens. Il me dit qu'il allait à Chiraz toucher un barat. Je lui souhaitai bon voyage et bonne chance, sans lui rien dire de la mauvaise opinion que j'avais de sa créance. C'est quelque chose de curieux et d'incompréhensible en même temps que cet usage persan de donner des mandats à toucher, non pas là où a été contractée la dette, là où sont le débiteur et celui à qui il doit, mais quelquefois à cent, à deux cents farsaks. On envoie un pauvre créancier dans une province du sud, s'il habite le nord, ou dans le nord, s'il est d'une ville du midi; il semble que, par ces difficultés qui n'exemptent d'ailleurs en aucune façon de celles qui tiennent à l'acquittement même du *barat*, on veut dégoûter ceux à qui l'on doit de réclamer le montant de leurs créances. Au reste, il faut dire que les Persans ont un tel goût pour la vie nomade, les déplacements et les voyages, quelque longs et incommodes qu'ils soient dans leur pays, qu'ils se mettent en route avec une facilité surprenante, pour toucher une somme si petite qu'elle soit. Nous étions à l'époque de l'année à laquelle les Persans voyagent le plus volontiers, parce qu'ils n'ont pas à craindre la chaleur, et que les tchervâdars, trouvant de l'herbe nouvelle partout, font paître leurs bêtes, ce qui est une grande économie pour eux, tout en leur permettant de transporter à meilleur compte.

Nous passions les deux jours suivants à *Abadèh* et à *Souldjistân*.

Le 22 février, de bonne heure, nous arrivâmes à *Yezdikast*, et nous logeâmes, comme la première fois, dans le caravansérail, au bord de la rivière. Pour compléter ma collection de dessins pittoresques, je voulus prendre deux vues de cette ville si singulièrement perchée sur un rocher isolé de toutes parts. Pour faire l'un de ces croquis, je me rendis en face de la petite porte unique par laquelle on pénètre à l'intérieur de Yezdikast. Je m'installai à l'endroit qui me convenait pour mon point de vue, et je ne tardai pas à être entouré par les désœuvrés de la ville. Après avoir répondu avec complaisance à leurs questions souvent absurdes et toujours les mêmes, l'un des assistants, plus hardi apparemment que les autres, me demanda de lui donner mon canif. — Bien entendu que je le lui refusai. — Il insista. — Je lui répondis de manière à le convaincre qu'il ne l'aurait pas. Il me parut, autant que je pus le comprendre, que, dans son dépit, il en venait aux impertinences. Je ne m'en émus que médiocrement, d'autant mieux qu'elles ne m'étaient pas très-intelligibles, et je finis tranquillement mon travail. Mais, quand je fermai le canif cause de son mécontentement et le remis dans ma poche, les injures prirent un caractère si agressif qu'elles ne pouvaient plus être inintelligibles. Ces drôles étaient douze à quinze; j'étais seul et sans armes. C'était une imprudence. Cependant celui qui était le plus près de moi paya pour les autres, et je lui administrai trois ou quatre coups d'une petite chaise pliante que j'avais à la main. Cette correction fit momentanément de l'effet, et ils se retirèrent; mais quand j'eus fait une cinquantaine de pas pour regagner le caravansérail, ils me lancèrent une grêle de pierres. Ces hommes étaient si lâches que, quand je me retournais et faisais mine de leur courir dessus, ils se sauvaient. Heureusement leurs projectiles ne m'atteignirent pas, et, tout en faisant quatre pas en arrière pour dix en avant, je parvins en vue du caravansérail où ils n'osèrent me suivre. J'envoyai de suite Ressoul-Bek au ket-khodâh, avec l'ordre de lui raconter ce qui venait de se passer, et de lui dire que j'exigeais une réparation dont le châtiment des coupables était l'unique moyen. Au bout d'une heure, le ket-khodâh arriva avec quelques hommes qui en conduisaient un autre les mains liées, qu'ils me présentèrent comme celui qui avait été l'instigateur des offenses dont je me plaignais. Je ne le reconnaissais pas; mais peu importait. Ce que je voulais, ce que je devais à mon habit de *frengui*, c'était de ne pas laisser impunie une agression comme celle dont j'avais eu à souffrir. Il ne fallait pas que les gens de Yezdikast eussent le droit de dire qu'ils pouvaient impunément attaquer les voyageurs, insulter les Européens qui passaient devant leur ville. Je me contentai donc du prétendu coupable qui m'était amené; le ket-khodâh le fit coucher sur le dos; on lui attacha le bas des jambes à un bâton dont les extrémités étaient tenues en l'air par deux hommes qui lui administrèrent des coups de verges sur la plante des pieds. Lorsque je crus avoir assez fait pour l'exemple, j'arrêtai les coups.

Indépendamment de l'acte de justice du ket-khodâh, je me réservais de prouver aux habitants de Yezdikast, qu'un Européen, quoique isolé et sans autre protection que celle de sa fermeté et de ses armes, savait se faire respecter d'eux. Le lendemain en partant, nous devions passer précisément devant la porte de la ville, à l'endroit où avait commencé la scène de la veille et où se réunissaient les flâneurs qui venaient y chercher le soleil. En effet, il y en avait là un certain nombre. Je fis arrêter notre petite troupe, et, poussant mon cheval vers eux, je leur fis, de mon mieux et le plus énergiquement possible, des reproches sur leur lâche conduite. Je leur demandai, si, alors que j'étais armé, et que, réuni à mes compagnons, je pouvais leur résister, ils étaient disposés à renouveler leur attaque du jour précédent. J'engageai ceux qui m'avaient assailli à coups de pierres lancées de loin, à se lever et à venir me provoquer de près. Ils ne bougèrent pas, s'entre-regardèrent, en murmurant des excuses, et disant que ce n'était personne d'entre eux qui avait commis la faute dont je me plaignais. Je les traitai tous de *Pezevink*, d'*Ahram-Zàdèh*, et, jetant sur eux le regard le plus méprisant que je pus, je leur dis qu'ils étaient tous des lâches. Là-dessus, je continuai ma route, en pensant que la bastonnade officielle et la démarche que je venais de faire en personne pourraient bien être utiles à un Européen qui passerait par là après moi.

On ne saurait croire, en effet, combien sont graves, dans ces pays à demi barbares, les précédents, les faiblesses ou les répressions. Les peuples d'Asie ont trop peu d'occasions de voir des Européens pour les connaître; ils ne peuvent les juger que par les rares exemples que le hasard fait, de loin en loin, passer sous leurs yeux. En raison même de la rareté des voyageurs, le dernier est celui qui reste dans la mémoire des populations; il importe donc qu'il soit de nature à préserver ceux à venir. Quand on écrit dans le but d'éclairer celui qui peut être appelé à faire des excursions dans ces contrées, où le premier mouvement des habitants, leur sentiment instinctif, sont l'antipathie, l'hostilité même, on ne saurait trop leur recommander de n'endurer aucune vexation, de ne pas laisser une seule insulte impunie, quelque légère qu'elle paraisse, de ne jamais souffrir un manque de respect pour son habit frengui. Son indifférence ou sa pusillanimité serait infailliblement un précédent fâcheux non-seulement pour lui, mais encore pour tous ceux qui suivraient. Le respect, la crainte même de l'habit frengui sont indispensables à un Européen qui voyage dans ces pays lointains. Et comment pourrait-il en être autrement quand il est complétement isolé au milieu de populations sauvages, fanatiques, et à leur merci ?

Nous apprîmes dans le pays qu'un chef bactyari venait d'y paraître avec une bande de deux cents hommes, qu'il avait fait subitement irruption dans les villages et y avait enlevé beaucoup de bétail.

Nous fîmes halte au caravansérail d'*Aminabad*. Du plus loin que les habitants de ce village nous aperçurent, ils fermèrent les portes de leur enceinte. Quand nous voulûmes avoir des provisisons, nous eûmes les plus grandes peines, d'abord à en obtenir une réponse, puis à nous faire ouvrir; ils pensaient que nous voulions leur imposer le *sursat*. Il fallut que j'allasse moi-même parlementer à leur porte et leur faire passer de l'argent pour les convaincre que nous n'avions aucune envie de les dépouiller. La confiance leur revint en voyant des *sabcrans* que je leur avais jetés, et ils nous fournirent tout ce que nous voulûmes. Un des habitants m'apporta une peau de léopard qu'il avait tué dans la montagne voisine; je la lui achetai. Elle était petite et de peu de valeur; j'en fis une chabraque très-confortable pour le mauvais temps.

Nous fûmes rejoints à Aminabad par une nombreuse caravane de chevaux que des maquignons conduisaient à Bender-Bouchir, pour y être embarqués à destination de Bombay. Je sus par eux que les Anglais s'approvisionnent annuellement, en Perse, de chevaux destinés aux particuliers ou à la remonte de l'armée.

Après avoir couché les jours suivants à Koumichâh et à

Mayar, nous arrivâmes le 26 à Ispahan. Ressoul-Bek était allé en avant à Djoulfah. M. Boré, qu'il avait prévenu de notre retour, vint au-devant de nous. Ce fut avec joie que nous nous jetâmes dans les bras de cet excellent compatriote que nous étions heureux de revoir. Il n'avait point quitté Ispahan; il y avait augmenté le nombre de ses disciples et avait passé dans l'étude les mois qui nous avaient séparés. M. Boré eut l'obligeance de nous donner encore l'hospitalité, et nous reprîmes le logement que nous avions déjà occupé chez lui, mais cette fois pour quelques jours seulement. Notre hôte, par la nature de ses travaux sur l'antiquité asiatique, devait s'intéresser à ceux que nous venions d'accomplir dans notre excursion au sud de la Perse. Bien que la philologie fût alors son étude spéciale, l'intérêt, la curiosité, et le point par lequel les langues mortes de cette partie de l'Asie se rattachent aux monuments, lui firent prêter attention à nos récits et voir nos portefeuilles avec empressement. Nous avions beaucoup à lui raconter, car nous avions beaucoup vu.

De son côté, il voulut bien nous initier aux progrès de sa propagande scolastique; il nous dit, avec l'espérance d'une prospérité plus complète dans l'avenir, les résultats encourageants qu'il avait déjà obtenus. Il comptait, en effet, à son école un grand nombre d'élèves parmi lesquels il y avait non-seulement des Arméniens catholiques et schismatiques, mais aussi des musulmans. Il était aidé dans son œuvre par des sous-maîtres chrétiens et des mirzas mahométans, de façon à ce que les enfants de chaque religion pussent remplir leurs dévotions sous les yeux d'hommes de leur croyance. C'était respecter la foi de chacun, c'était aussi politique. Jusque là, l'école française prospérait et était en voie de progrès. Quelques préjugés s'étaient bien laissé deviner, mais ils ne s'étaient point encore élevés à la hauteur du fanatisme excité par la jalousie plus encore que par une foi aveugle. Les antagonistes, encore en germe, qui ne devaient pastarder à surgir contre M. Boré, n'étaient pas mahométans, il faut le dire à l'honneur des Persans ; c'étaient les Arméniens schismatiques, les *vartabeds*, maîtres de la population de Djoulfah et esclaves abrutis du *khalifah* de cette nation. Évêque et prêtres, il ne pouvaient voir d'un œil approbateur ou même indifférent un Français, un catholique, attirer à lui les enfants, les instruire mieux qu'ils ne savaient faire, se les attacher, exercer sur eux une influence nuisible à la leur, et peut-être les ramener à l'orthodoxie. Rivalité, religion, ignorance, cupidité, tout se réunissait dans l'âme du *khalifah* et de ses *vartabeds* pour combattre M. Boré, alors sourdement, plus tard avec éclat, péril même pour ce zélé propagateur des lumières de la civilisation chrétienne.

Je mis à profit les quelques jours pendant lesquels nous nous reposâmes à Ispahan, pour visiter quelques points de la ville et de ses environs que j'avais oubliés, ou qu'il ne m'avait pas été permis de voir à mon aise.

Je ne voulus pas quitter Ispahan sans aller visiter et remercier une dernière fois le père de Châh-Abbas-Khân, du *Meïmandar* qui avait accompagné l'ambassade depuis Tabriz jusqu'à son départ de Perse. Le vieux Mahmoud-Khân, qui était un ancien ami de Manoutchehr-Khân, avait été investi par lui de l'autorité de la ville, lorsqu'il était parti pour son expédition chez les Bactyaris. J'allai le voir au palais où il était installé et tenait sa petite cour intérimaire. Il me fit l'accueil le plus gracieux, et me témoigna le plaisir qu'il avait de me revoir. « Je n'étais pas, me dit-il, sans inquié-« tude, en apprenant votre pérégrination dans les provinces « du sud. Le mauvais esprit des populations de ces contrées « m'avait fait craindre que vous ne tombassiez dans quel-« que guet-apens. Je suis enchanté de savoir que rien de « fâcheux ne vous est arrivé, et je suis ravi de retrouver « un des membres de cette ambassade française que j'ai été « si heureux d'accompagner à la cour du Châh mon maître. « Je garderai, ajouta-t-il, toute ma vie le souvenir des rela-« tions agréables que j'ai eues avec chacun de vous, et je « vous prie, à votre retour en France, de faire de nouveau « mes amitiés à l'Elchi-bek, ainsi qu'à vos compagnons. » Je me montrai très-sensible à ces compliments, qui furent prononcés avec une aisance et une élégance de langage tout à fait remarquables. Mahmoud-Khân était un vieillard extrêmement aimable, de belles manières, ayant le suprême bon ton et l'exquise politesse des grands seigneurs persans. Il passait, en outre, pour un des esprits les plus cultivés et les plus érudits de l'Irân. Mêlée de citations historiques et de fables, car l'un ne va guère sans l'autre, entrecoupée de fragments des poëtes, sa conversation charmait les oreilles de ses compatriotes, et lui avait fait une renommée de savant et de bel esprit. Malheureusement le Khân avait, comme beaucoup de ses compatriotes, deux existences : l'une réelle, l'autre factice; et toute cette dépense d'esprit ou d'érudition qu'il faisait dans les *Divan-i-Khanèhs* au profit de ceux qui l'écoutaient, il n'en était jamais si prodigue que lorsqu'il se trouvait sous l'influence de l'opium et du *cherâb*. Le vin de Chiraz et le poison anglais communiquaient à son imagination une activité fébrile qui, passant du cerveau à la langue, le rendait fort bavard, mais à la vérité, bavard aimable et conteur charmant. Il se maintenait ainsi tant que durait le premier effet de sa drogue et de sa liqueur favorite; peu à peu, la vertu narcotique de la première prenait le dessus, les fumées du vin épaississaient sa langue en obscurcissant sa raison, et le gai vieillard, dompté par une somnolence invincible, s'engourdissait, pour rester des jours entiers dans une torpeur qui contrastait singulièrement avec sa nature vive et enjouée.

L'abus de l'opium et du vin, malgré les défenses du Koran, est fort répandu en Perse. C'est ordinairement le soir que les Persans se réunissent à leurs amis pour faire de petites orgies dans lesquelles Mahomet et le plus sage de ses préceptes sont complétement oubliés. Ils demandent alors au *cherâb*, ou même à l'*arak*, *âb-frengui*, ainsi qu'ils appellent l'eau-de-vie, l'oubli des tribulations humaines, comme ils cherchent dans le suc du pavot le rêve des chimères qui les transportent dans un monde meilleur que celui que leur fait le grand vizir. Les Persans sont comme tous ceux qui touchent à un fruit défendu; ils ne savent pas y goûter modérément, ils en abusent. Ils ne comprennent pas qu'on boive du vin en petite quantité, et ne s'expliquent pas notre manière d'en user. Ils disent que, le vin étant une liqueur enivrante, il faut obéir à sa vertu et s'enivrer. Je n'ai jamais vu un Persan, ayant du vin à discrétion, ne pas en boire jusqu'à ce que l'ivresse lui ôtât la force de porter son verre à ses lèvres. Ils ont du reste la tête très-solide, et il leur en faut beaucoup pour que leur raison en soit troublée.

Il existe en Orient un narcotique enivrant différent de

l'opium ; c'est le *hachich*, produit de la graine de chanvre. Cette drogue est un poison dangereux ; il suffit d'une très-petite quantité pour produire des effets terribles. C'est surtout en Égypte qu'il est usité. Il fut importé en Perse ; mais les accidents survenus par suite de son usage déterminèrent le Châh à le défendre sous les peines les plus graves. On m'a assuré que sa prohibition était si sévère qu'il y avait menace de mort contre quiconque en vendrait dans le royaume. Cette sollicitude de la part du roi de Perse pour ses sujets m'étonna singulièrement ; mais le *hachich* faisant une dangereuse concurrence à l'*opium*, je me demandai s'il ne serait pas possible de reconnaître dans ce *véto* le doigt de l'Angleterre. Cette supposition me paraissait beaucoup plus naturelle et plus probable que cette capricieuse tendresse du Châh pour son peuple.

CHAPITRE L.

Aspect général de la Perse. — Sa population. — Caractère persan. — Misère publique. — De l'administration. — De la justice. — Des femmes. — Départ d'Ispahan. — Ouragan à Kachân.

Pendant ce troisième séjour que je faisais à Ispahan, mettant à profit les relations que j'y avais formées et rassemblant mes notes sur les provinces que j'avais visitées, je les résumai afin de présenter d'une manière complète et claire l'état physique de la Perse. Ce pays a plus de 300 lieues du sud au nord, et 350 environ de l'est à l'ouest. Il peut se diviser en trois zones à peu près parallèles présentant des nuances climatériques qui, sur aucun autre point du globe, ne se feraient sentir entre les mêmes limites. Comprises entre les 27e et 39e degrés de latitude nord, ces différences sont dues à celles qui existent entre les hauteurs des contrées qui forment les extrémités septentrionale ou méridionale et le centre de la Perse. Dans la zone du nord, le froid devient excessif ; il descend jusqu'à 20° et 25° au-dessous de zéro et se prolonge pendant cinq et six mois ; cependant, dans cette même zone, par une exception toute locale et qui tient à la topographie, le climat des deux provinces qui bordent la mer Caspienne est complétement différent, il favorise une végétation en partie semblable à celle du midi de la Perse. La zone centrale s'étend, de l'est à l'ouest, sous un climat tempéré où les gelées n'ont ni force ni durée. Le sud forme une troisième zone qu'on appelle le pays de la chaleur, *Guermsir*, et, en effet, le thermomètre, n'atteignant jamais zéro en hiver, y monte jusqu'à 46° ou même 48° en été.

Un autre caractère distinctif de l'Irân, c'est de pouvoir se diviser en deux portions presque égales, l'une peuplée, l'autre déserte. Ce grand pays présente, sur la moitié de sa superficie, des solitudes immenses privées d'eau, de végétation, et où le sol, recouvert d'une couche de sel, n'offre aucune ressource aux populations qui le fuient. Tels sont, à l'est, les déserts de Khorassan, de Yezd, de Kermân; tandis que la partie occidentale est montagneuse, arrosée, et en conséquence préférée par les populations. S'il est difficile, comme je l'ai dit, d'apprécier le nombre des habitants d'une ville persane, il l'est encore bien davantage d'en connaître le chiffre pour la totalité du pays. Il n'en faut pas d'autre preuve que la différence notable qui existe entre les évaluations faites par divers voyageurs. Les villes sont ruinées, les villages sont éloignés les uns des autres et fort rares; à l'exception des trois villes les plus considérables, Ispahan, Téhérân et Tabriz, les autres n'ont qu'une faible population. Il est vrai qu'il y a beaucoup de nomades, mais ils sont très-clair-semés; tout cela contribue à donner à la Perse l'aspect d'une contrée à laquelle les hommes manquent, et il en résulte naturellement la présomption d'un chiffre peu élevé pour sa population, relativement à son étendue. Néanmoins je ne pense pas que ceux qui l'ont portée à moins de 7,000,000 d'habitants soient dans le vrai. D'autres voyageurs ont pensé qu'elle était de 9,000,000 ou même de 13,000,000 d'âmes. Je crois que ce dernier chiffre est celui qui s'approche le plus de la vérité, en remarquant toutefois qu'il est plutôt au-dessus qu'au-dessous. Quand on lit l'histoire de la Perse, quand on voit la puissance qu'a eue cette nation, ses conquêtes, en un mot le rôle qu'elle a joué dans l'antiquité d'abord, et plus tard dans les temps modernes, il est impossible de croire qu'il ait pu être celui d'un peuple qui n'aurait compté qu'une douzaine de millions d'habitants, parmi lesquels il ne faut pas oublier que les femmes sont dans une grande proportion, car le célibat est réprouvé et la pluralité des femmes en usage. A quoi donc faut-il attribuer cette décroissance de la population persane? Je pense qu'il faut en chercher les causes dans les guerres civiles, dans les massacres en grand qui en ont été la suite et qui, depuis un siècle surtout, l'ont décimée. Les conquêtes des Russes, les émigrations causées par la mauvaise administration du gouvernement, la tyrannie des Bégliers-Beys et les exactions des grands y ont également contribué. Les tremblements de terre, qui ont ruiné tant de villes et enseveli sous leurs décombres tant d'habitants, y sont bien aussi pour quelque chose. Mais l'islamisme, la démoralisation de la nation, l'abus des femmes, et d'autres vices honteux qui appauvrissent la constitution des hommes, en détournant leurs forces du but que la nature leur a donné, sont certainement de grandes causes de l'affaiblissement progressif de la population de la Perse.

On peut séparer les habitants de la Perse en trois parties très-distinctes : les citadins, les raïas ou paysans, et les iliâts ou nomades. Ces derniers sont tous mahométans, mais se partagent en sunnites et en chïas. Quant aux autres, ils sont musulmans chïas, chrétiens catholiques et schismatiques, juifs et guèbres ou sectateurs du magisme. Cette nation, telle qu'elle est constituée aujourd'hui, est un composé d'éléments essentiellement hétérogènes, et sans doute on est fondé à y chercher, en partie du moins, l'origine des guerres civiles qui ont si souvent ensanglanté le sol où ils se trouvent agglomérés. Sur les branches mères d'antique origine, mède au nord, et perse au sud, il est venu se greffer un nombre considérable de populations étrangères. Celles-ci se sont mêlées à la race aborigène; mais, sur plusieurs points, la fusion est incomplète, et chacune des fractions additionnelles à la nation persane proprement dite a conservé ses mœurs, son genre de vie, sa religion et jusqu'à sa langue. Ainsi, reprenant les trois zones entre lesquelles j'ai divisé le climat ou le territoire de la Perse, je dirai que, dans celle du nord, la population se compose en grande partie de Turcs venus à la suite des invasions tartares et restés dans le pays. On les trouve dans les tribus *Affchâr*, *Kadjâr*, *Kara-tchorlou*, *Kara-Gueuzlou*, *Châh-Serou* et autres. Ces familles ont des résidences fixes, soit dans l'Azerbaïdjan, soit dans le Mazenderân et dans le nord de l'Irak. Autour de leurs villages, sur leur territoire, on rencontre aussi beaucoup de tentes de Turckomans, qui, sans doute à cause de la communauté d'origine qu'ils ont avec ces habitants, s'en rapprochent de préférence aux autres. La zone du centre, à une population de souche persane voit se mêler beaucoup de *Kurdes*, de *Zends*, ancienne race du sud, ou de *Bactyaris*; ils sont presque tous nomades. On ne sait au juste d'où viennent les derniers. Ils passent pour être étrangers à la Perse et Turcs d'origine;

eux-mêmes ils se disent venus de l'est. S'il n'était pas hasardeux de chercher leur nationalité dans le nom qu'ils portent, on pourrait les croire venus, en effet, de la Turcomanie, qui est l'ancienne *Bactriane;* car le rapprochement est facile entre ce nom et celui de *Bactyaris.* C'est dans le sud que la population est le plus bigarrée et en même temps le moins sédentaire. A côté des Zends, premiers possesseurs du sol de Fars, se trouvent, sous les noms de *Lours, Faïlis, Mamacenis, Arabes,* et même *Beloutchs,* de nombreuses familles toutes distinctes les unes des autres, ayant des mœurs et une religion différentes. Le persan est bien la langue commune de toutes ces populations, mais chacune d'elles n'en a pas moins conservé la sienne propre ; et si, au nord, on entend parler turc dans les bazars, djagataï sous les tentes noires, en descendant vers le sud on peut successivement reconnaître les idiômes kurde, zend et arabe.

Cette variété singulière dans le climat et dans la population de la Perse existe également dans ses productions. Aussi, à côté des fruits des latitudes élevées, on trouve ceux des climats chauds : tandis que dans le nord, on trouve le chêne, le peuplier, le saule, le pommier, le cerisier, on rencontre au midi le cyprès, le dattier, l'orangér, le citronnier, le mûrier, à côté des plantations de coton et d'indigo.

La Perse étant, sur une très-grande portion de sa superficie, un pays extrêmement montagneux, il est dans sa nature d'être pourvue abondamment de métaux et de minéraux de toute sorte. Mais le voyageur les reconnaît en passant, plutôt qu'il ne les voit extraits, employés et travaillés; car les Persans n'utilisent pas ces richesses de leur sol. Ils ont cependant du fer, du cuivre, du plomb, de l'argent et de l'or. Ils ont également en abondance de l'antimoine, de l'émeri, du soufre, du salpêtre, du granit, du marbre, de l'ardoise et de l'albâtre, et ils possèdent des mines de turquoises assez riches. On trouve, dans quelques endroits, du bitume et du naphthe.

La Perse se divise en dix provinces : l'Azerbaïdjân, le Ghilân, le Mazenderân, le Kurdistan, l'Irak-Adjemi, le Khorassân, le Khouzistân ou Arabistân, le Farsistân, le Kermân et le Laristân, dont les chefs-lieux sont : Tabriz, Recht, Sari, Kermanchâh, Ispahan, Meched, Chouchter, Chiraz, Kermân et Lar.

La population étant divisée en deux portions très-distinctes, l'une sédentaire et l'autre nomade, la seconde vit sous le patronage et l'autorité de chefs qui lui sont propres, son existence est toute pastorale, quant à l'autre, placée sous le gouvernement de ket-khodâhs, de hakims, ou de bégliers-beys qui tiennent leur investiture du Châh, elle se subdivise en trois grandes classes ou castes distinctes. En première ligne sont les khâns, qui constituent l'aristocratie ou la noblesse; les mirzas, c'est-à-dire les individus de bonne famille, lettrés et exerçant une profession relevée, se placent au second rang; après eux viennent les raïas, qui comprennent tous les gens de travail, artisans ou agriculteurs. Les Persans se partagent entre ces trois classes; mais ils n'appartiennent pas irrévocablement à celle dans laquelle ils sont nés. Ils peuvent, par leur mérite ou par la faveur, en sortir pour s'élever et monter d'un degré ou même de deux l'échelle sociale. En effet, un raïa intelligent, qui a de l'instruction, peut acquérir le titre de mirza; et comme le roi crée des khâns par firman, il arrive souvent qu'il accorde ce titre à un individu de la classe moyenne pour des services rendus, ou même pour un prix convenu. Le titre de khân est militaire, en ce sens que tous les chefs de l'armée doivent en être revêtus. Celui de mirza est, au contraire, purement civil. Autrefois, il était un signe de noblesse; il appartenait exclusivement à ceux dont la famille était ancienne et d'origine élevée. Sa dérivation même l'indique, car il est une abréviation des deux mots *émir, noble*, et *zadèh, fils*. Considéré à ce point de vue, et acquis par la naissance, il ne se perd pas; le titre de khân ne saurait même l'effacer, et beaucoup de Persans qui portent celui-ci n'en conservent pas moins le premier. L'un des ministres du Châh en était un exemple; il s'appelait *Mirza-Abdoul-Hassan Khân*. Par extension, le nom de Mirza est attribué à ceux que leur éducation et leurs moyens d'existence mettent au-dessus des manouvriers, mais sans conserver le sens qu'il avait dans le principe. Ce que cette qualification comportait de nobiliaire s'est affaibli par l'extension qu'on lui a donnée, et il ne pouvait en être autrement; car elle est devenue si générale que, par la mot Mirza, on désigne aujourd'hui quiconque exerce une profession qui n'est pas celle d'un simple artisan. Ainsi, on appelle communément Mirza tout individu portant à sa ceinture le *kalamdân* et le rouleau de papier: mollahs, poëtes, médecins, astrologues, écrivains, commis, tous sont autant de Mirzas.

J'ai dit qu'un Persan pouvait s'élever, du rang qu'il occupe, à une classe supérieure: je dois ajouter qu'aucun pays ne fournit peut-être autant d'exemples de déplacements de ce genre, et sans que l'on puisse s'apercevoir que ceux qui ont ainsi changé de condition n'ont pas toujours vécu dans celle qu'ils ont conquise ou usurpée. Il n'y a pas, en effet, d'hommes qui se transforment plus facilement que les Persans. Ils ont pour cela une souplesse tout exceptionnelle. C'est vraiment une chose remarquable que de voir avec quelle merveilleuse facilité un pauvre mirza adopte les allures d'un grand seigneur, avec quel naturel il prend les airs et les belles manières de l'aristocratie, avec quelle aisance il porte le kalaat du Khân et change ses habits de cotonnade grossière contre des vêtements de cachemire et de soie, sans que l'on y remarque rien de choquant ou qui fasse contraste. Le Persan ainsi transformé ne trahit jamais son origine. Cela tient évidemment à la noblesse de maintien, de langage et de manières qui caractérise les nations asiatiques. L'Arabe, le Persan ou l'Indien a naturellement dans son attitude quelque chose de digne, d'élevé, de noble, qui empêche de distinguer le simple bédouin du chef de tribu, le raïa du khân ou l'Indou prolétaire du nabâb, autrement que par le costume. — Mahomet n'était-il pas un pauvre chamelier? et dans quel autre pays verrait-on, comme en Perse, un chef de voleurs ou un soldat porter dignement la couronne comme Nadir-Châh et Kerim-Khân? L'histoire de Perse est pleine d'accidents de ce genre grâce auxquels des Persans de la basse classe se sont élevés aux premières dignités de l'empire.

Une des causes principales de cette facilité à s'élever, dont sont doués les Persans, est leur intelligence naturelle qui reçoit aisément toutes les impressions et se moule avec une facilité merveilleuse sur toutes les formes. On pourrait presque dire qu'il n'y a pas un Persan inintelligent, comme il n'y en a pas de complétement illettré. Ils ont l'esprit très-vif, très-animé, mais en même temps très-léger et d'une mobilité surprenante. Ils abandonnent une idée, une étude, une application quelconque avec une promptitude égale à celle qu'ils ont mise à se l'approprier. On a dit d'eux que c'étaient les Français de l'Orient. S'ils se rapprochent de nous par quelques-unes de leurs qualités, il faut cependant convenir que nous ne leur sommes pas semblables par leurs défauts et leurs vices. Ils sont, à la vérité, spirituels, aimables, polis, bienveillants, hospitaliers, braves, alertes; leur imagination brillante aime la poésie, la peinture, les arts de toute espèce et se passionne pour la gloire militaire. Mais nous ne saurions admettre que leur ressemblance avec nous se complète par la ruse qui leur est naturelle, la vénalité de leur conscience, leur cruauté, leur fourberie et l'habitude de mentir, plus forte souvent que leur volonté; car, si l'on peut encore dire, avec Xénophon, que les Persans *montent bien à cheval et excellent à tirer de l'arc*, le temps n'est plus, certes, où l'on peut ajouter, avec le chef des Dix mille, *qu'ils disent la vérité.*

En Asie, la nature humaine est très-précoce, et les Persans commencent de bonne heure cette vie qui, d'abord contenue dans les jouissances permises par le Koran, ne tarde pas à être souillée par tous les vices possibles. Ils sont généralement débauchés, joueurs et adonnés au vin. Les excès de tout genre auxquels ils s'abandonnent portent aussi des fruits précoces; et, fatigués de bonne heure, ils sont usés avant d'avoir atteint la vieillesse. Des Persans m'ont dit qu'ils faisaient, à l'âge de cinquante ans, ce qu'ils appellent *tubèh* ou pénitence. Mais, indépendamment de ce que ce changement, quand il arrive chez quelques dévots, n'a rien de méritoire, puisqu'il n'a lieu que quand ils ne peuvent plus guère être vicieux, il faut dire qu'il est loin d'être général, et que l'ivrognerie est la ressource de beaucoup de vieillards à qui la force de boire du *cheráb* et de l'*arak* reste jusqu'au dernier moment.

J'ai dit comment les Persans se sont séparés de l'orthodoxie mahométane. Ils sont extrêmement exaltés pour tout ce qui touche à la foi dissidente qu'ils ont embrassée avec ferveur; pourtant, il faut reconnaître que leur fanatisme a quelque chose de plus intelligent, de moins brutal que celui des Turcs. Ainsi, les Sunnites ne souffrent pas qu'on mette en discussion un seul des dogmes de leur religion; les Persans, au contraire, se plaisent dans la controverse; loin de l'éviter, ils la recherchent avec cette assurance que donne une foi vive et un esprit délié. Les arrêts de la Providence ont bien, aux yeux des Persans, la même force qu'à ceux des Turcs; mais les premiers, tout en courbant la tête sous le poids de la fatalité, font tous leurs efforts, sinon pour empêcher ce qui est écrit, du moins pour en détourner et en atténuer les effets. Mais, en Perse comme en Turquie, quel que soit le sort d'un individu, jamais on ne le voit, contre les décrets de Dieu, dans cet état de révolte qui conduit à y échapper par le suicide. Cet homicide contre soi-même y est aussi inconnu que celui qui souvent est chez nous le résultat d'un préjugé, et quelquefois, il faut le dire, de l'inefficacité des lois. Les Persans ne connaissent pas le duel : ils se vengent, ils attaquent, ils assassinent un ennemi; mais ils ne se battent pas conditionnellement et devant témoins.

Autrefois la Perse était un pays opulent; les Persans étaient fastueux et avaient un grand luxe. L'aisance régnait dans toutes les classes, parce que le pays produisait, et que ses fabriques alimentaient un grand nombre de marchés dans le monde. La Perse est pauvre aujourd'hui ; ses habitants ont conservé leur goût pour le faste et le luxe, sans avoir les moyens de le satisfaire. Épuisée par les invasions des hordes étrangères, par les tributs qu'elles ont prélevés, écrasée par une autre invasion non moins redoutable, celle des marchands d'Europe, ses finances diminuent constamment, et, s'appauvrissant de plus en plus, ses habitants sont réduits à un état très-misérable. L'argent y est rare, les transactions sont sans sécurité, le crédit est nul, et la fidélité à la parole, conséquemment la confiance, inconnue. La misère est si grande, si générale, que c'est merveille de voir à quel degré d'adresse les Persans sont arrivés pour éluder le despotisme du numéraire. J'oserais presque dire qu'ils en sont venus à résoudre ce problème : de vivre et de faire vivre une grande société sans argent. Ils se prennent les uns aux autres ce qu'ils produisent ; et, par ce vol mutuel qui a remplacé le crédit, ils végètent tant bien que mal. Ainsi, un Khân qui reçoit une pension, ou tient une propriété du souverain, a plusieurs domestiques ; il ne leur paye pas de gages, mais il est entendu qu'ils se font faire, par tous les fournisseurs de la maison, une remise qui pour l'un est un bonnet, pour l'autre une robe, ou un sabre, ou des bottes. Les fournisseurs eux-mêmes agissent de cette façon, et ils échangent entre eux les objets de leur commerce : le marchand de drap ne paye ni son boulanger, ni son tailleur ; si le boulanger ou le tailleur a besoin d'une étoffe, il va la prendre chez son débiteur. Chacun de son côté débat son prix, comme s'il s'agissait de payer en toûmans d'or ou en sabcrâns de bon argent ; mais il est entendu que la somme due sera prélevée en marchandises. Cependant, comme tous les Persans ne sont pas producteurs ou marchands, il semblerait que tous ceux qui ne sont ni l'un ni l'autre finissent par financer. Mais dans cette catégorie, il y a des individus qui sont utiles aux artisans ou aux commerçants et qu'il est juste que ceux-ci rétribuent : tels sont les gens de guerre et de police. Aussi prélève-t-on à ce titre, et pour eux, des impôts divers qui presque toujours sont encore payés en nature. Comme l'on voit, l'économie sociale de la Perse se trouve très-simplifiée et se résume en cette convention tacite que la pauvreté a amenée et que l'usage consacre aujourd'hui : prendre à son voisin ce qu'on lui permettra de s'approprier en échange.

A l'exception du roi dont la caisse est remplie par les impôts, à l'exception des grands qui ont des villages ou des gouvernements dans lesquels ils commettent des exactions éhontées, et de quelques gros négociants qui ne sauraient se passer de numéraire pour trafiquer à l'étranger, les Persans ne manient presque pas d'argent. Cette pénurie va sans cesse en augmentant ; car la valeur des importations dépasse celle des exportations, et l'on pourrait calculer dans combien de temps tout l'or et tout l'argent de la Perse en seront sortis. Au reste, d'après ce que je viens de dire, on voit que les Persans ne seraient pas pris au dépourvu, et que, perfectionnant un peu plus leur système d'échange, ils en viendraient à se passer complétement d'espèces. Somme toute, c'est un peuple qui a reçu de Dieu les dons les plus heureux, qui leur a dû longtemps sa gloire, mais qui, aujourd'hui mal gouverné, est tombé dans une décadence complète. Les Persans, bien dirigés, seraient encore capables de grandes choses: retrempés par l'amour de leur pays et de son indépendance, ils pourraient repousser leurs ennemis, et personne ne peut dire que la bannière du lion et le nom d'Ali ne les conduiraient pas de nouveau à la victoire. Il n'y a pas si longtemps qu'avec Nadir-Châh, ce soldat aventureux et entreprenant, ils ont pris Dehli et conquis l'Inde. Braves, sobres, infatigables, ils seraient encore d'excellents soldats; intelligents, actifs, industrieux, pleins de goût pour tous les arts, ils pourraient redevenir ce qu'ils étaient quand leurs productions servaient de modèles aux nôtres. Ils sauraient encore tisser l'or et la soie, faire les brocarts, les velours, les émaux, les bijoux de toute espèce, les armes qu'ils fournissaient à toute l'Asie. Mais la conquête d'une part, de l'autre la nécessité pour l'Europe de vendre l'énorme excédant de ses productions, compriment la Perse et tarissent de plus en plus les sources de sa vie.

On ne saurait croire avec un publiciste célèbre que la simplicité des rouages administratifs d'un État soit un perfectionnement et un progrès, si l'on en juge par ce qui se passe dans les pays les moins avancés en civilisation, du moins en ce qui touche à l'économie politique. En effet, en Perse, par exemple, l'administration est réduite à un nombre extrêmement restreint d'instruments. Au-dessous du Châh, qui est tout-puissant, il y a un vizir ou premier ministre à qui est déléguée la plus grande portion de l'autorité royale. En fait, c'est ce vizir qui gouverne, et s'il a autour de lui, dans son *divan*, deux ou trois autres personnages revêtus en apparence du titre et des fonctions de ministres, il ne faut les considérer réellement que comme des aides ou des commis du vizir. Ainsi, à la cour de Téhérân, il y avait comme premier ministre Hadji-Mirza-Hagassi qui dirigeait tout; je ne puis dire son administration, mais je dirai que son pouvoir s'étendait à toutes les branches de l'économie politique, sur toutes les affaires. Il réglait selon son bon plaisir tout ce qui concernait l'armée, la religion, les impôts, le commerce, les relations diplomatiques : en un mot, il embrassait tout. Sous ses ordres étaient des khâns ou des mirzas qui s'occupent des détails d'une spécialité, mais il fallait qu'ils se tinssent dans une position d'infériorité et de dépendance vis-à-vis du vieux mollah qui gouvernait en maître absolu. Ce vizir était trop jaloux de sa puissance pour tolérer la moindre rivalité, et s'il s'en élevait une, fût-ce comme mérite, fût-ce comme faveur, il mettait tout en œuvre pour la briser. C'est ce qui arriva à un des hommes éminents de Perse, Mirza-Massoûd, qui avait dans ses attributions les affaires étrangères. Son habileté était importune à Hadji-Mirza-Hagassi, son crédit l'inquiétait; il le fit exiler pour mettre à sa place un jeune homme de vingt-deux ans, sans expérience, et qui ne pouvait être quelque chose qu'à la condition de se mettre à sa dévotion. On ne peut donc pas dire qu'il y ait en Perse un gouvernement, une administration auxquels participent, comme dans nos pays, plusieurs ministres. Il y a simplement un vizir qui a sous ses ordres des mirzas remplissant des fonctions inférieures. Les affaires leur sont remises selon leur nature; ils en prennent connaissance, les instruisent, mais ne décident rien sans avoir consulté le vizir qui seul prend les décisions. Quand les questions sont graves, le premier ministre réunit ce qu'on nomme un *divân;* il y appelle, d'après l'espèce à traiter, des mollahs, des militaires, des khâns, des chefs de province ou de district. Chacun discute, ou fait semblant; mais le vizir parle seul, et sa prépondérance est si grande, l'on craint tant de lui déplaire, que tous les membres de ce conseil accueillent ses paroles par des *beli! beli!* et se rangent avec humilité à ses avis. C'est donc uniquement lui qui gouverne ou administre.

Le pouvoir de ce vizir s'exerce de haut, et, ne dérogeant pas en descendant au niveau des détails, il plane sur toute la Perse. Mais, dans chaque province et même dans chaque district important, il y a un *béglier-bey* ou *gouverneur* qui, lui aussi, a un pouvoir absolu sur ses administrés et dirige à son gré les affaires de son gouvernement. Il ne doit répondre vis-à-vis du Châh ou de son vizir, que de la somme partielle des impôts dont il doit compte, de la tranquillité publique, et de ce qui concerne les intérêts généraux de la monarchie. Quant au reste, il a plein pouvoir. Il y a là une explication, sinon une justification, de la simplicité du gouvernement supérieur. Mais ce morcellement de l'État en plusieurs petits gouvernements n'a-t-il pas des dangers énormes? Et serait-ce au prix d'une décentralisation semblable que l'on voudrait ramener le gouvernement de France à cette simplification imitée des pays considérés aujourd'hui comme barbares, ou qui rappellerait les institutions incomplètes du moyen âge?

Les gouvernements des provinces sont très-importants, puisque nous avons vu qu'il n'y en a que dix pour tout le royaume. Chacune d'elles est donc fort étendue, et les chefs de provinces sont de grands personnages, quelquefois même des princes du sang royal. Le plus grand nombre actuellement sont des khâns ou des chefs militaires. Chaque province est partagée en un certain nombre de districts généralement placés sous la juridiction des chefs de provinces. Cependant cette hiérarchie n'a rien de régulier ni de fixe, et souvent il arrive qu'on émancipe une fraction de province, soit pour la placer directement sous l'autorité royale, en rendant son chef indépendant du Béglier-Bey qui réside au chef-lieu, soit afin d'amoindrir, par le morcellement, la puissance des gouverneurs, qui serait trop importante et pourrait être un danger pour l'État. Tous ces gouverneurs, quelle que soit l'étendue de leurs gouvernements, ont le titre de *Béglier-Beys*.

Les Béglier-Beys ont sous leur juridiction une ou plusieurs villes qui sont administrées chacune par un *hakim*, et divisées en quartiers à la tête de chacun desquels est placé un magistrat qu'on appelle *ket-kodâh*, dont les attributions correspondent à peu près à celles de nos maires. L'administration d'une ville se complète par l'addition au *hakim* et au *ket-khodâh* d'un fonctionnaire appelé *kalantar*, chargé de percevoir les impôts. Le travail de répartition entre les contribuables est fait entre le *ket-khodâh*, et le *kalentar*, qui sont élus par les populations et servent d'intermédiaires entre elles et le gouverneur. Bien que la charge de *kalantar* soit donnée à l'élection, il faut que celui qui l'obtient soit agréé par le chef supérieur. Or, dans un pays où tout est vénal, on comprend que cet agrément se paye, et il est d'un taux très-élevé. Mais comme il faut que cette place, tout à fait identique à celle des *fermiers généraux* d'autrefois, rende non-seulement ce qu'elle a coûté, mais encore de gros bénéfices, et compense les cadeaux auxquels elle oblige ceux qui la tiennent, il en résulte qu'elle est une source d'abus de tout genre. Les *kalantars* doivent annuellement verser dans le trésor royal une somme déterminée; tout ce qu'ils peuvent retirer en sus leur est abandonné à titre de bénéfices Aussi en résulte-t-il des exactions sans nombre; et, au moyen de *pichkechs*, les collecteurs rapaces sont sûrs d'avoir l'appui des gouverneurs.

Le code qui régit les musulmans en général, c'est le Koran. A côté de ce livre, qu'on appelle la *loi écrite*, il y a chez chaque peuple ce que l'on nomme la *loi coutumière*, *Ourf*. De ces deux bases de la législation en Orient, il résulte inévitablement une élasticité tout à fait arbitraire dans l'application de la loi. Car les sentences rendues d'après le Koran ne peuvent qu'en être des interprétations; et, pour ce qui est de la *coutume*, on conçoit que tout ce qui s'en déduit est essentiellement laissé à la discrétion des juges. Comme si ce n'était pas assez des abus qui doivent découler de cette législation, le roi, ses ministres et ses Béglier-Beys, ou gouverneurs, se mettent au-dessus de la loi et rendent la justice selon leur volonté, leur caprice, avec tout l'arbitraire du despotisme qui caractérise les gouvernements asiatiques. Il serait impossible qu'en face de semblables conditions, la justice ne fût pas abandonnée à la vénalité la plus éhontée. C'est ce qui a lieu; aussi le plus riche ou le plus fort a-t-il toujours gain de cause.

Les affaires litigieuses n'en sont pas moins soumises à certaines formalités : déférées au Châh ou au gouverneur, on institue un *Divan-i-Khanèh*, ou tribunal; les pièces du procès lui sont soumises; il l'instruit, prend une décision; mais, avant de rendre le jugement, il le soumet à l'autorité supérieure, qui l'admet ou le rejette. Il ne devient exécutoire qu'après la sanction royale, si c'est une affaire d'État, ou celle du Béglier-Bey, si c'est une affaire de second ordre. Pour les affaires graves ou contentieuses, les tribunaux sont composés de mollahs et de personnages auxquels leur savoir et leur position donnent place aux *divans*. Le *Cheïk-el-Islam*, ou chef de la religion, est, dans chaque ville, le grand juge ; c'est devant lui qu'on plaide en dernier ressort. Quant aux délits ordinaires, ils sont jugés par des magistrats placés sous la juridiction immédiate des *Béglier-Beys*. Indépendamment de ces tribunaux élevés, il y en a un dans chaque ville, qui est permanent et juge sommairement ; c'est celui du *Darôgah*. C'est devant ce magistrat, qui est en même temps le chef de la police et l'intendant général des bazars qui sont placés sous sa surveillance immédiate, que se plaident les différends de peu d'importance. Ce juge est très-expéditif, et, séance tenante, il rend son verdict, trop souvent favorable à celui qui a tort, quand il paye bien ; aussi sa charge est-elle considérée comme très-lucrative. Il a ses gardes particuliers, ses estafiers qui sont armés jusqu'aux dents. Ils connaissent très-bien les voleurs, et souvent on accuse le *Darôgah* de s'entendre avec ceux-ci en partageant les produits de leurs vols. — Je n'assurerais pas que c'est une calomnie. — Cependant j'ai été témoin de la sévérité avec laquelle ce chef de police punit certains méfaits. Depuis longtemps la population de Téhérân se plaignait de la mauvaise foi des boulangers et des bouchers. Plusieurs d'entre eux avaient reçu la bastonnade ; ils avaient payé de fortes amendes, et les plaintes continuaient toujours. Le Darôgah résolut de vérifier par lui-même ce qu'il y avait de fondé dans la rumeur publique, promettant de faire un exemple. Un jour, sans avoir prévenu, il se transporte chez deux des plus mal famés : il les trouve en faute. C'étaient un boulanger et un boucher. Celui-ci, moins coupable, est seulement cloué par l'oreille à la porte de son étal ; l'autre est jeté tout vivant dans son four. — On dit que les Tehérânis et le roi applaudirent beaucoup à cette exécution.

Le principe de la législation est la peine du talion, pour les cas où elle peut être appliquée. L'amende, la peine de mort, la bastonnade, et en général les châtiments corporels, sont les peines infligées. Quant à la détention, elle est inusitée. Lorsqu'il y a meurtre, on livre le coupable à la famille du défunt pour qu'elle en dispose à son gré ; elle peut le tuer, lui faire donner de l'argent, ou lui pardonner. Il est complétement à sa discrétion.

La loi qui régit toutes les sociétés musulmanes, le Koran, autorise la pluralité des femmes; cependant il établit des différences entre elles. Ainsi, il n'en permet pas plus de quatre légitimes, c'est-à-dire vivant toujours avec leur mari et ne pouvant être répudiées par lui selon son bon plaisir. Ces épouses sont appelées *Nikià*. A côté d'elles, un musulman peut avoir, sous le nom de *Muthèh*, autant de femmes illégitimes ou concubines qu'il lui plaît. Dans cette seconde catégorie, il y en a qui sont achetées, d'autres qui sont simplement louées. Leur maître les chasse ou les vend quand il ne s'en soucie plus. Le second mode de possession, la location, constitue ce qu'on nomme un *mariage à temps*, et ce temps est indéterminé. Il peut être fort court; sa durée dépend exclusivement des conventions stipulées entre les parties contractantes. Cette union temporaire a lieu moyennant un prix convenu, et le marché est passé en présence d'un mollah ou devant le *Cadi*. L'engagement pris par l'homme n'est pas irrévocable, il lui est loisible de renvoyer la *Muthèh* dont il ne veut plus, mais à la condition de payer la somme promise; si, au contraire, elle lui plaît encore, à l'expiration du bail, il peut, d'après un nouvel arrangement, le prolonger. Bien que cet usage soit sanctionné par la loi, il existe cependant une différence très-sensible, dans l'intérieur des harems, entre les épouses légitimes et les concubines. Celles-ci, réservées aux plaisirs du mari ou occupées des soins du ménage, ne vont pas de pair avec les autres et sont toujours tenues vis-à-vis d'elles dans une position d'infériorité dont elles ont quelquefois à souffrir cruellement. Car ce que le Koran permet, le cœur ou la vanité ne le souffre pas toujours. Cette distinction entre les *Nikià* et les *Muthèh* n'existe nullement entre leurs enfants. D'après la loi musulmane, la valeur de l'origine ne dépend que du père, et tous les enfants qu'il a, quel que soit le titre de leur mère, sont légitimes. La différence entre une concubine et son fils est si grande, que celui-ci reste avec son père quand bien même sa mère est répudiée. — Il y a là quelque chose de barbare à quoi il est bien difficile de croire que les pauvres mères puissent se soumettre. Peut-on penser que le sentiment maternel s'accommode d'un usage contre nature, et que la tendresse d'une mère ne se révolte pas contre une loi qui ne reconnaît que les droits du père?

Si la rupture des mariages temporaires est facile, il n'en est pas de même pour les mariages légitimes ou sérieux. Le divorce est considéré par les Persans comme un scandale, et il n'est accordé à ceux qui le souhaitent, qu'à des conditions pécuniaires si onéreuses qu'ils reculent ordinairement devant. Mais il faut dire que dans un pays où le mari a d'aussi grands priviléges, où il lui est si facile de prendre une nouvelle femme, le divorce est inutile.

L'usage et le bénéfice de la loi mahométane, en ce qui

concerne le nombre des femmes légitimes ou autres, est le privilége de quelques personnages riches; car il faut avoir de grands moyens d'existence pour entretenir un harem et satisfaire non-seulement aux besoins, mais aussi aux caprices d'un certain nombre de femmes. Aussi les Persans qui profitent de toute la latitude accordée par le Koran sont-ils très-rares; on ne les trouve guère que parmi les Châh-Zâdèhs ou les Khâns les plus opulents. Quant à la classe moyenne ou à celle des raïas, elles sont trop misérables pour se donner le luxe de la polygamie, et chaque homme n'y a guère qu'une seule femme.

Rien ne pouvant plus nous retenir à Ispahan, nous fîmes nos adieux à notre hôte obligeant, et quittâmes tristement M. Boré que nous laissions à regret dans ce pays où nous entrevoyions pour lui des difficultés et des tribulations infinies. Le 10 mars nous suivions la même route et nous nous arrêtions aux mêmes lieux que lors de notre voyage avec l'ambassadeur. Le 14 nous descendions de la montagne de Khouroud vers Kachân, lorsque, arrivés dans la plaine, nous vîmes au-dessus de l'horizon, au sud-ouest, s'élever lentement dans l'air une large bande rougeâtre, épaisse, dont le soleil éclairait le bord sans pouvoir pénétrer sa masse opaque. C'était un de ces ouragans, une de ces tempêtes terrestres qui se forment dans les immenses déserts de l'Asie; c'était le *Sam* si redouté des voyageurs. Un vent terrible et sec, refoulé par le nuage qui montait toujours, commença à soulever autour de nous des tourbillons de poussière; ces trombes s'élevaient dans l'air et y formaient de nouvelles nuées qui se rapprochèrent et grossirent la masse de celles qui continuaient à avancer sur nos têtes. L'atmosphère en fut bientôt obscurcie; le flot de sable montait sans cesse et le ciel ne se voyait plus. Nous étions suffoqués; nous avions beau nous envelopper et nous cacher dans nos manteaux, un sable fin, poussé avec une force irrésistible, pénétrait nos habits; nous l'aspirions par le nez, par la bouche; il s'infiltrait, pour ainsi dire, dans nos pores. Nos chevaux avaient peine à prendre leur respiration et ne marchaient qu'à regret contre l'ouragan. Nous nous trouvions dans un milieu épais et rougeâtre où nous voyions à peine à trois pas devant nous. Nous voulions nous soustraire le plus vite possible à cette tempête et gagner Kachân dont nous étions tout près; mais l'obscurité nous faisait craindre de hâter notre course qui serait devenue dangereuse. Nos Persans se disaient avec effroi : *Bâd-Chariar!...* C'est ainsi qu'ils désignent ces rafales surgies dans les déserts et qui les balayent dans toute leur étendue.

Nous arrivâmes avec peine à la porte de Kachân; les rues sombres, les bazars obscurs et en partie clos, les rues désertes, tout semblait étouffé sous le poids de cette atmosphère épaisse qui était inopinément venue peser sur le pays. Nous traversâmes rapidement la ville pour aller nous mettre à couvert dans le *Caravansérail-Châh* qui est à l'extérieur. L'ouragan n'avait point cessé, mais sa violence était beaucoup diminuée. Sur la fin du jour, l'air se rasséréna, et il ne resta du terrible *Sam* qu'une poussière épaisse et impalpable, un sable fin et luisant qui couvrait tout.

CHAPITRE LI.

Retour à Téhérân. — Norouz. — Le prince Seïf-oud-dovlè-Mirza. — Visite au Châh. — Position intolérable des instructeurs français. — Projet de voyage dans le Mazenderân.

Nous continuâmes notre route sans aucun accident, et nous arrivâmes à Téhérân le 20 mars.

Le lendemain était jour de Baïram; c'était la fête du Norouz ou de l'équinoxe du printemps, le jour où la nature, reprenant sa vie et ranimant sa séve, allait se parer de nouveau. Le rossignol allait recommencer son ramage, la colombe ses amours, et les fleurs, épanouies à côté des feuilles nouvelles, embellissaient déjà les jardins en réjouissant les yeux. C'était ce jour-là que les Persans fêtaient. Il devait y avoir au palais un grand selâm en présence du Châh sur son trône.

Le ministre de Russie, qui se souvenait de la bienveillance qu'il nous avait témoignée déjà à Ispahan, nous proposa de l'accompagner au sérail, et d'assister avec lui à la cérémonie. On pense bien que nous ne nous fîmes pas prier. Nous nous rendîmes, en conséquence, à l'ambassade russe, et nous mêlâmes aux secrétaires du général Duhamel. Le sérail touchait à l'hôtel de l'ambassade, mais l'étiquette voulait que nous y allassions à cheval. Précédés des ferrachs du roi, et des Cosaques qui forment la garde particulière de l'ambassadeur, nous entrâmes dans une cour où les Nazaktchis royaux rendirent au général les honneurs habituels. Nous étions là dans la partie du sérail qu'on appelle *takht-i-khanèh* ou *maison du trône*. Ce nom a été donné à un petit palais extrêmement élégant où se trouve la salle du trône. Elle donne sur une cour pavée de grandes dalles de marbre. Au milieu, est un long bassin d'eau courante; à droite et à gauche, sont de grands arbres entremêlés d'arbustes et de fleurs. Sur les murs qui entourent cette cour plantée, sont figurées des arcades ornées de dessins variés, formés avec de petites briques disposées comme des mosaïques. En avant de l'appartement royal, est un espace libre au centre duquel on voit un second bassin, ou plutôt deux bassins l'un dans l'autre. Le plus grand est de forme rectangulaire; dans son périmètre est compris le second, qui a une forme très-contournée, participant de celle que les Persans donnent généralement à leurs ornements architectoniques. C'est dans ce bassin, qui est en marbre blanc, qu'arrive l'eau; elle y jaillit par trois becs de bronze, verse par-dessus les bords son excédant, qui tombe en capricieuses franges argentées dans la seconde vasque et s'en échappe par un conduit souterrain, pour s'écouler dans le canal qui occupe le milieu du jardin. Tout a été calculé dans ce lieu pour que l'air y soit pur et frais.

L'édifice où est la salle du trône se divise en trois parties : au centre, est le salon royal complétement isolé; à droite et à gauche, deux petits appartements sont réservés pour les personnages qui reçoivent du Châh l'honneur d'une invitation à la cérémonie qui doit avoir lieu. Ces deux parties latérales du bâtiment sont garnies de fenêtres dont les châssis, légèrement travaillés et sculptés, encadrent des vitraux de couleurs variées. La salle du trône n'est point fermée; une ouverture, qui règne dans toute sa largeur et sur toute sa hauteur, la laisse voir en entier. Le haut de cette immense ouverture est soutenu par deux colonnes torses magnifiques, faites chacune de trois blocs d'albâtre de Maraghâ. Chaque base, comme chaque chapiteau, est formée d'un morceau ; et chaque colonne elle-même, qui peut avoir quatre à cinq mètres, est d'un seul bloc. Toutes les parties de ces colonnes sont peintes, mais de manière à laisser voir la belle matière dont elles sont faites ; des guirlandes, figurant des lianes et des fleurs, en vert et or, s'enroulent autour de leurs fûts et en suivent les spirales depuis le socle jusqu'au chapiteau. Les côtés ou piédroits de cette devanture sont couverts de miroirs encadrés d'or. Le devant, ou le mur sur lequel posent les colonnes, est orné de plaques d'albâtre où sont sculptés des ornements. Celle du centre porte un bas-relief qui rappelle l'antiquité ; réminiscence de Persépolis, il représente un lion qui terrasse un taureau. A la partie supérieure de l'édifice, règne, sur toute la longueur de la façade, un auvent en bois dont le dessous est sculpté et peint. Il est destiné à défendre l'intérieur contre les rayons verticaux du soleil. La clôture du *takht-i-khânèh* est un immense rideau ou *perdèh* en toile double, sur lequel sont tracés quelques ornements de couleur. Ce rideau se lève au moyen de poulies, en se repliant sur lui-même ; ou bien on le tire et on l'étend presque horizontalement, au moyen de grandes cordes que l'on attache aux arbres. On forme ainsi, en avant du bâtiment, comme une grande tente qui ne laisse pénétrer à l'intérieur qu'un demi-jour dont l'effet plaît infiniment aux Persans, car leur imagination aime à chercher le roi et le trône au travers d'un voile mystérieux. L'appartement royal est d'une grande magnificence : l'or, l'azur, les peintures, les glaces et les sculptures de tout genre disputent d'élégance et de richesse; le mur ne laisse apercevoir aucune place qui n'en soit couverte. Des portraits de rois, de héros, de femmes, des batailles, sont sur tous les panneaux; des arabesques, des miroirs découpés de toute manière, de délicates moulures azurées ou dorées relient entre elles toutes ces peintures. Au fond de la salle, est une grande arcade assez profonde pour qu'on ait pu y placer un bassin où l'eau s'élève et retombe en pluie fine; au-dessus, une fenêtre garnie de vitraux en dentelles représentant des fleurs bleues, rouges, jaunes ou vertes, laisse à peine arriver derrière le trône quelques faibles rayons d'une lumière diversement colorée. Le plafond est divisé en caissons peints et ornés de la façon la plus gracieuse. Sur le sol, un tapis est étendu, le plus riche, le plus beau, le plus moelleux, le plus épais des tapis.

Au milieu de cette salle ainsi décorée, s'élève le *takht* ou *trône*. Il est impossible d'imaginer rien de plus original et de plus élégant en même temps que ce trône. Il est tout entier en albâtre semblable à celui des colonnes de la devanture. Il consiste en une grande table à l'extrémité de laquelle est une partie élevée où s'asseoit le roi. On y place des coussins qui lui servent d'accotoirs, et qui sont retenus par une espèce de dossier sculpté soutenu par deux petites colonnes. Cette estrade est entourée d'une galerie pleine, couverte de sculptures et surmontée de statuettes. Elle est à un mètre à peu près du sol; on y monte par deux marches qui semblent s'appuyer sur le dos de deux lions couchés, et sont flanquées de deux espèces de sphynx. Les autres parties de l'estrade royale ont pour points d'appui des colonnes au milieu, et, sur les côtés, des lions assis ou des cariatides qui représentent des pichketmèts, c'est-à-dire des pages en costume de harem. Toutes les pièces de ce trône sont rehaussées par des ornements dorés. On ne saurait douter que cette idée de faire supporter le trône par des figures humaines soit empruntée aux monuments de Persépolis. N'avons-nous pas vu, en effet, les supports du dais sous lequel est assis le roi figurés par de petits personnages de diverses sortes?

Cette description était nécessaire pour faire comprendre la cérémonie à laquelle nous allions assister. Quant au ministre de Russie et à sa suite dont nous faisions partie, on les fit entrer dans un des salons latéraux au *Takht-i-Khanèh.* Nous avions en face de nous le jardin rempli par la foule compacte de tous ceux qui, dans cette grande solennité, étaient jaloux d'attirer sur eux la bienveillance du roi, désireux de lui témoigner leur reconnaissance ou simplement de faire acte de soumission et de respect. Les courtisans ou les chefs militaires, gouverneurs de provinces et autres, pour gagner les bonnes grâces du souverain, lui offrent ce jour-là des chevaux, des cachemires, des habits magnifiques, et même de l'argent, toutes choses acceptées. Dans cette réunion bigarrée qui représentait la nation persane, les princes du sang royal étaient les plus rapprochés du trône; puis venaient les grands dignitaires, les principaux officiers de l'armée, et, derrière eux, les courtisans, les fonctionnaires de toute sorte, les poëtes, et enfin le menu peuple.

Quand le roi parut, resplendissant de pierreries et de perles, la foule se courba, fit plusieurs génuflexions, et répéta ces selamaleks avec l'apparence de la plus profonde vénération. Le Châh était immobile, silencieux; il recevait ces hommages avec une majestueuse impassibilité. Lorsque les salutations exigées par le cérémonial furent terminées, les poëtes s'approchèrent. -- Combien la Perse n'en a-t-elle pas! — Ils débitèrent les louanges du monarque sur un ton emphatique. Ces lettrés hardis ne reculent devant aucune métaphore, si hasardée qu'elle soit : leurs images sont empruntées au soleil, à la lune, à toute la nature, et, sous ce voile épaissi par des couches superposées d'allégories sans fin, il est presque impossible de découvrir une pensée.

La foule poussa, à plusieurs reprises, des cris en l'honneur du Châh, invoqua Ali et tous les imâms de l'islamisme; après quoi, le roi, qui n'avait pas même daigné sourire, fit distribuer aux grands plusieurs cadeaux et des poignées d'argent. — Autrefois, le Châh n'eût osé donner que de l'or. — Quant à la menue plèbe qui était venue joindre ses hommages à ceux des seigneurs, on lui jeta quelques milliers de petites pièces de monnaie blanche, frappées pour la circonstance, et qui n'ont qu'une valeur de 15 à 20 centimes. Il va sans dire que la foule se précipita et se battit pour ramasser ces miettes d'argent, mesquines marques de la munificence royale.

M. le baron Bode, conseiller de l'ambassade de Russie, qui avait été envoyé dans le Loristân, et à Chouchter, comme je l'ai dit, en était revenu. Il eut l'obligeance de me communiquer tout ce qu'il avait recueilli, en fait d'antiquités, dans cette contrée sujet de nos regrets. Je jugeai, d'après les dessins, comme aussi d'après ce qu'il me dit, que les monuments existants dans cette province offrent, en réalité, peu d'intérêt, comparativement à ceux que nous avions vus ailleurs. J'y trouvai une sorte de consolation à ne point avoir fait cette excursion, et je finis par la regretter d'autant moins que M. Bode m'autorisa, avec la plus gracieuse obligeance, à faire de sa communication tout ce que je voudrais. La publication m'en étant permise, je ne conservai plus aucun souvenir amer de la lacune que nous n'avions pu combler dans notre recueil de matériaux archéologiques, puisque nous pouvions ainsi satisfaire aux désirs de la science, sans oublier d'appeler sa gratitude sur le service que M. Bode lui rendait d'une manière si courtoise, par notre entremise.

Je dus encore à cet aimable diplomate de passer fort agréablement le temps de notre séjour à Téhérân. Il me mit en relation avec plusieurs Persans dans la société desquels je trouvai non-seulement du plaisir, mais encore le moyen de compléter mes études sur les mœurs de ce singulier pays. Parmi les personnages chez lesquels j'avais un accès libre, ceux que je fréquentai avec le plus d'assiduité étaient deux jeunes Châh-Zadèhs qui étaient du nombre des princes que le roi entretenait, après les avoir fait descendre de la haute position où les avait placés le feu roi Fet-Ali-Châh. L'un de ces Châh-Zadèhs était Seïf-oud-dovlè-Mirza, primitivement beglier-bey d'Ispahan, et voluptueux anachorète du délicieux ermitage de Kalvèt-Serpouchidèh dont j'ai essayé d'esquisser l'enivrante élégance. L'autre, qui vivait avec le précédent dans la plus étroite amitié, s'appelait Khosrou-Mirza. Ces deux jeunes gens, charmants d'amabilité et d'esprit, de la plus cordiale affabilité, étaient les vrais types de la grâce et de la politesse raffinée des Persans de haut rang. A leur esprit cultivé et enjoué rien ne plaisait autant que la poésie et la peinture. Ils se piquaient tous deux de dessiner et de faire de jolis vers. Je fus vite traité par eux en ami, malgré ma qualité d'Européen, et grâce à mes cartons pleins de vues et de costumes de Perse. Presque chaque jour je me rendais chez eux, j'y passais plusieurs heures, et il m'arriva avec ces aimables princes ce qui m'était arrivé, à Tabriz, avec leur parent Malek-Kassem-Mirza : je fis tourner au profit de mon recueil les heures pendant lesquelles ils me retenaient. Je leur dus, en effet, plusieurs études nouvelles de costumes que, sans leur intervention, je me fusse procurés avec beaucoup de peine. Nous nous réunissions assez ordinairement dans leur jardin, sous une vaste tente où l'on mettait une grande table. Là, tout en devisant de mille choses, de la Perse, de l'Europe, de la musique, de la poésie, les uns dessinaient, les autres récitaient des passages du Châh-Namèh, du Gulistân de Saadi, ou quelques strophes élégantes d'Hafiz. Seïf-oud-dovlè-Mirza et Khosrou-Mirza dessinaient ou peignaient des fleurs et des animaux. A ce talent ils en joignaient un autre dont je fus un peu étonné de voir les produits; ils me présentèrent un jour des petites pierres polies, espèce d'agathes ou de fragments de porphyre, sur lesquelles étaient figurés, en relief très-sensible, des animaux et des plantes. Si je fus surpris du résultat, je ne le fus pas moins du procédé par lequel ils l'obtenaient. Ils me l'expliquèrent, et joignirent l'exemple à l'explication : ils dessinaient sur la pierre, avec un corps gras, l'objet qu'ils voulaient représenter, puis couvraient de la même matière toute la silhouette dessinée. La pierre, soumise à l'action d'un mordant, d'un acide qui, je pense, était de l'acide sulfurique, était rongée partout où elle était nue, et donnait ainsi, après l'opération, le relief du dessin.

Je dois à l'amitié que me témoigna le prince Seïf-oud-dovlè-Mirza, un précieux échantillon de la peinture persane. C'est un portrait de son père Fet-Ali-Châh, qui lui venait du feu roi. Cette espèce de miniature à l'aquarelle, gouachée et vernie, est, dans ce genre, ce que j'ai vu de plus parfait en Perse. C'est un très-remarquable produit de l'art de ce pays, et qui, je dois le dire, pourrait très-bien ne pas être désavoué par un Européen. Du reste, le prince me dit que cette miniature était du premier peintre du roi défunt; et il ajouta, ce que je crus sans peine, que j'en trouverais difficilement une seconde qui la valût.

Quelques jours après la fête du Norouz, le ministre de Russie alla remercier le Châh de son invitation à cette solennité. Comme nous y avions été présents, M. Duhamel nous demanda si nous ne jugions pas à propos de l'accompagner encore dans cette visite. Nous ne pouvions faire qu'une réponse affirmative, et nous nous joignîmes à la suite du général. S. M. nous reçut dans un petit bâtiment de peu d'apparence; l'appartement dans lequel nous la trouvâmes, était de la plus grande simplicité. Mehemet-Châh était assis par terre, dans un coin, contre une fenêtre ouverte sur un jardin. Il avait, autour de lui, quelques livres parmi lesquels je reconnus l'Histoire de Napoléon qui lui avait été donnée par M. de Sercey. Des pistolets montés en or étaient à côté, et plus loin, toujours par terre, une immense pendule en bronze doré, qui avait également figuré au nombre des présents officiels que lui avait faits notre ambassadeur. Le costume que portait le roi était aussi simple que la pièce dans laquelle il donnait audience, et, si l'étiquette la plus minutieuse n'eût présidé à cette entrevue, on n'aurait pu se croire en présence du *Châh-in-Châh*, du monarque qui a toujours passé pour le plus fastueux prince de l'Asie. Mehemet-Châh fut d'ailleurs très-causeur et très-gracieux. Il m'adressa plusieurs fois la parole et me demanda si j'étais content des résultats de mon voyage. Il me parla de Takht-i-Djemchid, de Nakch-i-Roustâm et de Châpour avec enthousiasme, et me dit qu'il désirait beaucoup voir tout ce que j'avais recueilli parmi ces ruines antiques. Ce désir équivalait à un ordre, et quelques jours plus tard, je me rendis de nouveau au sérail. Cette fois, j'étais seul. Mais je n'en dus pas moins subir les exigences de la plus stricte étiquette. J'arrivai à cheval jusqu'à la cour où se tenaient les officiers de service. Là, je mis pied à terre, et chaussai des pantoufles par dessus mes bottes. Les ferrachs me conduisirent à la porte d'un jardin où m'attendait le *ichagassi* ou maître des cérémonies. Il s'assura que je m'étais conformé à la règle, et satisfait des énormes babouches qui contenaient mes pieds, il me dit de le suivre. Nous traversâmes le jardin; bientôt j'aperçus le Châh à une fenêtre ouverte. Après deux ou trois selamaleks faits jusqu'à terre par le khân qui me précédait, nous approchâmes et fîmes un dernier salut plus lent et plus humble encore que les autres. Quelques secondes après, le roi me demanda si je devais quitter bientôt la terre d'Irân. Je lui répondis affirmativement; il me fit quelques autres questions sans intérêt, puis me demanda si j'avais pensé à lui apporter tous mes dessins, parce qu'il désirait beaucoup les voir.

Je lui montrai le carton que portait un officier du palais derrière moi; Mehemet-Châh fit signe au maître des cérémonies de me conduire dans l'appartement où il se trouvait. Nous montâmes un petit escalier ouvrant sur le jardin; je quittai mes babouches, et, le maître des cérémonies soulevant une portière, je me trouvai en présence de Sa Majesté. Le roi était assis à terre, sur un petit carré de drap rouge, brodé et orné d'une frange d'or. Il était appuyé contre le mur, et accoté sur des coussins. A chacun des coins de devant du tapis qui se trouvait sous lui, était une espèce de petite borne en albâtre sculpté, avec des arabesques gravées et dorées. Ces deux objets étaient placés en avant du monarque, à deux pieds environ de sa personne. Je remarquai que le maître des cérémonies, et un des vizirs, s'étant approchés pour remettre quelque chose à Sa Majesté, ils s'étaient arrêtés en deçà de ces deux pièces d'albâtre, et s'étaient penchés jusque-là avec la précaution de ne les pas dépasser. Ces deux objets marquaient, en effet, la limite devant laquelle doit s'arrêter respectueusement tout sujet qui est admis à l'honneur d'approcher le Châh. En voyant ces deux bornes je me rappelai des objets semblables que j'avais observés sur les bas-reliefs de Persépolis représentant le roi sur son trône. Il devint évident, pour moi, que cette coutume, de poser une limite à l'approche de ceux qui ont à remettre quelque chose au souverain, n'était pas nouvelle et qu'elle avait dû se perpétuer d'âge en âge.

Je me conformai à cette marque de respect, et quand, à mon tour, je reçus du roi l'invitation de me placer près de lui afin de lui faire voir et de lui expliquer mes dessins, je n'eus garde de dépasser la limite indiquée. La séance fut un peu longue pour une audience royale. Mais Mehemet-Châh avait, comme tous ses sujets, un goût très-prononcé pour les dessins et les images de toute espèce. Il trouvait dans mon carton de quoi le satisfaire, et il prit son temps. L'étiquette me rendit d'abord discret; mais, peu à peu, encouragé par le roi lui-même, je me mis plus à l'aise, et je lui racontai toutes nos pérégrinations, nos fatigues, nos découvertes, et lui dis à quels faits historiques, nous autres Européens, nous rattachions les diverses antiquités ou ruines que nous avions trouvées dans ses États. Nous ne fûmes pas toujours d'accord, parce que le Châh mêlait trop souvent le merveilleux et la fable aux faits de l'histoire; dans ce cas-là, j'agissais en courtisan et me gardais bien de contredire Sa Majesté. Au reste le roi, de son côté, parlait en prince bienveillant, et il ne m'épargna point les *khoûb! kaïli khoûb! machallah!* et autres exclamations admiratives. Je priai Mehemet-Châh d'agréer l'hommage que je lui fis de quatre dessins à l'aquarelle, représentant des vues d'Ispahan. Il y parut très-sensible et me remercia beaucoup; après quoi je me retirai, en lui disant combien j'étais reconnaissant de l'accueil par lequel il m'avait honoré, ainsi que des ordres que portaient les firmans au moyen desquels il nous avait facilité nos voyages et nos recherches.

Nous trouvâmes, à Téhérân, réunis dans le même local, et dans le même désœuvrement, tous les sous-officiers instructeurs dont j'ai déjà parlé. Ils étaient sans emploi, et presque sans argent; c'est-à-dire que ces malheureux jeunes gens étaient obligés, pour toucher les appointements qu'on s'était engagé à leur payer chaque mois, de solliciter sans relâche. Ils passaient quinze jours, sur trente, à réclamer leur solde, et ce n'était qu'à force d'importunité qu'ils parvenaient à la recevoir. Nous les revîmes très-découragés, et n'espérant plus rien des Persans. Ils nous racontèrent toutes les manœuvres auxquelles on avait eu recours pour persuader au roi de ne pas les employer. Rien ne donne mieux l'idée du caractère des Persans et de leur insouciance, que le fait de ces douze ou quinze *talimdjis* auxquels ils payaient des émoluments élevés, qui étaient une charge pour l'État, dont ils ne voulaient point utiliser les connaissances, bien qu'ils les eussent, à grands frais, fait venir de France, et qu'ils ne pouvaient cependant prendre sur eux de congédier. Au reste ces jeunes gens, découragés, perdant leur carrière en France, ne voyant aucun avenir devant eux en Asie, avaient, à défaut de l'initiative du Châh ou de son vizir, pris la résolution de quitter prochainement la Perse. C'est ce qu'ils firent, en effet, quelques mois plus tard, après avoir passé plus de trois années dans ce pays, sans pouvoir dire, à leur retour, qu'ils eussent fait porter les armes à un seul des serbâs de la Perse.

Les pluies équinoxiales nous avaient forcés de prolonger notre séjour à Téhérân bien au delà du terme que nous lui avions assigné. Dès que nous crûmes le temps rasséréné, nous pensâmes à nous mettre en route. Nous n'avions point de projet bien arrêté pour notre retour; nous ne savions pas encore de quel côté nous l'effectuerions. Nous avions le désir de revoir Constantinople: passer par le Bosphore c'était notre plus court chemin; et, pour nous y rendre nous n'en avions pas de plus commode à suivre que celui de Trébizonde où un service régulier de bateaux à vapeur nous promettait une prompte traversée dans la mer Noire. Mais nous avions appris, plus d'une fois à nos dépens, qu'il ne fallait pas faire de projet : dans ces contrées à demi sauvages, l'imprévu dirige le voyageur, il ne peut d'avance compter sur rien. A cet égard le fatalisme turc se conçoit, et ce que l'on a de mieux à faire souvent, c'est de s'en remettre à la Providence. Sous l'influence de ces réflexions, nous devions, de Téhérân, nous diriger sur Constantinople, mais sans prévoir les moyens d'y aborder. Nous prîmes donc cette direction, et l'on verra comment notre itinéraire a été coupé, contrarié, et brusquement dirigé d'un côté tout différent.

Dans l'ignorance où nous étions de ce qui nous attendait sur la route de Trébizonde, nous ne pouvions, à Téhérân, nous donner qu'un but, le plus rapproché, c'est-à-dire la ville de Tabriz. Là nous devions voir ce qu'il y avait à faire pour pousser plus loin. Pour nous rendre dans la capitale de l'Azerbaïdjân, nous avions devant nous la route de Zenguiân par Sultanyèh. C'était la meilleure et la plus courte ; mais nous la connaissions, nous l'avions suivie avec l'ambassadeur. Nous désirions en prendre une autre, fût-elle plus longue ou plus difficile, afin de voir quelque point nouveau de la Perse. Parmi les provinces de ce grand royaume, que nous n'avions point explorées, parce qu'elles n'entraient point dans le plan qui nous était tracé, et qu'elles étaient en dehors du cercle de la Perse historique, parmi ces provinces étaient le Mazenderân et le Guilân qui bordent la mer Caspienne. Ces contrées, dont j'avais entendu raconter tant de merveilles, où la nature est une des plus riches, des plus prodigues que l'on puisse voir en aucun pays, excitaient vivement notre curiosité. Nous n'en étions point éloignés, puisque nous n'avions pour y arriver, qu'à traverser la chaîne des monts

Elbourz, qui s'élève derrière Téhérân. Ce détour allongeait notre voyage de deux jours à peine et nous pouvions gagner Tabriz en passant par Ardebil. Ce plan nous séduisait et nous pensions sérieusement à l'exécuter. Mais un de ces obstacles auxquels je faisais allusion, et qui, en Orient, barrent tout à coup le chemin au voyageur, vint se mettre en travers de celui que nous avions choisi. Cet obstacle était l'impossibilité de trouver un tchervâdar qui voulût entreprendre le voyage du Mazenderân ou du Guilân dans cette saison. Les pluies torrentielles qui avaient retardé notre départ de Téhérân, avaient submergé le pays situé entre le pied des montagnes et le rivage de la Caspienne. L'étroite contrée qui forme la côte méridionale de cette mer, est coupée par d'innombrables ravins ou ruisseaux par lesquels s'écoulent les eaux qui descendent avec rapidité de l'Elbourz et des autres chaînes qui s'étendent de l'est à l'ouest. Ces eaux affluent en abondance sur le pays plat qui forme le rivage, et, ne trouvant pas vers la mer un écoulement aussi facile que celui qui les a conduites dans la plaine, elles y séjournent en l'inondant. A la suite des pluies, longtemps encore après que les eaux ont disparu, le sol dans lequel elles se sont infiltrées, reste détrempé à une si grande profondeur qu'il offre un danger réel aux caravanes qui s'y embourberaient à chaque pas. Telles étaient les difficultés que les muletiers de Téhérân opposaient à une excursion dans le Mazenderân et le Guilân. Cependant il pouvait y avoir de l'exagération dans les périls que redoutaient les tchervadârs; et, bien que leur dire correspondît aux renseignements que nous prîmes d'autre part, nous ne pouvions abandonner complétement le projet de visiter ces curieuses provinces. Nous fîmes alors un compromis avec le muletier le plus accommodant que nous pûmes trouver : nous convînmes de gagner la route qui traverse l'Elbourz à Roud-bar, pour descendre en Mazenderân, et que, dans un des villages les plus rapprochés de ce passage, nous prendrions des renseignements certains d'après lesquels nous nous dirigerions. Ce fut dans cette disposition que nous quittâmes Téhérân le 24 avril.

CHAPITRE LII.

Départ de Téhérân. — Retour à Tabriz. — M. Fournier lazariste. — Exécution à mort d'un chef de brigands. — Difficultés pour retourner en Europe. — Départ pour Selmas. — Bas-reliefs. — Khosrovâh.

En quittant Téhérân, notre suite se trouva diminuée de Ressoul-Bek. Ce brave homme, qui nous avait accompagnés partout, avait toujours avec la même patience partagé nos privations et nos fatigues. Nous n'avions eu qu'à nous louer de ses services et de sa fidélité. Après les avoir récompensés le plus généreusement qu'il nous fut possible, nous lui rendîmes sa liberté. Il avait repris ses fonctions de *Goulam-ï-Châh*, et nous l'avions recommandé chaleureusement à ses chefs. Le jour où nous sortîmes de Téhérân, Ressoul-Bek voulut reprendre sa place devant nous; et, chevauchant avec sa dignité habituelle en avant de notre petite troupe, il remplit une dernière fois son rôle de *yassaoul* particulier. A demi-farsak de la ville, après nous avoir mis dans notre chemin, il nous fit des adieux affectueux et pleins de sensibilité. Nous-mêmes nous ne pouvions, sans être émus, nous séparer de ce fidèle et courageux compagnon de nos voyages.

Le premier jour, nous allâmes jusqu'à Solimanyèh. Le

lendemain, le beau temps que nous avions depuis quelques jours et que nous espérions conserver, changea tout à coup. La pluie ne discontinua pas, et nous arrivâmes, trempés, au village de Kasr-i-Sing. Nous nous écartions de la route que nous avions suivie avec l'ambassadeur, lors de notre passage. Nous évitions la ville de *Kasbin* qui était trop à droite, et nous marchions sur une ligne plus directe. Nous passâmes, le troisième jour, au milieu des ruines d'un village abandonné, appelé *Karakoubad*. Bien nous avait pris d'emporter quelques provisions de Téhérân, car nous ne trouvâmes absolument rien dans cet endroit solitaire.

Ce fut à *Tchoubindar*, bourg rapproché des montagnes, au delà de Kasbin, et peu éloigné du col de Roud-Bar, que nous prîmes les informations nécessaires pour résoudre la question de savoir s'il était possible d'entreprendre le voyage de Mazenderân. Tout ce que nous apprîmes là de ce pays et des difficultés qu'il présentait concorda tellement avec ce que nous avions recueilli à Téhérân, et le temps, pluvieux déjà, menaçait de devenir si mauvais, que nous jugeâmes décidément qu'il était prudent de ne pas nous aventurer dans les terres marécageuses qui bordent la mer Caspienne. Nous renonçâmes donc tout à fait à ce projet, et résolûmes de nous rendre le plus vite possible à Tabriz par la route ordinaire. Nous avançâmes vers Sultanyèh, en passant par *Kinichki*, village situé dans un site montagneux, alors empreint de la riante fraîcheur du printemps. Après y avoir passé la nuit, nous allâmes à *Korâmdérèh*, gros bourg situé dans une vallée qui lui a donné son nom dont la traduction est *Vallée des Délices*. Il le doit sans doute à ses nombreux jardins et à la fécondité de son sol qui paraît y répandre l'aisance. Le 30, nous arrivâmes à Sultanyèh. Le lendemain, en en partant, nous nous arrêtâmes au petit palais de Fet-Ali-Châh, que nous n'avions pu voir à notre premier passage dans ce lieu; nous le trouvâmes abandonné et tombant en ruines. Les salles de cette demeure où le Châh transportait sa cour chaque année, n'avaient plus ni portes ni fenêtres. Ouvertes à tous les vents, elles se dégradaient, servaient d'asile aux oiseaux qui y faisaient leurs nids, et ne portaient d'autres traces du séjour royal que quelques peintures à demi effacées. Cet édifice a du reste de petites dimensions, et il semblerait prouver que la suite du Châh, quand il venait à Sultanyèh, était bien restreinte. Mais cela s'explique par le goût qu'ont les Persans pour la tente. La cour entière campait dans la plaine, et Fet-Ali-Châh lui-même, au dire de voyageurs qui y ont vu ce prince, avait ses tentes et son divan-i-khânèh au milieu du camp de ses troupes. Il est donc probable que le palais élevé en cet endroit n'était destiné qu'à l'habitation secrète du roi et à son *anderoûm*. On dit que Fet-Ali-Châh, dont l'idée avait été de créer là une nouvelle ville appelée Sultânabad, voulait que ce palais en fût le centre et le noyau, pour ainsi dire.

Autour de Sultanyèh, certaines parties du sol sont accidentées et sablonneuses. Nous y vîmes une quantité prodigieuse de petits animaux de la grosseur et de la couleur d'un rat. Ils couraient de tous côtés, se montraient à l'orifice de terriers très-nombreux, et s'y enfonçaient avec une agilité extraordinaire. Nous remarquâmes qu'ils se dressaient ou s'asseyaient sur leurs pattes de derrière, et que leur queue, large du bout, était garnie de poils noirs. Autant que j'ai pu reconnaître l'espèce de ces petits quadrupèdes, je pense que c'était des gerboises.

La halte suivante de notre caravane était à Zenguiân. Je n'avais pas oublié le peu d'hospitalité que nous y avions trouvé un an auparavant, et ce n'était pas sans répugnance que je me voyais forcé de chercher de nouveau un gîte dans cette ville. Mais notre tchervâdar nous évita ce désagrément en nous conduisant à une maison qui était une espèce de *Meïmân-Khanèh*, c'est-à-dire une maison où l'on recevait les voyageurs. Elle était située en dehors de la ville; nous n'y fûmes pas très-confortablement, mais du moins personne ne nous y disputa le logement.

Depuis notre départ de Téhérân, la pluie ne nous avait presque pas laissé de répit. A partir de Zenguiân elle augmenta encore et ne cessa plus. Les chemins étaient horribles; nos chevaux marchaient lentement et enfonçaient jusqu'à mi-jambe dans une boue grasse dont ils avaient quelquefois beaucoup de peine à se tirer. Les moindres ruisseaux étaient des rivières, et celles-ci, qui habituellement offraient des gués faciles, ne présentaient plus que d'étroits passages souvent dangereux. Nos bagages étaient complétement mouillés, et nos manteaux, nos habits mêmes et nos bottes, tout imprégnés, traversés, ne pouvaient plus sécher. Le temps s'était refroidi, et la neige venait fréquemment se mêler à la pluie; nous étions transis. En quittant Zenguiân nous eûmes une journée horrible pendant laquelle nous fûmes encore plus mouillés que de coutume. Nous avions fait une route bien longue, quand nous aperçûmes le hameau où nous devions nous arrêter. Nous nous réjouissions à la pensée de nous y sécher, et de nous y reposer, car le mauvais temps avait beaucoup contribué à augmenter la fatigue de la route. Vain espoir. Il n'y avait pas moyen d'avoir de bois dans ce mauvais trou. Le pays n'en produisait pas, et les habitants étaient dans une misère si grande qu'ils n'auraient pas dépensé un *chaï* pour s'en procurer. On nous donna même une chambre où il n'y avait pas de cheminée, par conséquent où nous n'avions pas même la ressource de faire brûler de ces mottes façonnées avec de la boue et du fumier, chauffage ordinaire des raïas. Pour comble de misère cet endroit était tellement infecté de puces, qu'il était littéralement impossible d'entrer dans les maisons sans en être complétement couvert. Je laisse à penser la nuit que nous eûmes dans ce maudit village. Il s'appelait *Nikbèh;* il était situé au bord d'une forte rivière que je crus être le *Kizil-Hausen*, mais que je ne pus reconnaître d'une manière certaine. Nous n'eûmes pas de peine à fuir ce lieu le lendemain matin, quoique le temps fût affreux. La halte de ce jour-là fut aussi peu attrayante que la précédente. Nous arrivâmes, après huit heures de marche dans la boue, avec des averses continuelles, au caravansérail de *Partchambèh*. Nous n'y trouvâmes rien que des ruines. A côté, était un village renversé de fond en comble, et pas un habitant. Nous ne pûmes donc nous procurer ni bois, ni vivres. C'était la faute des muletiers. Ils n'avaient pas voulu suivre la route que nous leur avions indiquée, et par laquelle nous étions passés avec l'ambassade; ils prétendaient que celle-ci était meilleure et plus courte. Nikbèh et Partchambèh nous firent vivement regretter de nous en être rapportés aux tchervâdars. Nous avions déjà lieu d'être très-mécontents du premier de ces gîtes; mais, ce jour-là, nous étions si furieux contre nos guides que leurs épaules s'en ressentirent. Il y avait bien de quoi. Avec la fatigue, la faim et la pluie, il fallut passer une horrible nuit, en plein air, sans feu, et sans manger; tout cela par l'entêtement de nos muletiers. Je crois, en vérité, qu'à force de vivre avec leurs bêtes, ils prennent quelque chose de leur nature.

Le 4 mai nous traversâmes le pont du *Kizil-Hausen* et le *Kaplân-Khoûh*, où nous trouvâmes la route dans l'état le plus difficile et le plus dangereux qu'on puisse voir pour les animaux. Il y avait eu jadis une chaussée en pierres, établie précisément pour faciliter, dans la saison des pluies, le passage de cette montagne qui présente partout un sol facilement détrempé par les eaux et la fonte des neiges. Mais ce chemin avait été fait dans un temps où le gouvernement persan, plus intelligent qu'aujourd'hui, se préoccupait de faciliter les relations entre les diverses provinces du royaume. Bien des années s'étaient écoulées depuis, et la chaussée endommagée n'avait point été réparée. L'administration actuelle, qui n'a pas une pensée pour le bien public, l'a laissée arriver à un état qui rend ce passage infiniment plus dangereux qu'il ne serait si elle avait disparu complétement ou si elle n'avait jamais existé. En effet, les pierres enfouies, dérangées ou arrachées, ont formé des trous, laissé des vides qui, à chaque pas, menacent de fracturer les jambes des piétons, des chevaux ou des bêtes de somme. On est obligé de marcher avec la plus grande précaution. Les caravanes ne peuvent s'y aventurer que précédées par un muletier armé d'un bâton, tâtant le terrain, sondant les trous, et choisissant la place où doivent passer les mules. Les cavaliers sont obligés de mettre pied à terre, sous peine de faire des chutes extrêmement dangereuses. Malgré ces précautions, les accidents sont très-fréquents sur le Kaplân-Khoûh, et c'est un des passages que redoutent le plus les tchervâdars. Eh bien ! le gouvernement persan est si insouciant, si indifférent à tout ce qui touche aux intérêts publics, qu'il ne fait ni entretenir cette route, ni même arracher les restes de l'ancienne voie, ce qui serait préférable à ce chaos de pierres, qui en est le triste vestige. Nous fûmes assez heureux pour nous tirer, tant bien que mal, de ce mauvais pas, et nous arrivâmes à Miânèh, sans autre accident que quelques chutes de nos mulets. Ces pauvres animaux étaient excessivement fatigués d'avoir marché constamment dans les boues depuis Téhérân ; nous leur donnâmes un jour entier de repos.

Le 6 nous nous remîmes en route, et suivant celle que nous avions déjà parcourue avec l'ambassadeur, nous couchâmes à *Turkmantchaï*. Notre itinéraire devait nous conduire le lendemain à *Tikmèdach*, mais nous sûmes que ce village avait subi une exécution dont nous ne pûmes connaître la cause : des troupes y avaient été envoyées, l'avaient pillé, et n'y avaient laissé que quelques habitants dénués de tout et mourant de misère. En conséquence, nous dûmes nous arrêter dans un caravansérail. De là nous allâmes à *Seïd-Abad*, et nous arrivâmes à Tabriz le 9.

Nous eûmes la satisfaction, en arrivant dans cette ville, d'y trouver un de nos compatriotes, un Lazariste M. Fournier. Ce Père était depuis quelques mois dans cette ville où il était venu prendre la direction de l'école Française qu'avait fondée M. Boré. Jeune, bienveillant, affable, M. Fournier nous reçut à bras ouverts. Ayant eu connaissance de notre prochaine arrivée, il avait eu l'obligeance de nous préparer un logement dont nous prîmes possession avec l'empressement de voyageurs qui ont hâte de se reposer des fatigues d'une pénible route. Depuis notre traversée des montagnes de l'Arménie, en compagnie de l'ambassade, nous ne nous rappelions pas avoir fait un voyage aussi pénible. Nous restâmes à Tabriz près d'un mois pendant lequel nous eûmes quelques relations qui nous aidèrent à trouver le temps moins long. Il s'y trouvait plusieurs Européens attirés par le commerce, ou que la diplomatie y faisait résider. Parmi ces derniers figurait le consul général de Russie, auquel nous devons ici un souvenir pour son affabilité; les autres étaient des négociants grecs, représentants d'une des fortes maisons de Constantinople, chez qui nous trouvâmes le plus cordial accueil.

Pendant notre séjour à Tabriz on mit à mort le chef d'une bande de voleurs redoutés; ce fut pour moi l'occasion de remarquer par quel mélange d'énergie cruelle et de faiblesse l'autorité se distingue en Perse. Ce bandit qui avait commis, pendant plusieurs années, non-seulement des vols, mais encore des crimes atroces, sur les bords de l'Araxe, et dans toute la région de Karabâgh, était la terreur des caravanes qui fréquentaient la route de Tabriz à Tifflis. Le gouvernement russe, fatigué d'entendre toujours parler des embuscades par lesquelles cet homme et sa bande entravaient le chemin qui menait de Perse à la capitale de la Georgie, résolut d'en débarrasser le pays. Pour cela, il fallait s'entendre avec les autorités de Tabriz, car le bandit recherché, craignant les postes de Cosaques qui gardent la rive gauche de l'Araxe, ne s'aventurait jamais de ce côté du fleuve. Plus confiant dans la pusillanimité de ses compatriotes et la longanimité du gouverneur de l'Azerbaïdjân, il bornait à la frontière de Perse le théâtre de ses exploits. Cependant, à la sollicitation réitérée du consul général russe à Tabriz, il fut résolu qu'on s'emparerait de ce brigand.

On le prit, en effet, et l'autorité persane en était très-embarrassée quand, pour couper court à toute hésitation sur le châtiment qui lui serait infligé, le consul insista pour qu'on le mît à mort, et c'était justice. L'exécution eut lieu, mais non sans troubler la tranquillité publique et sans péril pour les Européens. Qui le croirait ? Ce chef de voleurs, cet assassin, était très-aimé d'une grande partie de la populace de Tabriz. Il y eut dans cette ville une explosion de murmures, quand le bruit courut qu'il devait être mis à mort; et quand il eut payé de sa tête ses innombrables forfaits, on eut à craindre un soulèvement. Le gouverneur n'aurait pu le réprimer; et, d'après les bruits qui circulaient, le consul de Russie devait être massacré avec tous les autres Européens. On parlait déjà d'assaut qui devait être donné au consulat russe ; des menaces avaient été publiquement proférées contre tous les frenguis. Heureusement l'orage s'apaisa ; aux chiens qui hurlaient devant ce cadavre on jeta une bribe qui calma leur colère, et détourna le cours de leur vengeance : après que le criminel eut subi son supplice, le gouverneur demanda au consul de Russie, à la requête duquel il avait eu lieu, s'il prétendait au cadavre. — Il répondit qu'il lui suffisait que les méfaits du bandit fussent punis par sa mort. — Alors, au lieu de jeter le corps dans un puits ou dans un abîme quelconque, comme il est d'usage de faire de ceux des criminels, on le livra à ses amis qui lui firent des funérailles pompeuses, dignes d'un héros ou d'un saint. C'était un acte de faiblesse, il était de plus bien impolitique ; car c'était une façon de reconnaître l'injustice du châtiment, et un moyen d'exalter l'idée que la canaille de Tabriz pouvait avoir de sa puissance. En effet, ce fut ainsi qu'elle traduisit la pensée qui lui avait fait concéder le corps de sa hideuse idole; et, voulant assouvir sa rage sur quelqu'un, n'osant s'en prendre, ni au consul russe, ni aux autres Européens bien innocents d'ailleurs, elle se rua sur les deux bourreaux exécuteurs des hautes œuvres. Ces malheureux, instruments passifs de la justice du Beglier-bey, furent massacrés et mis en pièces, sans que celui-ci cherchât seulement à les couvrir de son autorité.

C'était à notre arrivée à Tabriz que nous avions remis le moment de résoudre la grave question de notre retour. Trois routes s'ouvraient devant nous et présentaient à peu près les mêmes conditions de parcours: celle de l'Asie Mineure par Tokat, celle de Trébizonde par Erzeroum, enfin celle d'Erivan et de Kars, qui, en nous faisant voir un pays nouveau, nous menait au même point. Nous pouvions donc par ces trois directions, nous rendre à Constantinople. Une autre voie présentait un attrait d'un genre différent, c'était celle qui, par Tifflis et le Caucase, pouvait nous conduire à Moscou et à Pétersbourg. Nous aurions, en la suivant, traversé toute la Russie, et pris une idée de ce vaste empire si curieux à connaître. Les Russes avec lesquels nous nous étions liés à Téhérân et à Tabriz nous avaient engagés à faire ce voyage, et M. le général Duhamel avait eu la bonté de nous donner des lettres de recommandation pour le gouverneur de la Georgie, ainsi que pour d'autres personnages auprès desquels nous eussions certainement trouvé un accueil bienveillant. Nous hésitions beaucoup, et nous ne savions dans quel plateau allait choir le grain de sable qui aurait fait pencher la balance où nous pesions les avantages et les inconvénients de chacune de ces routes; des événements naturels et imprévus allaient en décider. La Providence s'était chargée du soin de simplifier nos plans de voyage, en ne nous en laissant qu'un d'exécutable : c'était le seul auquel nous n'avions point pensé, et que nous n'aurions pu envisager dans les circonstances en face desquelles nous nous trouvions.

Nous venions d'apprendre, par le consul de Russie, que la peste ravageait les bords de l'Araxe, et qu'un cordon sanitaire établi sur la rive russe soumettait à une quarantaine inflexible et longue tout voyageur venant de Perse. C'étaient donc des entraves à notre marche, comme des périls inutiles que nous aurions rencontrés à la fois de ce côté. Nous ne savions trop que faire. Cependant nous penchions pour la route d'Arménie, lorsque des caravanes, nouvellement arrivées de ce pays, ainsi que des lettres, apprirent qu'une famine affreuse désolait toutes les contrées s'étendant à l'ouest, depuis la Georgie et la rive droite du Tigre. Le pacha d'Erzeroum faisait de vains efforts pour venir au secours des populations affamées. Il avait fait défense d'entretenir au delà d'un certain nombre de chevaux ou de mulets, afin de ne pas diminuer les ressources que pouvait offrir l'orge dont on était réduit à faire du pain. D'après cela, les voyageurs et les muletiers ne pouvaient traverser ces pays, et jusqu'à ce que des temps meilleurs fussent venus, jusqu'à ce que les spéculateurs de Perse et de Constantinople, encouragés par l'appât d'un gain inhumain, eussent envoyé des grains dans l'Arménie et le Kurdistan, il était impossible de songer à y pénétrer. Il fallait donc attendre, et nous ne le pouvions pas. Pressés de partir, il fallait nécessairement sortir de cette impasse par la seule issue qui s'offrît devant nous : cette issue était celle du Kurdistan persan, d'où, passant à Solimanyèh, nous pouvions gagner la route de Mossoul et d'Alep. Toute la question se réduisait alors à trouver un tchervâdar qui consentît à faire ce long voyage et à suivre une route inconnue, inusitée et qu'aucune caravane ne prend jamais à cause des difficultés de tous genres qu'elle présente. Nous eûmes beaucoup de peine à nous arranger avec des muletiers, et nous dûmes avoir recours à l'autorité pour nous en assurer.

Cependant, le 4 juin, nous quittâmes Tabriz, pour nous diriger sur *Ourmyah*. Chemin faisant, nous devions nous arrêter à *Selmas* et y chercher un monument qui nous était indiqué dans ce district. Le jour de notre départ, nous couchâmes au bord de la rivière de *Hadji-Sou*, à deux farsaks seulement de Tabriz, dans un petit village appelé *Mayan*. Nous n'avions voulu, pour le premier jour, que terminer nos dispositions de caravane et sortir de la ville. L'étape du jour suivant fut plus longue; nous allâmes à *Dizakhalil*, après avoir traversé la plaine marécageuse qui s'étend jusqu'au lac d'Ourmyah. Nous n'y cheminâmes pas facilement; il nous fallut y chercher des passages étroits, sur un sol qui fût assez ferme pour nous porter, et ce n'était pas toujours sans nous embourber que nous allions à la découverte. *Dizakhalil* est un très-gros bourg, bien peuplé, mais dont les grands et nombreux jardins augmentent beaucoup l'importance. Il est situé à très-peu de distance du lac, près de la rivière que nous avions traversée la veille. Le lendemain, nous nous rendîmes à *Tassouitch*, autre bourg ou petite ville en ruines, où nous étions passés avec l'ambassadeur.

De là, nous nous rapprochâmes de plus en plus du lac et, passant au pied des montagnes qui s'élèvent au nord-est, nous le côtoyâmes jusqu'au village de *Yaotchani*. Ce village fait partie du district de Selmas qui est peuplé d'Arméniens et de Chaldéens. La partie de ce territoire sur laquelle nous nous trouvions est fort marécageuse; les eaux du lac voisin, qui s'infiltrent à travers le sol, plusieurs cours d'eau qui descendent des montagnes environnantes et se dirigent vers le lac, forment en cet endroit des marais très-étendus. Le coup d'œil en était alors très-agréable, car, aussi loin que la vue pouvait s'étendre, on n'apercevait qu'une verdure épaisse et brillante au milieu de laquelle paissaient de nombreux troupeaux. Au sud-ouest de Yaotchani, s'élevait, au-dessus de la plaine verdoyante, un énorme rocher isolé. Les habitants nous dirent que, sur une de ses faces, se trouvait le monument que nous cherchions dans cette localité; c'était un bas-relief. Comme le rocher était à peu près dans la direction que nous devions suivre pour continuer notre voyage, nous remîmes au jour suivant à le visiter.

Le lendemain donc, après avoir fait partir nos bagages pour *Khosrovah*, bourg situé à l'ouest sur la route d'Ourmyah, nous prîmes un guide pour nous mener au bas-relief. Le chemin n'était pas facile à travers les hautes herbes qui cachaient les profondeurs des marécages, et souvent nous eûmes de la peine à nous tirer des mauvais pas où nous nous étions aventurés. Nous gagnâmes la face nord du rocher, et, ayant pris pied sur le terrain solide que sa base offrait avant de se perdre sous les terres humides, nous le contournâmes en passant à l'est, puis au sud. Ce fut de ce côté, et près du lac, que nous aperçûmes, à quelques mètres au-dessus de la plaine, une espèce de cadre préparé, du même genre que ceux que nous avions vus dans le Fars. De l'endroit où nous étions arrivés, il était difficile de distinguer le sujet contenu dans ce cadre; on ne voyait que très-indistinctement des sculptures fort endommagées, dominées par des vestiges de construction qui ne semblaient d'ailleurs pas avoir d'intérêt. Nous mîmes pied à terre, et, escaladant les roches qui encombraient la base de ce monticule, nous atteignîmes celle qui était sculptée.

Le bas-relief est de style sassanide; il représente deux cavaliers tenant chacun, par le bras, un personnage qui est à pied. La coiffure surmontée du globe accompagné de bandelettes, et tout le reste du costume de ces cavaliers, les chevaux, et jusqu'aux personnages à pied qui sont devant les chevaux, tout est tellement semblable, tellement identique entre les deux groupes, qu'on se demande si l'un n'est pas la répétition de l'autre. La seule différence qu'on puisse découvrir, consiste en ce que le personnage à pied du groupe de droite paraît n'avoir que des moustaches, tandis que celui de gauche a toute sa barbe. Du reste, leur chevelure longue, bouclée et très-touffue, ainsi que leur costume, sont semblables. L'exécution de cette sculpture est très-grossière, elle trahit un art en décadence complète. Je dis décadence, et non pas enfance, parce qu'on devine sur ce monument l'intention d'imiter ceux de Nakch-i-Roustâm ou de Châpour. On y retrouve aussi une réminiscence des bas-reliefs de ces localités célèbres, rendue d'une façon barbare et presque grotesque. Ce monument n'a donc par lui-même aucun intérêt; son existence atteste seulement que, pendant la période monarchique des Sassanides, l'usage de ces sortes de sculptures s'est continué, et que la vanité des princes qui les ont fait exécuter en leur propre honneur, a été de plus longue durée que l'art qui avait créé les premiers, et qui n'est point sans mérite, comme j'ai essayé de le prouver.

Après avoir achevé l'étude de ce bas-relief, nous regagnâmes le village où devaient être nos muletiers. Nous eûmes à traverser, pendant près de trois heures, une grande partie de la plaine. Nous pûmes juger de sa fertilité qui nous parut très-grande et qui semblait d'ailleurs prouvée par le nombre des villages qu'on voyait de tous côtés. Nous passâmes, à gué, une rivière assez large, avec de belles eaux rapides qui coulaient à l'est, pour aller se jeter dans le lac. A notre gauche, nous laissâmes une espèce de petite ville appelée *Dilmân*, qui est actuellement le point le plus important de ce district et où réside le Hakim. Autrefois, le premier rang appartenait à *Selmas* dont le nom est resté au pays; mais cette ville déchue est couverte aujourd'hui de ruines et n'a plus qu'une très-faible population ; c'est *Dilmân* qui l'a supplantée. Au sud de ce bourg était celui où nous devions nous arrêter, *Khosrovâh*. C'est un des plus importants de ce district; il est exclusivement peuplé de Chaldéens qui sont tous catholiques. Nous y fûmes parfaitement reçus et logés dans une très-jolie maison. Les habitations y sont vastes, propres et bien bâties; on y voit beaucoup de jardins, et les terres environnantes prouvent que leur culture est plus soignée, mieux entendue qu'elle ne l'est généralement en Perse. Nous vîmes à *Khosrovâh* pour la première fois, en Perse, des *arabâhs*, espèce de charrettes attelées de deux buffles, dont les cultivateurs chaldéens se servent pour faire leurs transports. La population de ce bourg est d'environ douze cents âmes qui sont toutes dans le giron de l'église romaine.

M. Boré, qui a fait une étude particulière des populations chrétiennes de cette contrée, raconte que les habitants de Selmas et de Khosrovâh, qui sont d'origine chaldéenne, étaient nestoriens dans le principe. Il y a un siècle environ, un jeune homme, chaldéen comme eux, vint de Diarbekhr où il exerçait la profession de teinturier, et il apporta dans le district de Selmas une ardeur de foi catholique si vive, si expansive, qu'il la communiqua à tous ceux qui le fréquentaient. Ce jeune néophyte, qui avait été converti lui-même par des missionnaires dominicains, opéra, en commençant par son apprenti, la conversion de tous les chrétiens de sa nation, parmi lesquels la foi catholique se propagea rapidement. Ils vivent maintenant sous la direction spirituelle d'un évêque qui est le patriarche général de la Chaldée.

Khosrovâh a un aspect d'aisance inaccoutumée en Perse. Cependant, les habitants sont, comme tous ceux des autres parties de ce pays, accablés d'impôts qui probablement sont plus lourds, à cause de leur qualité de chrétiens. Mais leur industrie plus développée, leur travail plus intelligent et plus assidu, viennent en aide à leurs charges et les mettent à même de vivre moins misérablement que le grand nombre des populations musulmanes. Nous restâmes un jour entier à Khosrovâh.

CHAPITRE LIII.

Littoral du lac d'Ourmyah. — Ourmyah. — Hospitalité du prince Malek-Khassem-Mirza. — Sa villa. — Bain. — Missionnaires américains.

Le 10 nous quittâmes Khosrovâh, et, achevant de traverser la belle et fertile plaine de Selmas, nous nous avançâmes vers de petites montagnes qui la bornaient au sud. Elles formaient comme une presqu'île dont la pointe étroite se projetait dans le lac, au sud-est. Nous ne tardâmes pas à pénétrer dans une gorge étroite qui donnait passage à la route d'Ourmyah. Le chemin y était rude, et les rochers qui le bordaient soutenaient des sommets élevés à droite et à gauche. Nous y traversâmes un ruisseau qui se frayait un lit rocailleux au travers des accidents de la montagne pour aller rejoindre les eaux du lac. Après quatre heures de marche, nous atteignîmes le village de *Zindèh*. Nous laissions alors derrière nous la première moitié du défilé; nous franchîmes rapidement la seconde, et, au débouché, nous nous trouvâmes sur la plage sablonneuse du lac qui n'était pas éloigné de la route. Au pied de la montagne et au bord de l'eau, était le petit village de *Djemalavah* que nous aperçûmes dans un intervalle capricieux existant entre la chaîne que nous venions de couper, et une longue roche étroite qui se prolongeait sur le rivage. Ce rocher solitaire, dont nous suivîmes le pied pendant plus d'une heure, avait des formes bizarres. Çà et là des parties verticales déchiquetées semblaient représenter des ruines. Dans l'espérance que ce n'était pas une illusion, je l'escaladai, afin de voir de près ce qu'étaient ces découpures qui avaient l'apparence de constructions. Mais j'en fus pour mes peines et mes recherches; je ne vis rien autre chose que des roches dont certaines parties, plus dures que d'autres, avaient résisté à l'action des pluies, et qui s'étaient maintenues dans une position verticale qui leur donnait l'aspect de vieilles murailles. Je reconnus bien, en un endroit, des traces de maçonneries, mais elles étaient modernes et ne présentaient aucun intérêt. Mes peines pour atteindre au sommet de ce rocher ne furent cependant pas entièrement perdues; j'y trouvai une compensation dans le magnifique panorama qui se développait dans toutes les directions. On apercevait de là le lac presqu'en entier, ainsi que les rivages baignés par ses eaux. En face étaient le territoire de Maragha et les grandes montagnes du Kurdistan persan. A droite s'élevait la chaîne que nous devions traverser pour nous rendre à Solimanyèh; à gauche s'étendait la vaste plaine de Tassouitch, dominée par les montagnes de Khoï. Une île verdoyante, mais où rien ne trahissait la présence des hommes, s'élevait au milieu du lac. Derrière nous, comme un mur infranchissable, se dressaient tout près les montagnes sauvages du Sandjak de Van.

A la pointe sud de la colline rocheuse que j'avais explorée était un fort village du nom de *Khouloundji* où nous passâmes la nuit. De cet endroit nous devions, pendant plusieurs jours, côtoyer le lac qui, plus ou moins rapproché de nous, resta toujours en vue. En partant de Khouloundji nous marchâmes quelque temps sur une plage de sable; mais peu à peu ce sol mouvant, humide, disparut sous des marécages très-étendus au milieu desquels il eût été dangereux de s'avancer. Nous suivîmes donc la route tracée qui se rapprochait du pied des montagnes. Nous y rencontrâmes d'abord bien peu de villages, et le pays nous sembla peu propre à la culture. Mais, lorsque nous eûmes traversé, sur un pont, la rivière de Djougoulali, nous entrâmes dans une contrée d'un aspect tout différent. Les villages étaient très-rapprochés les uns des autres, et leur territoire nous parut être d'une fertilité extrême. Des champs, des jardins, des plantations de tabac et de coton, des arbres de toute espèce donnaient à ce district un air d'abondance et une physionomie riante qui nous frappaient d'autant plus que nous les avions rencontrés plus rarement. Tout ce pays fait partie du territoire d'Ourmyah qui a, en effet, une réputation de fécondité aussi bien établie que celle de sa population qui passe pour la plus brave, mais la plus turbulente de tout le royaume. Cette population se compose de tribus turques dont l'établissement dans ces contrées remonte à Tchenghiz-Khân. Parmi elles se distingue celle des Affchars, qui fournit au Châh ses meilleurs serbâs, et au gouverneur de la province les *loutis* les plus dangereux et les plus incorrigibles.

Après Djougoulali, nous ne tardâmes pas à rencontrer une nouvelle rivière. Avant de la franchir, nous nous arrêtâmes au village de *Ouzarlou* qu'elle baigne du côté du sud. Nous n'avions marché que six heures; toutes nos journées, depuis notre départ de Tabriz, avaient été courtes. Cela tenait à ce que notre tchervâdar ne nourrissait ses mules qu'avec de l'herbe; il suivait l'usage qui, en dépit des voyageurs, veut que dans cette saison on mette les mules au vert. Les muletiers prétendent que cette nourriture est favorable à leurs animaux, qu'elle les refait et les empêche d'avoir des maladies que le rude service auquel ils sont voués leur donnerait infailliblement. Mais, s'il y a quelque chose de vrai dans ce système, il faut dire que la principale raison en est l'économie, parce qu'au printemps il se trouve presque partout une herbe fine et nouvelle dont les mules et les chevaux sont très-friands; elle ne coûte rien, ou seulement quelques chaïs, et les muletiers trouvent un grand bénéfice dans cette provende à bon marché. A la vérité, les animaux ainsi alimentés ne peuvent faire de longues traites, les étapes qu'ils fournissent sont plus courtes que lorsqu'on les nourrit de paille et d'orge, et les muletiers allongent ainsi beaucoup leurs voyages. Mais, pour les Orientaux, le temps n'est rien, il semble qu'il n'ait point de valeur, et peu leur importe le nombre de jours qu'ils mettent pour se rendre à leur destination. Nous étions alors victimes de cet usage du vert, et nous marchions lentement. Mais nos muletiers devant nous mener jusqu'à Bagdad, c'est-à-dire faire plus de deux cents lieues, dans une saison où la chaleur se faisait déjà sentir, et où nous devions la trouver accablante dans les plaines de la Mésopotamie, nous étions obligés de nous résigner.

A Ouzarlou nous avions pour hôtesse une vieille femme seule qui nous abandonna, pour la journée, la plus grande partie de sa maison. Remplie d'attentions et de soins hospitaliers, elle ne nous laissa manquer de rien. Son intérieur avait un air de bien-être passé. A mille détails, on reconnaissait qu'autrefois l'aisance y avait répandu ses douceurs, mais que les temps ayant changé, on n'en retrouvait plus que les traces à demi effacées. La maîtresse du logis était une veuve qui avait, au service du roi, deux fils, alors sous-lieutenants ou *dahbachis* dans un régiment affchar.

Le lendemain nous arrivâmes à Ourmyah qui n'était qu'à une distance de quatre farsaks d'Ouzarlou. Il y a dans les environs de cette petite ville un si grand nombre de villages, qu'il est difficile de la distinguer au milieu d'eux. Avant de visiter ce district exceptionnel, je n'eusse jamais pensé qu'il pût se trouver, en Perse, un pays aussi peuplé et aussi fertile.

Nous savions qu'il se trouvait à Ourmyah un Français, M. Theophane qui, après avoir remis à la direction du père Fournier l'école de Tabriz, était venu là en ouvrir une nouvelle à laquelle il donnait tous ses soins. Nous nous fîmes conduire chez lui; il habitait une très-jolie maison appartenant au médecin du prince Malek-Kassem-Mirza, gouverneur d'Ourmyah. La maison étant fort grande et le hekim étant une de nos anciennes connaissances de Tabriz, M. Theophane nous y reçut et nous y logea très-confortablement. Nous venions de descendre de cheval, lorsqu'un ferrach du prince se présenta de sa part. Il nous dit que son maître avait été prévenu de notre arrivée, et qu'il venait, par son ordre, nous inviter à prendre possession d'un appartement qu'il avait fait préparer dans son palais, à une demi-farsak de la ville. Nous étions très-flattés et très-reconnaissants de cette attention du Châh-Zadèh, mais l'hospitalité qu'il avait la bonté de nous offrir nous laissait entrevoir trop d'inconvénients pour que nous l'acceptassions. Son entourage, ses gens, nous faisaient craindre une gêne dont nous aurions de la peine à nous affranchir; nous préférions notre liberté et la modeste mais cordiale réception que nous faisait M. Theophane. En conséquence, nous chargeâmes le ferrach de porter au prince nos remerciements, et de lui dire que nous ne tarderions pas à aller nous-mêmes lui témoigner notre reconnaissance. Mais le Châh-Zadèh, plein de bienveillance et désireux de remplir, d'une manière quelconque, à notre égard, l'hospitalité que nous n'avions pas acceptée dans son palais, envoya de nouveau un de ses goulâms pour nous fournir toutes les provisions nécessaires. Notre dépense, calculée généreusement, avait été estimée à deux toumâns et demi par jour, ou trente francs environ. Notre vie était trop simple pour coûter quotidiennement cette somme ; c'est à peine si elle se montait à huit ou neuf *sabcrans*, c'est-à-dire une dizaine de francs. Il en résulta que le ferrach, chargé du soin de nous entretenir de tout pendant notre séjour à Ourmyah, bénéficia de la différence. Il voulut partager avec nos gens, afin sans doute de mieux entrer dans les vues de son maître; mais, l'ayant su, nous nous y opposâmes et nous défendîmes qu'aucun de nos serviteurs acceptât un *chaï*. Nous ne voulions pas qu'on pût soupçonner des voyageurs français de recevoir de l'argent des Persans, indépendamment de l'hospitalité qu'ils en acceptaient quelquefois.

Sans attendre au lendemain, dès que nous eûmes changé nos habits de voyage contre une tenue plus convenable, nous nous rendîmes chez le prince Malek-Kassem-Mirza. Nous le trouvâmes installé à une petite heure de la ville, au pied des montagnes, dans une villa assez jolie et très-bien située. Quand nous arrivâmes chez le Châh-Zadèh, il jouait au billard. Il était vêtu à l'européenne, avec cette simplicité de bon goût qui distingue à la campagne l'homme comme il faut. A sa tournure, à son abord, au salut amical et gracieux qu'il nous fit en excellent français, nous aurions pu nous croire chez un châtelain des bords de la Seine ou de la Loire. Si nous eussions été seuls avec le prince, cette illusion eût pu se prolonger ; mais il avait un entourage d'officiers, de Mirzas qui la dissipèrent bien vite. Le Châh-Zadèh nous fit beaucoup de reproches de n'avoir pas voulu loger chez lui. Nous le remerçiâmes de manière à lui faire comprendre toute la reconnaissance que nous avions de ses prévenances, et les raisons que nous lui donnâmes pour rester à Ourmyah lui semblèrent de nature à nous excuser complétement. Nous le retrouvâmes tel que nous l'avions vu à Tabriz, l'année précédente : obligeant, gracieux, aimable, et plein de cette courtoisie qui distingue les hommes d'un rang élevé, en Perse comme en tout pays. Il nous fit promettre de passer avec lui la journée du lendemain tout entière, et, en vérité, nous n'eûmes aucune peine à prendre cet engagement.

Le lendemain donc, nous nous rendîmes de nouveau et de bonne heure chez le prince. La journée nous parut fort courte; elle se passa en causeries dont le Châh-Zadèh faisait les frais avec son esprit et sa gaîté habituels. On joua au billard; après quoi on servit le déjeuner. Vint ensuite la promenade dans les jardins; puis le prince nous montra son palais en détail, et nous fit même voir son *Andèroûm*, mais cette fois après en avoir fait retirer les femmes. Pour employer le temps jusqu'au souper il nous proposa de prendre un bain. Rien ne pouvait être plus agréable à des voyageurs; aussi fûmes-nous charmés de cette offre que nous acceptâmes avec empressement. Indépendamment du plaisir que nous y trouvions, dans les conditions où nous étions, elle nous prouvait une fois de plus combien étaient mis de côté par le prince les préjugés de ses coreligionnaires; car, en Perse, plus encore qu'en Turquie, les musulmans ont un éloignement prononcé pour un bain pris en compagnie d'un chrétien. En effet, ils se considèrent généralement comme souillés s'ils reçoivent les atteintes, les éclaboussures d'une eau qui a lavé les membres d'un *guiaour*. Je ne fus point étonné de voir le prince Malèk Kassem-Mirza au-dessus de cette sotte prévention; il m'avait donné trop de preuves de son mépris pour tout ce qui sentait le fanatisme étroit de ses compatriotes. Je ne pus cependant me défendre d'être surpris qu'il bravât l'opinion de ses officiers et de ses serviteurs, en se baignant publiquement avec des *frenguis*. Son entourage ne devait certes pas partager sa manière de voir, et il est hors de doute que Son Altesse était blâmée et accusée tout bas de manquer à la religion musulmane. Mais c'était au prince à compter avec ses coreligionnaires, et nous n'entrâmes pas avec moins de plaisir dans sa salle de bain.

Sauf les dimensions, qui étaient plus petites, elle était disposée de la même façon que celles des *Hammâms* publics. Après un vestibule bien clos, de manière à intercepter l'air extérieur, s'ouvrait une petite salle où était disposée une sorte d'estrade en marbre, sur laquelle portaient des colonnettes soutenant des arcades : c'était le lieu de repos, de *kief*, où nous laissâmes nos habits, et où se trouvaient préparés des lits pour nous recevoir après le bain. Au delà, après avoir franchi une double porte doublée de feutre, nous pénétrâmes dans le lieu du bain, c'est-à-dire dans une espèce de rotonde à coupole, demi-obscure et remplie d'une vapeur dont la température était très-élevée. Tout y était brûlant, l'air ambiant, les dalles du sol et les murs du pourtour. Nous nous assîmes sur le pavé de marbre bien lavé et luisant comme un miroir; des baigneurs s'emparèrent de nous et commencèrent à nous masser en pétrissant nos membres entre leurs doigts. Cette opération fut longue, mais le prince, avec son entrain habituel, nous la fit paraître courte, ainsi que celles qui consistent en frottement, savonnage et ablutions avec une eau presque brûlante versée sur toutes les parties du corps. Après ces manipulations pendant lesquelles on s'abandonne entièrement à son baigneur, on nous fit entrer dans une piscine pleine d'eau tellement chaude qu'il fallut nous y habituer peu à peu, avant de nous y plonger en entier, et qu'il nous fut impossible d'y demeurer plus de quatre à cinq minutes. Il y avait bien une heure et demie que nous étions ainsi exposés à cette température et à une vapeur asphixiante, nous nous sentions énervés par l'effet de l'une et de l'autre, quand les baigneurs vinrent nous verser subitement sur la tête une eau froide qui, répandue de toute part, nous causa, au premier instant, un saisissement et une suffocation peu agréables; mais, ce premier moment passé, nous nous sentîmes mieux, et la fraîcheur de cette eau, coulant sur tout notre corps, depuis le sommet de la tête, nous avait vivifiés, ranimés, en donnant une nouvelle vigueur à nos membres engourdis; c'était la dernière opération. Le Châh-Zadèh donna alors l'ordre d'apporter une collation qui consistait en cœurs de salade, préparés avec beaucoup de soin, et sur lesquels je ne le vis pas sans étonnement se précipiter avidement. Il trempait cette salade dans une espèce d'hydromel ou de sirop fait de vinaigre et de miel. J'en essayai, et, à vrai dire, ce mets frugal ne me déplut pas ; il est rafraîchissant et fait plaisir dans l'état d'altération où l'on se trouve après avoir été soumis à la chaleur suffoquante du bain. Après la salade, on apporta des *kalioûns* et du café à la rose. Je me serais volontiers passé de la rose, qui me sembla de trop ; néanmoins cette boisson me parut venir à point, parce qu'elle rend au sang l'activité que la température prolongée de l'étuve a ralentie. Cette manière de prendre le bain était pour le prince une véritable partie de plaisir ; aussi la prolongeait-il beaucoup, et d'autant plus volontiers qu'il devait s'apercevoir qu'elle ne nous déplaisait en aucune façon. Quand nous rentrâmes dans la pièce où nous devions nous sécher et nous vêtir les kalioûns circulèrent de nouveau, et, pendant quelques instants, on n'entendit que le roulement accéléré des aspirations des fumeurs.

Une heure après le bain, on servit un petit souper très-fin et galant ; les plats de viande et les ragoûts épicés se mêlaient aux confitures, aux pâtisseries et à des *cherbets* délicats. Le vin n'y fut pas oublié, et tous les convives en burent sans distinction de religion. Pendant toute la durée de ce repas, trois musiciens, dont un aveugle qui était celui du harem, nous régalèrent médiocrement d'un concert instrumental exécuté sur une mandoline, une viole appelée kamouncha, et une espèce de tambourin. Le jeune homme qui jouait de ce dernier instrument chanta, et d'une façon tellement nasale, avec des notes si élevées, que son chant était pénible à entendre. Nous goûtâmes peu cette musique, mais le prince ne nous parut pas être encore assez européanisé pour ne pas y prendre plaisir. — Tant il est vrai que, si grande que soit la peau de lion, le bout de l'oreille se montre toujours. — Nous nous retirâmes fort tard, et, quand nous prîmes congé du prince, il fit de telles instances pour nous revoir le lendemain, que nous ne pûmes refuser de lui faire la promesse de revenir. Nous avions pensé partir ce jour-là, et c'était à regret que nous remettions notre départ. Mais le Châh-Zadèh nous avait témoigné tant de bienveillance que nous aurions craint de le désobliger en ne paraissant pas trouver du plaisir à nous trouver une fois de plus avec lui. Il avait arrangé une partie de chasse, un déjeuner champêtre et une grande promenade sur les premières pentes de la montagne qui domine Ourmyah.

Nous nous rendîmes de bonne heure chez Son Altesse. A peine arrivés, tout le monde monta à cheval; les fauconniers et les ferrachs du chenil marchaient derrière avec leurs oiseaux sur le poing, ou leurs lévriers en lesse. Quand on arriva dans la campagne, les fauconniers prirent les devants et se mirent en chasse. On saisit quelques perdrix, et un lièvre fut forcé. Après quoi nous nous dirigeâmes vers une jolie tente que le prince avait fait dresser. Le déjeuner y était servi; nous y trouvâmes, attendant le Châh-Zadèh, plusieurs des missionnaires américains qui étaient à Ourmyah et que nous n'avions pas encore vus. Ces messieurs, quoique un peu roides et gourmés, nous accueillirent avec affabilité. Ils étaient à Ourmyah depuis plusieurs années, et occupaient une grande maison où ils vivaient tous en commun avec leurs femmes et leurs enfants, composant un personnel d'une vingtaine d'individus. Cette mission datait déjà de loin, mais n'avait pris que depuis peu un accroissement aussi grand. Les premiers missionnaires protestants qui parurent dans ces contrées y vinrent en 1829. Ils étaient deux; ils devaient explorer l'Arménie ainsi que la Chaldée persane, sonder ce terrain religieux et apprécier l'opportunité de la fondation d'une mission permanente dans ces pays. Soit qu'ils eussent entrevu l'espérance de détourner, au milieu de ces populations ignorantes, des convictions peu fortifiées et qu'ils jugèrent devoir se mal défendre, soit qu'ils voulussent se donner une importance aux yeux de leurs coreligionnaires et de la Société biblique américaine, ils engagèrent celle de Boston à fonder et organiser une maison de missionnaires pour la Chaldée. Dès 1833 cette œuvre fut résolue et reçut des moyens d'exécution; mais ce ne fut qu'en 1835 qu'elle commença réellement. Ce n'est que depuis cette époque qu'elle s'accrut et que son personnel fut porté au chiffre que nous trouvâmes à Ourmyah en 1841. Du reste, les résultats qu'avaient obtenus ces missionnaires étaient loin d'être proportionnels à leur nombre, car celui de leurs prosélytes se bornait à trois ou quatre; encore, le changement de foi de ces nouveaux adeptes était-il mis en doute et considéré seulement comme un moyen, pour ceux-ci, d'obtenir quelque argent des apôtres de l'Amérique. Pour arriver à leurs fins ils avaient ouvert une école; mais ce moyen leur avait médiocrement réussi jusque là, car ils avaient les plus grandes peines à attirer les enfants à leur école, et ils n'avaient pu réussir à en obtenir un petit nombre que par l'appât de fréquents *pichèkchs*. L'école française catholique de M. Theophane faisait à ces acheteurs de consciences une concurrence redoutable, surtout dans ce pays où les Arméniens orthodoxes étaient très-nombreux. Il y avait donc, entre les deux écoles, comme entre les deux religions, une lutte ouverte, lutte acharnée, de dévouement d'un côté, de corruption de l'autre. Jusqu'alors, elle avait été pacifique et assez loyale, mais les missionnaires de Boston étaient trop nombreux, avaient des moyens d'influence trop supérieurs à ceux dont pouvait disposer le chef de l'école française, pour qu'il ne fût pas à craindre de voir succomber celui-ci, qui n'avait d'autres forces que ses convictions et son zèle courageux.

CHAPITRE LIV.

Départ d'Ourmyah. — Karapapaks. — Kurdistan persan. — Soauk-Boulak. Sekkiz. — Banâh. — Passage de la frontière turque.

Le 15 juin, après avoir pris congé du prince Malek-Kassem-Mirza et l'avoir remercié de toutes ses bontés, nous sortîmes d'Ourmyah, précédés d'un goulâm du Châh-Zadèh, qui devait nous accompagner jusqu'à *Soauk-Boulak*. Nous continuâmes à longer les bords du lac, et, après une marche de quatre heures, nous nous arrêtâmes à *Djeïran*. Le pays offrait toujours le même aspect de fertilité, et les villages se succédaient comme de l'autre côté d'Ourmyah. Le lendemain nous côtoyâmes le lac de plus près, mais la contrée devenait plus sauvage, la culture diminuait, et, au lieu des Affchars, nous ne rencontrions plus guère que des Kurdes. Nous étant arrêtés à Diza, nous n'y trouvâmes pas les habitants disposés à nous donner un logement au milieu de leurs masures qui nous tentaient d'ailleurs fort peu. Nous poussâmes jusqu'au village voisin appelé *Sanmourty*, sans y gagner beaucoup, car tout ce que nous pûmes y trouver pour passer la nuit fut un hangar ouvert. Le temps était heureusement beau et assez chaud pour que nous ne fissions pas les difficiles, et nous nous y arrangeâmes. Comme je l'ai dit, nous entrions dans le pays des Kurdes, et la sécurité y était douteuse. Aussi, prévenus par le goulâm du prince, nous dûmes, pour la nuit, organiser, avec l'aide de nos gens, une surveillance à laquelle nous-mêmes nous prîmes part en montant la garde, à tour de rôle, à côté de nos bagages. Aucun incident ne vint nous troubler, peut-être grâce aux précautions prises.

A partir de Sanmourty, nous commençâmes à perdre le lac de vue. Nous l'aperçûmes encore par deux échancrures des terres élevées sur son rivage, mais nous nous en éloignions de plus en plus. Après quatre heures de marche, nous entrâmes dans le pays des *Karapapaks*. C'est une population georgienne qui, émigrée de son pays, était établie depuis une dizaine d'années dans ce district. Le gouvernement persan lui avait assigné, pour territoire, une plaine extrêmement fertile qu'on appelle *Soldouss*. Elle est, en quelques endroits, couverte par des marais; ceux-ci étant le résultat de l'écoulement d'un assez grand nombre de cours d'eau qui descendent des montagnes de l'ouest, il en résulte que le sol se trouve dans de très-bonnes conditions d'irrigation. Nous vîmes en effet, aux alentours des villages habités par les Karapapaks, tous les indices d'une culture facile. Nous devions coucher à *Agabegly*, chef-lieu de ce district perso-georgien, et nous avions une lettre de recommandation pour le Ket-Khodâh. Il fallait, pour nous y rendre, traverser la rivière de *Gueder* qui est une des plus fortes que nous ayons rencontrées en Perse. Ses eaux excessivement rapides, son lit large et profond, étaient un obstacle devant lequel nous nous trouvâmes arrêtés fort longtemps avant de savoir comment nous pourrions le franchir. Il était impossible de songer à faire traverser cette rivière par nos mules chargées de leurs fardeaux, elles auraient été infailliblement submergées et se seraient noyées. Pour nous-mêmes, il eût été fort imprudent de tenter le passage en restant en selle, car nos chevaux, obligés de nager, n'auraient pu que très-difficilement arriver sur l'autre bord. Après de vaines recherches pour trouver un gué, après bien des hésitations, les gens du pays ne pouvant eux-mêmes nous indiquer un endroit où la traversée fût sûre, nos tchervâdars prirent leur parti, et je dois dire que ces braves gens, qui étaient des Arabes de Bagdad, montrèrent, dans cette occasion, un courage et une résolution remarquables. Ils se déshabillèrent tous; l'un d'eux se jeta dans la rivière, et marchant tant qu'il eut pied, puis nageant là où l'eau avait sa plus grande profondeur, il arriva de l'autre côté. Il recommença ainsi à passer d'un bord à l'autre jusqu'à ce qu'il eût trouvé l'endroit qui présentait le moins de difficultés et le moins de chances défavorables. Quand, sur les deux rives, le point de départ et le point d'arrivée furent déterminés, chaque muletier prit une mule nue sur le dos de laquelle on plaça un seul colis, et se lança dans l'eau avec elle, s'accrochant d'une main à la crinière, et de l'autre soutenant le fardeau afin qu'il ne fût pas précipité dans le courant. Dans quelle anxiété n'étions-nous pas pendant cette première épreuve! Elle réussit parfaitement; grâce à l'intelligence et au soin qu'y mirent les tchervâdars, tous nos bagages passèrent de cette manière, sans accidents. Quand tout fut sur l'autre bord, notre tour vint d'effectuer la traversée qui pour nous se présentait avec plus de difficultés encore que pour les charges de la caravane. Néanmoins, nos chevaux, nageant avec vigueur, conduits chacun par un muletier cramponné aux crins, nous déposèrent sains et saufs sur la berge d'Agabegly. Quand cette opération fut complétement terminée nous nous acheminâmes vers le bourg où nous reçûmes l'hospitalité de la part des habitants, sans l'intervention du chef des Karapapaks, pour lequel nous avions une lettre, ou, pour mieux dire, un ordre, et qui était allé se marier dans un autre village.

Une petite distance séparait Agabegly des montagnes; le lendemain nous la franchîmes en moins de deux heures, et, quittant la plaine basse qui s'étend sur le rivage du lac d'Ourmyah, nous entrâmes, par une gorge étroite et montueuse, dans les montagnes du Kurdistân. D'un endroit élevé et dégagé de la route que nous suivions, nous vîmes une dernière fois la grande nappe bleuâtre du lac qui restait au nord, à une grande distance. Après avoir marché près de cinq heures dans ce défilé, nous débouchâmes dans une vallée arrosée par la rivière de *Debeucour*, au bord de laquelle était assise la petite ville kurde de *Soauk-Boulak*. Elle doit son nom, qui est turc et signifie *froide fontaine*, à la fraîcheur des eaux qui arrosent son territoire et descendent des sommets couverts de neige. Cette cité, placée presque à l'extrême limite des États du Châh, est en grande partie peuplée de Kurdes qui reconnaissent son autorité. On y compte aussi quelques familles chaldéennes.

Le prince Malek-Khassem-Mirza m'avait donné une lettre très-pressante pour le gouverneur Khodadat-Khân. Il nous reçut parfaitement, nous logea bien et poussa l'affabilité de son accueil jusqu'à nous envoyer du thé, ainsi que des provisions de tout genre.

La curiosité que nous excitions parmi les habitants de Soauk-Boulak, nous prouva qu'ils n'étaient pas habitués à voir des frenguis. En effet, cette ville qui est dans les montagnes n'a été que bien rarement, et à des intervalles fort éloignés, visitée par des Européens. Elle se trouve en dehors de tout chemin, et si elle est sur celui qui conduit de Tabriz à Bagdad, il faut dire que les voyageurs ou les caravanes ne s'y aventurent guère, tant à cause des difficultés qu'offre la contrée qu'il faut traverser, que par crainte des populations qui l'habitent. Cette route passe au travers de la zone que j'ai déjà signalée, où vivent, entre la Turquie et la Perse, des tribus kurdes, arabes ou *Yezidis*, qui sont indépendantes, sauvages et adonnées au pillage, autant par goût que par nécessité. Il n'y a donc aucune espèce de confiance à avoir au milieu d'elles, soit pour ses bagages, soit même pour sa vie. D'où il résulte que les voyageurs, comme les caravanes, qui de Perse se rendent à Bagdad, passent de préférence par Kerman-Châh. Nous n'étions pas sans quelque appréhension sur les périls que pourrait nous offrir ce voyage inusité. Cependant nous espérions que, grâce à l'influence du prince Malek-Khassem-Mirza sur les chefs kurdes soumis au Châh, et à l'appui que ceux-ci nous prêteraient auprès des autres, nous pourrions traverser les deux frontières persane et turque sans être arrêtés par aucun événement fâcheux.

Khodadat-Khân, désireux de répondre à ce que le Châh-Zadèh d'Ourmyah réclamait pour nous, nous offrit de suite l'escorte d'un bek Kurde résidant à *Serdacht*. Mais nos muletiers, ayant assuré que la route passant par cette localité offrait des difficultés très-grandes, le Khân nous demanda de rester un jour à Soauk-Boulak afin de lui donner le temps de trouver un autre conducteur auquel il pût nous confier. Nous séjournâmes donc, le 19 juin, dans cette ville, et nous en partîmes le 20 sous la conduite du chef d'un des villages situés sur la route que nous devions parcourir.

Nous étions tout à fait engagés au milieu du vaste réseau de montagnes qui s'entre-croisent et forment le pays Kurde. Nous nous élevions chaque jour davantage, tout en suivant les sinuosités des gorges étroites dans lesquelles se dessinait le sentier peu frayé qui devait nous conduire du haut de cette chaîne dans les plaines arides et brûlantes de la Mésopotamie. Cette contrée montagneuse est très-sauvage d'aspect, la présence des hommes s'y fait peu sentir. Cependant nous y rencontrâmes un plus grand nombre de villages que nous ne nous y attendions. Après avoir heureusement passé à *Bourân*, à *Yalava*, à *Mamakent*, nous couchâmes à *Karakent*. L'aga de ce bourg, en nous voyant accompagnés de notre bek, et placés sous sa protection par le gouverneur de Saouk-Boulak, se donna beaucoup de mouvement pour nous bien recevoir. Il nous fit apporter le thé et tout ce qu'il nous fallait; il vint même nous faire visite, nous traitant avec toutes les marques de la plus grande politesse et de l'hospitalité proverbiale, mais pas toujours vraie, du pays. Il se récria beaucoup quand je parlai de payer notre dépense, et pensa se fâcher quand j'insistai. Il en résulta que nous dûmes lui donner comme pichkèch le double de la valeur de ce qu'il nous avait fourni.

De Kara-kent à *Sérâh* où nous nous arrêtâmes le lendemain, le pays était encore plus peuplé. Je comptai jusqu'à douze ou quatorze villages qui étaient voisins de la route. Les pentes des montagnes étaient couvertes d'une herbe nouvelle, touffue et partout émaillée de fleurs. La terre vierge que nous foulions paraissait devoir être d'une grande fertilité; mais les Kurdes, plus pasteurs qu'agriculteurs, ne demandent à leur sol que ce qu'il produit naturellement.

Nous rencontrâmes dans cette journée un négociant Kurde de Soauk-Boulak, marchant en compagnie d'un muletier qui lui transportait quelques ballots de marchandises. Il nous demanda la permission de se joindre à nous, afin de voyager avec plus de sécurité, ce que nous lui accordâmes très-volontiers.

Sérâh était la résidence de notre guide Aziz-Bek, ce fut donc lui qui nous y donna l'hospitalité, et il le fit très-généreusement. N'ayant pas voulu céder à ses instances pour que nous restassions chez lui quelques jours, il nous fit accompagner par son frère jusqu'à la petite ville de *Sekkiz* où nous devions passer. J'avais de Kodadat-Khân une lettre pour le gouverneur de cette bourgade, et je m'estimai très-heureux de cette protection, en remarquant la mauvaise grâce de celui à qui elle était adressée et la physionomie farouche de la population. Après une longue attente de l'effet de la recommandation du gouverneur de Soauk-Boulak, celui de Sekkiz se décida enfin à nous donner un guide pour nous escorter jusqu'à *Miredèh*, halte du soir. En sortant de cette petite ville, qui est en grande partie ruinée, nous traversâmes le *Tchakatou*, rivière qui circule au milieu de ces montagnes, que nous retrouvâmes à trois heures de là, et dont nous dûmes traverser plusieurs fois le lit pour atteindre Miredèh. L'aga de ce village nous fit une réception tout à fait hospitalière et prévenante. Il poussa la courtoisie jusqu'à venir s'assurer en personne que nous ne manquions de rien. Ces manières affables m'étonnaient beaucoup ; je m'étais fait une tout autre idée des Kurdes, et l'accueil que nous recevions dans tous ces villages contrastait singulièrement et avec la réputation du Kurdistan et avec ce qu'on nous en avait dit, à notre départ de Tabriz. Au reste, s'il y avait un peu d'exagération dans les craintes que nous avions conçues pour le succès de notre voyage, il faut dire cependant qu'il était réellement aventureux. Il faut ajouter que, jusque là, la façon dont nous avions été accueillis à peu près partout, tenait exclusivement à la protection sous laquelle nous nous étions placés en partant d'Ourmyah et de Soauk-Boulak. Dans le Kurdistan les chefs de tribus, les beks ou les agas des villages ont les plus grands égards les uns pour les autres; il suffit qu'au point de départ, il soit bien recommandé, pour que le voyageur trouve sur son passage une hospitalité qu'il ne rencontrerait guère sans cette condition.

En partant de Miredèh, nous nous engageâmes dans un long défilé boisé que parcourait en sens contraire la rivière de Tchakatou. Nous la remontâmes presque jusqu'à sa source qui était un peu à l'ouest, dans une anfractuosité de la haute montagne que nous gravissions et qui porte le nom de *Khân*. Nous étions montés presque jusqu'à son sommet; par une rampe rapide nous descendîmes dans une vallée arrosée par un autre cours d'eau auprès duquel s'élevaient les maisons du village de *Banah*. Depuis quelques heures, sur les pentes méridionales surtout, nous avions remarqué que le pays changeait tout à fait d'aspect. Au lieu des rocs sévères çà et là recouverts de tapis de verdure, qui ne pouvaient que faiblement faire illusion sur leur aridité habituelle, les montagnes étaient couvertes d'une végétation active, puissante, au milieu de laquelle se faisaient remarquer une grande quantité de cette espèce de chênes qui produisent la noix de galle, et d'arbustes qui donnent de la gomme. Si jusque là nous avions ressenti les bons effets de la protection de Khodadat-Khân, il faut dire qu'elle allait en s'affaiblissant; et, arrivés à cette limite extrême de la frontière persane, territoire vague, habité par des peuplades indépendantes, insoumises au Châh comme au Sultan, nous ne pouvions plus compter sur l'efficacité de la recommandation des beks qui nous avaient accueillis. Le chef de Bânah agit envers nous de manière à nous prouver que nous touchions à un point placé en dehors du cercle où peuvent agir les influences des autorités persanes. Sous prétexte que son village était le dernier de Perse, il prétendit à un droit de passage et voulut nous rançonner. Afin d'arriver à son but, il chercha à établir des précédents, et invoqua celui d'un officier anglais qui lui avait payé 30 ou 40 toumâns. Nous doutions beaucoup du fait, et fût-il vrai qu'un Européen quelconque eût eu la faiblesse de consentir à cette humiliation, nous ne voulions point la considérer comme établissant une règle à laquelle il fût impossible de ne pas se soumettre. Nous refusâmes donc de reconnaître le droit vexatoire que prétendait exercer le Ket-Khodâh de Bânah. Il essaya de l'intimidation et même de la force pour vaincre notre résistance, mais en vain. Malgré les bandits armés qu'il chargea de nous barrer le chemin, nous nous frayâmes passage, sans céder à ses exigences; ce ne fut pas sans quelques coups donnés et reçus, mais enfin nous passâmes.

Pour le dernier souvenir que nous devions emporter de Perse, il faut convenir que celui de Bânah n'était pas de nature à nous faire regretter le changement de pays. Nous étions encore sous l'impression fort peu agréable de la scène qui avait eu lieu le matin, à notre départ du dernier village persan, quand nous arrivâmes le soir à *Bistar*, première station sur le territoire ottoman.

CHAPITRE LV.

Kurdistan turc. — Suleïmanyèh. — Ahmet-Pacha. — Kufri. — Le désert. — Arrivee à Bagdad. — Description de cette ville. — Son importance.

Nous avions été parfaitement reçus à Bistar par l'aga Abdoul-Rhâman-Bek qui pourvut lui-même à tous nos besoins. A partir de ce village jusqu'à Bagdad, nous couchâmes presque chaque jour en plein air; la tiédeur des nuits et la pureté du climat nous firent préférer cet usage adopté d'ailleurs par les habitants eux-mêmes, aux maisons qui étaient la plupart du temps loin de réunir toutes les conditions de propreté désirables. A Bistar nous fûmes installés sous une grande cahutte très-bien disposée et très-spacieuse, faite avec des cannes et couverte de branches d'arbres dont le feuillage donnait de l'ombre sans intercepter l'air. Elle était assez spacieuse pour que nous y fussions tous réunis avec nos chevaux.

Le lendemain, au moment de mettre le pied à l'étrier, notre hôte vint nous offrir pour guide son propre frère avec lequel nous partîmes. Nous fûmes bientôt rejoints par un nouveau compagnon de voyage; c'était un vieux Mirza de

Kerkouk, enchanté de ne pas faire seul la route qui était fort peu sûre jusqu'à sa destination. Nous traversâmes, dans cette journée, un pays couvert de bois, que notre guide nous dit être extrêmement dangereux à cause des voleurs. Les accidents de terrain se succédaient de façon à faciliter les embuscades, et les ravins creux, tortueux, que nous traversâmes fréquemment, étaient bien autant de lieux propices à des attaques. Nous dûmes marcher constamment avec nos bagages, et deux des tchervâdars, qui avaient l'air très-peu rassurés, poussaient la précaution jusqu'à nous faire avant-garde; ils marchaient en éclaireurs avec leurs fusils, et, à la manière dont ils sondaient les moindres replis du sol, on voyait que ce pays, qu'ils connaissaient d'ailleurs, ne leur inspirait aucune confiance. Cependant nous ne fîmes aucune rencontre fâcheuse et nous arrivâmes paisiblement à *Mama-kalan*. De loin nous avions aperçu, autour de ce village, une belle végétation et beaucoup de vignes. Nous en avions bien auguré pour ce gîte; aussi fûmes-nous fort étonnés de n'y voir que des ruines. Nous ne pûmes y trouver d'autre abri que des arbres à l'ombre desquels nous nous établîmes dans un cimetière.

Le jour suivant, de ravin en ravin, après avoir franchi plusieurs sommets, monté et descendu des montagnes qui se reliaient toutes entre elles, et aperçu, à notre droite, les cimes neigeuses de Ravandouz, nous atteignîmes *Suleïmanyèh*. Cette ville, on lui donne ce titre bien qu'elle ne le mérite guère, est située au pied du versant méridional des monts *Khoïdjâh* qui se rattachent, dans le nord, aux montagnes élevées appelées *Kardouks* ou *des Kurdes*, et qui, dans le sud, rejoignent la grande chaîne du Zagros. Suleïmanyèh est dans une espèce de plaine ou large vallée coupée de tous côtés par des ravins, et dont l'aridité lui donne un aspect des plus désolés. Elle est le chef-lieu d'un des sandjaks du Kurdistân, et résidence d'un pacha indépendant de la Porte, ou, pour mieux dire, feudataire du Sultan, sans tenir de lui ni son titre, ni son autorité qui sont héréditaires dans sa famille. Le territoire de Suleïmanyèh a été souvent le théâtre de combats, ou tout au moins un sujet de querelle et de contestation sans cesse renaissant, entre les deux gouvernements de Turquie et de Perse. Chacun d'eux le réclame comme une de ses dépendances; et, de même que plusieurs autres localités situées dans cette zone indéterminée, il a été quelquefois, de fait, possession persane, puis est retourné à la Turquie entre les mains de laquelle il restait pour le moment, jusqu'à ce que la force des armes ou une surprise le rangeât de nouveau sous l'obéissance du Châh. Les Beys kurdes de ce sandjak ont eux-mêmes entretenu les prétentions de ce souverain, en refusant, à plusieurs reprises, de se reconnaître sujets de la Porte. Cet état leur convenait, en effet; il favorisait, momentanément du moins, leurs velléités d'indépendance. Quand ils voulaient secouer le joug turc, ils se rangeaient sous la protection du roi de Perse, qui, trompé par le fallacieux hommage qu'il recevait de ces Beys, non-seulement leur prêtait appui, mais revendiquait même le territoire de Suleïmanyèh, comme une de ses possessions. Entretenant ainsi habilement cette situation flottante entre les deux empires, les chefs Kurdes réalisaient, en partie et pour un temps, leur affranchissement, but constant vers lequel ont toujours tendu et tendront encore leurs efforts et leurs intrigues.

Ahmet-Pacha, que nous trouvâmes à Suleïmanyèh, a lui-même tenté d'échapper à la plus forte des deux puissances, à celle sous laquelle ses ancêtres ont dû courber leur front, et il ne s'était pas, depuis longtemps, résigné à s'incliner devant le sabre du pacha de Bagdad. On disait même que sa soumission était douteuse et déjà ébranlée. De ces causes il résulte que ce sandjak est presque toujours sur le pied de guerre, et que Suleïmanyèh est un centre presque permanent de réunion militaire. Dans le moment où nous y arrivions, le Pacha avait établi, près de la ville, un camp dans lequel étaient réunis deux à trois mille hommes. Je ne pus savoir dans quelle intention véritable avait lieu ce déploiement de forces sur ce point. Les uns disaient que le gouvernement turc avait conçu des craintes en apprenant la présence de l'armée persane que le Meuhtamet Manoutcher-Khân commandait sur cette frontière. Il était, au reste, très-naturel que l'histoire de Suleïmanyèh et de ses beys fît craindre à la Porte quelque levée nouvelle de boucliers de la part des Kurdes, à cette occasion.

En arrivant à Suleïmanyèh, nous envoyâmes à Ahmet-Pacha la lettre de recommandation que nous avions pour lui. Nous fûmes, par son ordre, logés dans une habitation très-vaste et toute délabrée qui était pourtant ce qu'il y avait de mieux à nous offrir dans la ville. A peine étions-nous installés dans un divân-i-khânèh, à devanture ouverte, sans porte ni fenêtre aucune, que nous reçûmes la visite d'un officier du Pacha. Il venait, de sa part, nous complimenter et nous faire offre de service en se mettant entièrement à notre disposition. Il fut bientôt suivi d'un autre individu chargé de nous remettre cinq *toumâns*, 60 francs environ, pour nous défrayer de nos dépenses. Cette hospitalité était certes très-gracieuse, surtout eu égard à l'état misérable du pays, et 60 francs constituaient une somme importante relativement au prix de chaque chose dans ce pays; mais nous ne pouvions accepter cet argent. Nous nous excusâmes du mieux que nous pûmes de notre refus, et afin de ne pas blesser le Pacha, nous répondîmes à son envoyé que s'il voulait absolument subvenir à nos besoins, nous accepterions les provisions qu'il lui plairait de nous faire remettre. On nous apporta alors en nature, avec une prodigalité inouïe, tout ce qui pouvait être nécessaire pour nous, nos gens et notre caravane.

Nous voulûmes le soir même aller remercier Ahmet-Pacha de sa réception. Nous le trouvâmes très-souffrant de la fièvre; il était au milieu de son camp où, avec l'enfantillage et l'ignorance des Orientaux, il passait son temps à faire exécuter par ses soldats des maniements d'armes dans la perfection desquels il plaçait toute la science militaire. Le Pacha nous parut d'ailleurs très-belliqueux, et avoir une haute opinion de l'importance des forces dont il disposait. Son goût prononcé pour l'art militaire lui a fait désirer d'instruire ses soldats à l'européenne. Il avait, à grands frais, fait venir de Constantinople quelques *talimdjis* sur lesquels il paraissait fonder de grandes espérances. Parmi eux il s'en trouvait un qui était son officier de confiance; c'était un de ses compatriotes, un Kurde qui avait servi dans l'armée du pacha d'Égypte. Ahmet-Bey voulut nous donner une idée du savoir-faire de sa petite armée, et, autant par gloriole que pour nous faire honneur, il ordonna quelques manœuvres qui, je dois le dire, furent exécutées avec une précision à laquelle nous étions loin de nous attendre. Notre hôte parut très-fier des compliments que nous lui adressâmes sur l'habileté de ses troupes. S'il y avait quelque chose de vrai au fond de l'opinion que nous exprimâmes, il faut dire que la politesse et la flatterie y entraient pour une bonne part, car l'instruction et l'armement de ces *Nizams* laissaient beaucoup trop à désirer pour que nos paroles fussent entièrement sincères. Il les accepta néanmoins comme telles, et nous dit avec courtoisie : « Que c'était à des élèves « des *talimdjis* français qu'il devait d'avoir formé ses sol« dats. » Quant à sa cavalerie, elle était irrégulière, et entièrement composée de ces volontaires armés d'énormes lances qui ne sauraient être très-redoutables pour une troupe disciplinée. Ce dont le Pacha était le plus fier, ce qui semblait lui tenir plus à cœur, c'était ses canons. Il en possédait sept en assez mauvais état; mais à ses yeux, comme à ceux de ses Kurdes, cette artillerie paraissait formidable. Nous lui laissâmes ses illusions, peut-être même les corroborâmes-nous par ce que nous lui en dîmes pour lui être agréables, et je ne fais pas de doute qu'il se sera autorisé de notre dire pour se croire invincible.

Ahmet-Pacha s'est fait, quoique fort jeune, une grande renommée chez les Kurdes par la justice et la sévérité de son administration. Il est, heureusement pour les voyageurs, devenu la terreur des malfaiteurs auxquels jamais il ne fait grâce; aussi l'a-t-on surnommé *Kilich-Pacha* ou *Pacha du sabre*. Il descend d'une des plus anciennes familles du Kurdistân; les princes de sa race ont, à différentes époques, joué des rôles importants au milieu des tribus guerrières de leur pays. Son aïeul, Abdoul-Rahmân Pacha, s'est distingué par les luttes qu'il a soutenues contre le gouvernement turc et les pachas de Bagdad, pour les motifs que j'ai indiqués précédemment.

Après être restés un jour entier à Suleïmanyèh, et y avoir été traités par Ahmet-Bey qui nous offrit un dîner à son camp, nous nous remîmes en route pour Bagdad. Nous partîmes sous l'escorte d'un homme de confiance du Pacha, qui avait reçu les instructions les plus sévères pour que nous ne dépensassions pas un *chaï* sur notre route. Il devait pourvoir gratuitement à toutes nos dépenses; il y allait de l'honneur de son maître, et il fit respecter ses volontés, souvent malgré nous. Après avoir traversé un pays de l'aspect le plus triste, nous arrivâmes le soir dans un grand village, appelé *Karadâgh*, situé au bas d'une pente montagneuse coupée de ravins et regardant au sud le mont *Saguermah*. Le lendemain, il fallut franchir cette chaîne qui était la dernière, et formait comme le dernier gradin en descendant du haut de la contrée élevée où sont amoncelées les gigantesques montagnes du Kurdistân. Le mont Saguermah est une barrière naturelle placée entre les plaines de la Mésopotamie et le pays des Kurdes. Ainsi comprise par Abdoul-Rhâman Pacha, il en avait tiré parti pour se mettre à couvert des attaques du pacha de Bagdad, et il en avait fait une ligne de défense imposante. Le seul chemin praticable, au travers de cette montagne, est extrêmement difficile et étroit. Le chef kurde avait cherché à rendre ce passage infranchissable aux troupes turques, au moyen d'une muraille, fortifiée, placée au sommet, dans une partie très-resserrée du défilé qu'il était parvenu à barrer complétement. Cependant la muraille fut renversée, forcée; et le pacha rebelle, obligé de fuir, vivait alors dans l'exil à *Senna*, en Perse.

Nous passâmes au milieu des ruines de cette forteresse kurde, après quoi nous descendîmes, par une pente rapide, sur un versant couvert de bois, vers une contrée que ne bornait plus, devant nous, aucune montagne.

Après huit heures de marche, dont les dernières furent faites dans la plaine, nous campâmes près d'un groupe de tentes kurdes. Le jour suivant notre étape fut courte. Notre guide nous fit arrêter, de bonne heure, dans un camp kurde considérable, assis sur le bord de la rivière de *Delau.* C'était l'établissement d'été d'une population nombreuse obéissant à un chef appelé Roustâm-Aga, et qui avait près de là son village, *Ibraïm-Kantchi.* Roustâm-Aga nous reçut avec beaucoup de politesse, mais il ne cessa de nous importuner par ses demandes. Elles furent si pressantes, et les termes en devinrent si hautains, que sans l'égide du Pacha de Suleïmanyèh, certainement nous n'eussions pu échapper à la rapacité de ce personnage. Dans l'espoir, non de le satisfaire, mais au moins de l'apaiser, nous lui abandonnâmes un couteau, des ciseaux, des capsules, du thé, du sucre, du papier, et autres menus objets que nous pouvions remplacer. Il les accepta, mais tout en laissant voir qu'il n'était pas content; c'était un sabre, des pistolets, un fusil, qu'il aurait voulu nous soutirer. Plus il en avait envie, plus il témoignait d'humeur de ce que nous n'obtempérassions pas à ses désirs, plus nous sentions la nécessité de ne pas nous dessaisir de ces armes qui étaient notre sauve-garde. Cependant nous quittâmes le camp d'Ibraïm-Kantchi à neuf heures du soir.

Nous étions au 1er juillet, le soleil avait une ardeur excessive, nous étions descendus des hauteurs où jusque-là la température s'était maintenue assez modérée. Désormais nous ne pouvions plus, pour les chevaux, pour les mules et pour nous-mêmes, marcher que la nuit, nous reposant le jour. Nous arrivâmes le matin de bonne heure à *Kufri*, petite ville au milieu du désert, où nous fûmes logés dans une cour à l'ombre de quelques palmiers. Nous nous y arrêtâmes un jour, pour donner à nos animaux le temps de se reposer avant de terminer la partie de notre voyage que la chaleur devait rendre la plus pénible, jusqu'à Bagdad. Nous en partîmes dans la nuit suivante. A peine étions-nous en marche, que nous fûmes tout étonnés de nous trouver tout à coup au milieu d'une troupe que l'obscurité nous avait empêché de distinguer, et qui marchait dans un désordre n'ayant rien de militaire. C'était un régiment d'infanterie que le pacha de Bagdad envoyait à Suleïmanyèh.

Nous arrivâmes au point du jour à *Karatepèh*, mauvais village, encore plus mauvais gîte. De là nous nous acheminâmes vers le caravansérail de *Delau-Abad*, sur le bord d'une forte rivière qui porte le même nom. Nous y restâmes enfermés tout le jour dans une écurie, pour éviter la chaleur qui allait toujours croissant.

Quand le soleil fut couché nous continuâmes à traverser les plaines désertes et sans fin que nous parcourions depuis trois jours, c'est-à-dire depuis trois nuits, et où rien, dans les ténèbres, ne pouvait nous distraire d'une course longue, pénible, pendant laquelle nous nous laissions conduire par nos montures, en luttant contre le sommeil. Sept heures après avoir quitté Delau-Abad, nous fûmes obligés de nous arrêter près d'un groupe de masures en ruines, à défaut d'aucun village qui fût à proximité. Nous passâmes là toute la journée dont une partie fut employée à dormir, car notre existence était toute bouleversée : nous faisions de la nuit le jour et réciproquement. De ces ruines nous allâmes à *Yenguidjià*, grand village arabe, sur le bord du Tigre, ombragé de belles plantations de palmiers, et où se trouve un beau caravansérail. Bagdad n'était plus qu'à six heures de marche ; nous étions heureux de toucher au terme de ce long voyage ; depuis trente-quatre jours que nous avions quitté Tabriz, nous marchions sans nous être arrêtés. Aussi, dès que les premières lueurs du jour naissant nous laissèrent entrevoir les minarets de Bagdad au-dessus de la ligne horizontale et tremblotante du désert, saluâmes-nous la cité des Khalifes avec un vif plaisir.

Le 7 juillet, le soleil commençait à glisser sur la voûte bleue du ciel le plus pur, quand nous arrivâmes à la porte *Bab-el-Kadem*, la *porte de l'esclave*. A cette heure matinale, les Bagdadins dormaient encore, les *caraouls* seuls veillaient. Nous savions rencontrer là un consul général français, M. Loève Veimar, et un chancelier, M. Vidal ; mais pouvions-nous nous présenter chez eux si matin, pour obtenir leur bienveillante intercession afin de trouver une demeure convenable ? Ces messieurs n'étaient pas en ville ; ils habitaient un jardin que le Pacha avait mis à leur disposition, sur le bord du Tigre. Il fallut aller les y trouver. Le consul général n'était arrivé que depuis quelques jours seulement, il n'avait lui-même aucune installation. Il était campé sous des dattiers, et n'ayant point encore été admis officiellement par le Pacha, il ne pouvait nous servir en rien.

Nous eûmes quelque peine à nous loger. Cependant, à force de chercher, nous trouvâmes une maison vacante que nous louâmes pour quelques toûmans. Notre séjour à Bagdad devait être long, car, indépendamment des excursions que nous pensions à diriger dans les environs, notamment à Ctesiphon et jusqu'à Babylone, nous avions fait depuis Suleïmanyèh une expérience suffisante pour nous prouver la nécessité d'attendre que la chaleur eût un peu molli, avant de nous remettre en route. Le parti n'était d'ailleurs pas difficile à prendre, car Bagdad nous offrait, à différents points de vue, des sujets d'étude qui devaient nous aider à passer le temps. Aussi, dès que nous fûmes installés, employâmes-nous nos premières journées à parcourir cette ville curieuse qui se présentait encore, au début de notre séjour, avec tout le prestige que lui prêtent la puissance des Kalifes et la civilisation de cette ère célèbre de l'Islamisme, sans oublier l'effet produit sur notre imagination, à nous autres Européens, par les contes féeriques des Mille et une Nuits. Cependant Bagdad est bien déchue : une épaisse poussière couvre le pied des édifices où se retrouve à peine visible la trace d'Haroun-el-Rechid et de Zobeïdèh ; çà et là, en cherchant bien, on découvre, dans quelque coin des bazars, sur le rivage du Tigre, au milieu de décombres qui ont perdu leur nom, des pans de murs sur lesquels se lisent des fragments d'inscriptions couffiques, un minaret dont l'origine ancienne est attestée par sa ruine même, ou quelques débris de portail émaillé dont les mosaïques de couleur se détachent sur un fond de maçonnerie brisée, sans que les Turcs se soucient de la disparition de ces témoins d'une civilisation rivale de celle de Byzance. A l'exception de ces débris, aussi rares que dénués d'intérêt, on remuerait vainement la poussière amoncelée dans Bagdad. Cette grande ville n'a rien conservé qui rappelle ses glorieux khalifes, et j'y cherchai inutilement la place de ces vieux temples mahométans où les Abbassides fanatiques retrempaient leur sabre avant de courir à de nouveaux et barbares exploits. Si la trace de cet âge héroïque des Mahométans n'est point entièrement effacée à Bagdad, elle y est cependant tellement incertaine, tellement perdue au milieu des ruines qui couvrent cette noble cité, que le souvenir seul du passé est resté debout à côté de la dévastation du présent. Les onze siècles qui se sont écoulés depuis sa fondation par Abou-Safer-el-Mansour, les guerres, les envahissements des Turcomans rebelles à l'autorité des khalifes, les inondations du Tigre, et jusqu'aux orages venus du désert, tout a contribué à la destruction des splendides édifices dont la civilisation arabe et une foi exaltée avaient doté cette superbe reine de l'islamisme.

Le voyageur doit aujourd'hui laisser à la porte ses illusions sur Bagdad. Qu'il se contente d'y chercher la ville moderne, d'y voir ses mosquées nouvelles, ses arts analogues à ceux de la Perse; il y trouvera encore assez d'aliments pour rassasier sa curiosité, sinon pour exciter son admiration, et le fleuve arabe, le beau ciel de Mésopotamie qui reflète son azur sur les faïences des coupoles ou sur les gracieux panaches d'innombrables dattiers, lui offriront encore assez d'attraits pour que Bagdad reste dans son souvenir. Vaste entrepôt des marchandises de l'Inde, de la Perse et de la Turquie, ses bazars immenses ont un grand intérêt; on y trouve réunies les productions de plusieurs pays, une variété infinie d'objets d'art qui rivalisent de goût et d'originalité. C'est là que viennent se décharger les bagalos du golfe Persique, les caravanes de l'Asie Mineure, et les nombreux chameaux de l'Arabie et de la Syrie. De l'Orient à l'Occident, du Nord au Sud, toute l'Asie afflue à Bagdad; c'est le vaste marché d'un riche commerce, le centre de relations auxquelles participent tous les peuples de cette partie du monde. Pour donner une idée des transactions commerciales qui ont lieu à Bagdad, il suffira de dire qu'on y compte soixante maisons de commerce européennes par lesquelles sont représentés tous les pays.

Bagdad a l'aspect d'une grande ville, et de loin ses minarets, ses nombreuses coupoles la font distinguer au milieu de l'immense désert qui l'entoure, et où elle semble placée comme une oasis. Du côté de l'orient, elle présente une vaste ceinture de murailles en assez bon état, que protègent quelques bastions et un large fossé facilement submersible par les eaux du Tigre. Cette enceinte s'appuie, à ses deux extrémités, au rivage du fleuve qui baigne la partie occidentale de la ville. C'est de ce côté que Bagdad se présente sous son plus bel aspect. Le palais du Pacha, les mosquées, les cafés, les maisons, ou les jardins qui se succèdent en se reflétant dans l'eau qui les baigne, forment un très-beau coup d'œil. En face de ce quartier bâti sur la rive gauche du *Chatt*, c'est le nom que les Arabes donnent au Tigre, s'en élève un autre moins important qui se lie au premier par un immense pont de bateaux, sans cesse traversé par des caravanes de Bédouins, des pèlerins qui vont à Kerbelàh, ou des cavaliers des tribus nomades qui regagnent leurs tentes sur le bord de l'Euphrate. Ce quartier est ouvert, et, quoique beaucoup moins considérable que celui de la rive gauche, il a néanmoins une importance qui peut le faire passer pour une seconde ville, d'autant mieux que sa population ne ressemble guère à celle du bord opposé. Elle se compose presque exclusivement d'Arabes du désert, qui y sont logés temporairement, et de Persans qui s'y trouvent en grand nombre. La différence de religion, et la haine religieuse qui existe entre eux et les sunnites, leur ont fait adopter ce quartier. Ils y sont plus à l'abri des vexations de la populace de Bagdad, et plus en liberté d'aller et de venir entre cette ville et Kerbelàh, lieu de pèlerinage fréquenté par les chyas. C'était là que résidait Zelly-Sultân, ce personnage dont j'ai parlé, qui sous le nom d'*Ali-Châh* voulut disputer à son neveu Mehemet-Châh la couronne de Perse. Il y avait une sorte de petite cour dont l'Angleterre faisait les frais.

La partie de la ville comprise entre le Tigre et les murailles de Bagdad est très-vaste; mais il s'en faut de beaucoup qu'elle soit entièrement couverte d'habitations. Dans la partie orientale et vers celle du sud, il y a d'immenses terrains sur lesquels s'élèvent quelques ruines, et dont la plus grande superficie est abandonnée à la pâture que viennent y chercher les chameaux. On voit par là, ainsi que par l'enceinte fortifiée qui date des khalifes, que Bagdad eut autrefois une importance incomparablement supérieure à celle qui lui reste. Sa population actuelle n'est plus que d'environ cinquante mille habitants, parmi lesquels il y a un grand nombre de chrétiens de diverses communions, et des juifs.

Le pachalik de Bagdad était autrefois héréditaire et indépendant; ses pachas rendaient hommage au grand seigneur; aujourd'hui c'est la Porte qui les nomme. Cette province est une des plus importantes et en même temps une des plus difficiles à gouverner de l'empire. L'autorité du pacha de Bagdad s'étend du golfe Persique aux monts Kardouks, et de la frontière persane au delà de la rive droite de l'Euphrate, c'est-à-dire sur une étendue de deux cents lieues en longueur et à peu près cent lieues de largeur. Cette autorité est plus nominale qu'effective, à cause de l'esprit d'indépendance des populations sur lesquelles elle doit s'exercer, et par suite de l'extrême mobilité de la plus grande partie d'entre elles. Le Pacha de Bagdad n'a pas assez de troupes régulières pour tenir tête aux tribus nomades quand elles se révoltent, et il est souvent arrivé qu'il a été lui-même bloqué dans sa ville par les Arabes. Ce territoire compte en effet quatre grandes familles dont les tentes se groupent dans le désert : celles des Montefiks, des Chamars, des Aboubiels et des Djerbâhs, qui peuvent réunir près de vingt mille cavaliers. Quelque peu aguerris et peu redoutables qu'ils soient, leur nombre ne laisse pas d'être inquiétant, et quand ils tiennent la campagne, il est presque impossible de sortir de la ville.

Bagdad est, sans contredit, l'un des points les plus importants du continent asiatique. Sa position sur un grand fleuve qui descend vers l'Océan des Indes, sa situation à l'extrémité de l'empire ottoman, et presqu'à la limite de celui des Anglais, sur la frontière de la Perse et sur celle de l'Arabie, lui donnent une importance incontestable comme centre d'action politique. De plus, elle est au milieu d'un territoire dont la fécondité serait incalculable, si l'on se décidait à y faire revivre l'industrie des Babyloniens, à y rappeler la civilisation de Sémiramis. Des monts Kardouks au rivage du golfe Persique, de la chaîne des Zagros à l'Euphrate, s'étend une contrée immense, arrosée par cent rivières, traversée par des canaux antiques que les Romains furent les derniers à utiliser; partout la terre généreuse appelle la culture, la population, et ne demande que des bras pour en extraire des richesses égales à celles de l'Inde ou de l'Arabie-Heureuse. Là, l'indigo, le sucre, le café, le coton, le plus beau froment enrichiraient des millions de colons qui y apporteraient leur science agricole, les arts d'une civilisation que le bedouin méprise parce qu'il n'en sent pas le besoin.

L'Angleterre a compris ce que pouvait être Bagdad, et depuis longtemps; si elle n'a pu encore faire de ce territoire une de ses colonies, elle en prépare du moins, de longue main, les moyens. Elle l'envisage, en attendant, comme un centre politique d'un grand intérêt, et y entretient, depuis plus de vingt ans, un résident dont l'entourage et le rôle qui lui est confié prouvent à quel point le gouvernement anglais tient à y être sur un pied imposant. Ce résident, dont les émoluments considérables sont en proportion de la représentation qu'il doit avoir, est gardé par une troupe de soldats anglais et de cipayes. Des canons sont dans sa cour, une escadrille de bateaux à vapeur mouillés sous les fenêtres de son palais assurent ses relations avec Bombay, en même temps qu'ils servent puissamment à appuyer son influence, soit à Bagdad même, soit sur les deux rives du fleuve.

La France jusqu'à cette époque, 1841, n'avait été représentée dans ces contrées lointaines que par des agents consulaires d'une valeur personnelle plus ou moins douteuse, et auxquels, dans ses habitudes malentendues de parcimonie, elle n'accordait rien de ce qui pouvait contribuer à leur donner du relief aux yeux des populations ou des pachas turcs. Aussi la position politique de la France y a-t-elle toujours été fort inférieure à celle de l'Angleterre. Il y a une vérité, un fait qu'on semble ignorer complétement en France, c'est que dans ces pays où l'action directe, instantanée pour ainsi dire, de la puissance française, ne peut pas se faire sentir, où son histoire, ses relations, sa force réelle sont inconnues, il est utile de prouver son importance, le degré de sa puissance, par une grande, je dirai même par une fastueuse représentation accordée à ses consuls, à ses agents diplomatiques. Il faut, en Asie, parler aux yeux des peuples, imposer par l'extérieur aux autorités; au besoin, savoir à propos faire quelques libéralités. Ce n'est qu'ainsi qu'on peut se placer sur un pied convenable et résoudre des difficultés que l'appât d'un gain ou l'intimidation peuvent seuls parvenir à vaincre. J'ai dit qu'à notre arrivée à Bagdad, nous y trouvâmes M. Loève-Veimar venu depuis peu en qualité de consul général. C'était un progrès, c'était certainement un pas fait vers cette politique qui ne devrait jamais laisser le champ libre aux empiétements de l'Angleterre. Mais que de difficultés ce nouveau représentant de la France ne devait-il pas rencontrer pour détruire, ou du moins pour combattre la prépondérance anglaise établie par une possession de plus de vingt années et soutenue par des moyens que nous admirons, nous autres Français, sans avoir assez de volonté, ni assez de persévérance ou de résolution, pour en employer de semblables. Et telle est la versatilité qui caractérise notre nation, par conséquent notre gouvernement, que je ne crois pas me tromper en pensant que le consulat général français de Bagdad n'aura pas une longue durée (15). Malheureusement les précédents, s'ils ne me donnent pas raison dès à présent, sont là pour me faire craindre de l'avoir dans l'avenir. A Bassorah, autre ville importante, située au confluent du Tigre et de l'Euphrate, la France était depuis plus d'un siècle représentée par un consul; elle y possédait un établissement important et une factorerie. Aujourd'hui, les intérêts de nos nationaux y sont mal défendus par un simple agent qui porte le turban et la robe arabes, qui ne diffère en rien des *raïas* chrétiens; la maison consulaire est en ruines, et tout Français qui aborde à Bassorah n'y trouve ni abri pour sa tête ni protection pour ses intérêts. En revanche, les Anglais ont élevé un édifice considérable, fortifié, crénelé, qui sert à la fois de résidence à leurs agents, d'arsenal pour leur marine, et de magasin où ils ont accumulé, avec une habile prévoyance, tout ce qui peut leur devenir utile. La France s'efface et l'Angleterre grandit. C'est ainsi que, depuis la fin du dernier siècle, la puissance de l'une a été toujours décroissant sur ces lointains rivages, tandis que celle de l'autre a pris des proportions si colossales qu'elle embrasse le monde.

Si la question politique a été longtemps négligée à Bagdad, il n'en a pas été de même de la religion. Celle-ci, plus persévérante, n'a cessé de marcher du même pas dans ces régions où la foi ne saurait être, sans péril, abandonnée aux tentations ou aux piéges que les schismatiques tendent aux orthodoxes sans défense. Bagdad est, depuis nombre d'années, le siége d'un évêque catholique qui est préfet apostolique pour toute la Mésopotamie et la Perse.

CHAPITRE LVI.

Ctésiphon. — Excursion à Babylone. — Le Sam. — Ruines de Babylone. — Hellâh. — Départ de Bagdad. — Mossoul. — Diarbekhr. — Alep. — Beyrout. — Départ pour la France.

Après avoir cherché dans la ville de Bagdad tout ce qu'elle pouvait recéler de curieux ou d'intéressant, peu satisfaits de ses monuments modernes qui ressemblent à ceux de la Perse par leurs formes et leurs ornements, moins satisfaits encore de ce qu'elle a conservé des khalifes, nous nous préparâmes à visiter ses environs. *Ctesiphon* ou *Madaïn* fut le premier endroit où nous nous rendîmes. La chaleur était grande, le soleil brûlant et l'ombre même sans fraîcheur, mais il était impossible d'attendre une époque plus favorable ; le terme de notre séjour à Bagdad ne pouvait être illimité.

Nous partîmes donc par une chaude soirée, à l'heure à laquelle le soleil élargissant son disque d'or, et s'abaissant rapidement, allait se perdre derrière l'immense horizon du désert. Nous franchîmes les fossés de la ville, et bientôt, au milieu des landes brûlées de la campagne, nous n'entendîmes plus, d'abord affaiblie, puis perdue dans l'air calme du soir, que la voix du muezzin qui appelait, pour la cinquième fois, les fidèles à la prière. A ce moment, la lune se levait au dessus des montagnes de la Perse; peu à peu sa lumière froide et bleuâtre remplaça les tons roux et brûlés du soleil couchant. Nos chevaux ouvraient les naseaux avec avidité pour respirer un peu de la fraîcheur que la nuit apportait avec une parcimonie qui était loin de les satisfaire. Nous avancions toujours, descendant le rivage du Tigre, le perdant ici pour le retrouver plus loin; les chants de quelques mariniers arabes qui tiraient la corde de leur lourde barque, venaient jusqu'à nous; leur accent languissant et mélancolique disait bien la peine et la fatigue qu'ils avaient.

Après deux heures de route nous rencontrâmes la rivière de *Delhub;* elle est très-profonde, nous la passâmes sur un bac. Trois heures plus tard, un peu avant minuit, nous nous trouvions sur un terrain très-accidenté : partout autour de nous s'élevaient de petites éminences; nous les gravissions, nous les tournions; sous la faible clarté de la lune, nos chevaux trébuchaient sur des débris de pierres; nous comprîmes que nous étions sur l'emplacement d'une ancienne ville, et nous reconnûmes *Ctésiphon*, à la silhouette obscure qui accusait devant nous le monument dont le nom est *Takht-i-Khesrâh* ou *Tak-i-Khesrâh*. Nous fûmes bientôt devant; en ce moment la lune l'éclairait de tous ses rayons, et nous pûmes distinguer, malgré l'heure qui rendait toutes les formes douteuses et insaisissables, la large façade d'un grand édifice au centre duquel s'ouvrait une haute et mystérieuse voûte dont les oiseaux de nuit, épouvantés de notre arrivée, remplissaient la profondeur du bruit de leurs ailes et de leurs cris funèbres. Sous cette arcade, à peine éclairée par un pâle reflet de la lune, tout était vague et sombre. Elle paraissait immense.

Bien des heures encore restaient jusqu'au jour; il fallait prendre un peu de repos, nous nous jetâmes sur l'herbe.

L'étoile du matin pâlissait déjà, et le ciel blanchissait à l'horizon, quand je m'éveillai. Je regardai autour de moi pour reconnaître le lieu où je me trouvais; çà et là, à droite, à gauche et au loin s'étendaient les monticules que j'avais remarqués la veille en arrivant; de grands arbustes épineux en couvraient les pentes, mais ne dérobaient rien à la vue, car la plus minutieuse recherche ne m'amena pas à trouver sous leurs rameaux la moindre trace de constructions. Tout l'intérêt de cette localité appartenait donc exclusivement à l'édifice que nous avions reconnu en arrivant. Bientôt le soleil, ce magnifique soleil d'Asie, majestueusement élancé dans un ciel de nacre azurée, le frappa en face de toute sa lumière et en fit ressortir les moindres détails.

J'ai dit, en parlant des monuments qui se trouvent sur l'extrême frontière de la Perse et dans le voisinage de Kerman-Châh, que la route qui se dessine sur les versants occidentaux des monts Zagros, en partant de cette ville, conduit à Bagdad. J'ai dit aussi que cette voie, où les obstacles que présente une nature sauvage ont été surmontés par le travail des hommes, avait dû être celle que suivirent en tout temps les armées sorties de Perse pour aller à la conquête de la Mésopotamie ou de l'Asie Mineure. Elle a été, pour ainsi dire, le trait d'union qui liait les provinces soumises par les monarques persans au siége de leur empire; c'est, selon moi, ce qui explique la présence des monuments divers placés sur plusieurs points de cette route. Parmi les villes de la

Babylonie, dont les portes s'ouvrirent devant les armées victorieuses des souverains de la Perse, figure *Séleucie*. Cette cité, fondée par Séleucus Nicator, sur la rive droite du Tigre, fut longtemps la capitale du royaume dont ce lieutenant d'Alexandre avait hérité après la mort de son glorieux maître. Chosroës le Grand, que les Persans appellent Khosrô et *Nouchirvân* ou *le Juste*, s'empara de cette ville dans le cours des victoires qu'il remporta en Mésopotamie sur les Romains. Ce prince sut imprimer à ses conquêtes une stabilité telle qu'il eut le loisir de fonder plusieurs établissements dans les pays qu'il avait soumis. Si l'on en croit les vestiges et les ruines qui se voient encore aux bords du Tigre, on doit penser que le point où fleurissait alors Séleucie, avait particulièrement attiré son attention. Mais par une idée qui est tout à fait dans la nature du caractère asiatique, Chosroës, jaloux d'attacher son nom à une ville qui lui dût son origine, et ne voulant pas résider à Séleucie, fit bâtir sur la rive opposée une seconde cité connue sous le nom de *Ctésiphon* ou de *Madaïn*. Le siége du gouvernement de la province étant là, ainsi que la demeure du souverain, comme on le verra, il était naturel que la population de la ville déchue vînt se fixer dans la nouvelle. Par suite, l'abandon dans lequel tomba Séleucie ne tarda pas à avoir pour elle des conséquences funestes. Elle se couvrit de ruines qui, s'amoindrissant tous les jours, finirent par ne plus laisser d'autres traces que quelques éminences de terre, recouvertes aujourd'hui par les broussailles du désert.

Quant à Ctésiphon, l'aspect qu'elle présente est à peu de chose près le même : tout en a disparu, à l'exception du grand monument auquel les Arabes ont conservé le nom de

Takht-i-Khesrâ ou *Khosrô, Trône de Khosroës* ou *Tak-i-Khesrâ, arc de Khosroës,* car cette ruine est généralement connue des archéologues sous le nom d'*Arc de Nouchirvân ;* or, j'ai dit plus haut que ce nom était, en raison des qualités attribuées au prince sassanide, un de ceux que les écrivains orientaux donnèrent à *Khosroës*. Celui d'arc a été attribué à ce monument à cause de sa partie centrale qui, en effet, se compose d'une voûte gigantesque qui n'a pas moins de vingt-huit mètres de hauteur sur trente-cinq mètres de longueur, et plus de vingt-deux mètres de largeur. L'immense salle qu'elle couvre est sans doute celle sous laquelle se tenait le roi au milieu de sa cour et dans tout l'éclat de sa grandeur ; de là, la qualification de *Takht*, *trône* ou *Palais,* qu'on a donnée à cet édifice, avec celle de *Tak*, qui n'en désigne que la nature. A droite et à gauche de cette salle ou de cette arcade étaient les autres appartements. La façade entière de l'édifice a près de quatre-vingt-trois mètres. Son ornementation consiste en une succession d'arcades sur toute sa largeur et dans toute sa hauteur, comprises entre des pilastres ou colonnettes engagées. Tous les arceaux sont à plein cintre, excepté celui de la grande salle voûtée. Par une singularité dont il faut sans doute chercher la cause dans des raisons de solidité, cette immense voûte suit une courbe elliptique, le grand axe étant vertical. Les constructeurs qui l'ont élevée ont eu recours à un moyen que je signalerai comme très-curieux : ils ont placé bout à bout des tubes ou tuyaux en poterie de vingt centimètres de diamètre, de distance en distance et perpendiculairement au périmètre de cette arcade. On est souvent réduit aux conjectures en face de ces antiques monuments, aussi se demande-t-on dans quel but avaient été placés ces tuyaux, et la seule raison que l'on puisse reconnaître aujourd'hui est celle d'établir des courants d'air, si précieux et si nécessaires sous le climat brûlant de cette contrée. On distingue encore sur la face et le retour du grand arceau des pièces de bois d'un fort équarrissage et très-longues qui lient la naissance de la voûte avec les murs de la façade. Ces poutres paraissent être en bois de cèdre ou de cyprès.

Il ne reste rien des parties de ce palais qui servaient d'habitation. Des arrachements de murs et d'arceaux indiquent seuls qu'elles se trouvaient de chaque côté de la grande salle voûtée par laquelle on pouvait y pénétrer au moyen de trois portes dont l'une était au fond et les deux autres sur les faces latérales.

Selon l'usage antique de la Babylonie, cet édifice est entièrement élevé en briques, mais cuites, carrées, et recouvertes d'un enduit dont on retrouve quelques traces. Ce monument, par ses dispositions et le genre de sa décoration extérieure, rappelle le palais de Firouzabad. S'il y a entre eux quelques légères différences de style ou de caractère, elles ne sont pas assez sensibles pour qu'on ne les rapporte pas tous deux à une ère commune qui est évidemment celle des Sassanides.

En parlant du monument qui s'appelle *Takht-i-Gherô* ou *Tak-i-Gherô*, et qui est situé dans un défilé du mont Zagros, j'ai dit que la seconde partie de son nom pouvait être une corruption de celui de *Khosrô;* de là, cette conséquence que cette ruine et le palais de Ctésiphon pourraient être attribués au même prince Khosroës. On doit admettre, en effet, que la prononciation du nom de ce monarque, variant suivant les pays où l'on retrouve son souvenir, elle peut être *Khosrô* en Perse, devenir *Gherô* dans la contrée montagneuse dont les vallées sont habitées par des *Kurdes* ayant un idiôme particulier, et se transformer en *Khesrâ* pour les Arabes des bords du Tigre. Au reste, dans l'histoire même de ce prince, on trouve bien des présomptions pour lui faire honneur de ces divers monuments; car elle raconte que, très-occupé du soin d'embellir les villes de ses États et d'y créer des monuments utiles, il en fit construire un grand nombre.

L'étendue de terrain qui, sur la rive gauche du Tigre, porte les traces de la ville de Ctésiphon, peut être d'environ six kilomètres du nord au sud, et trois kilomètres de l'est à l'ouest. Comme la rivale qu'elle a supplantée, et comme tant d'autres villes de la Babylonie, comme Babylone et Ninive elles-mêmes, elle s'est effacée complétement par suite de la nature des matériaux employés aux constructions, ne consistant qu'en briques cuites au soleil; on conçoit qu'il n'a pas fallu de grands efforts aux hommes ni au temps pour les faire disparaître. D'ailleurs Bagdad passe pour avoir été en partie bâtie avec des briques enlevées à Séleucie et à Ctésiphon. Voilà plus de causes qu'il n'en faut pour expliquer leur disparition presque totale, et le voyageur qui a été jusqu'à ces rivages lointains du Tigre, comme l'archéologue qui fera à cette relation l'honneur d'y chercher quelques renseignements, doit s'estimer heureux que le khalife Abou-Jafer-El-Mansour, qui a fondé Bagdad, ait du moins épargné le *palais de Chosroës*.

Les noms de *Ctésiphon* ou de *Madaïn* sont inconnus aujourd'hui aux Arabes; ils ne désignent le lieu où sont les ruines de la ville sassanide que par le nom de *Soliman-Pak*, à cause du tombeau du personnage ainsi appelé, que l'on rencontre à quelques centaines de pas en avant, et que nous n'avions pas daigné regarder. Ce *Soliman-Pak* fut, prétendent les gens du pays, le barbier de Mahomet; on lui a élevé un de ces mausolées, lieux de pèlerinage et de prières, dont on voit si souvent dans ce pays la coupole blanchâtre, à l'ombre, sous le feuillage d'un palmier solitaire. — Les Arabes ne connaissent plus de ce site si mémorable et si grand autrefois que la tombe de *Soliman-Pak!* — La tradition a passé, l'histoire s'est perdue, ainsi va le monde.... Ainsi la gloire et les grandeurs tombent dans l'oubli. La vulgarité d'un rasoir, fût-il celui qui rasa la tête de Mahomet, a effacé l'illustration d'un sceptre; et le barbier du Prophète a supplanté le puissant monarque dont l'un des successeurs rejeta avec mépris la religion à laquelle voulait le convertir le chamelier de la Mecque.

Nous revînmes à Bagdad, et quelques jours plus tard nous prîmes la route de *Hellâh*, petite ville au sud-ouest sur les bords de l'Euphrate. La chaleur, se soutenant toujours avec la même intensité persévérante, nous dûmes voyager la nuit. Conduits par trois cavaliers du Pacha, nous entrâmes à la fin du jour en Mésopotamie. La monotonie de la route dans le désert ne se dément pas un seul instant; c'est partout la même aridité, la même solitude et la même perspective horizontale se perdant à l'infini. Le voyage de Bagdad à *Hellâh* est très-fatigant, surtout en cette saison. Aussi quelques bonnes âmes, poussées par la charité ou par le besoin de racheter de grandes fautes, ont-elles eu la bonne pensée de faire exécuter, à des distances très-rapprochées, des lieux de repos, des caravansérails, où l'on trouve quelques rares habitants qui fournissent aux voyageurs de l'eau, du pain, des melons, des fourrages dont on manquerait absolument sans cela. Deux journées suffisent pour atteindre *Hellâh*, et le chemin est divisé en cinq haltes. Nous ne pouvions marcher que la nuit; le jour, enfermés dans des écuries, sous des voûtes sombres, nous attendions impatiemment que le soleil eût disparu derrière la bande bleuâtre du grand désert d'Arabie. Jusque-là, nous évitions ses rayons ardents et presque mortels, mais nous étouffions, en aspirant les bouffées brûlantes que nous envoyait le *Sam*. Nous eûmes, dans une de ces interminables journées de repos forcé, le triste spectacle de cet orage, de cette avalanche de sable torréfié que soulève le vent impétueux du *Sahrah*, qui passe comme une flamme, renverse, brûle et tue bien souvent. Rien ne peut donner l'idée de ce phénomène; il faut l'avoir vu. Des courants d'air chaud arrivent par intervalles, avant-coureurs de la tempête; ils avertissent les hommes qu'ils aient à se soustraire à ses effets. Alors chacun se cache, s'abrite s'il peut; les animaux craintifs, l'oreille basse, l'œil morne, courbent la tête et semblent attendre avec inquiétude quelque chose qu'ils redoutent. Le vent augmente, sa température s'élève; à l'horizon, du côté où il souffle, une bande rouge, opaque, barre le ciel bleu; la bande sinistre s'élargit, et sa frange dorée, qu'éclaire le soleil, monte lentement au-dessus du nuage redouté; tout devient sombre, l'obscurité se fait; une lueur livide couvre le désert, elle semble un reflet de la mort. Le nuage s'approche, il est immense et cache le ciel tout entier, la tempête mugit de toutes ses forces, la rafale impétueuse courbe ou brise tout sur son passage; un vent sulfureux brûle, asphyxie; les hommes se mettent à plat ventre et se couvrent de leurs manteaux, les animaux effrayés, tremblants, ouvrent les naseaux avec terreur et se couchent les uns à côté des autres, cachant mutuellement leurs têtes sous leur ventre; leurs crins agités se dressent et se mêlent; les plis des manteaux volent en tournoyant; les broussailles desséchées voltigent et se heurtent dans tous les sens; le palmier solitaire se courbe, et ses rameaux flexibles, penchés sur la terre, se souillent de poussière. Tout semble mort, les arbres seuls crient en se tordant, et les murailles ébranlées se balancent sous les efforts de la tourmente. Le sable qu'elle apporte du fond du désert, qu'elle soulève en tourbillons, siffle de toutes parts. Le soleil est impuissant à percer l'enveloppe opaque et roussâtre qui couvre toute la contrée..... Enfin, ses rayons se font jour peu à peu, le vent mollit, l'air est toujours brûlant, mais moins empesté, l'orage va plus loin, il continue sa course et porte en d'autres lieux le ravage et la mort. Les voyageurs se redressent, les animaux se hasardent à lever la tête; ils sont tout couverts d'une couche de sable impalpable, brillant et chaud, qui a pénétré partout et les empêche de respirer. Le *Sam* est passé, on le voit avec horreur s'éloigner, on le redoute encore jusqu'à ce que le terrible nuage ait disparu.

Nous mîmes deux jours, divisés en cinq étapes, pour atteindre le territoire de *Hellâh*. Cette petite ville est à soixante dix-huit kilomètres au sud-sud-ouest de Bagdad. Sur ce parcours, la contrée qu'on traverse entre les deux grands fleuves qui renferment la Mésopotamie, est complétement déserte. On n'y rencontre de loin en loin que quelques tentes d'Arabes *Beddaouïs*, ou nomades, groupées autour des puits où viennent s'abreuver les caravanes.

On sait par les traditions historiques combien les Babyloniens avaient fertilisé cette immense plaine que l'insouciance musulmane a laissé se transformer en désert. Elle était coupée, en beaucoup d'endroits, par de grandes et profondes tranchées qui mettaient en communication les eaux de l'Euphrate et celles du Tigre. Par ces travaux gigantesques, ils avaient créé des canaux qui remplaçaient les courants d'eau naturels dont ils manquaient, qui portaient bateaux et faisaient ainsi circuler les produits de toute sorte, en alimentant un commerce immense. Enfin, au moyen de saignées habilement disposées, l'eau était distribuée avec art, au travers des champs où ces irrigations portaient la fécondité. De tous ces ouvrages qui faisaient tant d'honneur à l'industrie des Babyloniens, il n'en reste plus aujourd'hui que deux où les eaux n'aient pas vu leur route obstruée complétement par les éboulements et l'entassement des terres. Un premier canal est à huit kilomètres de Bagdad; nous le traversâmes sur un pont de bateaux et nous y vîmes quelques-unes des grandes barques qui naviguent sur le Tigre et descendent à Bassorah. Mais elles s'y trouvaient arrêtées par suite de l'abaissement de l'eau qui devient stagnante pendant plusieurs mois de l'année, lorsque la crue des deux fleuves est retombée au-dessous du niveau actuel du lit élevé de ce canal. A vingt-sept kilomètres plus loin, on en traverse un second qu'on appelle *Nahr-Malkhah;* il est actuellement complétement à sec, et en partie comblé. On en rencontre successivement ainsi quatre autres plus étroits, tous desséchés, mais auxquels les Arabes ont conservé le nom de *Nahr* ou canal. En effet, toutes ces tranchées sont bien le résultat du travail des hommes dans un autre temps que celui de l'incurie du gouvernement turc, et de la paresse fataliste des Arabes. A trente-quatre kilomètres du *Nahr-Malkhah*, on franchit sur un pont construit en briques, un dernier cours d'eau canalisé, près d'un hameau ruiné qu'on appelle *Mahahouïl*. Tous ces canaux suivent des directions parallèles, et leurs eaux viennent toutes de l'Euphrate, ce qui prouve que le lit de ce fleuve est, du moins jusque-là, plus élevé que celui du Tigre. Les débordements périodiques des deux grands fleuves de la Mésopotamie, à l'époque où arrive la fonte des neiges, dans les montagnes de l'Arménie où ils naissent et où ils reçoivent de nombreux affluents, servent certainement à expliquer ces grands canaux qui coupent la Mésopotamie, de l'Euphrate au Tigre. Ces travaux étaient trop gigantesques, étaient exécutés dans des proportions trop colossales pour n'avoir été entrepris que dans un but d'arrosement. Il faut leur attribuer un but plus utile qui les rendait indispensables, celui de préserver le pays d'une submersion presque complète et d'une périodicité annuelle à laquelle il n'échappe plus aujourd'hui. En même temps, la culture en profitait, les racines de tous les végétaux trouvaient une nourriture abondante dans le sol rendu humide par d'innombrables irrigations, et leurs fruits, échauffés par un soleil ardent, mûrissaient vite en donnant d'abondantes récoltes. Ainsi, ce que la simple prudence avait commandé tournait au profit d'une richesse territoriale devenue proverbiale en Asie. Il n'y a plus aujourd'hui ni prudence ni industrie agricole; il ne reste que la misère apathique de l'Arabe nomade, à côté de la disparition presque totale de tous les ouvrages d'une antiquité qui fait honte au temps actuel.

De Mahahouïl, on commence à distinguer, au-dessus de

la ligne horizontale du désert qui s'étend jusqu'à Bassorah, les ondulations d'un sol accidenté que dominent quelques rares monticules. Ces éminences, qui de loin ne paraissent être autre chose que des accidents naturels et que recouvrent quelques broussailles, sont tout ce qui reste de Babylone. On parcourt treize kilomètres sur un terrain ainsi relevé et ondulé de toutes parts.

La plus grande éminence que l'on y remarque est à quatorze kilomètres au delà de Mahahouïl et à huit en deçà de *Hellah*, en dérivant du chemin frayé, vers l'ouest. Les Arabes l'appellent des deux noms *Babel* qui paraît être resté traditionnellement, et *Mudgelibèh* qui, dans leur langue, signifie *ruiné de fond en comble.* Elle se présente sous la forme d'un vaste plateau rectangulaire du sommet duquel se sont éboulées, sur les quatre côtés, des terres qui forment tout autour un plan incliné dont la base est très-étendue. En gravissant ces pentes où les pluies ont creusé une multitude de ravins, on trouve des débris de briques et des apparences de constructions sur les angles, qui font présumer que cet édifice était flanqué de tours. En étudiant ce grand monticule, on reconnaît qu'il a été élevé avec des briques crues, et que ses revêtements ont dû être faits avec des matériaux plus solides, peut-être des pierres, ou, à défaut d'elles, certainement des briques cuites (16). Nous vîmes plusieurs fragments de ces dernières portant des inscriptions et encore enduites de bitume. La longueur du plateau est de cent soixante six mètres, sa largeur de cent soixante mètres, et sa hauteur est de trente-six à quarante mètres. Autour, quelques mouvements de terrain qui se succèdent parallèlement à sa base, font penser qu'ils pourraient se rapporter à une enceinte dans laquelle ce monument aurait été enfermé. On y trouve également des débris de briques. Le nom de Babel, qui est resté à cette ruine, indiquerait-il donc, en effet, la fameuse tour dont parle l'Écriture, et le temple de Belus, spolié et renversé par Xerxès? On sait que de tous les édifices de Babylone celui-là était le plus grandiose; c'est le seul dont on retrouve aujourd'hui les vestiges. Il y a là le motif d'une forte présomption pour répondre par l'affirmative à la question qui précède.

Au sud du Mudgelibèh se voit une autre éminence que les Arabes désignent par le nom de *Kasr* ou *château, palais*. La base en est très-irrégulière, mais très-étendue; elle n'a pas moins de huit cents mètres de circuit. Son état actuel offre plutôt l'aspect d'un monticule naturel que celui d'une ruine. Cependant, çà et là, on y découvre quelques arrachements de murs en briques fortement liées entre elles par une couche de chaux et de cendrée ou par du bitume; mais ces restes de constructions ont été tellement exploités par les habitants de *Hellah*, qui en arrachent les briques cuites pour bâtir leurs propres maisons, qu'il est impossible de reconnaître une forme ou un plan quelconque. On n'oserait, en effet, se hasarder à prendre pour des galeries antiques les excavations que l'on rencontre sur ce sol tourmenté, et qui ne sont probablement autre chose que des espèces de carrières ouvertes par les Arabes pour extraire les matériaux qu'ils y trouvent tout prêts à employer. Nous vîmes un fragment de lion colossal en granit gris, dont l'exécution grossière diminue beaucoup l'intérêt que pourrait présenter une sculpture babylonienne; celle-ci était d'ailleurs dans un état qui n'en permettait pas l'étude.

D'autres monticules, qui portent également des traces de maçonnerie antique, sont sans intérêt et s'effacent en partie sous les murs de constructions modernes. Tel est celui qui porte le nom de *Amram-Ebn-Ali*, et qui actuellement reçoit des sépultures musulmanes.

On suit, dans plusieurs directions, de longues lignes de terrain creux, bordées de chaque côté de terres élevées. A quoi répondent-elles ? — Ou les eaux de l'Euphrate étaient amenées au cœur de la ville, et ces indices se rapportent aux canaux qui les contenaient ; ou elles indiquent d'anciens fossés qui servaient d'enceinte aux principaux établissements.

A huit kilomètres environ du *Kasr*, dans l'est, est un groupe de deux ou trois buttes de terre qu'on appelle *El-Heimar*, sur lesquelles se retrouvent également les vestiges d'un édifice, mais tellement ruiné, défiguré, qu'il se refuse à toute analyse.

De l'autre côté de l'Euphrate, on distingue aussi quelques mouvements de terrain, semblables à ceux de la rive gauche. Or, on sait que Babylone s'étendait de chaque côté du fleuve, et que la reine Nitocris fit construire un pont pour joindre les deux quartiers de la ville. Mais les éminences de la rive droite ne présentent aucun intérêt, à l'exception de celle qui est la plus éloignée et se trouve à neuf kilomètres de *Hellah*. Sur cette éminence, qu'on appelle *Birs-Nemrod* ou *Bourdj-Nemrod*, est le monument qui, seul, soit resté debout au milieu de cette complète destruction. Cependant, si l'on en croit son nom, il devrait être le plus ancien, et remonter au fondateur de Babylone. Le monticule qui le porte s'élève à soixante mètres au-dessus de la plaine ; il a cent quatre-vingt-quatorze mètres en longueur, et cent cinquante en largeur ; sa base a la forme d'un rectangle. Au sommet et presque au centre, est debout un pilier massif entièrement construit en briques semblables à celles qu'on trouve sur les autres points. De distance en distance, et symétriquement disposées, sont des ouvertures dont le vide traverse l'épaisseur du pilier, mais dont on ne s'explique pas le but. Cette masse, évidemment incomplète, s'élève à peu près carrément au-dessus du sommet du monticule, à une hauteur de dix mètres. Vers l'angle sud-ouest, au pied de la face occidentale, se voient divers fragments et arrachements de maçonneries qui ont dû appartenir à des arceaux de voûtes écroulées dont les briques paraissent avoir éprouvé l'action d'un incendie. Les traces du feu se reconnaissent à des scories et à des vitrifications apparentes sur la plupart des matériaux. Au-dessous de ces ruines, sur la pente, mais sur deux points éloignés l'un de l'autre, on reconnaît encore des portions de maçonneries en briques posées sur une couche de terre ; elles paraissent avoir fait partie d'une construction qui aurait servi de soubassement au monument supérieur.

A une centaine de mètres, à l'est de Birs-Nemrod, un grand *tepèh* est encore, à en croire les débris de briques qui s'y retrouvent, le produit de la ruine d'un autre édifice. Il n'a plus d'autre importance que celle qu'il doit à un tombeau arabe qui porte le nom d'Ibraïm-Khalil. Le sol est relevé de côté et d'autre de manière à prouver que toute cette localité était autrefois couverte d'habitations.

A une très-petite distance de là, dans la direction de l'ouest, s'étend, du nord au sud, la nappe d'un lac d'eau douce. Ici, comme sur beaucoup d'autres points, sont justifiés les récits véridiques d'Hérodote. Ce lac rappelle, en effet, celui que cet historien raconte avoir été creusé par la reine Nitocris pour y introduire les eaux de l'Euphrate, et dont elle profita pour détourner ce fleuve afin de construire les digues et les quais entre lesquels elle voulait le contenir, ainsi que le pont qui devait réunir les deux quartiers de Babylone. Quelle qu'ait été la masse d'eau qui fut à cette époque détournée de son cours habituel vers ce point, il est difficile de croire que ce lac s'y soit formé alors et s'y soit toujours maintenu depuis. Mais il est plus probable qu'un abaissement naturel du sol entre ses rives et celles du fleuve y porte les eaux de celui-ci dans la saison où elles débordent, et en assez grande quantité pour qu'il en reste d'une année à l'autre.

On voit que Babylone qui, dans les siècles passés, fut la plus grande ville de l'univers, la tête et l'âme d'un des plus vastes empires, dont la splendeur même attira la ruine, est aujourd'hui celle dont il reste le moins de traces. Depuis le jour où Cyrus s'en empara, elle ne fit que déchoir; passant d'un vainqueur à l'autre pour changer encore de maître, elle finit par devenir une esclave dont aucun ne se souciait plus. La mort d'Alexandre lui a porté un coup funeste; son lieutenant Séleucus, à qui elle était échue en partage, lui donna une rivale, et Séleucie fut pour Babylone ce que Ctésiphon devait être plus tard pour Séleucie. De déchéance en déchéance, les siècles l'ont vue devenir et ne plus être qu'un nom, qu'un souvenir. Où sont ses palais, ses jardins suspendus, son temple de Bélus, et ses murailles? Le voyageur cherche en vain leurs vestiges; rien ne le guide pour les découvrir; il n'en reste pas même de ruines, et au milieu du désert sans limites où brillait d'un si grand éclat la ville de Sémiramis, c'est à peine si quelques tertres informes indiquent la place où fut la capitale du monde. Sur ces bords de l'Euphrate où se prolongeaient les quais magnifiques dont Hérodote parle avec admiration, s'élèvent aujourd'hui quelques masures de terre composant une bourgade arabe qui n'a même pas, dans son nom, conservé le souvenir de Babylone.

A quelques lieues de *Hellah* est *Kerbelah* où se trouve la sépulture d'Ali et de son fils *Husseïn* tués, comme on sait, sur les bords de l'Euphrate, par les partisans d'Omar. Ils furent enterrés, l'un près de l'ancienne ville *Coufa*, l'autre dans la plaine de *Kerbelah*. Les monuments élevés par les Persans en leur honneur s'appellent *Imam-Ali* et *Imam-Husseïn*. J'ai dit comment la Perse s'était déclarée, au XVe siècle, dissidente de l'orthodoxie mahométane, et, en adoptant la qualification de *Chya*, avait reconnu Ali et sa famille pour légitimes successeurs du Prophète. Animée d'un nouveau zèle religieux pour ses martyrs, elle éleva à leur mémoire deux superbes mausolées dont l'élégance et la somptuosité surpassent tous les autres monuments de ce genre. Les pieuses libéralités de plusieurs monarques *Chyas* ont couvert de richesses les deux sépulcres auxquels les Persans se font un devoir d'envoyer des dotations d'un grand prix, soit en argent, soit en présents de toutes sortes. Kerbelah est non-seulement un lieu de pèlerinage pour les Persans, mais encore son territoire est considéré par eux comme une terre sainte dans laquelle les plus religieux et ceux qui en ont le moyen se font inhumer. Aussi, parmi les charges de toutes les caravanes qui viennent de la Perse à Bagdad, voit-on un grand nombre de cercueils contenant des cadavres embaumés destinés à Kerbelah, avec des offrandes de grand prix pour la mosquée. Ces caravanes ont tenté, à cause de cela, la cupidité des Arabes qui ont souvent, d'une main sacrilége, fait sauter les couvercles de ces coffres funèbres. Mais ce qui a surtout excité leur avidité et leur goût pour le pillage, ce sont ces deux mausolées d'*Ali* et de *Husseïn*. Les habitants du pays se rappellent encore en frémissant qu'il y a quarante ans, les *Vaabites*, tribu du désert arabique, sont venus au nombre de quinze mille, ont surpris la petite ville bâtie autour d'*Iman-Husseïn*, en ont massacré toute la population, en ont rasé les maisons et emporté toutes les richesses. La piété des Persans et les présents du dernier roi Fet-Ali-Châh, ont essayé de rétablir l'ancienne splendeur du tombeau et rebâti la ville; une garde plus vigilante et plus nombreuse y a été placée, afin de préserver les saints lieux contre de nouvelles tentatives de la part des Arabes, qui à leur amour du pillage joignent une haine implacable pour les dissidents. Le voisinage de ces deux sépulcres est un des plus grands motifs qui poussent les Persans à désirer la possession de Bagdad. Indépendamment de ce que le territoire de cette ville est pour eux comme une terre sainte, parce qu'il couvre les cendres de leurs deux *Imâms* les plus révérés, il y a une question d'argent qui n'est pas sans intérêt à leurs yeux : en effet, le gouvernement turc et surtout les pachas de Bagdad, ont toujours spéculé sur la dévotion des Persans pour prélever un droit de passage, souvent onéreux, sur tous ceux qui se rendent en pèlerinage à Kerbelah, ou sur les cadavres que l'on y transporte. La Perse trouverait donc un grand avantage à posséder Bagdad, puisqu'elle s'affranchirait ainsi d'un péage aussi lourd qu'humiliant; aussi a-t-elle tenté plusieurs fois de s'en emparer. A la fin du règne de Fet-Ali-Châh, le gouverneur de Kerman-Châh qui n'est qu'à dix journées de marche, s'avança vers Bagdad avec quelques bataillons; il rencontra et mit en fuite les troupes du Pacha, et, si un exprès du roi n'avait apporté au Châh-Zadèh *Mehemet-Ali-Mirza*, l'ordre de se retirer, Bagdad serait infailliblement tombée cette fois au pouvoir de ce prince. Persans et Turcs se souviennent encore que le succès de cette journée fut dû à un officier français, M. Devaux, instructeur dans l'armée du prince gouverneur de *Kerman-Châh*. Bagdad sera toujours une pomme de discorde entre les deux gouvernements comme entre les deux peuples, qui se haïssent.

Après trois jours passés à *Hellah* en recherches et en regrets, nous reprîmes la route de Bagdad. Nous l'avions faite facilement et sans danger; mais de nouveaux événements étaient survenus et la rendaient périlleuse. Les Arabes du nord de la Mésopotamie et de la rive droite du Tigre s'étaient révoltés et étendaient leurs brigandages jusque sous les murs de Bagdad. Le gouverneur de Hellah ne consentit à nous laisser partir qu'avec une escorte de quarante cavaliers albanais et arnaoutes qui devaient nous conduire jusqu'à Bagdad, et lui répondre de nous, sur leur tête, *bach-ustundèh*. Nous marchâmes militairement, prenant toutes les précautions que le cas exigeait. Les habitants des khans de la route nous dirent qu'en effet ils avaient été pillés le jour précédent, que les Arabes étaient nombreux et se montraient incessamment dans toutes les directions. Soit qu'ils aient fui devant les cavaliers arnaoutes, soit que notre bonne étoile nous ait préservés de leurs attaques, nous ne les vîmes pas. Nous atteignîmes Bagdad sans accident, peu satisfaits, mais ayant vu beaucoup, le désert, les ruines de Babylone et le Sam; nous n'avions à regretter que la rencontre des Arabes.

Nous étions au 1er septembre et nous voulions enfin partir; mais les mêmes troubles qui rendaient peu sûr le chemin de Hellah, rendaient impraticable celui de Mossoul, que nous devions prendre. Il y avait déjà un mois que cet état de choses durait. Un chef arabe des *Djerbahs,* qui avait été dépossédé par le pacha, d'une petite ville où il était investi du pouvoir, avait causé cette insurrection à laquelle prenaient part plusieurs fractions de tribus qui espéraient ainsi trouver l'occasion de piller. Le gouvernement du Pacha avait si peu de force que les mesures énergiques que commandait la circonstance n'avaient pas encore été prises, et que plusieurs caravanes avaient déjà été arrêtées. Heureusement, par un hasard qui nous servit à point nommé, le pacha de Kerkouk allait partir; nous obtînmes de lui, par l'entremise du consul général, la permission de marcher à sa suite sous la protection de son escorte.

Le 5 septembre, au soleil couché, nous sortîmes de Bagdad, non sans appréhension de ce qui nous attendait sur le territoire des tribus révoltées que nous avions à traverser. Cependant nous arrivâmes avec le Pacha jusqu'à sa résidence; de là il nous fit accompagner par des cavaliers à lui jusqu'à Mossoul.

Après un repos de quelques jours dans cette ville nous gagnâmes Diarbekhr, en passant par Djezirèh et Mediat, dans les contrées montagneuses habitées par les Jacobites; puis, descendant dans les plaines de Suverik et d'Orfa, nous allâmes faire une station à Alep. Nous touchions au terme de notre voyage. D'Alep, nous allâmes à Latakièh, et, suivant la côte de Syrie, nous nous rendîmes à Beyrout, où nous nous embarquâmes pour la France le 1er décembre 1841.

Nous avions accompli notre tâche, rempli consciencieusement la mission qui nous avait été confiée. Nous avions marché pendant plus de deux années sans nous arrêter, chevauchant d'abord au milieu des neiges de l'Arménie, par un froid de 18° en moyenne, puis, en Perse, de la mer Caspienne au golfe Persique, et de la zone déserte du Khorassan jusqu'à la frontière de l'Arabistân, avec une température de 46°. Après avoir parcouru les États du Châh dans tous les sens et y avoir scrupuleusement recueilli tous les documents archéologiques épars dans ces vastes contrées, nous étions descendus des hauteurs de la Perse septentrionale, à travers le Kurdistân, dans les plaines de la Mésopotamie, à Bagdad, et jusqu'au désert de Babylone, pour remonter ensuite le cours du Tigre, passer l'Euphrate, et dire, sur le rivage de Syrie, adieu à cette terre d'Asie où nous avions trouvé tant de fatigues, rencontré quelques dangers, et enduré des privations de tout genre. Mais nous en emportions de riches matériaux, la conscience d'avoir fait notre devoir, et ce qui devait vivre autant que nous, une foule de souvenirs parmi lesquels les plus chers au voyageur ne sont pas ceux qui lui rappellent le moins de douleurs.

FIN DU SECOND VOLUME.

NOTES

DU SECOND VOLUME.

---

(1). En effet on a vu souvent, dans les royaumes d'Asie, des eunuques prendre part aux affaires de l'État. On en a vu même devenir des hommes de guerre remarquables, et déployer une énergie que les idées qu'on se fait en Europe sur ceux qui ont subi cette dégradation ne laisserait pas soupçonner. Ce rôle des eunuques leur a été plus souvent encore dévolu dans l'antiquité; les sculptures assyriennes notamment en font foi, car il n'y a pas un bas-relief représentant une scène de guerre, une fête, où l'on ne reconnaisse plusieurs eunuques, ou combattant, ou partageant les honneurs d'un festin royal.

(2). Le nom de *Tourâh* est celui que l'on donne à l'ornement royal qui surmonte la coiffure du souverain de Perse, et qui consiste en une guirlande de diamants au-dessus de laquelle s'élève une aigrette également formée de diamants. Mehemet-Châh portait la *tourâh* attachée, sur le côté gauche, à son bonnet de peau d'agneau noire.

(3). *Meuhtamèt* ou *Mótemad*, ce qui rend mieux la prononciation de ce mot qui est arabe, est l'abréviation de *Mótemad oüd dovlèt*, qui signifie : *celui en qui l'empire met sa confiance.* C'est un titre honorifique très-rarement accordé à certains ministres ou conseillers de la couronne, qui ont rendu des services signalés au trône ou au pays.

(Je dois cette note à l'obligeance du savant philologue M. Kazimirski-Biberstein qui accompagnait l'ambassade de M. de Sercey en qualité de drogman pour la langue persane, et dont j'ai eu plusieurs fois l'occasion de louer le savoir intelligent.)

(4). Par ce mot *Sakkas* on désigne les porteurs d'eau, ceux qui la distribuent à domicile ou la vendent au verre dans les rues et les bazars. La désignation de *Kalioûndji* appartient au préparateur de pipes, qui, pour une menue monnaie, donne à fumer aux passants. Ce mot se compose de *Kalioûn*, qui veut dire *pipe*, et de la terminaison turque *dji* qui, ajoutée au substantif par lequel on exprime la chose, indique celui qui l'exerce, en fait métier, ou la vend, — c'est ainsi que l'on dit : *tuffek*, *fusil*, *tuffekdji*, *fusilier*; *kaïk*, *bateau*, *kaïkdji*, *batelier*.

(5). On appelle *Kadok* une espèce de toile de coton, forte et assez grossière ; c'est un gros calicot, que l'on fabrique en grande quantité à Ispahan, — on le blanchit sur les bords du *Zendèroûd* dont les rives ou les îlots, quand les eaux sont basses, sont envahis par des ouvriers occupés à laver et à étendre au soleil, les longues pièces de cette étoffe. On la teint de toute nuance, ou on l'imprime de plusieurs couleurs sur fond blanc. Le procédé d'impression est fort simple; il consiste simplement en un morceau de bois sur lequel sont gravés les dessins à reproduire, le plus généralement des fleurs et des oiseaux; on enduit les diverses parties de cette gravure sur bois, des couleurs propres à chacune d'elles, puis on l'applique avec la main sur l'étoffe. Le résultat est certainement très-imparfait, mais le moyen est expéditif, et ces toiles perses ne laissent pas de produire beaucoup d'effet par l'élégance des dessins et la vivacité des couleurs. — Il faut remarquer que c'est aux Persans que nous devons les belles étoffes auxquelles nous avons donné leur nom, et que s'ils font moins bien que nous, ils ont été nos maîtres.

(6). Toutes les ruines restées à la surface du sol, comme celles qui ont été découvertes, constatent ce fait. Le palais de *Takht-i-Djemchid* ou de Persepolis, celui qui était enfoui à *Khorsabad* près de Mossoul, et que l'on attribue à l'époque ninivite, aussi bien que le *Kouïoûnjouk*, en face de cette dernière ville, ou le *Mudjelibèh* de Babylone, ont été construits en des lieux élevés, ou sur des terrasses construites pour les faire dominer. On est, d'après ces exemples, en droit de considérer cette coutume comme une règle générale.

(7). Les historiens de Perse racontent que les officiers de Nadir-Châh, indignés de ses cruautés et des spoliations éhontées par lesquelles il grossissait ses trésors déjà immenses, poussés par le clergé dont la richesse et l'influence avaient considérablement diminué sous le règne de cet usurpateur, résolurent de le mettre à mort. N'osant l'attaquer, ni l'assassiner au grand jour, ils profitèrent de son sommeil pour l'écraser sous le poids de sa tente qu'ils renversèrent sur lui, et dont le mât lui fracassa la tête.

(8). En effet, on a trouvé sous la couche épaisse de terre qui recouvrait les ruines du monument assyrien de *Khorsabad*, quinze salles toutes d'habitation ou d'apparat.

(9). Dans la religion des anciens Perses, *Ormuzd* était la divinité dont l'influence bienfaisante se répandait sur les hommes, tandis que sous le nom d'*Ahrimane* ils désignaient le génie du mal, celui dont le pouvoir occulte combattait les bons instincts, et engendrait les vices en donnant naissance à tous les malheurs qui affligeaient la terre.

(10). Ce rapprochement que l'on peut faire entre la forme des chaises représentées sur les bas-reliefs assyriens de Khorsabad, et le trône du roi de Perse à Persepolis, semble indiquer une origine commune. Sur les sculptures des deux localités, ces siéges se composent en effet, d'un dossier élevé, porté sur des pieds ornés de tores superposés, et terminés par des pattes de lion, avec des traverses qui en assurent la solidité.

(11). Voici ce qu'Hérodote raconte d'Ecbatane : « ..... Les Mèdes élevèrent « cette ville forte et immense, connue aujourd'hui sous le nom d'Ecbatane, « dont les murs concentriques sont renfermés l'un dans l'autre et construits de « manière que chaque enceinte surpasse l'enceinte voisine de la hauteur des « créneaux. » (*Clio*, liv. Ier.) On voit, d'après le témoignage de l'historien de ces temps antiques, que c'était un système adopté par les anciens.

(12). A Ctésiphon et à Khorsabad, nous avons retrouvé des fragments de charpente en bois dont la nature indique d'une manière évidente l'espèce, arbres verts, cyprès ou cèdres.

(13). *Sur ma tête, sur ta tête*, en turc *bachim-ustündèh*, *bachin-ustündèh ;* c'est une expression turque très-usitée qui indique une protestation, un serment; elle équivaut à : *j'en réponds sur ma tête...*

(14). Les *Yezidis* forment un ensemble de plusieurs populations répandues en Mésopotamie, principalement au nord du *Djezirèh*, qui passent pour professer une religion dont le culte s'adresse au *Démon* ou *Cheïtan*. Ils prétendent que *Allah* ou *Dieu* ne faisant pas le mal, les hommes doivent de préférence implorer le *Diable*, qui peut en faire beaucoup. Toutes leurs prières s'adressent donc au *Diable*, et ils ont, assure-t-on, des pratiques abominables bien dignes de l'objet de leurs adorations. Les *Yezidis* sont très-dangereux, et détestés par les musulmans.

(15). Le consulat général de Bagdad a été, en effet, supprimé, en 1848, après une existence de sept années seulement.

(16). Ce que l'on sait de la construction du Kouïoundjouk, à Mossoul, et du monument découvert à Khorsabad, correspondant tous deux aux restes de Ninive, prouve bien en effet que telle devait être celle du Mudgelibèh, et explique sa ruine complète.

LETTRE PERSANE.

Je crois devoir donner ici la traduction d'une lettre écrite par un des grands personnages de Perse, à notre ambassadeur M. de Sercey. Elle m'a été communiquée par M. Biberstein-Kazimirski, et elle fera connaître le style épistolaire des Persans, dont elle est un échantillon remarquable.

« Lettre de Mirza-Massoùd, gouverneur du Khorassan, ex-ministre des « affaires étrangères, à M. le comte de Sercey, ambassadeur en France près « la cour du Châh de Perse en 1840.

« Excellence, noble et illustre seigneur, personnage doué d'habileté et de « pénétration, vous qui êtes l'appui des amis,

« Votre lettre amicale que vous m'avez écrite d'Erzeroum, m'est parvenue « dans les premiers jours du mois de moharrem 1256. J'ai conçu une joie infinie en recevant la nouvelle de l'arrivée de l'ambassade française en Perse. « Quoique l'amitié entre les deux puissants empires de France et de Perse « date depuis des siècles et qu'elle n'ait jusqu'ici reçu aucune atteinte, la poussière de la négligence à cultiver les anciens rapports ne couvrait que pendant « trop longtemps les étincelles de l'amitié, et les langues n'étaient que pendant « trop longtemps silencieuses dans l'expression des sentiments de l'union. « Gloire donc, gloire à Dieu, que par les soins des ministres des deux puissances, le voile qui dérobait la figure de l'objet aimé a été écarté et que la « belle fiancée tant recherchée apparut enfin aux yeux de tous et au gré des « cœurs, que par la volonté du souverain unique, les fondements de l'amitié « des deux pays deviendront plus solides, et que contrairement à ce qui avait « lieu jusqu'à présent, il en résultera des avantages réciproques. Cet ami qui « se reconnaît pour serviteur du puissant empire de France est affligé de ne « point se trouver à la cour au moment de l'arrivée de l'ambassade française, « et de ne pas pouvoir s'acquitter des obligations que lui impose l'amitié. Très-prochainement, après avoir rempli la mission qui me retient dans ces contrées-ci, j'obtiendrai l'honneur de votre entrevue. En attendant, j'espère que « Votre Excellence me donnera des nouvelles de sa santé et voudra bien par « là donner des preuves de son amitié.

« Que vos jours se passent heureusement et au gré de vos désirs.

« Le 7 moharrem, 1256, MECHED. »

TEXTE D'UN FIRMAN ROYAL QUI CONFÈRE L'ORDRE DU LION ET DU SOLEIL.

Le sceau royal contient en arabe : *L'Empire est à Dieu;* et en vers persans : *Mohammet-Châh est devenu possesseur de la couronne et de l'anneau impérial, l'Empire et la nation ont reçu un nouvel éclat, les lois et la religion ont été raffermies.*

Comme il existe entre les deux empires de France et d'Irân des rapports de vieille alliance, et que nos regards, clairvoyants comme le soleil, cherchent à témoigner à chacun des serviteurs de ladite puissance une marque de bienveillance ; à ces raisons, dans ce moment où le très-noble, très-illustre, crème des grands du peuple du Messie, colonne des hommes illustres de la nation de Jésus, M. le comte de Sercey, ambassadeur plénipotentiaire de France, est venu à cette cour, pôle de l'univers, dans le but de renouveler des pactes d'ancienne amitié, et de consolider les fondements d'union et de bonne intelligence, le très-haut, élevé en rang, homme de talent et d'intelligence, de sagacité et de perspicacité, M. ***, qui, avec l'ambassadeur susdit, a eu l'honneur d'être admis à l'audience égalant le soleil en splendeur, de notre personne sacrée, nous a paru digne d'être l'objet de notre faveur impériale; c'est pourquoi, dans cette année d'heureux auspices, nous avons voulu l'honorer et l'élever au-dessus des autres, en lui accordant la décoration du Lion et du Soleil de la 2e classe, afin que regardant cette distinction comme un ornement d'honneur et un motif de gloire pour lui, il cherche plus encore que jusqu'à présent à servir avec ardeur les deux puissances.

Notre ordre est que les très-hauts, très-élevés en rang, dévoués à nous et approchant notre personne sacrée, les *mostoufis* (ministres) de notre divân impérial enregistrent le présent firman dans le grand livre de l'Empire, et sachent que leur responsabilité y est attachée.

Écrit au mois de Safer le victorieux de l'an 1256 de l'hégire, à Ispahan (avril 1840).

ITINÉRAIRES

QUI SE RATTACHENT A LA PARTIE DU VOYAGE
CONTENUE DANS LE SECOND VOLUME.

(Les heures sont calculées au pas ordinaire d'un cheval.)

D'ISPAHAN A CHIRAZ, 82 H.

		heures.
MAYAR	village.	9
KOUMICHAH	ville.	6
AMINABAD	village.	7
YEZDIKAST	petite ville.	4
SOULDJISTAN	caravansérail.	5
ABADÈH	village.	5
SURMEK	village.	5
KHONAKHORRAH	caravansérail.	6
KHONAKERGOUN	caravansérail.	7
MORGHAB ou MADER-I-SULEIMAN	bourg.	4
SIVEND	village.	7
PERSÉPOLIS ou KANARA	village.	7
ZERGOUN	village.	5
CHIRAZ	grande ville.	5

DE CHIRAZ A BENDER-BOUCHIR, 61 H.

KHANÈH-ZINIAN	village.	10
KOTAL-DOUKHTAR	caravansérail.	8
KAZÈROUN	ville.	7
CHAPOUR	ruines.	4
KHUMARIDJE	village.	6
KANARATAKHTA	village.	5
DALLAKI	village.	6
HAMADI	village.	8
BENDER-BOUCHIR	ville.	7

DE BENDER-BOUCHIR A FIROUZABAD, 55 h.

		heures.
TCHAKUTA	village.	8
AHRAM	village.	4
KALAMA	village.	12
BOUCHGUN	village.	6
FERACHBEND	bourg.	10
FIROUZABAD	petite ville.	15

DE FIROUZABAD A DARABGHERD, 60 h 1/2.

MEIMAN	bourg.	10
BADENJAN	village.	9
KHOUKIAN	village.	4
TADAVAN	village.	3 1/2
FIDECHGOUN	village.	10
FESSA	petite ville.	5
NAUBENDAKIAN	village.	3
MADAVAN	village.	10
DARABGHERD	ville.	6

DE DARABGHERD A CHIRAZ, 48 h 1/2.

DERAKIAN	village.	8 1/2
CHECHTÈH	village.	4
TENG-I-KIARAN	village.	8
SARBISTAN	village.	10
KOUENDJAN	village.	5 1/2
BARMACHOUR	village.	7
CHIRAZ	grande ville.	5 1/2

DE TABRIZ A BAGDAD, 171 h 1/2.

MAIAN	village.	2 1/2
DIZA-KHALIL	bourg.	6 1/2
TASSOUITCH	petite ville.	6
YAOTCHANI	village.	6
KHOSROVAH	village.	3 1/2
KOULOUNDJI	village.	7
OUZARLOU	village.	6 1/2
OURMYAH	ville.	4

		heures.
DJEIRAN	village.	4
SANMOURTY	village.	4
AGABEGLY	village.	6 1/2
SOAUKBOULAK	ville.	7
KARAKENT	village.	8
SERAH	bourg.	5
MIREDÈH	village.	6 1/2
BANAH	village.	7
	(Territoire turc.)	
BISTAR	village.	6
MAMAKALAN	village.	8 1/2
SULEIMANYÈH	petite ville.	7 1/2
KARADAGH	village.	7
IBRAIM-KANTCHI	village.	11 1/2
KUFRI	petite ville.	8
KARATEPÊH	village.	6
DELAUABBAS	village.	7
YENGUIDJIA	village.	14
BAGDAD	grande ville.	6

DE BAGDAD A CTÉSIPHON, 6 H.

DE BAGDAD A HELLAH OU BABYLONE, 19 H.

KHAN-AZAD	caravansérail.	3
BIR-OUNOUS	caravansérail.	3
ISKANDERIA	caravansérail.	3
KHAN-DJEDID	caravansérail.	6
HELLAH	ville.	4

DE BAGDAD A MOSSOUL, 95 H 1/2.

(De Bagdad à Kufri voir l'itinéraire qui précède).

KUFRI A TOUZKOURMATI	village.	9 1/2
TOAUK	village.	8
KERKOUK	petite ville.	9
ALTOUN-KUPRI	bourg.	10
ARBIL	petite ville.	9
AU BORD DU ZAB	village.	8
MOSSOUL	ville.	9

DE MOSSOUL A DIARBEKHR, 77 H 1/2.

		heures.
BATNAI	village.	3
DELHUB	village.	7
COUACH	village.	3 1/4
ZAKHO	petite ville.	6 1/2
RABAI	village.	6
DJEZIRÈH	petite ville.	4
HAZEK	village.	7
BASBRINA	village.	5
MEDIAT	bourg.	7
KALET	village.	10
HAOUINA	village.	5
KHATIBAN	village.	6 1/2
DIARBEKHR	ville.	7 1/4

DE DIARBEKHR A ALEP, 78 H 1/2.

KARABAGHCHAH	caravansérail.	10
SUVERIK	petite ville.	8 1/2
MICH-MICH	village.	5
ORFA	ville.	13 1/2
TCHARMELIK	caravansérail.	7 1/2
BIRHADJIK	petite ville.	8
MAZAR	village.	5
BEGLERBEGUI	village.	7
ALEP	grande ville.	14

D'ALEP A LATAKIÈH, 40 H 1/2.

MAHARET-MESRIN	village.	12
DJESSIR-CHORL	bourg.	10
KHAN-KROUCHIÈH	caravansérail.	9 1/2
LATAKIÈH	ville.	9

DE LATAKIÈH A TRIPOLI, 34 H.

DJEBELI	bourg.	6
TORTOSE	petite ville.	13
TRIPOLI	ville.	15

DE TRIPOLI A BEYROUT, 23 H.

		heures.
BATROUN	petite ville.	7
NAHR-IBRAIM	petit khan.	7
BEYROUT	ville.	9

D'ALEP A TRIPOLI PAR HAMAH, 69 H 1/2.

KHAN-TOUMAN	village.	4
SARMIN	bourg.	12
MAHARRAH	petite ville.	6 1/2
KHAN-CHEIKOUN	village.	8
HAMAH	ville.	8
TEL-DAUH	village.	10
KHAN-EL-BERIT	caravansérail.	18
TRIPOLI	ville.	3

TABLE DES MATIÈRES

DU SECOND VOLUME.

FIN DE LA TABLE DU SECOND VOLUME.

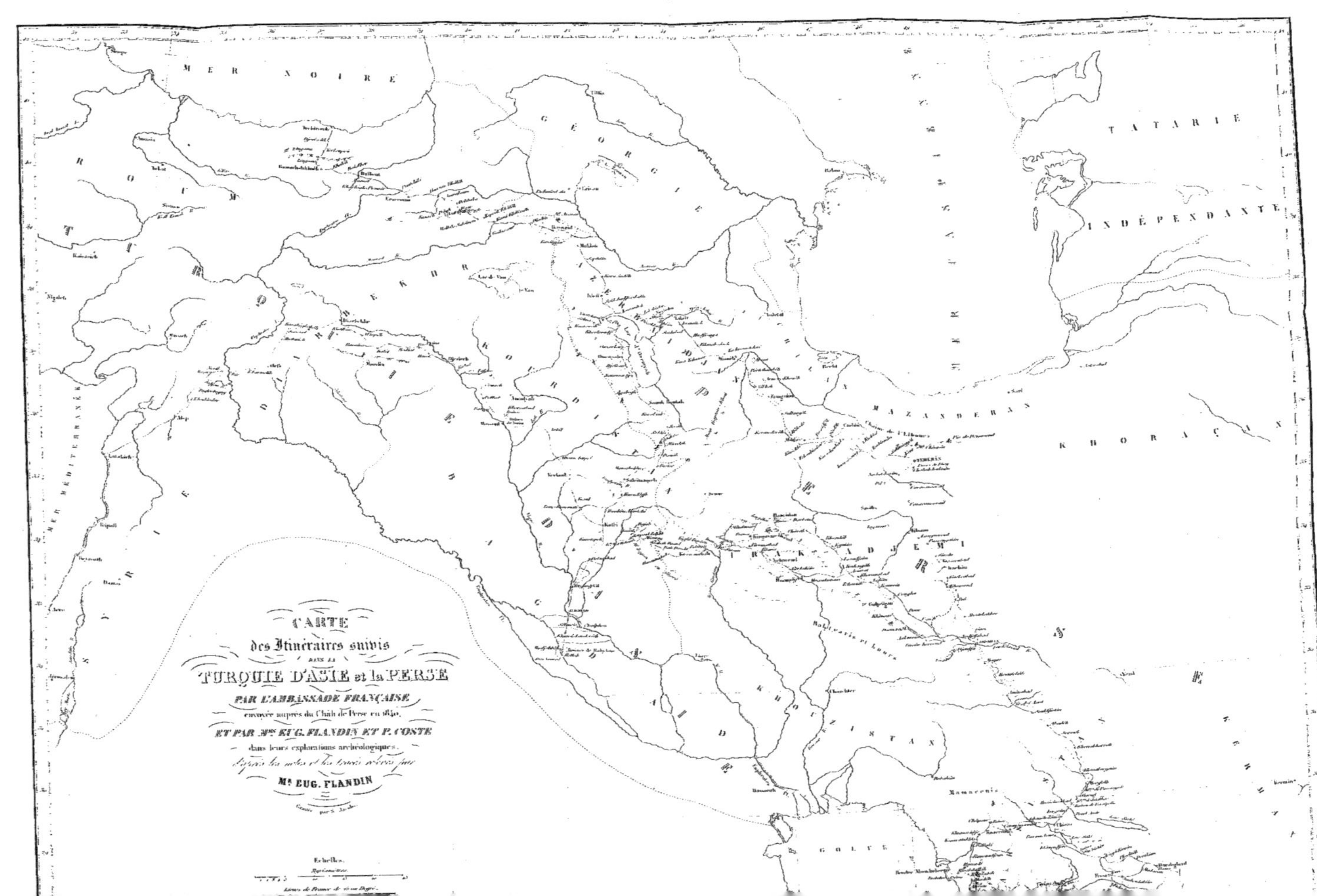
CARTE
des Itinéraires suivis
DANS LA
TURQUIE D'ASIE et la PERSE
PAR L'AMBASSADE FRANÇAISE
envoyée auprès du Chah de Perse en 1840,
ET PAR MM. EUG. FLANDIN ET P. COSTE
dans leurs explorations archéologiques.
M. EUG. FLANDIN
Echelles.
MER NOIRE
GÉORGIE
TATARIE
INDÉPENDANTE
MER CASPIENNE
MAZANDERAN
KHORAÇAN
IRAK ADJEMI
KHOUZISTAN
GOLFE
MER MÉDITERRANÉE
SYRIE
ROUM

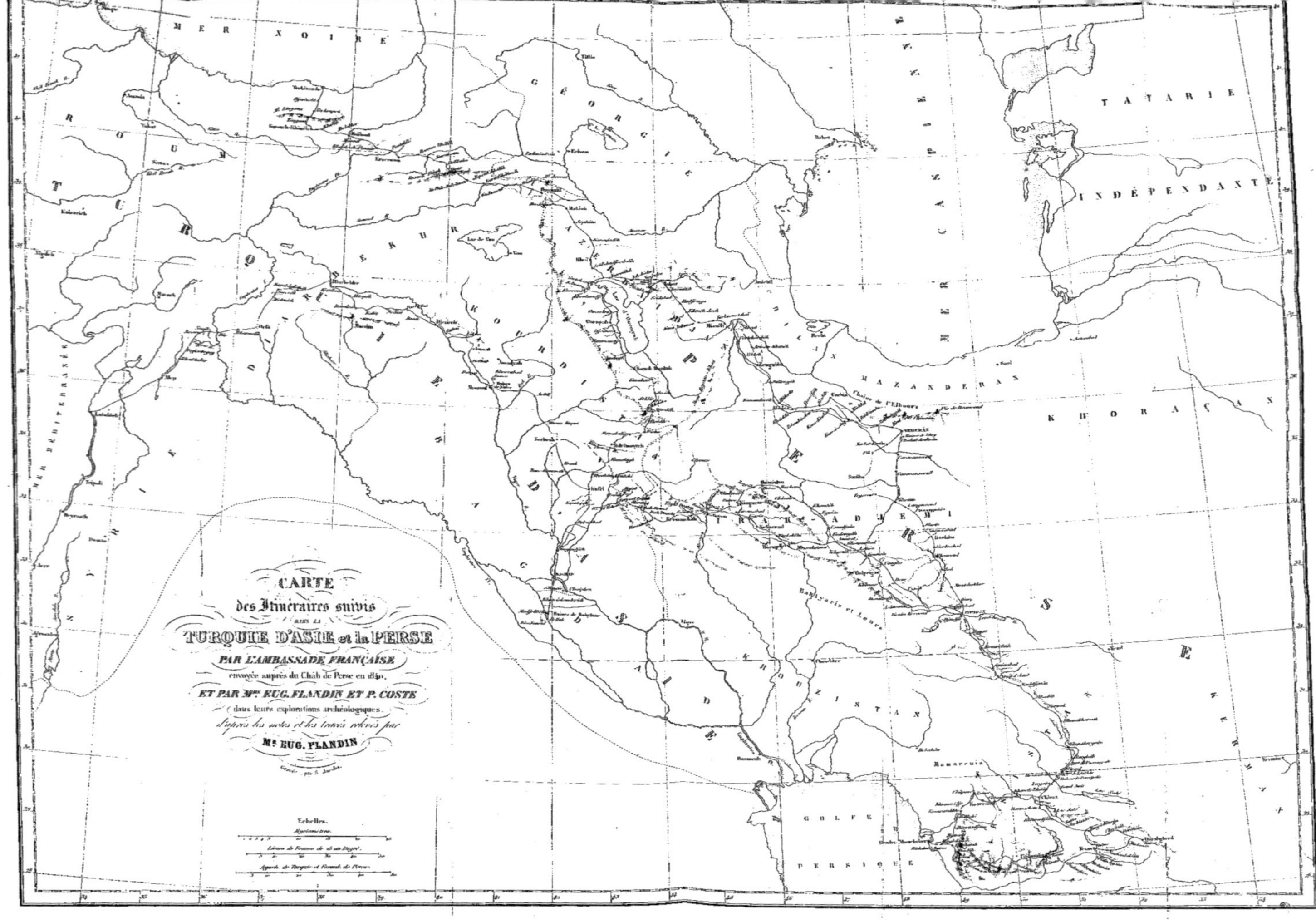
CARTE
des Itinéraires suivis
DANS LA
TURQUIE D'ASIE et la PERSE
PAR L'AMBASSADE FRANÇAISE
envoyée auprès du Chah de Perse en 1840,
ET PAR Mrs EUG. FLANDIN ET P. COSTE
dans leurs explorations archéologiques,
d'après les notes et les tracés relevés par
Mr EUG. FLANDIN
Echelles.
Myriamètres.
Lieues de France de 25 au Degré.
MER NOIRE
MER MÉDITERRANÉE
MER CASPIENNE
TATARIE
INDÉPENDANTE
GÉORGIE
MAZANDERAN
KHORAÇAN
KHOUZISTAN
GOLFE PERSIQUE
IRAK-ADJEMI
KOURDISTAN
SYRIE
TURQUIE
PERSE
Lac de Van
Chaîne de l'Elbourz

PARIS. — IMPRIMÉ PAR J. CLAYE ET Cie.

Contraste insuffisant

NF Z 43-120-14

www.ingramcontent.com/pod-product-compliance
Ingram Content Group UK Ltd.
Pitfield, Milton Keynes, MK11 3LW, UK
UKHW020150250726
13967UKWH00002B/971

9 782012 933880